Heinrich Petersen

Das große Buch DER EISENBAHN

transpress

Einbandgestaltung: Luis dos Santos

Foto: D. Endisch

Bildnachweis für die Seiten 1–11

S. 2/3: Deutsche Bahn AG/Frank Kniestedt; S. 6/7 Deutsche Bahn AG/Uwe Miethe; S. 8/9 Fotolia © perekotypole; S. 10 Deutsche Bahn AG/Uwe Miethe; S. 11 Deutsche Bahn AG/ Uwe Miethe;

Bildnachweis für die Seiten 12–320: siehe Seite 319

Eine Haftung des Autors oder des Verlages und seiner Beauftragten für Personen-, Sach- und Vermögensschäden ist ausgeschlossen.

ISBN 978-3-613-71556-1

Ein Unternehmen der Paul Pietsch Verlage GmbH & Co. KG

1. Auflage 2018

Sie finden uns im Internet unter www.transpress.de

Lektor: Hartmut Lange
Innengestaltung und Repro: Kornelia Erlewein
Druck und Bindung: Conzella Verlagsbuchbinderei, 85609 Aschheim-Dornach
Printed in Germany

»Einst war die Lokomotive für den Menschen ein Ungeheuer aus Stahl, doch was ist sie heute anderes als ein bescheidener Freund, der jeden Abend um sechs vorbeikommt?«

Antoine de Saint-Exupéry
(1900 – 1944)

Spiegelung der Froschgrundbrücke im namensgebenden Gewässer beim Sonnenuntergang

Inhalt

Einsteigen bitte!

Jede Reise mit der Eisenbahn beginnt an einem Bahnhof.

Schienenstränge in die Moderne

Der Siegeszug der Eisenbahn gehört zu den wichtigsten Ereignissen der Neuzeit. Die Erfindung der Dampfmaschine, die die Initialzündung zur Industrialisierung gegeben hatte, lag bereits über ein Jahrhundert zurück, als sich 1804 erstmals eine Lokomotive in Europa mit Hilfe der Dampfkraft bewegte. Doch es dauerte noch weitere 21 Jahre, bis eine betriebssichere Dampflok mit einem vollständigen Zug zuverlässig Reisende und Güter transportierte.

Mit der Dampflok ging es für viele Menschen in eine glänzende Zukunft.

Damit war der Weg in eine moderne Welt vorgezeichnet. Der Bau der ersten Eisenbahnstrecken markiert nicht nur den Start in ein neues Zeitalters der Mobilität für alle Schichten der Bevölkerung, sondern auch den Anfang des Transports großer Gütermengen in kurzer Zeit über längere Distanzen und nicht zuletzt den Beginn eines stetig wachsenden Informations- und Warenaustausch über Grenzen hinweg.

In Deutschland war es die Eisenbahn, die einen wichtigen Beitrag zur Schaffung des Nationalstaates leistete, der erst 1871 Wirklichkeit wurde.
In Nordamerika unterstützen die transkontinentalen Bahnlinien die Vereinigten Staaten dabei, zu einer Nation zusammenzuwachsen. Unbestritten ist auch ihre wichtige Rolle in der russischen Revolution, beginnend mit Lenins legendärer Reise im versiegelten Eisenbahnwagen aus dem Schweizer Exil über Deutschland, Schweden und Finnland nach Petersburg.
Auch in der Kolonialherrschaft spielten Eisenbahnen eine wichtige Rolle, denn mit ihrer Hilfe konnte die lebenswichtige Infrastruktur von Handel und Industrie in den großen Kolonien in Asien und Afrika aufrechterhalten werden.
Das Militär erkannte – besonders in Europa – mit den wachsenden Streckennetzen, die zunehmende strategische Bedeutung der Eisenbahn, vor allem bei schnellen Aufmärschen und Truppenverlegungen.

Die neue Technik sorgte bei Erfindern, Ingenieuren und Konstrukteuren für eine Welle der Innovationen, die den technischen Fortschritt bis weit ins 20. Jahrhundert vorantrieb. Diese beschränkte sich aber nicht allein auf die technische Ausstattung der Fahrzeuge, sondern wirkte sich auch und gerade beim Bau neuer Eisenbahnlinien und ihrer Sicherungstechnik aus.
Wagemutige Tunnel- und Brückenbauten entstanden, Signaltechnik und elektrische Kommunikation kamen hinzu, und die Architektur schuf eindrucksvolle Bauten im öffentlichen Raum. Zusammengenommen glich dies einer Revolution des Alltags durch die Eisenbahnen.
Hatte bislang jede Region ihre eigene Zeit gehabt, so sorgte die Eisenbahn Kraft ihres Fahrplans für eine Vereinheitlichung der Zeit.

Doch auch bei der Präzisionsmessung, der Hüttenkunde, der Statistik, der Physik und der Chemie sowie der Geschäftsführung trieben die Eisenbahnen mit ihren Bedürfnissen die Ideen und Versuche und die daraus gewonnenen Kenntnisse voran.

Mehr als ein Jahrhundert beherrschte »König Dampf« nahezu uneingeschränkt den Betrieb der Eisenbahn. Wichtigste Brennstoff war Kohle, hinzu kamen – je nach Region – Holz, Torf, Zuckerrohrstangen, Baumwollabfälle oder Maiskolben und natürlich Öl, nach dem die Nachfrage seit den 1890er-Jahren ständig wuchs.

Das Goldene Zeitalter der Eisenbahn begann ungefähr 1850 und ging spätestens mit dem Beginn des Zweiten Weltkriegs zu Ende. In dieser Epoche war sie das wichtigste Verkehrsmittel auf dem Festland. Die Erfindung des Verbrennungsmotors, der Jahrzehnte später zur Massenmotorisierung führte, bedrohte den Status der Eisenbahn zunächst nicht.

Neue Möglichkeiten eröffnete die elektrische Traktion der Eisenbahn. Besonders in Ländern ohne größere Kohlevorkommen wie der Schweiz oder Italien trieb man ihre Entwicklung voran. Besonders im Vorortverkehr eröffneten elektrisch betrieben Bahnen ganz neue Möglichkeiten. In Frankreich und Belgien ergänzten elektrische Überland-Straßenbahnen, die einige Vorort-Dampfbahnlinien beschäftigungslos machten, in idealer Weise das Liniennetz der Eisenbahnen.

Bereits der Erste Weltkrieg stellt eine Zäsur dar. Er hatte die technische Entwicklung von Automobilen und Lastkraftwagen vorangetrieben. Hinzu kam Henry Fords Erfindung des Fließbands und des preisgünstigen Automobils in den 1920er-Jahren. Auto, Omnibus und Lastkraftwagen wuchsen in den Industrienationen, dabei unterstützt vom Ausbau der Straßen, zu einer echten Konkurrenz der Eisenbahnen heran. Gleichzeitig feierte auch die Luftfahrt ihre ersten Erfolge.

Die Eisenbahngesellschaften – egal ob staatlich oder privat – setzten erneut auf Innovation: neue Techniken und der Bau größerer, schnellerer und effizienterer Dampflokomotiven. Geradezu idealtypisch führten dies die Bahnunternehmen in den Vereinigten Staaten von Amerika vor, wo noch Giganten der Dampftechnik konstruiert und gebaut wurden, als die neue dieselelektrische Antriebstechnik sie in Bezug auf Leistung und Wirtschaftlichkeit bereits überflügelte.

Nach dem Zweiten Weltkrieg beschleunigten sich zwei Entwicklungen: Die Eisenbahn verlor ihre Spitzenposition im Reise- und Güterverkehr und die Dampflokomotiven rollten endgültig auf das Abstellgleis. Während die Elektrolokomotiven ihren bereits in der Zwischenkriegszeit begonnen Siegeszug vor allem auf den Magistralen fortsetzen, gelang der Dieseltraktion dank hydraulischer und dieselelektrischer Kraftübertragung jetzt endgültig der Durchbruch. Strom und Diesel gewährleisteten eine effizientere Energienutzung und einen wirtschaftlicheren Betrieb, außerdem erlaubten sie höhere Geschwindigkeiten, schwerere Züge und eine

Nur scheinbar unübersichtlich ist das Gleisgewirr vor einem Bahnhof – der Zug findet seinen Weg.

bessere Auslastung der Hauptbahnlinien. Hinzu kam eine geringere Verschmutzung durch Rauchabgase, ein kleineres Risiko von Böschungsbränden am Bahndamm und nicht zuletzt wesentliche bessere und gesündere Arbeitsbedingungen für die Lokpersonale.

Ohnehin gingen die Einsätze von Lokomotive, zumindest im Personenverkehr zurück, da vermehrt der Triebwagenzug, ausgestattet mit eigener Antriebskraft, die Beförderung der Reisenden sowohl im Fern- als auch im Nahverkehr übernahm. Wobei die Lokomotiven bei einigen Bahngesellschaften ihre Rolle dank der Einführung des Wendezuges behaupten konnten.
Nichtsdestoweniger kam es in zahlreichen Ländern zu einem flächendeckenden Rückbau der Eisenbahn. Große Teile der Schienennetze wurden eingestellt und abgebaut, während die Autobahn und das Düsenflugzeug mehr und mehr den überregionalen und internationalen Verkehr übernahmen. Nur in China und Indien behielt die Eisenbahnen ihre bedeutende Rolle für den Gütertransport. Beide Staaten zählten außerdem zu den die letzten großen Ländern, die noch bis ins 21. Jahrhundert die Dampflokomotiven im Schienenverkehr einsetzten.

Ende des 20. Jahrhunderts erlebte die Eisenbahn vielerorts eine Renaissance. Das Aschenputtel des Transports wandelte sich zum zeitgemäßen Star des Hochgeschwindigkeitsverkehrs.
Der unaufhaltsam gewachsene Straßenverkehr ist mit seinem Dreck, Lärm und den ständigen Staus weltweit zu einem Klimaproblem geworden. Die große Sorge um die Umwelt machte deutlich, dass Züge sauberer und effizienter beim Energieverbrauch sind. Der technische Fortschritt macht die Eisenbahn dank des neuen Hochgeschwindigkeitsverkehrs auf einigen Strecken konkurrenzfähig zum Flugzeug

Frankreich und Japan waren die Vorreiter beim Bau neuer Hochgeschwindigkeitsstrecken, die diese Entwicklung ermöglichten. Auch die moderne Computertechnik half dabei, den Transport auf der Schiene gegenüber dem Straßentransport wettbewerbsfähig zu machen. Bedeutende Brücken- und Tunnelverbindungen von Dänemark nach Schweden und von Großbritannien nach Frankreich sowie innerhalb Japans entstanden vor allem als Schienenweg. Neue Industriebahnen wie die Erzlinie in Westaustralien transportieren eine riesige Menge an Massengütern wie Erze und Kohle in Ganzzügen über eine Entfernung von mehreren hundert Kilometern. Schnellbahnlinien verbinden Flughäfen gleichermaßen mit den Regionen und den Metropolen. Dies ist in großen Städten wie London, Oslo und Hongkong zu erleben.
Die Entwicklung der letzten Jahrzehnte zeigt deutlich, dass die Eisenbahn nicht nur eine eindrucksvolle Vergangenheit, sondern auch eine faszinierende Zukunft besitzt. Dies zeigen die folgenden Seiten.
Darüber hinaus können Sie, liebe Leserinnen und Leser, das gesammelte Wissen der Lokomotivtechnik genau betrachten. Von der weltweit ersten dampfbetriebenen Eisenbahn bis zu den modernen Magnetschienenbahnen, die das Rad-/Schienesystem anscheinend überflüssig machten, kaum dass 200 Jahre in der Eisenbahngeschichte vergangen sind.

Zahlreiche Menschen haben mit ihren Beiträgen erst dieses Buch ermöglicht, genauso wie die Fotografen mit ihren Bildern, die sie dankenswerter Weise zur Verfügung stellten.

Heinrich Petersen
Neumünster, im August 2018

1 Revolution auf den Gleisen

Am 06.10.2010 passiert der ETR.610 005 der FFS mit dem EC 34 (Mailand–Genf) die Ortschaft St. Saphorin am Genfer See.

ICE-Netz 2018

Gültig vom 10. 12. 2017 bis 08. 12. 2018

Redaktion: DB Fernverkehr AG

Eine schnelle Verbindung in die Welt

Tempo und Geschwindigkeit gehören seit jeher zur Eisenbahn. Denn es ging schon immer darum, zahlreiche Reisende oder eine größere Menge Güter in möglichst kurzer Zeit über eine längere Distanz zu transportieren. Bereits seit dem Bau der ersten Eisenbahnstrecken arbeiteten die teilweise konkurrierenden Eisenbahngesellschaften daran, den Komfort und die Geschwindigkeit ihrer Züge zu erhöhen. Ihre Fahrgäste sollten schnell und bequem an ihren Zielort gelangen, doch auch beim Güterverkehr spielte die Geschwindigkeit eine wichtige Rolle. Natürlich wollte jeder der Schnellste sein, um möglichst viele Reisende in seine Züge zu locken.

In Russland spielte die Dampflok auch eine wichtige Rolle in der Revolution und im anschließenden Bürgerkrieg.

Die Baureihe E5 von JR East nennt sich »Wanderfalke« (Hayabusa) und läuft am 6. März 2011 als »Hayabusa 4« in den Bahnhof Omiya ein.

Es führt am 5. März 2009 der Mini-Shinkansen E3 R17, dahinter eine Einheit der Reihe E2. Beide fahren vereinigt bis Morioka, dann trennen sich ihre Wege.

Der Wettlauf auf der Schiene begann am 7. Oktober 1829 mit dem berühmten Lokomotivrennen von Rainhill in England. Robert Stevenson erreichte mit seiner »Rocket« knapp 30 Meilen pro Stunde – das entspricht einer Geschwindigkeit von 50 km/h – und übertraf damit alle Mitbewerber. Dieser Rekord beeindruckt heute nur noch wenig, doch gilt es zu bedenken, dass das schnellste Verkehrsmittel zu Lande damals das Pferd oder die Postkutsche war. Und selbst diese war für viele Menschen nicht erschwinglich, sodass sie sich zu Fuß auf den Weg machten. Die Lokomotiven wurden ständig verbessert und erbrachten immer höhere Leistungen. Allerdings dauerte es einige Jahrzehnte, bis im Mai 1893 eine Dampflok schneller als 100 Meilen in der Stunde, also etwa 165,4 km/h, unterwegs war.

In den folgenden Jahrzehnten arbeiteten die Ingenieure weiter daran, die Geschwindigkeit der Eisenbahn zu steigern. Mit großem Erfolg: Heute spielen Hochgeschwindigkeitszüge wie der InterCity-Express (ICE) in Deutschland, der train à grande vitesse (TGV) in Frankreich oder der Shinkansen in Japan in vielen Ländern der Welt eine wichtige Rolle im täglichen Bahnverkehr. Quer über die Kontinente prägen nach aerodynamischen Gesetzen

Hochgeschwindigkeitsverkehr in Südkorea: Gleich fünf Triebzüge vom KTX-I (von links nach rechts Einheiten 15, 17, 20, 19 und 16) präsentieren sich zur Eröffnung der Neubaustrecke am 1. April 2004 den anwesenden Fotografen. Geliefert hat die Fahrzeuge der französische Hersteller Alsthom.

gestaltete Züge den Hochgeschwindigkeitsverkehr, der auf Entfernungen mittlerer Länge heute eine ernstzunehmende Konkurrenz zum Straßen- und Luftverkehr bildet. Für die Eisenbahn ist dies ein hart erkämpftes Ergebnis.

So reist man heute aus Deutschland von München oder Stuttgart bequem im französischen TGV oder im deutschen ICE in wenigen Stunden – von Stuttgart aus dauert die Reise lediglich drei Stunden und 11 Minuten – nach Paris. Und auch die 623 km lange Strecke von München nach Berlin kann man heute in weniger als vier Stunden zurücklegen.

Für ihren Hochgeschwindigkeitsverkehr beschaffen die Bahngesellschaften weltweit besondere Triebwagen. Eines der führenden Unternehmen ist dabei sicher die Deutsche Bahn AG (DB AG), die zusammen mit der deutschen Schienenfahrzeugindustrie in den vergangenen drei Jahrzehnten mehrere Fahrzeuggenerationen und -typen ihres Flaggschiffes, des Intercity Express (ICE), auf die Gleise brachte. Mittlerweile ist auf Deutschlands Gleisen bereits die vierte Fahrzeuggeneration unterwegs – der neue ICE 4 ist der ganze Stolz der DB AG.

Ein Zug für den Erfolg: der ICE 4 der DB AG

Der ICE ist ein Erfolgsmodell für den Fernverkehr in Deutschland. Mittlerweile beschafft die Deutsche Bahn AG (DB AG) die vierte Generation der erfolgreichen Hochgeschwindigkeitszüge.

DB Fernverkehr mit ICE 4: Die Baureihe 412 unterwegs auf der Schnellfahrstrecke Hannover–Fulda.

Seit Mitte der 1990er-Jahre beschaffte die DB AG die ICE-3-Züge der Baureihen 403 und 406. Diesen folgte seit dem Jahr 2012 die eng verwandte Baureihe 407. Aber damit war die Entwicklung dieser Fahrzeugfamilie bei den Schienenfahrzeugherstellern und der DB AG noch nicht abgeschlossen. Doch herrschte bei der Bahn zunächst kein unmittelbarer Bedarf, da sich das Unternehmen zunächst für ein so genanntes »Redesign« seiner in die Jahre gekommenen ICE-1- und ICE-2-Flotte entschied. Diese umfangreiche Aufarbeitung machte die Triebzüge fit für weitere 15 Einsatzjahre.

Gleichzeitig musste sich die DB AG aber Gedanken für den Ersatz ihrer betagten IC-Wagen machen, die größtenteils schon einmal modernisiert worden waren. Deshalb befasste sich die Deutsche Bahn mit dem Kauf neuer Triebzüge, die ca. 1.000 IC-Wagen ersetzen sollten. Sie wurden bereits im Sommer 2008 unter der Bezeichnung »ICx« ausgeschrieben. Sie sollten für eine Höchstgeschwindigkeit von 250 km/h ausgelegt sein, bei Bedarf aber auch 280 km/h erreichen können.

Sechs Produzenten von Schienenfahrzeugen – darunter Alstom, Siemens und Bombardier – beteiligten sich an der Ausschreibung. Anfang 2010 erteilte die DB AG Siemens den Zuschlag, Bombardier fungierte als Zulieferer. Nach längeren Vertragsverhandlungen orderte die Bahn AG im Mai 2011 schließlich 130 Züge im Wert von über sechs Milliarden Euro. Die ersten Exemplare sollten vor dem Planeinsatz umfangreiche Mess- und Versuchsfahrten absolvieren. Zunächst plante die DB AG die Beschaffung von bis zu 300 Triebzügen, doch im Jahr 2013 entschied sich das Unternehmen für den Kauf einer preisgünstigen Alternative von Bombardier: mit Elektroloks der Baureihe 146 bespannte Doppelstockwagen, die auf der Basis bewährter Nahverkehrskonstruktionen entstanden.

Von den neuen ICE-Triebzügen sind dagegen bislang 100 zwölfteilige und 19 siebenteilige Einheiten bestellt. An deren Produktion sind verschiedene Standorte der Firmen Siemens und Bombardier in Deutschland und Österreich beteiligt.

Die Länge des Wagenkastens beträgt bei den Mittelwagen 28.750 mm und bei den Endwagen 29.106 mm. Somit besteht ein 200 m langer Zug nicht mehr aus acht, sondern nur noch sieben Wagen, die mittels automatischer Kurzkupplungen verbunden sind. Außen sind die Wagenkästen 2.852 mm breit rund 170 mm weniger als bei den Wagen der ICE-1 und ICE-2. Der Innenraum besitzt eine Breite von 2.642 mm, das ist relativ wenig, was besonders in der zweiten Klasse mit vier Sitzen in einer Reihe für spürbare Enge sorgt.

Ein Triebwagen der Baureihe 412 rast bei Morschen über die Schnellfahrstrecke von Hannover nach Fulda.

Einfahrt in einen Tunnel: Ein ist ICE 4 befährt mit hoher Geschwindigkeit eine Schnellfahrstrecke.

Nachdem der DB-Vorstand ein 1:1-Modell des geplanten Fahrgastraums begutachtet hatte, bemängelte er den zu geringen Sitzplatzabstand, die geringen Gepäckaufbewahrungsmöglichkeiten sowie zu enge Einstiegsräume speziell bei Fahrradmitnahme. Bei den siebenteiligen Zügen wurde daraufhin die Sitzplatzzahl von 499 auf 456 reduziert. Dafür entfiel die Ausrüstung für andere Stromsysteme, sodass diese Züge nun nicht mehr nach Amsterdam eingesetzt werden können.

Die von Voith Turbo gefertigte Kopfsektion besteht aus GfK. Bugklappen schützen automatische Scharfenberg-Kupplungen, mit denen mehrere Einheiten verbunden werden können.

Der Bau des ersten Vorserienzuges begann im April 2014, kurz vor Weihnachten 2014 rollte die erste fünfteilige Einheit aus dem Werk in Hennigsdorf zum Siemens-Textgelände in Wegberg-Wildenrath. Seine ersten Fahrten auf einer regulären Bahnstrecke, bei denen man die Geschwindigkeit stetig steigerte, unternahm der Triebzug im August 2015. Gleichzeitig bezeichnete die DB AG ihr neues Paradepferd nicht mehr als ICx, sondern am 4. Dezember 2015 präsentierten der damalige Bundesverkehrsminister Alexander Dobrindt und damalige Bahnchef Rüdiger Grube in Berlin der Öffentlichkeit und der Presse einen ersten Zug als ICE 4. Es folgte ein einjähriger Testbetrieb, erst zum Fahrplanwechsel am 10. Dezember 2017 startete der planmäßige Einsatz des ICE 4 als Zwölfteiler im Fernverkehr.

Anders als die ICE 1 und ICE 2 besitzen die ICE 4 keine Triebköpfe, sondern die elektrischen Einrichtungen und Antriebe sind im ganzen Zug untergebracht. Sogenannte »PowerCars« und nicht angetriebene Wagen verteilen sich in unterschiedlicher Zahl über den ganzen Zug, der aus fünf Wagentypen besteht: Endwagen, angetriebene Mittelwagen (= »PowerCars«), nicht angetriebene Mittelwagen, Speisewagen und Servicewagen. Bislang hat die DB AG zwei Varianten geordert:

- sieben Wagen, davon drei PowerCars, mit einer Gesamtlänge von ca. 200 m; die 230 km/h schnellen Züge bieten 456 Sitzplätze (davon 77 in der 1. Klasse), sowie ein Bordrestaurant, ein Stehbistro, zwei Rollstuhl-Stellplätze und acht Stellplätze für Fahrräder; an jeweils einer Tür pro Wagenseite ist ein Hublift integriert, mit dem Rollstuhlfahrer bequem ein- und aussteigen können.

- zwölf Wagen, davon sechs PowerCars, mit einer Gesamtlänge von ca. 340 m; die 250 km/h schnellen Züge bieten 830 Sitzplätze (davon 205 in der 1. Klasse) sowie drei Rollstuhl-Stellplätze; die Höchstgeschwindigkeit dieser Ausführung beträgt 250 km/h.

Außer den beiden von der DB AG bestellten Ausführungen sind weitere Konfigurationen möglich. Dazu können die Züge aus fünf bis 14 Wagen bestehen. Auch können zwei bis zu siebenteilige Züge als Doppeleinheiten eingesetzt werden.

Die angetriebenen Drehgestelle wurden von Siemens aus der Drehgestellbauart SF 500 weiterentwickelt. Die nichtangetriebenen Drehgestelle gehören zum Typ »Flex Eco« (ehemals B 5000) und werden von Bombardier Transportation geliefert. Sie werden mit einer aktiven Radsatzsteuerung zur Steuerung des Drehgestells in Gleisbögen ausgestattet.

Die elektro-pneumatischen Druckluft-Scheibenbremsen sind mit einer generatorischen Bremse mit Rückspeisung und einer Magnetschienenbremse ergänzt. Die Bremse kommt vom französischen Unternehmen Faiveley Transport.

In den angetriebenen Mittelwagen (»PowerCars«) sind ein Transformator, ein Traktionsstromrichter, ein Traktionsumrichter, die Traktionskühlanlage und vier Fahrmotoren mit einer Gesamtleistung von 1.650 kW eingebaut. Die Antriebswagen unterscheiden sich nur bei der Getriebeübersetzung für die beiden vorgesehenen Höchstgeschwindigkeiten von 230 km/h bzw. 250 km/h.
Der Transformator und der Stromrichter werden über eine gemeinsame Kühlanlage mit Öl bzw. Wasser gekühlt.
Die Gleichstromkomponenten der mehrsystemfähigen Züge sind in den nicht angetriebenen Mittelwagen unterflur aufgehängt.
Jeder Zug hat zwei Stromabnehmer für das Netz der DB AG und der ÖBB. Züge mit einer Zulassung für die Schweiz bekommen zusätzliche Stromabnehmer für das Netz der SBB mit seinem schmalen Zickzack der Fahrleitung.s
Etwa 60 Prozent der Sitze werden in Reihen in Großräumen aufgestellt, 20 Prozent stehen vis-à-vis. Zwischen ihnen befindet sich ein Tisch mit Klappelementen. Die restlichen Sitze sind in Ruhebereichen mit Abteilcharakter zu finden, die durch einen Raumteiler voneinander abgetrennt sind.
Der typische Mittelwagen der zweiten Klasse ist mit Sitzen mit Veloursbezug und Kopfstützentuch sowie einer Steckdose an jedem Doppelsitz ausgestattet. Der Sitzabstand (Reihensitze) in der 1. Klasse soll 930 mm betragen, in der 2. Klasse 856 mm. Die Kniefreiheit wird mit 826 mm in der 2. Klasse bzw. 900 mm in der 1. Klasse angegeben.
Die Fahrgäste werden über bis zu sechs Bildschirme pro Wagen mit Informationen versorgt. Reservierungshinweise befinden sich in den Rückenlehnen der Sitze am Mittelgang. Außenbildschirme in den Einstiegstüren informieren die Fahrgäste auf dem Bahnsteig. In allen Zügen stehen den Reisenden WLAN-Hotspots zur Verfügung.
Die Klimaanlagen der Züge sind für Außentemperaturen von -25 bis +45 °C vorgesehen. Jeder Wagen bekommt im Dachbereich zwei getrennt voneinander arbeitende Kaltdampf-Klimakompaktgeräte von Faiveley eingebaut.
Die Innenbeleuchtung wird mit LED ausgestattet. So können je nach Tagesverlauf und Wetter unterschiedliche Lichtfarben für die Innenräume eingestellt werden.
Eine Punktförmige Zugbeeinflussung (PZB), die Linienzugbeeinflussung (LZB) und das European Train Control System (ETCS) gehören zu den Sicherheitssystemen der Züge.

Ein Triebzug der Baureihe 412 als ICE 973 zwischen Groß Rohrheim und Biblis

Die Fahrzeugsteuerung »Siemens Bahnautomatisierungssystem Profinet« (SIBAS PN) ist auf das flexible Wagenkonzept zugeschnitten. Dies wird durch den Ethernet Train Bus (ETB) möglich, der ein flexibles Einstellen von Wagen zulässt. Soweit notwendig bekommen die einzelnen Wagen eigene Steuergeräte, die nur die Systeme wie beispielsweise Türen oder Klimaanlage eines Wagens ansteuern. Dies gewährleistet eine größtmögliche Unabhängigkeit der einzelnen Wagen. Für eine zuverlässige Datenübertragung sorgt in jedem Wagen ein »Process Field Network« (PROFINET). Zur Übertragung von Diagnoseinformationen wird eine DFÜ- und Ortungseinheit verwendet, die den Anforderungen der Mobilen Integrationsplattform (MIP) entspricht. Sie kann durch unterschiedliche Module den jeweiligen Anwenderansprüchen angepasst werden.

Technische Daten Baureihe 412 (ICE 4)			
Dauerleistung	kW	7-teilig: 4.950	12-teilig: 9.900
		Endwagen	Mittelwagen
Länge über Bugklappe(n)	mm	29.106	28.750
Radsatzfolge		2'2'	Bo'Bo' oder 2'2'
Radsatzdurchmesser (neu)	mm	920	920
Breite	mm	2.852	2.852
Höhe über SO	mm	4.115	4.115
Eigenmasse	kg	54.500	45.000 – 62.500*
Höchstgeschwindigkeit	km/h	230/249**	230/249**
Sitzplätze			

*) je nach Ausstattung
**) sieben-/zwölfteilig

Schnelle Alternative

Von München nach Berlin in weniger als vier Stundenach

In weniger als vier Stunden mit dem Zug von München nach Berlin – diese Vision ist seit Dezember 2017 Wirklichkeit. Eine Verbindung, die deutlich macht, wie sich die Bahn erfolgreich als Konkurrenz zum Flugzeug etablieren kann. Denn schon nach kurz nach der Eröffnung meldete die DB AG steigende Fahrgastzahlen.

Die ICE 3 der Baureihe 403 sind mit dem Zugsicherungs-system ETCS ausgestattet.

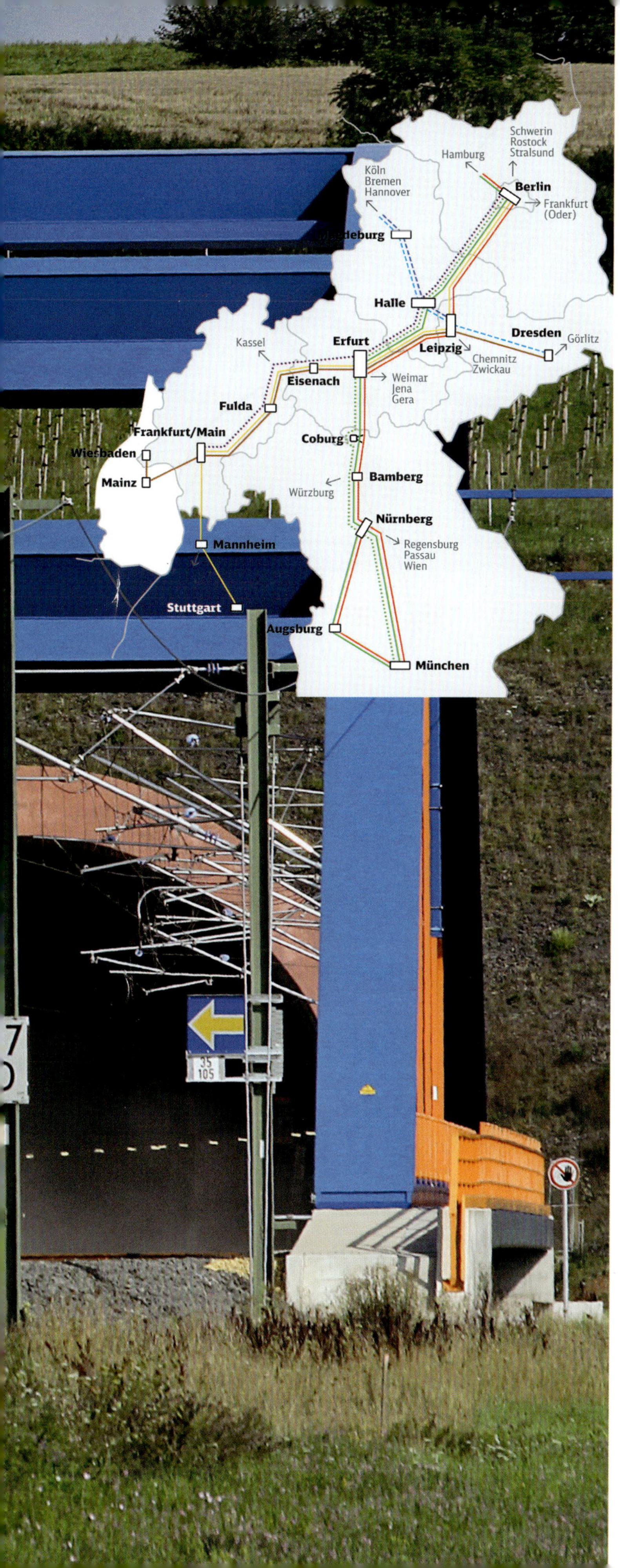

Zwischen München und Berlin gibt es traditionell einen starken Reiseverkehr, an dem besonders Touristen, Geschäftsreisende und Pendler einen großen Anteil haben. Nach der Vereinigung der beiden deutschen Staaten im Jahr 1990 stieg das Fahrgastaufkommen auf dieser Relation stark an. Doch die Eisenbahn geriet schnell ins Hintertreffen, weil sich der Ausbau der Schienenwege zwischen der bayrischen Landeshauptstadt und der Bundeshauptstadt verzögerte.

Dabei handelt es sich beim »Verkehrsprojekt Deutsche Einheit Nr. 8« (VDE 8) – so die Bezeichnung der Bürokratie – eigentlich um das größte Schienenverkehrsprojekt der »Verkehrsprojekte Deutsche Einheit«. Zu diesem Projekt gehören der Neu- und Ausbau von Bahnlinien sowie verschiedener Streckenabschnitte zwischen Nürnberg, Erfurt, Halle (Saale), Leipzig und Berlin. Ihre Gesamtlänge beträgt 515 km. Obwohl besonders die Neubau- (NBS) und Ausbaustrecken (ABS) zwischen Berlin und Nürnberg über Halle/Leipzig und Erfurt in der Öffentlichkeit kontrovers diskutiert wurde, ging ihr Bau langsam aber stetig voran. Zwischenzeitlich gab es sogar einen Baustopp, aber meist standen pragmatische Lösungen im Vordergrund. Trotzdem dauerte es mehr als zwei Jahrzehnte, bis das Projekt VDE 8 schließlich im Dezember 2017 fast vollständig in Betrieb ging.
Das Projekt teilte sich in vier verschiedene Streckenabschnitte, deren Bau sich aber höchst unterschiedlich gestaltete.

Ausbaustrecke Nürnberg–Ebensfeld (VDE 8.1)

Südlich der fränkischen Marktgemeinde Ebensfeld – zwischen Bamberg und Lichtenfels gelegen – wird als »VDE 8.1 ABS Nürnberg–Ebensfeld« die vorhandene zweigleisige, elektrifizierte Abschnitt der Strecke Nürnberg – Saalfeld für eine Geschwindigkeit bis zu 230 km/h ausgebaut. Dazu wird der gesamte, 83 km lange Abschnitt von zwei auf vier Gleise erweitert. Gerungen wird seit Jahren um den Ausbau nördlich des Bahnhofs Fürth. Unklar ist außerdem der viergleisige Ausbau im Bereich von Bamberg. Die Planungen sehen auch den Bau einer rund 13 km langen Güterzugstrecke von Nürnberg Großmarkt bis zum Knoten Eltersdorf mit einem rund 7.500 m langen Tunnel zwischen Eltersdorf und Kleinreuth vor, die die bisherigen Zugkreuzungen im Fürther Hauptbahnhof überflüssig machen würden. Die Bauarbeiten an dieser Ausbaustrecke sollen erst bis 2030 beendet sein. Gebaut wird »unter dem rollenden Rad«, mit anderen Worten: Wie bei der Eisenbahn früher fast überall üblich, läuft der Verkehr während der Bauarbeiten weiter.

Bei Großhöbing passen sich die Schnellfahrstrecke Ingolstadt – Nürnberg und die Autobahn BAB A9 mit Kurven dem Geländeprofil an. Ein ICE 1, Baureihe 401, rast mit Höchstgeschwindigkeit in Richtung Nürnberg.

Neubaustrecke Ebensfeld–Erfurt (VDE 8.1)

Ebenfalls zum Teilprojekt VDE 8.1 zählt die Neubaustrecke, die sich von Ebensfeld an die Ausbaustrecke aus Richtung Nürnberg anschließt. Seit Dezember 2017 führt eine 107 km lange Neubaustrecke durch die Berge des Thüringer Waldes bis nach Erfurt. Für diesen Abschnitt, der seit 1996 im Bau war, galt von 1999 bis 2002 ein von der Bundesregierung wegen der hohen Kosten verhängter Baustopp. Schließlich kamen dem Projekt zusätzliche Mittel im Rahmen des von der Bundesregierung nach der schweren Finanzkrise geschnürten Konjunkturpakets zugute, sodass es am 10. Dezember 2017 in Betrieb gehen konnte.
Die Strecke verläuft von Ebensfeld zunächst rund 34 Kilometer auf bayerischem Gebiet durch die Mainebene und anschließend östlich an Coburg vorbei. Doch Coburg wird nicht links liegen gelassen, sondern ist über zwei Verbindungskurven bei Niederfühlbach und Dörfles-Esbach an die neue Magistrale angebunden. Im rund 8,3 km langen Bleßbergtunnel unterfahren die ICE den Bleßberg (862 m) und den bekannten Rennsteig nahe der Pechleite (838,5 m). Bei Trassdorf trifft die Neubaustrecke auf die Autobahn A 71, zu der sie auf rund 23 Kilometern parallel verläuft. Zwischen den Erfurter Stadtteilen Bischleben und Hochheim erreicht die NBS die bestehende Bahnstrecke Bebra – Erfurt.

BS Erfurt–Ebensfeld (ausgelegt für 300 km/h)	
Oberbauart	feste Fahrbahn
Tunnelbauwerke	22 (insgesamt 41 km)
Talbrücken	29 (insgesamt 12,3 km)
längste Tunnel	Tunnel Bleßberg 8.314 m
	Tunnel Silberberg 7.391 mw
	Tunnel Reitersberg 2.975 m
längste Brücken	Ilmtalbrücke 1.681 m
	Geratalbrücke Ichtershausen 1.121 m
	Grümpentalbrücke 1.104 m
	Füllbachtalbrücke 1.012 m

Neubaustrecke Erfurt–Halle/Leipzig (VDE 8.2)

Eine weitere 123 km lange Neubaustrecke verbindet die thüringische Landeshauptstadt Leipzig und Halle (Saale), dem Teilprojekt VDE 8.2. Bereits im Juni 2003 eröffnete man ein 23 km langes Teilstück zwischen Leipzig und Gröbers. Mehr als zwölf Jahre später, am 13. Dezember 2015, ging dieser Abschnitt vollständig in Betrieb und sorgte zwischen Leipzig und Erfurt für eine Verkürzung der Fahrzeit auf 39 Minuten. Vorher betrug sie mehr als eine Stunde.
Zu diesem Teilprojekt gehörte der Bau von Deutschlands längster Eisenbahnbrücke, gleichzeitig die längste Fernbahnbrücke Europas: Die 6.465 m lange Saale-Elster-Talbrücke überspannt eine Flussaue, die als Naturschutzgebiet ausgewiesen ist. Auf dieser Brücke entstand – ebenfalls eine bauliche Besonderheit – außerdem eine Abzweigung in Richtung Halle, an die sich nochmals ein weiterer, 2.112 m langer Viadukt anschließt.

NBS Halle/Leipzig–Erfurt (ausgelegt für 300 km/h)	
Oberbauart	feste Fahrbahn
Tunnelbauwerke	3 (insgesamt 15,4 km
Talbrücken	6 (insgesamt 14,4 km)
längste Tunnel	Finnetunnel 6.970 m
	Bibratunnel 6.446 m
längste Brücken	Saale-Elster-Talbrücke 6.465 m
	Unstrut-Talbrücke 2.668 m
	Saale-Elster-Talbrücke (Abzweig Halle [Saale])

Eröffnung der Schnellfahrstrecke zwischen Erfurt und Halle/Leipzig im Jahr 2015.

Ausbaustrecke Halle/Leipzig–Berlin (VDE 8.3)

Drittes Teilprojekt war der Ausbau der bestehenden Magistralen, die Berlin mit Halle und Leipzig verbinden. Zunächst ertüchtigte man bis 1995 die sich in Bitterfeld nach Halle und Leipzig teilenden Abschnitte für eine Höchstgeschwindigkeit von 160 km/h. Der Ausbau für Schnellfahrten bis zu 200 km/h dauerte nochmals bis 2005/06. Deshalb konnte der planmäßige Schnellfahrbetrieb erst im Mai 2006 mit dem gleichzeitig eröffneten neuen Berliner Hauptbahnhof aufgenommen werden. Die Fahrzeit von Berlin nach Halle bzw. Leipzig verkürzte sich auf rund eine Stunde, zu Beginn des Ausbaus hatte sie noch bei 2 Stunden und 20 Minuten betragen. Ausgerüstet wurden die Strecken mit modernster Stellwerkstechnik nach neuestem europäischen Standard sowie sowohl mit dem Zugsicherungssystem ETCS Level 2 als auch mit Linienzugbeeinflussung (LZB) als Ergänzung zum ETCS-System.

Die Maintalbrücke Wiesen ist für 280 km/h zugelassen.

Steuerung der Neubaustrecken

Den Schnellverkehr auf den Neubaustrecken, die – erstmals in Deutschland – ausschließlich mit dem Zugsicherungssystem ETCS Level 2 ohne ortsfeste Signale (ETCS L2oS) ausgerüstet sind, steuern zwischen Ebensfeld, Erfurt und Halle bzw. Leipzig elektronische Stellwerke. Dafür richtete man fünf ETCS-Zentralen (zwei in Erfurt sowie je eine in Halle [Saale], Neuwiederitzsch und Unterleiterbach) ein und verlegte mehr als 3.000 Eurobalisen. Daher dürfen auf diesen Strecken nur die 70 bereits mit ETCS ausgerüsteten ICE T der BR 411 und 415 sowie 40 ICE 1 und 66 ICE 3 unterwegs sein, die zwischenzeitlich das ETCS Zugsicherungssystem erhalten haben. Instandhaltungs- und Abschleppfahrzeuge müssen ebenfalls ECTS-tauglich sein.

Der Aufwand hat sich gelohnt: Drei Sprinterzugpaare mit ICE 3 bewältigen heute die Strecke Berlin–München in weniger als vier Stunden – trotz Halten in Berlin-Südkreuz, Halle (Saale), Erfurt und Nürnberg. Der Erfolg ließ nicht lange auf sich warten, schon weniger Wochen nach Eröffnung freute sich die DB AG über starke Fahrgastzuwächse zwischen Berlin und München.

Ein ICE 1 fährt auf der Schnellfahrstrecke Ebensfeld – Erfurt durch den Thüringer Wald in Richtung Süden über Wohlrosetalbrücke bei Gehren. Im Hintergrund der Tunnel Brandkopf, vorn der Tunnel Silberberg (7.391 m) mit seinem Haubenbauwerk zur Vermeidung des »Tunnelknalls«.

Eine neue Dimension

Der TGV POS holt den absoluten Weltrekord auf der Schiene

Dank einer generalstabsmäßigen Vorbereitung holte sich die französische Staatsbahn SNCF am 3. April 2007 den Weltrekord auf der Schiene. Er wird auch in den kommenden Jahrzehnten kaum zu schlagen sein.

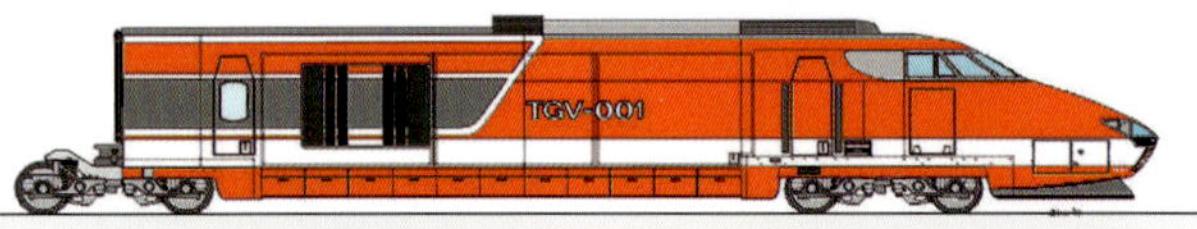

TGV-001: 318,0 km/h
08-Dezember-1972

318,0

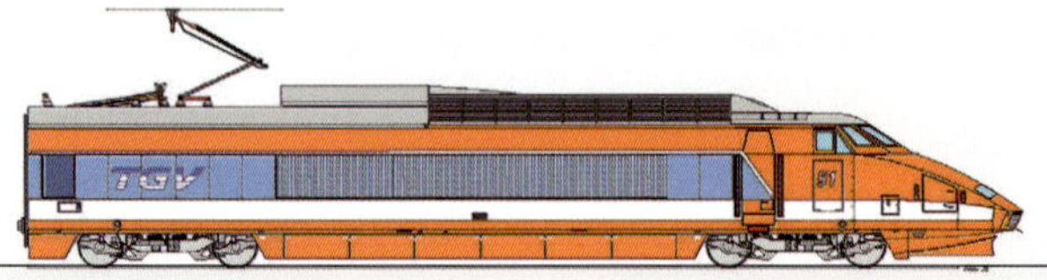

TGV: 380,4 km/h
26-Februar-1981

380,4

Die französische Staatsbahn SNCF präsentierte der Öffentlichkeit zusammen mit dem Schienenfahrzeughersteller Alstom am 26. März 2007 einen außergewöhnlichen TGV mit der Bezeichnung »V 150«. Letztere stand für 150 m pro Sekunde, was einer Höchstgeschwindigkeit von 540 km/h entspricht. Diese sollte auf der angekündigten Weltrekordfahrt jeden Fall erreicht werden. Die Vorbereitungszeit für dieses Projekt betrug 14 Monate. Dabei wurde die SNCF neben Alstom von der RFF (Réseau Ferré de France) unterstützt.

Der V 150 bestand aus zwei Triebköpfen der Bauart TGV POS sowie drei technisch angepassten Doppelstock-Mittelwagen der damals neusten Bauart. Den »Train à Grande Vitesse Paris – Ostfrankreich – Südwestdeutschland« (TGV POS) hatte die SNCF für den Hochgeschwindigkeitsverkehr zwischen Paris, Ostfrankreich (Straßburg) und Süddeutschland konstruieren lassen.

Der konkrete Anlass für die Beschaffung des TGV POS war der Neubau einer Hochgeschwindigkeitsstrecke zwischen Straßburg und Paris sowie die zusätzliche Ausrüstung der Fahrzeuge für die Strom- und Signalsysteme in Deutschland und der Schweiz, da diese Züge in die Nachbarländer verkehren sollten.

Allerdings handelt es sich beim TGV POS um keine komplette Neuentwicklung. Vielmehr kombinierte das Fahrzeug neu konstruierte Triebköpfe mit den Mittelwagen des TGV Réseau. Die neuen Triebköpfe wiederum basierten mechanisch weitgehend auf denen des TGV Thalys PBKA (Paris – Brüssel – Köln / Amsterdam). Die elektrische Ausrüstung für die drei Stromsysteme (1,5 kV=, 25 kV/50 Hz und 15 kV/16⅔ Hz) bestand erstmals in Asynchrontechnik mit IGBT-gesteuerten Drehstrom-Asynchronmotoren.

Eigens für die Weltrekordfahrt war die Spannung in der Oberleitung erhöht worden.

574,8

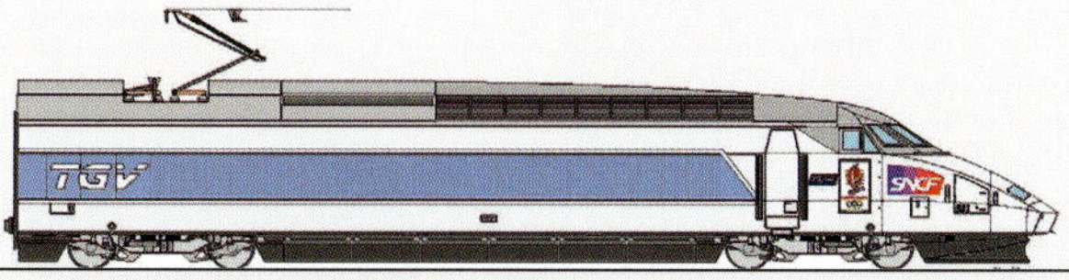

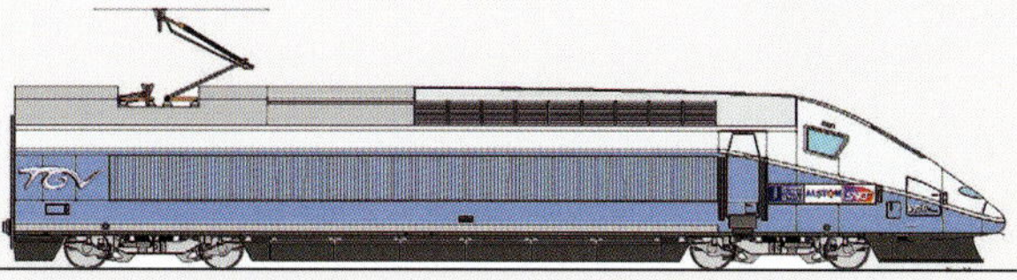

TGV: 515,3 km/h
16-Mai-1990

515,3

TGV: 574,8 km/h
03-April-2007

Die vom TGV Réseau übernommenen Mittelwagen wurden in der SNCF-Werkstatt Bischheim umfangreich modernisiert und auf den neusten technischen Stand gebracht.

Insgesamt entstanden 19 Einheiten, wobei dem TGV 4402 eine besondere Rolle zufiel, denn er wurde zum V 150 umgebaut.
Zur Erhöhung der Leistung auf 19.600 kW erhielten die drei Doppelstock-Mittelwagen zusätzliche Antriebsdrehgestelle. Außerdem änderten die Ingenieure die Getriebeübersetzungen und den Raddurchmesser. Die die für den Rekordversuch ausgewählte Strecke auf der LGV Est erhielt einen verfestigten Oberbau in den Kurven, außerdem erhöhte man die Fahrdrahtspannung von 25 kV auf 31 kV.
Der immense Aufwand sollte sich lohnen: Der »V 150« stellte am Mittag des 3. April 2007 auf der LGV Est einen neuen Geschwindigkeitsweltrekord für Schienenfahrzeuge auf, bei der er die anvisierten 540 km/h deutlich übertraf. Innerhalb von nur 13 Minuten beschleunigte die bärenstark motorisierte Einheit auf die absolute Spitzenmarke von 574,79 km/h.

Die Rekordfahrt fand zwischen Bar le Duc und Verdun, bei Les 3 Domaines, statt. Triebzugführer war Eric Piczac, im Rekordzug hatten 40 Techniker aber auch Prominente, wie die Präsidentin der SNCF Anne Marie Idrac, Platz genommen. Der 106 m lange und 268 Tonnen schwere Zug verfügte über eine Leistung von 26 650 PS, 12 der 16 Achsen waren angetrieben.
Mehrere Fernsehsender übertrugen die Rekordfahrt live, ein Flugzeug begleitete das silber-schwarze Geschoss und hunderte Menschen jubelten dem Zug zu, als er knapp 200 Kilometer östlich von Paris mit seiner Höchstgeschwindigkeit mehrere Brücken passierte.

Am 3. April 2007 erreichte eine verkürzte TGV-Einheit – bestehend aus zwei Triebköpfen und drei doppelstöckigen Mittelwagen – die Rekordgeschwindigkeit von 574,79 km/h.

Rekorde-Sammler

Die französische Nation besitzt einen großen Ehrgeiz, für den sie auch bereit ist, einen hohen Preis zu bezahlen. Dies gilt auch für das »Blauen Band der Schiene«. Erstmals traten die Franzosen am 28. und am 29. März 1955 mit ihren beiden Elloks BB 9004 und CC 7107 auf die Bildfläche. Zuerst erreichte die CC 7107 326 km/h, einen Tag später setzte die BB 9004 die Marke auf 331 km/h hoch. Knapp 26 Jahre später flog am 26. Februar 1981 der entsprechend präparierte Serien-TGV (Einheit 16) über einen 63 km langen Abschnitt der für den öffentlichen Verkehr noch nicht freigegebenen Strecke Paris–Lyon und erreichte eine Geschwindigkeit von 380 km/h. Um diesen Rekord zu erreichen, kürzte man den TGV auf zwei Triebköpfe und fünf Mittelwagen, änderte die Getriebeübersetzung und erhöhte den Treibrad-Durchmesser von 920 auf 1.050 mm.

In Deutschland durchbrach der Versuchs-ICE am 1. Mai 1988 die magische Grenze von 400 km/h und holte mit 406,9 km/h den Geschwindigkeitsweltrekord nach Deutschland. Das weckte erneut den Ehrgeiz der Franzosen, doch benötigten sie dafür zwei Jahre Zeit. Schließlich setzte ein auf drei Mittelwagen verkürzter TGV Atlantique (Einheit 325) mit geänderter Getriebeübersetzung, größeren Rädern, auf je 400 kW gesteigerter Leistung der Drehstrom-Synchronmotoren am 18. Mai 1990 mit 515,3 km/h eine neue Marke. Natürlich mussten auch auf der Teststrecke, dem südlichen Teilstück der LGV Atlantique, größere Modifikationen vorgenommen werden.

17 Jahre später wollten es die Franzosen wieder wissen. Am 26. März 2007 stellten SNCF und Alstom den zukünftige Rekordzug mit der Bezeichnung »V 150« (= 150 m/s = 540 km/h) der Öffentlichkeit vor. Er setzte sich aus den beiden TGV POS-Triebköpfen der Einheit 4402 und drei Doppelstock-Mittelwagen neuester Bauart zusammen. Entsprechende Modifikationen waren diesmal zusätzliche Antriebsdrehgestelle unter den Mittelwagen zur Erhöhung der Leistung auf 19.600 kW sowie wieder geänderte Getriebeübersetzungen und Raddurchmesser. Die Strecke erhielt einen verfestigten Oberbau in den Kurven sowie eine Erhöhung der Fahrdrahtspannung von 25 kV auf 31 kV. Schließlich erreichte am 3. April 2007 um 13:14 Uhr der »V 150« die absolute Spitzenmarke von 574,8 km/h.

Einen ganz anderen, aber durchaus besonderen Rekord stellte am 26. Mai 2001 der TGV Réseau 531 auf. Er benötigte für seine Non-Stopp-Fahrt von Calais Frethun nach Marseille auf der 1.067,4 km langen Strecke nur wenige Sekunden weniger als drei Stunden und zwölf Minuten. Das entspricht einer Durchschnittsgeschwindigkeit von knapp 305 km/h.

Im späten Abendlicht passiert der TGV nach München den Bahnhof Beimerstetten, hier die POS-Einheit 4402 mit dem Weltrekord-Triebkopf am 2. Juli 2010.

Die schon etwas derangiert wirkende PSE-Einheit 93 macht am 20. August 2012 einen kurzen Zwischenstopp am Flughafen-Bahnhof Charles de Gaulle bei Paris.

Das Ereignis gab es nicht für umsonst: Für Alstom und SNCF schlug die Rekordfahrt mit 30 Millionen Euro zu Buche. Dieser Aufwand geschah natürlich nicht ohne Hintergrund: In den folgenden Jahrzehnten sollte das Hochgeschwindigkeitsnetz der Eisenbahn in Europa erheblich erweitert werden. Für die TGV-Technologie erhofften sich die Franzosen dabei eine bedeutende Rolle.

Ihre auffällige Weltrekord-Beklebung durften die beiden Triebköpfe zunächst behalten und wiesen so weiterhin im Planbetrieb augenfällig auf die erzielte Rekordgeschwindigkeit hin. Technisch wurden sie allerdings wieder in den Ablieferungszustand zurückversetzt.

Bei der Weltrekordfahrt am 3. April 2007 säumen viele Zuschauer und Fotografen die Strecke, während der TGV dahin rast.

Endlich am Start

Der ICE nimmt den Planbetrieb auf

Mit dem Fahrplanwechsel am 2. Juni 1991 begann bei der Deutschen Bundesbahn (DB) ein neues Zeitalter: endlich startete der Hochgeschwindigkeitsverkehrs mit den neuen InterCityExpress-Zügen (ICE). Die Vorbereitungen dazu begannen bereits 1970.

Ein ICE 1 passiert die Fuldatalbrücke bei Morschen.

Überall zu Hause: Ein ICE 1 im Altmühltal

ICE-Begegnung im Gleisvorfeld des Nürnberg Hbf (ICE 1 und ICE 2 im Hintergrund)

Es war ein sehr langer Weg. Ende der 1960er Jahre hatte der seinerzeit vorgelegte Verkehrsbericht der Bundesregierung festgestellt, dass die erschöpften Streckenkapazitäten der DB nur durch Neubauten wirksam erhöht werden konnte. Bereits 1970 lagen die ersten Ideen für die so genannten Neubaustrecken (NBS) vor. Nur drei Jahre später, am 10. August 1973, fand in Laatzen bei Hannover der erste Spatenstich für die NBS Hannover–Gemünden statt. Außerdem sollten bis 1985 die Neubauten Mannheim–Stuttgart, Aschaffenburg–Würzburg und Köln–Groß-Gerau mit einer Gesamtlänge von rund 630 km errichtet werden. Dazu war der Ausbau von rund 1.250 km Hauptstrecke vorgesehen. Die Investitionen beliefen sich auf 16 Milliarden D-Mark. Die Neubaustrecken stellten die Ingenieure und Bauleute vor anspruchsvolle Aufgaben. Nicht nur die Topografie sondern auch zahlreiche Einsprüche im Rahmen der Planfeststellungsverfahren verzögerten die Umsetzung des ehrgeizigen NBS-Programms, von dem letztlich nur 427 km umgesetzt wurden. Dabei entstand u.a. bei Gemünden mit 135 m Länge die größte Spannbetonbrücke der Welt und bei Fulda mit 10.750 m der längste Tunnel der DB.

Trotz des kontinuierlichen Baufortschritts hatte die DB Ende der 1970er-Jahre noch kein Konzept für den Fahrzeugeinsatz auf dem NBS. Erst 1982 einigten sich der Vorstand der DB und die deutschen Schienenfahrzeug-Hersteller auf die Entwicklung eines Triebzuges, der Geschwindigkeiten bis zu 300 km/h erreichen sollte. 1985 stand schließlich der fünfteilige InterCityExperimental (ICE-V) zur Verfügung, der am 26. November 1985 bei einer Versuchsfahrt mit 317 km/h einen neuen deutschen Geschwindigkeitsrekord erreichte. Die während der Tests mit dem ICE-V gemachten Erfahrungen flossen umgehend in die Gestaltung der Neubaustrecken und die Konstruktion des ICE der ersten Generation (Baureihe 401) ein, mit dessen Bau 1988 begonnen wurde.

So geht es in Hamburg Hbf seit 1991: »Bitte einsteigen« in den ICE 1 nach München

Drei Jahre später war es endlich soweit. Die DB lud am 31. Mai 1991 zu Schnupperfahrten mit ihrem neuen Prestigeobjekt ein und am 2. Juni 1991 begann auf der Linie Hamburg–Hannover–Frankfurt (Main)–Stuttgart–München das Hochgeschwindigkeits-Zeitalter. Der ICE hatte von Beginn an einen großen Erfolg bei den Bahnkunden. Bereits Ende 1991 verzeichnete die DB einen Anstieg der Fahrgastzahlen um rund 13 %. Bis 1993 wurden alle 60 Einheiten des ICE 1 ausgeliefert und seit dem 23. Mai 1993 erreichte das neue Flagschiff der DB planmäßig die Hauptstadt Berlin.

Anschluss der Provinz

Der InterRegio schließt die Regionen ans IC-Netz an

Nicht nur ICE und IC revolutionierten in Deutschland den Fernverkehr. Für einen großen Fortschritt sorgte auch eine Zuggattung, die heute schon wieder fast vergessen ist.

103 149 macht sich bereit für den beschwerlichen Albaufstieg über die Geislinger Steige, als sie mit dem InterRegio von Karlsruhe nach Salzburg (Österreich) kurz im Bahnhof Geislingen an der Steige hält (Juli 1991).

Inter Regio 2646
Cottbus-
Leipzig- Halle- Magdeburg- Hannover-
Dortmund- Essen- Krefeld-
Aachen

Im September 1988 bot die Deutsche Bundesbahn (DB) einen neuen Zug im Fernverkehr an – den InterRegio (IR). Die ersten dieser Züge, die aus fernblau-lichtgrau lackierten Wagen bestanden, verkehrten im Zwei-Stunden-Takt auf der Strecke Hamburg–Kassel/Fulda.

In den 1980er-Jahren benötigte die DB neue Konzepte für den Fernverkehr. Zwar hatte die Bundesbahn mit der Einführung des zweiklassigen InterCity-System 1979 Neuland im hochwertigen Reiseverkehr beschritten, doch die Ausstattung der Züge lag nur geringfügig über dem Niveau des klassischen Schnellzuges. Die Züge bestanden meist aus 26,4 m langen klimatisierten Wagen mit der klassischen Abteil- oder Großraumeinteilung.

Im Laufe der Jahre wurde der D-Zug für die DB ein immer größeres Verlustgeschäft. Mitte der 1980er-Jahre bestand dringender Handlungsbedarf. 1986 wurde erstmals das Konzept des IR diskutiert. In Anlehnung an den IC war auch der IR als ein an Linien gebundenes, im Takt verkehrendes Zugsystem geplant. Insgesamt waren 18 Linien im Zwei-Stundentakt vorgesehen. Da sich einige Linien überschnitten, war auf einigen Teilstrecken, wie z.B. Hamburg–Hannover oder Köln–Koblenz, ein Stundentakt mög-

103 149 macht sich bereit für den beschwerlichen Albaufstieg über die Geislinger Steige, als sie mit dem InterRegio von Karlsruhe nach Salzburg (Österreich) kurz im Bahnhof Geislingen an der Steige hält (Juli 1991).Eine 111er, noch in ozeanblau-beiger Lackierung, eilt mit einem InterRegio-Zug bei Großsachsen-Heddesheim über die Strecke Mannheim–Frankfurt (Februar 1993).

Die Klappsitze im Abteil waren gewöhnungsbedürftig.

Eine Meisterleistung des Designs war der Bistrowagen, in dem man sich gleich wohlfühlte

lich. Als Höchstgeschwindigkeit waren bis zu 200 km/h vorgesehen. Der mittlere Haltestellenabstand sollte zwischen 20 und 50 km betragen. Oberste Priorität besaß für die Planer die Inneneinrichtung, die völlig neu gestaltet wurde und bei den Reisenden später großen Anklang fand. Den Umbau der Wagen übernahm das eigens dafür von der DB und der Flachglas AG geschaffene PFA (Partner für Fahrzeug-Ausstattung GmbH) in Weiden. Dort wurden im Laufe der Jahre insgesamt 1.017 DB-Wagen für den Einsatz im IR-Verkehr modernisiert. Ab 1991 wurden auch 332 ehemalige DR-Wagen für den IR-Dienst umgebaut. Dies übernahm jedoch in erster Linie das Reichsbahnausbesserungswerk (Raw) Halberstadt, das auch die 20 IR-Steuerwagen liefert.

Mit der deutschen Wiedervereinigung ergaben sich für den IR, der nun schrittweise den klassischen Schnellzug ersetzte, völlig neue Einsatzmöglichkeiten. Bereits 1990 fuhren die ersten IR nach Berlin, Leipzig und Magdeburg. Sechs Jahre später hatte das IR-Netz seine größte Ausdehnung erreicht. Doch zu diesem Zeitpunkt passte der IR mit seiner Stellung zwischen Regional- und dem IC/ICE-Verkehr kaum noch in das Konzept der Deutschen Bahn AG (DB AG). Dies führte dazu, dass die DB AG den IR auf rentablen Verbindungen ab 1999 schrittweise durch IC ersetzte. Bis 2003 wurden die meisten IR-Linien eingestellt. Im Winterfahrplan 2005/06 verkehrten schließlich die letzten IR auf der Strecke Chemnitz–Riesa–Berlin.

Ein deutscher Rekord

Der ICE durchbricht die 400 km/h-Marke auf der Schiene

Der Monat April des Jahres 1988 war ein besonderer Monat für den ICE V. Die Deutsche Bundesbahn wollte mit ihrem neuen Paradepferd den 1981 von einem TGV aufgestellten Weltrekord von 380 km/h brechen. Das Fahrzeug, mit dem das Hochgeschwindigkeitszeitalter bei der DB begann, war der Erprobungsträger »Intercity Experimental« (ICE, später ICE-V) der Baureihe 410.0.

Zu Mess- und Versuchsfahrten war der ICE V immer wieder auf der Schnellfahrstrecke zwischen Hannover und Würzburg anzutreffen.

Der ICE V neben einem elektrischen Schnelltriebwagen der Baureihe 403, der sich aber bei der DB nicht durchsetzen konnte (Bonn 11. März 1989).

Mitte 1983 hatten die Entwicklungsarbeiten für den Triebzug »Intercity Experimental« begonnen. Die Projektleitung hatte das BZA München inne. Das Lastenheft für dieses Fahrzeug sah eine planmäßige Höchstgeschwindigkeit von 250 km/h vor. Allerdings sollten bei Demonstrationsfahrten 300 km/h möglich sein und bei Versuchen sogar bis zu 350 km/h. Den ersten Triebkopf übernahm die DB im März 1985, im August stand der Zug vollständig bereit: zwei allradsatzangetriebenen Triebköpfen (410 001 und 002) und drei Mittelwagen. Die beiden Mittelwagen 810 001 und 002 dienten als Demonstrationswagen für die mögliche Innengestaltung, der 810 003 war als Messwagen im Einsatz. Die Aerodynamik spielte für die Ingenieure bei der Gestaltung des Zuges eine besondere Rolle, denn sie sollte für einen wirtschaftlichen Energieverbrauch sorgen und Druckstöße bei Zugbegegnungen und Tunneleinfahrten verringern. Der Fahrzeugkasten der Triebköpfe entstand in geschweißter Leichtbauweise. Bei nichttragenden Bauteilen nutzten die Konstrukteure Aluminium und glasfaserverstärkte Verbundwerkstoffe. Die Radsätze der Triebköpfe trieben kollektorlose Drehstrom-Asynchronmotoren an. Von den Elloks der Baureihe 120 wurde die Leistungsübertragung weitgehend übernommen.

Mittels eines anspruchsvollen Versuchs-, Erprobungs- und Demonstrationsprogramms wurde der Prototyp genau untersucht. Er erreichte dabei bis zu 350 km/h. Dieser Erfolg forderte den Ehrgeiz der Ingenieure heraus: Im April 1988 bereiteten sie eine Rekordfahrt vor, bei der der von einem TGV aufgestellte Weltrekord von 380 km/h gebrochen werden sollte.

Nach langen Vorbereitungen war es am 1. Mai soweit. Der ICE V – bestehend aus zwei Triebköpfen und zwei Mittelwagen, ging mit ausgewählten Gästen auf die Strecke und erreichte unter Jubel und Beifall den neuen Weltrekord von 406,9 km/h. Das forderte die ehrgeizigen Franzosen natürlich erneut heraus.

Am 18. Mai 1990 holte der modifizierte TGV-Atlantique Nummer 325 mit 515,3 km/h »das blaue Band der Schiene« wieder nach Frankreich zurück. Dieser Rekord wurde am 3. April 2007 vom TGV 4402 mit 574,8 km/h weit überboten.

Nach der Aufnahme des planmäßigen ICE-Verkehrs mit den neuen ICE-1-Triebzügen wurde der Prototyp weiter als Erprobungsträger verwendet. Die Indienststellung eines zweiten Versuchszugs im Jahr 1996 bedeutete eine Zäsur: Der Ur-ICE kam nur noch sporadisch zum Einsatz, wurde schließlich mit Fristablauf am 5. Mai 1998 abgestellt. Seit einigen Jahren steht der Triebkopf 410 001 mit einem Mittelwagen als Denkmal im Forschungs- und Technologiezentrum Minden. 410 002 hat dagegen im Verkehrszentrum des Deutschen Museums einen Platz gefunden.

Baureihenbezeichnung:	410.0+3x810+410.0
Radsatzanordnung:	Bo'Bo'+2'2'+2'2'+2'2'+Bo'Bo'
Stromsystem:	16⅔ Hz / 15 kV
Spurweite (mm):	1.435
Vmax (km/h):	350
Stundenleistung (kW):	8.400
Dauerleistung (kW):	7.280
Dienstmasse (t):	299
Größte Radsatzfahrmasse (t):	20
Länge über Kupplung (mm):	114.640
Drehzapfenabstand (mm):	11.460+3 x 17.000+11.460
Radsatzabstand Triebdrehgestell (mm):	3.000
Radsatzabstand Laufdrehgestell (mm):	2.800
Treibraddurchmesser (mm):	1.000
Laufraddurchmesser (mm):	920
Sitzplätze:	87
Indienststellung:	1985
Verbleib:	410 001+810 001 (Denkmal FTZ Minden), 410 002 (Deutsches Museum München)

Ersatz für die Eisenbahn?

Die Magnetschwebebahn Transrapid galt lange als Alternative

Immer wieder gab es Versuche, die Eisenbahn zu ersetzen. Dabei ging es immer auch um das Thema Geschwindigkeit. Einen großen Erfolg versprachen sich die Politiker und Techniker vom Transrapid.

Im Emsland drehte der Transrapid über Jahre seine Runden, hier der TR08 am 2. Juli 2000.

Ein vergessenes Reichspatent

Als sogenannte Magnetschwebebahn beruht der Transrapid technisch auf einem ganz anderen Prinzip als das klassische Rad-Schiene-System der Eisenbahn. Bereits im Jahr 1934 der Ingenieur Hermann Kemper (1892 – 1977) eine »Schwebebahn mit räderlosen Fahrzeugen, die an eisernen Fahrschienen mittels magnetischer Felder schwebend entlang geführt wird«, zum Patent an. 1935 konnte er seine Überlegungen an einem Modell verifizieren, bei dem große Elektromagnete die Bahn schweben ließen.

Weil aber das öffentliche Interesse fehlte und er keine Fördergelder bekam, gelangte das Projekt nie über dieses Stadium hinaus und geriet bald wieder in Vergessenheit.

Erst 1969 wurde die Idee wieder aufgenommen. Eine eigens gegründete Hochleistungs-Schnellbahn-Studiengesellschaft wog ökonomische und ökologische Argumente für die Einführung einer Hochleistungs-Schnellbahn in Deutschland sorgfältig gegeneinander ab. Sie kam zu dem Schluss, dass eine solche Bahn die Lücke zwischen Eisenbahn und Flugzeug sinnvoll ausfüllen könne. Damit ergab sich ein Einsatz mit hohen Geschwindigkeiten zwischen den großen Ballungszentren auf Strecken von 200 bis 500 km Länge.

1971 stellte die Gesellschaft der Öffentlichkeit ein erstes Probefahrzeug vor, in dem bereits auch Personen mitfahren konnten. Das Fahrzeug von Messerschmitt-Bölkow-Blohm (MBB) war auf einer 660 m langen Versuchsstrecke auf dem Werksgelände in Ottobrunn unterwegs.

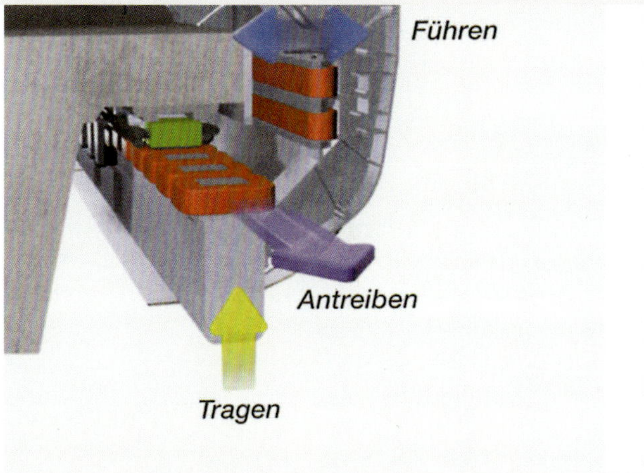

Bei der Magnetschwebebahn wird das Prinzip »Tragen und Führen« angewendet.

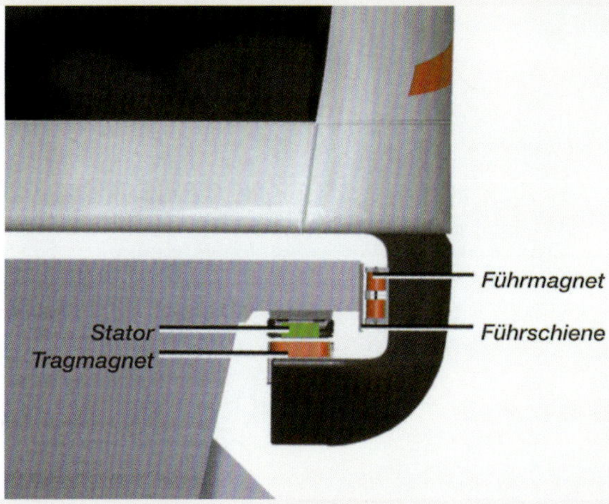

Die Anordnung der Trag- und Führungsmagnete im Transrapid verdeutlicht diese Skizze.

Das Prinzip der Magnetschwebetechnik

Die Magnetschwebetechnik nutzt den Elektro-Magnetismus. Die Kraft, mit der sich zwei gleiche Magnetpole abstoßen, ist stark genug, um selbst ein so schweres Fahrzeug wie den Transrapid zum Schweben zu bringen. Diese Kräfte können zudem für den Vortrieb des Zuges genutzt werden. Ein großer Vorteil besteht darin, dass die Fahrzeuge keinen Kontakt zur Fahrbahn haben. Sie brauchen weder Räder, Achsen und Getriebe noch schleifende oder rollende Stromabnehmer. Damit entfällt der Verschleiß, von dem solche Bauteile in besonderem Maße betroffen sind, und eine zeit- und kostenaufwändige Aufarbeitung ist nicht nötig.
Im Jahr 1972 entstand in Erlangen eine 900 m lange Erprobungsstrecke. Auf dem Rundkurs wurde der von MAN gebaute »Erlangener Erprobungsträger« (EET 01) eingesetzt. 1974 erreichte der unbemannte Komponentenmessträger (KOMET) von MBB auf einer MBB-eigenen Versuchsstrecke in Manching erstmals die als zukünftige Reisegeschwindigkeit geplanten 400 km/h. In diesem Geschwindigkeitsbereich sind die wirtschaftlichen Gewinne durch die Fahrzeitverkürzung noch hoch genug, um den zum Beschleunigen benötigten Energieverbrauch zu vertreten. Außerdem ist bis zu dieser Geschwindigkeit ein sinnvoller Haltestellenabstand möglich. Wäre die Bahn noch schneller, nähme die zum Beschleunigen benötigte Energie überproportional zu, was nur durch selteneres Bremsen und Beschleunigen, d.h. durch einen größeren Haltestellenabstand kompensiert werden könnte.
Auch eine Reisegeschwindigkeit weit unter 400 km/h mit entsprechend kurzen Haltestellenabständen gilt als nicht sinnvoll. Im Nahverkehr z.B., so stellte Dr.-Ing. Rudolf Breimeier fest, würde das Anheben und Führen des Zuges viel zu viel Energie verbrauchen. In diesem Bereich ist nach wie vor das herkömmliche Rad-Schiene-System überlegen.

Versuchsanlage im Emsland

Ende der 1970er-Jahre begann das neu gergündete Konsortium »Magnetbahn Transrapid« mit der Ausarbeitung der »Transrapid Versuchsanlage Emsland« (TVE). Mit dem Transrapid 05 wurde zum ersten Mal eine Magnetschwebebahn zur Beförderung von Personen zugelassen. Auf der Internationalen Verkehrsausstellung (IVA) im Jahr 1979 in Hamburg wurde er drei Wochen lang auf einer extra auf dem Ausstellungsgelände errichteten Strecke präsentiert und von mehr als 50.000 Passagieren genutzt.
1980 begann der Bau der TVE bei Lathen. Vier Jahre später wurde der erste Abschnitt der 31,5 km langen, eingleisigen Strecke fertig gestellt. Seit 1987 war sie auf ganzer Länge befahrbar. Sie verlief auf Stelzen in einer Höhe von durchschnittlich 15 Metern und besaß an beiden Enden eine Wendeschleife mit Weiche. Eine dritte Weiche führte in die Wartungshalle.
Ein T-förmiger, 25 Meter langer Stahl- oder Betonträger bildete die Basis der Fahrbahn. Der Zug griff klauenartig um den Obergurt des T-Profils und lief so entlang der Fahrbahn. Die Magnete zum Heben der Bahn waren im Fahrzeug integriert.

Wie ein Elektromotor

Der Antrieb funktioniert wie ein Elektromotor. Allerdings bildet die Statorwicklung keinen geschlossenen Kreis, sondern ist »aufgeschnitten« und flach in die Fahrbahn integriert (Langstator). Der Rotor, der sich beim Motor dreht, ist im Transrapid fest montiert (Linearmotor). Wandert ein Magnetfeld in dem aus einzelnen Segmenten bestehenden Stator, wird der Zug durch den festen Rotor und das Magnetfeld mitgezogen. Über die Stärke und Frequenz des Stroms lassen sich das Magnetfeld und damit die Geschwindigkeit stufenlos regeln.

Die Geschwindigkeiten des ICE erreichte der Transrapid spielend. Ursprünglich war der Bau einer Referenzstrecke zwischen Hamburg und Berlin geplant.

Das modernste Fahrzeug auf dem Versuchsgelände in Lathen der TR 08, zeigt sich in den Farben der DB AG zeigte.; im Hintergrund der TR 07.

Der Transrapid im Ausland

Im Oktober 1998 wurde die Transrapid International USA gegründet. Ein Jahr später gab der US-Senat eine Untersuchung zur Machbarkeit einer Magnetschwebebahn-Strecke frei. 2001 entschied Verkehrsminister Rodney Slater, dass die Technik auf der Flughafenverbindung Pittsburgh und der Strecke Washington – Baltimore untersucht werden sollte. Eine Entscheidung für eine Transrapid-Strecke auf US-amerikanischem Boden blieb aber bisher aus.
Dagegen unterschrieben im November 1999 China und die Transrapid International ein Papier mit dem Ziel, eine geeignete Transrapid-Strecke in der Volksrepublik auszuwählen und die Machbarkeit unter technischen und wirtschaftlichen Gesichtspunkten zu untersuchen. Die Entscheidung fiel zu Gunsten der 30 Kilometer langen Verbindung vom neuen Flughafen Pudong International in das Stadtzentrum von Shanghai. Am 12. November 2003 stellte der Transrapid auf dieser Strecke mit 501 km/h einen neuen Weltrekord für kommerzielle Bahnsysteme auf. Ende 2003 wurde der reguläre Betrieb aufgenommen.

Der Transrapid scheitert in Deutschland

1989 gab die Bundesregierung grünes Licht für den Bau einer Strecke zwischen den Flughäfen Düsseldorf und Köln/Bonn. Damit begann die »unendliche Geschichte« der Suche nach einer geeigneten Strecke für den Transrapid.
Die Entscheidung wurde nämlich wegen der Vereinigung beider deutscher Staaten wieder in Frage gestellt und später zurückgenommen. Statt dessen nahmen die Behörden 1992 eine 292 km lange Magnetschwebebahn zwischen Berlin und Hamburg in den Bundesverkehrswegeplan auf. Die geplanten Kosten für das Projekt wurden mit ca. 6 Milliarden Mark veranschlagt.
Am 17. Juni 1993 stellte der Transrapid 07 auf der TVE mit 450 km/h einen neuen Geschwindigkeitsrekord auf. Eine höhere Geschwindigkeit war auf der kurzen Strecke nicht möglich.
Im September 1994 wurde entschieden, die Strecke von Hamburg nach Berlin zu bauen. Die Magnetschnellbahn-Planungsgesellschaft mbH (MPG) wurde in Schwerin gegründet und bereitete die Genehmigungsverfahren vor. 1997 beschloss die Deutsche Bahn AG (DB AG), die Transrapid-Verbindung Berlin–Hamburg zu betreiben.
Zwei Jahre später waren die Kosten für das Projekt, besonders für den Erwerb der für die Strecke benötigten Grundstücke, so weit angestiegen, dass das Bundesverkehrsministerium entschied, die Strecke nur eingleisig mit Ausweichstellen bauen zu lassen. Dadurch reduzierte sich die vorgesehene Zahl von vier Zugpaaren stündlich auf die Hälfte. Zudem sanken die prognostizierten Fahrgastzahlen immer weiter, bis sie zuletzt unter 9 Millionen Reisenden pro Jahr lagen. Deshalb wurde das Vorhaben im Jahr 2000 wieder verworfen. Bei der Suche nach Alternativstrecken waren folgende Linien im Gespräch:

- die Anbindung der Großflughäfen München und Berlin-Schönefeld an das jeweilige Stadtzentrum,
- ein so genanntes »Metrorapid«-Konzept für Nordrhein-Westfalen,
- eine Transrapid-Anbindung über Norddeutschland in die Niederlande,
- eine Verbindungsstrecke zwischen den Flughäfen Frankfurt am Main und Hahn im Hunsrück.

Auch im Winter drehte der Transrapid seine Runden. Am 17. Februar 2000 war der TR08 im Einsatz.

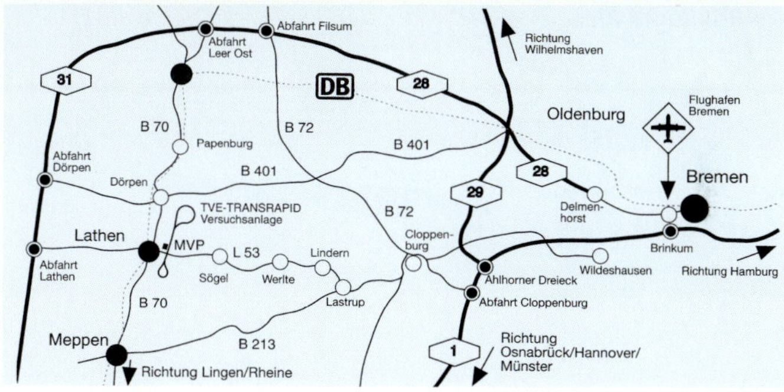

Zwischen Meppen und Papenburg lag die Transrapid-Versuchsanlage.

Die Entscheidung fiel zunächst zugunsten einer rund 80 Kilometer langen Metrorapid-Linie Dortmund–Essen–Düsseldorf. Doch am 27. Juni 2003 verzichtete Nordrhein-Westfalen aus finanziellen Gründen auf den Bau des Metrorapid zwischen Dortmund und Düsseldorf.

Im Jahr 2005 beschloss die Bundesregierung zudem, künftig weitere 113 Millionen Euro in die Transrapid-Technologie im Rahmen eines sogenannten Weiterentwicklungsprogramms zu investieren. Mindestens eine Transrapid-Referenzstrecke soll in Deutschland realisiert werden.

Jetzt meldete der Freistaat Bayern den Wunsch nach einer etwa 37 Kilometer langen Verbindung zwischen Hauptbahnhof und Flughafen in München an. Noch im Jahr 2005 leitete das Eisenbahn-Bundesamt die Planfeststellung zum Transrapid München ein.

Im Forum des München Airport Centers wurde eigens ein original Transrapid-Zug aufgebaut, in dem über die geplante Flughafenanbindung informiert wurde. Ein Transrapid zwischen dem Flughafen und der Stadt wäre mit einer Fahrzeit von zehn Minuten der S-Bahn-Anbindung weitaus überlegen gewesen. Letztere braucht durch ihre vielen Zwischenhalte 40 Minuten für dieselbe Strecke. Allerdings wäre ein ICE auf eigener Trasse ohne Zwischenhalt nur geringfügig langsamer gewesen als ein Transrapid. Der Planfeststellungsbeschluss hätte eigentlich Mitte 2008 erfolgen sollen, denn das Beteiligungs- und Anhörungsverfahren war im Januar 2008 abgeschlossen worden. Aber das Projekt kämpfte mit ungeklärten Finanzierungsfragen und fehlender breiter gesellschaftlicher Akzeptanz. Schließlich entschieden die Bundesregierung, die bayerische Staatsregierung und die Industrie am 27. März 2008, den Transrapid in München vom Hauptbahnhof

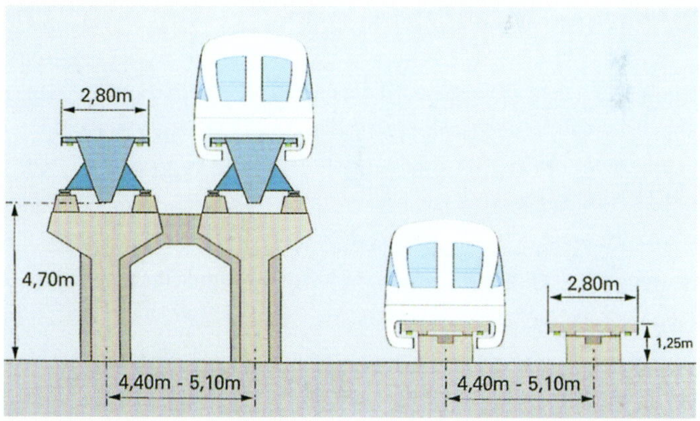

Der Fahrweg des Transrapid kann entweder ebenerdig oder aufgeständert gebaut werden. Der Mittenabstand zwischen zwei Fahrwegen schwankt zwischen 4,4 m und 5,1 m.

zum Flughafen nicht zu bauen. Als wichtigster Grund galten die gestiegenen Kosten von 1,85 Mrd. Euro im September 2007 auf über 3 Mrd. Euro im März 2008. Ursache der Kostenexplosion waren die drastisch gestiegenen Baukosten, wohingegen die Transrapidsystemkosten annähernd gleich blieben. Weil die Zweifel am Kosten-Nutzen-Verhältnis des Vorhabens bereits bei

Im Mai 2000 war der TR08 im Emsland im Einsatz. Das Stopschild hat rückblickend symbolische Bedeutung.

Energiebilanz des Transrapid

Beim Effizienzvergleich mit dem ICE 3 schneidet der nun als ICE 5 bezeichnete Transrapid 08 eher besser ab als der herkömmliche Zug. So wurde für die Strecke Hamburg–Berlin ein vierteiliger Zug mit insgesamt 446 Sitzplätzen vorgesehen, damit entspricht seine Sitzplatzkapazität etwa einem ICE mit 425 Plätzen. Der in den ICE-Farben weiß und rot lackierte Transrapid hat mit 25 MW die dreifache Leistung des ICE. Er beschleunigt wesentlich schneller als der ICE und übertrifft ihn mit seiner Endgeschwindigkeit von 430 km/h um 100 km/h.
Die meiste Energie verbraucht der Transrapid zur Überwindung des Luftwiderstands. Bis zu einer Geschwindigkeit von 330 km/h verbraucht er deshalb ca. 15 Prozent weniger Energie als der ICE. Dann steigt der Verbrauch steiler an und liegt bei 430 km/h etwa 15 Prozent über dem des ICE. Der ICE speist die beim Bremsen erzeugte elektrische Energie in die Oberleitung zurück, sodass damit andere Züge angetrieben werden können. Beim Transrapid ist dies nicht möglich, weil zwei Züge nicht gleichzeitig in einem elektrischen Abschnitt fahren können. (Beim Zug auf Schienen dürfen hingegen mehrere Züge in einem elektrischen Abschnitt fahren). Die Energie, die der Transrapid beim Bremsen erzeugt, müsste zunächst dem Unterwerk zugeführt und von dort weiter ins Landesnetz geleitet werden. Die Betreiber des Landesnetzes können aber die beim Bremsen auftretenden Spitzenleistungen von mehreren 10.000 Watt noch nicht verarbeiten, sodass die Rückspeisung bisher noch nicht möglich ist.

der geplanten Investitionssumme von 1,85 Mrd. Euro groß waren, fehlte dem Projekt die Begründung als sinnvolle Investition. Nach dem Aus für die Strecke in München beschlossen die Hersteller (Siemens und ThyssenKrupp) auf einer Beiratssitzung am 8. Mai 2008 die Auflösung des Gemeinschaftsunternehmens Transrapid International zum 1. Oktober 2008.

Die Katastrophe von Lathen und das Ende der TVE

Am 22. September 2006 ereignete sich gegen 10 Uhr auf der Transrapid-Versuchsanlage Emsland ein schwerer Unfall, bei dem 23 Menschen starben und zehn weitere verletzt wurden. Der mit 31 Personen besetzte Transrapid 08 prallte auf offener Strecke gegen einen mit zwei Personen besetzten Werkstattwagen. Als Unfallursache wurde menschliches Versagen festgestellt.

Die Betriebserlaubnis für die Versuchsanlage wurde infolge des Unfalls aufgehoben, aber im Juli 2008 erneut erteilt.
Am 10. Dezember 2008 wurde die Stilllegung der Transrapidversuchsstrecke im Emsland zum Juni 2009 angekündigt. Ein Rückbau sollte 40 Millionen Euro kosten, die von der Bundes-

Blick aus dem Führerstand eines Transrapids (17. Februar 1992)

republik Deutschland zu tragen seien. Unter Bezugnahme auf das Bundesverkehrsministerium wurde die gesamte bisherige Förderung der Transrapidtechnologie mit 1,4 Mrd. Euro angegeben. Eine Initiative von Unternehmern setzte sich für den Erhalt der Versuchsstrecke ein und wollte neu entwickelte Fahrbahnträger testen, die die Kosten des Streckenbaus um angeblich 30 % reduzierten, was die Exportchancen des Transrapids verbessern sollte. Die Bundesregierung teilte am 4. Februar 2009 auf die Anfrage 16/11512 der Fraktion Bündnis 90/Die Grünen mit, dass von einer Stilllegung der Versuchsanlage im Laufe des Jahres 2009 auszugehen sei. Am 24. Juni 2009 wurde bekannt, dass sich Landkreis, Land, Bund und Industrie auf einen Weiterbetrieb der Versuchsstrecke und dessen Finanzierung bis zum April 2010 verständigt hatten, um die Erprobung der neuen Fahrbahnträger zu ermöglichen. Eine darüber hinausgehende Finanzierung machte die Politik von konkreten Aufträgen für den Transrapid abhängig. Die neue Bundesregierung bewilligte weitere Mittel für den Betrieb der Versuchsanlage bis Ende 2010. Im Jahr 2011 erfolgte letztmals eine Förderung durch den Bund, welche an die Bedingung geknüpft war, dass die Beteiligten sich auf ein Nachnutzungs- oder Abwicklungskonzept einigen.
Ab 1970 wurden 800 Millionen Euro für Bau, Betrieb und Instandhaltung der TVE ausgegeben. Die Industrie muss im Fall von Verwertungen der Entwicklungsergebnisse bis zu 100 Millionen Euro an den Bund zurückzahlen.

Ende 2011 wurde die Transrapid-Versuchsanlage schließlich stillgelegt. Den Testzug ersteigerten die Erben Hermann Kempers, auf dessen Erfindung die Magnetschwebebahn beruhte. Transrapid 09 dient nunmehr in Nortrup als Konferenz- und Museumsfläche.

Argumente der Gegner

Doch der Transrapid hatte nicht nur Befürworter, sondern auch starke Gegner. Als Hauptargument der Gegner war immer wieder zu hören, dass die Eingriffe in die Natur für den Bau der aufgeständerten Strecke in keinem Verhältnis zum Zeitgewinn gegenüber herkömmlichen Schnellbahnverbindungen stünden. Zudem könnten wegen des hohen Fahrpreises nur wenige Reisende von den Vorteilen profitieren. Bei einer Geschwindigkeit von 350 km/h liege der Kilometerpreis des Transrapid rund 30 Prozent über dem des ICE. Bei kürzerem Haltestellenabstand würde das Verhältnis noch ungünstiger für den Transrapid. Auch sei der Anblick der fertigen Trasse keine Augenweide. Allerdings könne die Transrapidstrecke durch die bessere Steigfähigkeit der Züge und kleinere mögliche Bogenradien flexibler geführt werden, sodass lange Rampen und eventuell für den ICE erforderliche Tunnel entfallen könnten.
Zusätzlich zu den Strecken müsste eine komplett neue Infrastruktur mit Bahnhöfen, Zufahrten, Werkstätten und Energieversorgungsanlagen gebaut werden, weil der Transrapid die Einrichtungen der herkömmlichen Bahn nicht nutzen kann. Der Bau und die Unterhaltung von Transrapid-Strecken sei wesentlich teurer als für ein herkömmliches Gleis. Die Zugdichte wäre auf diesen Strecken erheblich geringer als auf Gleisen, außerdem könnte die Bahn nicht von anderen Zügen, z.B. vom Nah- oder Güterverkehr genutzt werden.
Kritiker forderten deshalb, dass für dieses Vorhaben geplante öffentliche Gelder so verwendet werden, dass ein größerer Teil der Bevölkerung davon profitiere.
Weil sich immer nur ein Transrapid im von einem Unterwerk versorgten elektrischen Abschnitt befinden kann, ist es nur mit sehr großem Aufwand möglich, die Zugdichte auf der Strecke zu erhöhen. Für die »Metrorapid«-Verbindung im Ruhrgebiet war beispielsweise eine feste Zugfolge von 7,5 min vorgesehen, die in den Hauptzeiten nicht gesteigert werden konnte. Die Züge hätten nur mit einer festen Wagenanzahl eingesetzt werden können, weil das Kuppeln mehrerer Züge oder das Einreihen zusätzlicher Wagen nicht vorgesehen war.
Einem flächendeckenden Einsatz des Transrapid in Deutschland stand auch der mit ca. 75 km relativ geringe Abstand der Großstädte ab 100.000 Einwohner im Weg. Diese Entfernungen lassen sich wesentlich ökonomischer mit dem normalen Rad-Schiene-System überwinden.
Die Befürworter der Magnetschwebebahn führten ins Feld, dass es sich um eines der umweltfreundlichsten Transportmittel handele und dass der Transrapid die klaffende Geschwindigkeitslücke zwischen Eisenbahn und Flugzeug schlösse. Außerdem wurde immer wieder die Stärkung des Hochtechnologie-Standorts Deutschland hervorgehoben. Man hoffte, dass auf Projekte in Deutschland weitere Aufträge aus dem Ausland folgen würden.

Start des TGV

Eine neue Epoche des europäischen Schienenverkehrs beginnt

Der französische TGV brachte den Hochgeschwindigkeitsverkehr nach Europa. Die Eröffnung der ersten Strecke markiert den Beginn eines neuen Zeitalters des Bahnreisens.

Der erste fertig gestellte, elektrisch angetriebene TGV verlässt im Mai 1978 die Montagehalle des Alsthom-Werkes in Belfort.

Das Foto zeigt einen TGV im Bahnhof von Dijon bei einer Vorführungsfahrt im August 1978.

Die Ölkrise von 1973 hatte allen wichtigen Industrienationen ihre große Abhängigkeit vom Öl dramatisch vor Augen geführt. Das galt selbstverständlich auch für Frankreich, das wie andere Länder auch Öl in großer Menge importieren musste. Aus diesem Grund entschied sich die Regierung für den Bau von zahlreichen Kernkraftwerken sowie den Ausbau des Schienenverkehrs. In diesem Zusammenhang wurde über die Notwendigkeit einer Neubaustrecke in Fachkreisen intensiv diskutiert. Bei der Direktion der französischen Staatsbahn SNCF wurde dagegen die Einführung der Hochgeschwindigkeit – also mehr als 200 km/h – als dringende Lösung angesehen, um der Bahn in Frankreich neue Impulse zu geben. Obwohl schon seit 1967 auf ausgebauten Teilstrecken mit 200 km/h Tempo gefahren wurde, war das Streckennetz nicht für eine höhere Geschwindigkeit geeignet, es sei denn, es wären teure Ausbaumaßnahmen eingeleitet worden. Eilzüge fuhren damals mit maximal 140 km/h, auf Hauptstrecken waren abschnittweise bis zu 160 km/h möglich. Das Streckennetz hatte die SNCF vor dem Zweiten Weltkrieg von den Privatbahnen übernommen, viel war in den Ausbau nicht investiert worden, so dass für Züge, insbesondere auf kurvenreichen Strecken, eine höhere Geschwindigkeit nicht möglich war.

In der Diskussion rückte schließlich die Verbindung von Paris nach Lyon in den Fokus. Der Verkehr auf der Strecke aus der Hauptstadt nach Lyon war stetig gestiegen, Prognosen wiesen auf enorme Hindernisse in der Verkehrsabwicklung hin, wenn nicht schnell etwas getan werde. Obwohl die Strecke Anfang der 1950er Jahre elektrifiziert und großenteils viergleisig ausgebaut worden war, um ihre Leistungsfähigkeit zu steigern, stieß sie sowohl in der Hauptreisezeit als auch an den Wochenenden an die Grenzen ihrer Leistungsfähigkeit.

Am 23. März 1976 wurde die Gemeinnützigkeit der 410 km langen Neubaustrecke von Paris nach Lyon als »LN 1« (ligne nouvelle) anerkannt. Nachdem sich die Politik stark für dieses Vorhaben eingesetzt hatte und die starken Widerstände gegen die Neubaustrecke überwunden waren, konnten die Bauarbeiten noch im Jahre 1976 beginnen. Sie wurden 1983 beendet.

Nach Beendigung von Testfahrten auf der Neubaustrecke wird die Testgarnitur von einer Diesellok auf die nicht elektrifizierte Verbindungsstrecke in Montchanin gezogen.

Service zum Mittagessen am Platz in der ersten Klasse auf einem Kurs nach Marseille.

Eine Fahrt auf der LN 1

Die Fahrt beginnt im Bahnhof von Paris Gare de Lyon, der nun hauptsächlich von TGV-Zügen bedient wird. Außerdem beginnen hier auch einige Schnellzuge nach Clermont-Ferrand, und letztlich wird Paris-Lyon von einem dichten Vorort- und Regionalverkehr frequentiert. Sämtliche Nachtzüge wurden jedoch zu den Bahnhöfen Paris-Austerlitz oder Paris-Bercy verlegt.
Zunächst rollen die TGV-Züge auf der alten Strecke bis Créteil (Carrefour Pompadour), fahren dann auf die Verbindungstrecke, durchqueren zwei Tunnels in Limeil-Brévannes und Villecresnes und gehen schließlich auf die Neubauverbindungsstrecke von Combs bis Crisenoy in Richtung Lyon über. Die schöne hügelige und touristische Morvan-Region wird bis St. Florentin durchfahren, wo ab und zu noch eine Verbindungstrecke genützt wird. Nachdem Pasilly erreicht ist – von hier zweigen die TGV nach Dijon und Lausanne ab – werden die Bahnhöfe von Le Creusot und Mâcon-Loché angefahren. Seit 1992 zweigt bei Montanay die Umfahrungsstrecke von Lyon ab, die die TGV-Züge nach Valence und weiter südlich auf die Neubaustrecke LN 5 »Méditerranée« nach Montpellier, Marseille und Nizza führt.
Die Neubaustrecke LN1 trifft bei Sathonay auf die Strecke von Bourg en Bresse, überquert die Rhône und fährt in Lyon Part-Dieu ein. Dieser neue Bahnhof hat den alten von Lyon-Brotteaux ersetzt. Von hier fahren dann die Züge weiter nach Lyon-Perrache, Grenoble oder St. Etienne.

Eröffnung in zwei Etappen

Als direkte Folge des stetig wachsenden Auto- und Flugzeugverkehrs nach dem Zweiten Weltkrieg war die Eisenbahn schon seit den 1960er Jahren als veraltet und nicht mehr zeitgemäß angesehen worden. Als am 27. September 1981 aber der erste Abschnitt der neuen Bahnstrecke LN 1 in Betrieb genommen wurde, begann für den Eisenbahnverkehr in Frankreich ein neues Zeitalter. Der »Train à Grande Vitesse« wurde binnen kürzester Zeit zu einem großen Erfolg. Die für den TGV ursprünglich vorgenommenen Prognosen wurden weit übertroffen.

Der Hauptvorteil der TGV-Züge: Sie verkehren auf einer separaten, für Hochgeschwindigkeitszüge gebauten Strecke, und sie fahren direkt von Stadtzentrum zu Stadtzentrum. Anfangs fuhren die TGV mit 260 km/h, ab September 1982 dann mit 270 km/h. Dank der Einführung von neuem rollendem Material konnte die Geschwindigkeit erhöht werden. Seit 2001 fahren die Züge mit 300 km/h, bald werden es auf dieser Strecke 320 km/h sein. Die Fahrzeit zwischen Paris und Lyon beträgt rund zwei Stunden.
Die LN 1 wurde in Anwesenheit von vielen Prominenten und Fachleuten von Staatspräsident François Mitterand eingeweiht. Sie wurde in zwei Abschnitten eröffnet. Der Südteil, nördlich von Lyon bei Sathonay bis St. Florentin, wurde im September 1981 für den Zugverkehr freigegeben, und der nördliche Teil, von St. Florentin bis Combs la Ville, wurde ab 25. Oktober 1983 von TGV-Zügen befahren. Die Strecke führt über eine Länge von 418 km, sie hat 8 Brücken und eine maximale Steigung von 3,5 %. Das Zugleitsystem TVM 300, von 1981 bis 2001 im Einsatz, wurde inzwischen vom TVM 430 ersetzt.

Die Inbetriebnahme des TGV Sud-Est zwischen Paris und Lyon war ein Meilenstein in der französischen Verkehrs- und Eisenbahngeschichte, von ähnlicher Bedeutung wie die Vorstellung des Shinkansen 1964 in Japan. Seit dem ersten »Bullet Train« hat der Hochgeschwindigkeitsverkehr auf der Schiene großen technischen und kommerziellen Erfolg in all den Ländern genossen, welche die Technologie angenommen haben. Hochgeschwindigkeitsverkehr ist nicht nur schnell, er hat sich auch als ein sicheres, bequemes und leistungsfähiges Transportmittel für die ganze Bevölkerung erwiesen. Kurz gesagt, er hat den Schienenverkehr wiederbelebt und gilt als ein Symbol einer modernen Gesellschaft.

Zwischen 1981 und heute wurden insgesamt gut 1.900 Kilometer Hochgeschwindigkeitsstrecken in Betrieb genommen, die ausschließlich für den TGV-Verkehr genutzt werden. Weitere Strecken mit einem Volumen von rund 2.300 km befinden sich gerade im Planungsstadium oder schon im Bau wie die nachfolgende Tabelle zeigt:

Zwei TGV »Paris-Sud Est«-Einheiten fahren auf der alten PLM-Strecke. Sie wurden im Oktober 1982 bei Sens aufgenommen. Zu dieser Zeit war die Neubaustrecke nur ab St. Florentin befahrbar.

Fertiggestellte Hochgeschwindigkeitsstrecken

Bezeichnung	Abschnitt	Länge	HG	Kosten	Eröffnung
LGV Paris Sud Est	St. Florentin–Sathonay (Lyon)	312 km	300 km/h	zusammen € 1,8 Mrd.	22.09.1981
LGV Paris Sud Est	(Paris–)Lieusaint–St. Florentin	117 km	300 km/h		25.09.1983
LGV Atlantique	Montparnasse–Courtalain–Connerré(–Le Mans)	177 km	300 km/h	zusammen € 1,5 Mrd.	20.09.1989
LGV Atlantique	Courtalain–Tours	102 km	300 km/h		25.09.1990
LGV Nord Europe	Paris–Lille–Kanaltunnel	333 km	300 km/h	€ 2,0 Mrd.	26.09.1993
LGV Jonction	Vémars–Coubert	104 km	270 km/h	€ 1,2 Mrd.	29.05.1994
LGV Rhône-Alpes	Montanay–St. Marcel-les-Valence	121 km	320 km/h	€ 945 Mio.	03.07.1994
LGV Méditerranée	St Marcel-les-Valence–Marseille	295 km	300 km/h	€ 3,8 Mrd.	07.06.2001
LGV Est Européen	Vaires–Baudrecourt	300 km	320 km/h	€ 3,2 Mrd.	10.07.2007
LGV Languedoc-Roussillon	Perpignan–Figueres (Spanien)	45 km	350 km/h	€ 720 Mio.	19.12.2010
LGV Bretagne-PDL	Connerré–Rennes	182 km	320 km/h	€ 3,4 Mrd.	02.07.2017
LGV Sud Europe Atlantique	Tours–Bordeaux	303 km + 49 km	350 km/h	€ 7,2 Mrd.	02.07.2017
LGV Rhin-Rhone	Villers-les-Pots–Petit Croix	140 km	320 km/h	€ 2,3 Mrd.	2011
LGV Est Européen	Baudrecourt–Vendenheim	106 km	320 km/h	€ 2,1 Mrd.	2016

HG-Strecken im Bau / geplant

LGV Rhin-Rhône	Petit Croix–Lutterbach	36 km	320 km/h	k.A.	k.A.
	Lutterbach chord	k.A.	k.A.	k.A.	2012
	Montbard–Oijon–Genlis	70 km	320 km/h	k.A.	k.A.
LGV PACA	Aix-en-Provence–Nice	180km	k.A.	€ 16 Mrd.	2023
LGV Languedoc-Roussillon	Manduel–Lattès	80 km	350 km/h	€ 1,4 Mrd.	2016
	Lattès–Perpignan	200 km	k.A.	€ 6 Mrd.	2020
LGV SEA					
	Bordeaux–Toulouse	200 km	360 km/h	€ 2,9 Mrd.	2020
	Bordeaux–Spanien	250 km	k.A.	€ 3,8 Mrd.	2020
	Poitiers–Limoges	115 km	320 km/h	€ 1,3 Mrd.	2017
LGV Paris-Clermont-Lyon	Paris–Clermont-Ferrand–Lyon	400 km	k.A.	k.A.	2025

Klassenloses Angebot

Wie die Zweiklassengesellschaft den Fernreiseverkehr der DB rettete

»Jede Stunde, jede Klasse« – mit diesem prägnanten Slogan startete die Deutsche Bundesbahn ihr neues Angebot IC ’79. Der Erfolg war überwältigend und rettete den Fernverkehr auf westdeutschen Gleisen.

Ein Intercity hat den Bahnhof Freiburg Hbf erreicht. Der Zug fährt mit einer klassischen Garnitur aus elf Wagons, davon mehrere nicht klimatisiert. (September 1980).

Am 27. Mai 1979, dem Beginn des neuen Sommerfahrplans, erlebte der Fernverkehr der Deutschen Bundesbahn (DB) eine Revolution: Mit den Werbesprüchen »Jede Stunde, jede Klasse« und »Nur die Straßenbahn fährt öfter« startete die DB das Programm IC '79. Es brachte für die Reisenden im Fernverkehr zwei wesentliche Neuerungen: den Stundentakt sowie die Einführung der zweiten Wagenklasse in allen Intercity-Zügen.
Der neue Takt bewirkte nichts Geringeres als eine Verdoppelung des Zugangebots auf allen Fernstrecken. Dafür verschwanden auf den IC-Linien insbesondere zu den Fahrplanwechseln 1979 und 1985 eine ganze Reihe klassischer D-Zügen.

Natürlich änderten sich mit dem neuen Angebot auch die Zuschläge: Während D-Züge mit einer Fahrkarte für eine Entfernung von mehr als 50 Kilometern zuschlagfrei waren, erhob die DB in den IC-Zügen unabhängig von Fahrkarte und der im IC zurückgelegten Strecke einen pauschalen Zuschlag, der in der zweiten Klasse über viele Jahre hinweg unverändert 5,- DM betrug.
Konsequent sorgten die Mitarbeiter der DB dafür, dass sich im Rahmen von IC '79 die Reisezeiten der neuen Zugverbindungen gegenüber den alten D-Zügen verkürzten. Ein wesentlicher Faktor war dabei, der abschnittweise Ausbau der Strecken für eine Höchstgeschwindigkeit von 200 km/h. Außerdem verzichtete man weitgehend auf Kurswagen, denn damit entfiel das zeitaufwendige Kuppeln und Rangieren.

Außerdem band die DB Regionen, deren Fahrgastaufkommen für einen Stundentakt nicht ausreichte, mit einzelnen weitergeführten IC-Relationen umsteigefrei an das Kernnetz an. Dazu zählten beispielsweise die Verbindungen nach Kopenhagen, Amsterdam, Wien, Genf, Mailand, Aachen, Saarbrücken und Garmisch-Partenkirchen. Bei den ausländischen Bahnverwaltungen verkehrten diese Einzelzüge zunächst als D-Züge.
Die Haltezeiten in den Unterwegsbahnhöfen waren so kurz wie möglich, meist nur zwei Minuten. Deshalb führten die meisten IC-Züge im Gegensatz zu den herkömmlichen D-Zügen weder Gepäckwagen noch Bahnpostwagen. Auf diese Weise entfiel das zeitintensive Ladegeschäft während der knapp bemessenen Halte. Heute fast vergessen: In Gepäckwagen wurde damals Reisegepäck transportiert, das die Fahrgäste gegen Entgelt per Bahn an ihren Zielort verschickten. Und die Postwagen beförderten Briefe und Pakete, die während der Unterwegshalte ebenfalls be- und entladen wurden.

So warb die Deutsche Bundesbahn für ihr neues Produkt.

Strenge Trennung

Weil bei der DB starke Bedenken bestanden, dass die bisherigen Erste-Klasse-Reisenden die neuen Züge meiden könnten, wurden nicht nur in den InterCitys die erste und zweite Klasse streng getrennt – dafür sorgte der dazwischen eingereihten Speisewagen, sondern auch insgesamt sieben rein erstklassige TEE-Zugläufe neu in das Zugangebot aufgenommen.
Allerdings wurden diese Züge später mangels Nachfrage wieder aufgegeben. Schließlich verkehrte 1987 in Deutschland der letzte TEE.

Neues gab es auch auf den IC-Bahnsteigen zusehen: Dort wurden weiße Leuchtwürfel mit großen Kennbuchstaben A bis (zunächst) E im Abstand von 53 Metern – das entsprach zwei Wagenlängen – aufgestellt. Dies ermöglichte den Fahrgästen ein möglichst schnelles Einsteigen ohne lange Suche nach ihrem

Fernverkehr der Deutschen Bundesbahn in den 80er-Jahren: Mit einer klassischen IC-Garnitur rollt 103 218 bei Bingen über die linke Rheinstrecke (Juni 1983).

reservierten Wagen. Bis dahin informierte allein der Wagenstandanzeiger über die Wagenfolge, ohne die Position eines Wagens am Bahnsteig exakt zu bestimmen.

Der neue Stundentakt brachte noch eine weitere Verbesserung für die Fahrgäste, denn das IC'79-Netz zeichnete sich von Anfang an dadurch aus, dass der Reisende an bestimmten Stationen beim Zughalt direkt in den gegenüber wartenden IC der anderen Linie ohne Wartezeit umsteigen konnten. In der Fachsprache der Eisenbahner waren dies »Korrespondenzhalte« in »Verknüpfungsbahnhöfen«. Verknüpfungsbahnhöfe waren die Hauptbahnhöfe von Hannover, Dortmund, Köln, Mannheim und Würzburg. Um die Umstiegzeit noch weiter zu verkürzen, hatte die Planer das Netz so konfiguriert, dass sich ab 1979 in allen Korrespondenzbahnhöfen die Wagen der ersten bzw. zweiten Klasse an den Bahnsteigen jeweils gegenüberstanden.

Der Erfolg ließ nicht lange auf sich warten: Bis zum Dezember 1979 verbuchte die DB einen Anstieg der Fahrgastzahlen um mehr als 9 %. Trotz der höheren Betriebskosten konnte die DB einen Überschuss von 80 Millionen D-Mark im IC-Verkehr erwirtschaften. Angesichts dieses Erfolgs wurde das IC-Netz in den folgenden Jahren schrittweise ausgebaut.

Bereits sechs Jahre später erweiterte die DB ihr IC-Netz von vier auf fünf Linien. Nunmehr verbanden stündlich drei statt zwei Züge die Ballungsräume Rhein/Ruhr und Rhein/Main auf dem relativ kurzen, aber stark nachgefragten Abschnitt. Und am 31. Mai 1987 startete im internationalen Verkehr der Euro-City (EC). 1988 veränderte sich das Netz erneut, als der erste längere Abschnitt der Neubaustrecke zwischen Fulda und Würzburg eröffnet wurde.

Der InterCity »Breisgau« hatte seine Reise von Frankfurt am Main nach Basel SBB fast beendet, als er in Istein aufgenommen wurde. Am diesem Tag wurde er von der in Frankfurt/M 1 beheimatete 103 176 befördert (April 1987).

Der InterCity 510 »Van Beethoven«, der München mit Dortmund verbindet, wurde auf der Geislinger Steige aufgenommen. Die 103 167 (Bw Frankfurt/M 1) bespannt den Zug (April 1987).

Schweizer Extrawünsche

Bereits 1978 teste die DB die neuen Wagen und Züge. Dabei waren die Wagen der 1. Klasse am südlichen Zugende eingereiht. Diese Wagenreihung musste auf Wunsch der Schweizer Bundesbahnen (SBB) geändert werden, sodass sich zwischen Hamburg, Köln und Basel die Wagen der ersten Klasse am nördlichen Zugende befanden Auf diese Weise standen die Wagen der 1. Klasse bei Ankunft im Kopfbahnhof Zürich Hauptbahnhof am Bahnsteigende/Querbahnsteig. Dies war ein Zugeständnis der DB an die SBB, damit letztere den Einsatz von IC-Zügen auf ihren Gleisen akzeptierte. Allerdings bedeutete dies, dass sich die Wagen der ersten Klasse in den Kopfbahnhöfen von Frankfurt am Main oder München nicht am Querbahnsteig, sondern weit vor der Halle befanden. Schweizer 1.-Klasse-Fahrgäste waren also gegenüber denen in Deutschland klar im Vorteil.

Moderne Zeiten

Neue Reisezugwagen bescherten der Deutschen Reichsbahn eine neue Zuggattung

Mit Hilfe überzähliger Reisezugwagen aus der Produktion der Waggonbauindustrie der DDR konnte die Deutsche Reichsbahn 1976 ihren Reisenden ein neues Angebot machen: die Städte-Expresszüge. Ihr wichtigstes Ziel war die Hauptstadt der DDR.

Der »Rennsteig« zwischen Gräfenroda und Gehlberg bereits mit nur einer Diesellokomotive (1983).

1976 zog die Deutsche Reichsbahn (DR) das große Los – völlig unverhofft verkaufte der VEB Waggonbau Bautzen der Bahn 103 moderne Reisezugwagen des Typs Y/B 70. Dabei handelte es sich um 43 Fahrzeuge der Gattung Ame (1. Klasse) und 60 der Gattung Bme (2. Klasse). Eigentlich waren diese Wagen für die Tschechoslowakischen Staatsbahnen (SD) bestimmt, doch die SSR konnte nicht zahlen. Also gab die Staatliche Plankommission (SPK) der DDR die Wagen für die DR frei.

Ein Einsatzgebiet war auch schnell gefunden – der so genannte Städte-Express zwischen den Bezirksstädten und der Hauptstadt Berlin. Zwar bot die DR bereits seit 1960 einen Städteschnellverkehr nach Berlin an, doch diese Züge waren Mitte der 1970er-Jahre vor allem montags, freitags und sonntags immer wieder überlastet, da sie von zahlreichen Pendlern genutzt wurden. Zudem rechnete die DR mit weiter steigenden Fahrgastzahlen, da die Kraftstoffkontigente der Betriebe für Dienstfahrten erheblich gekürzt wurden. Als Alternative blieb nur die Bahn. Außerdem rief die Freie Deutsche Jugend (FDJ) 1977 die »Berlin-Initiative« aus. Bauarbeiter aus allen Teilen der DDR sollten bei der Umsetzung der Projekte in der Hauptstadt helfen.

Ein Städteexpress zwischen Biesdorfer Kreuz am Berliner Außenring und Berlin-Lichtenberg (1989).

Trotz der Papierknappheit hatte die Deutsche Reichsbahn einen Fahrplan zum Auslegen aufgelegt.

Die Züge bestanden aus den Einheitswagen des UIC-Typs Y (1990).

Im Speisewagen des Städteschnellverkehrszuges Rostock–Berlin (1976)

Fahrkartenkontrolle im Büfettwagen des Städteschnellverkehrs Rostock–Berlin (1976).

Bereits am 25. Oktober 1976 absolvierte der erste Städte-Express, der Ex 150/157 »Rennsteig« Meiningen–Suhl–Erfurt–Berlin, seine Jungfernfahrt. In den folgenden Wochen folgten der Ex 100/107 »Elstertal« Gera–Berlin (ab 01.11.1976), der Ex 121/126 »Stoltera« Rostock–Berlin (ab 15.11.1976), der Ex 172/175 »Sachsenring« Zwickau–Berlin (ab 22.11.1976), der Ex 141/164 »Börde« Magdeburg–Berlin (ab 29.11.1976) und der Ex 131/136 »Petermännchen« Schwerin–Berlin (ab 06.12.1976). 1977 richtete die DR weitere Verbindungen ein. Die Züge verkehrten lediglich montags bis freitags und waren zuschlagspflichtig. Äußerlich unterschieden sich die Wagen der Städte-Express-Züge durch ihre auffällige orange-beigefarbene Lackierung deutlich von den anderen Reisezugwagen der DR. An Wochenenden und Feiertagen nutzte die DR die Fahrzeuge oft für Sonderfahrten.

Der Städte-Express war ein Prestige-Objekt der DR, die die Pünktlichkeit und die Sauberkeit der Züge besonderes überwachte. Auch das Zug- und Mitropa-Personal war handverlesen. Bei den Reisenden standen die »Städte-Ex«, wie die Züge meist nur genannt wurden, hoch im Kurs.

Mit der politischen Wende in der DDR und der Vereinigung der beiden deutschen Staaten hatte der Städte-Express ausgedient. Am 31. Mai 1991 verkehrte der »Städte-Ex« zum letzten Mal.

Erstklassig, aber erfolglos

Der Intercity startete als Premiumprodukt ohne Kundenresonanz

Bevor die DB den Intercity 1979 mit der 2. Wagenklasse auf das Gleis der Erfolgs setzte, begann der Zug acht Jahre zuvor als 1.-Klasse-Zug seine mühselige Karriere.

In Kürze wird 103 127 mit dem TEE 6 »Rheingold« Basel SBB verlassen. Genauso wie die ersten IC besteht der Zug nur aus Erste-Klasse-Wagen (Oktober 1982).

Der Begriff »InterCity« (IC) war keine Erfindung der Deutschen Bundesbahn. Bereits in den 1960er-Jahren nutzten die Britischen Eisenbahnen (BR) diese Bezeichnung für schnell fahrende Züge. Die ersten Ideen für das später so erfolgreiche IC-Netz der DB stammten aus dem Jahr 1967. Zunächst sollten die wichtigsten Städte in der Bundesrepublik durch schnellfahrende Züge miteinander verbunden werden. Das erste Konzept für den IC sah die vier Linien Hamburg-Altona–Bremen–Köln–Stuttgart–München, Hannover–Dortmund–Würzburg–München, Hamburg-Altona–Hannover–Frankfurt (Main)–Basel und Bremen–Hannover–Würzburg–München mit einer Streckenlänge von 3.115 km und insgesamt 33 Halten vor. Die Strecken sollten von Zügen, die ausschließlich aus Wagen der 1. Klasse bestanden, im Zwei-Stunden-Takt mit einer Höchstgeschwindigkeit von 160 teilweise auch 200 km/h bedient werden. Der Vorstand der DB stimmte dem Konzept am 1. August 1969 zu. Nach dem die für den IC-Verkehr benötigten Elektroloks der Baureihe 103.1 (siehe S. 130) und klimatisierten Reisezugwagen zur Verfügung standen, verkehrten am 26. September 1971 die ersten IC auf den Strecken der DB.

Doch der erhoffte Erfolg stellte sich zunächst nicht ein. Der IC besaß zwar einen sehr guten Ruf, wurde aber in erster Linie von Geschäftsreisenden genutzt und damit am Ende für die DB ein Verlustgeschäft. Dies wog umso schwerer, da der gesamte Fernverkehr Anfang der 1970er-Jahre immer mehr Reisende verlor. 1974 machte die einst profitable Sparte erstmals Verlust. Der Vorstand setzte daraufhin die Arbeitsgruppe »Neue Produktionskonzeption« ein, die attraktive Angebote für den Fernverkehr erstellen sollte. Diese Arbeitsgruppe sprach sich nach gründlicher Auseinandersetzung mit der Problematik dafür aus, den IC-Verkehr von 1971 zu einem IC-Netz im Stundentakt mit beiden Wagenklassen auszubauen. Die Idee stieß zunächst bei der Spitze der DB auf Vorbehalte, doch bereits ab 1976 führten einige IC auf der Linie Bremen–München die 2. Wagenklasse. Auf der Strecke Hamburg-Altona–Köln begann am 28. Mai 1978 der Probebetrieb – Stundentakt und beide Wagenklassen – für das Konzept »Intercity ´79«. Ein Jahr später war es dann soweit: Mit dem Werbeslogan »Jede Stunde, jede Klasse« nahm die DB am 27. Mai 1979 den Stundentakt im IC-Verkehr auf den bereits vorhandenen vier Linien auf.

Gezogen von einer E-Lok der Baureihe 103 rollt ein IC über die Oberhafenbrücke am Hamburger Hafen.

Vorbild für die Welt

Der Shinkansen nimmt Fahrt auf

Der japanische Shinkansen gilt weltweit als Vorbild für den modernen Hochgeschwindigkeitsverkehr. Erst sein überwältigender Erfolg machte den französischen TGV oder den deutsche ICE möglich.

Blick in den Fahrgastraum der Serie 0.

Schilder weisen darauf hin, wo es nicht reservierte Plätze gibt.

Im Verlauf der 1950er Jahre machte sich bei den japanischen Staatsbahnen (JNR) ein ernstes Problem immer stärker bemerkbar, das auf eine schnelle Lösung drängte: Die Streckenkapazitäten der 556 km langen Tokaido-Bahnlinie von Tokio nach Osaka, dem Industrie- und Handelszentrum Westjapans, hatten unwiderruflich ihre Grenze erreicht. Daran hatte auch die im Herbst 1956 vollendete Elektrifizierung nichts geändert.

Über die Kapspur-Gleise dieser Strecke (1.067 mm) rollten 24 % des gesamten Fahrgastaufkommens und 23 % des gesamten Güterverkehrs der JNR. Und pro Jahr erhöhte sich das Transportvolumen um weitere 7,6 %. Nach umfangreichen Diskussionen entschied die Regierung im Dezember 1958, entlang der vorhandenen Tokaido-Linie eine neue Hochgeschwindigkeitsstrecke in Normalspur (1.435 mm) zu bauen (Shin-Kan-Sen = Neue Stammstrecke). Diese weitreichende Entscheidung war wohl nicht zuletzt den »Vätern des Shinkansens« Shima Hideo und Sog Shinji zu verdanken.

Nachdem Anfang 1960 auch die Finanzierung über einen Kredit bei der Weltbank gesichert war, begann der Bau. Dabei hatten die Japaner ein ehrgeiziges Ziel: Der neue »Shinkansen« sollte vor Oktober 1964 in Betrieb genommen werden, denn in diesem Monat begannen in Tokio die Olympischen Spiele.

Nach zuvor festgelegten Parametern betrug bei der Neubaustrecke der kleinste Kurvenradius 2.500 m, die maximale Steigung 1:50 und die Höchstgeschwindigkeit 210 km/h (heute 270 km/h). Elektrifiziert wurde mit Wechselstrom 25 kV/60 Hz, außerdem verzichtete die gesamte Strecke auf niveaugleichen Straßenkreuzungen. Modernste Sicherheitssysteme, einschließlich einer Führerstandsignalisierung und einer automatischen Geschwindigkeitssteuerung (ATC = automatic train speed control), kamen zum Einsatz.

Der ehrgeizige Zeitplan konnte eingehalten werden: Am 1. Oktober 1964 wurde der Tokaido-Shinkansen rechtzeitig zur Olympiade eröffnet und mit berechtigtem Stolz einer staunenden Weltöffentlichkeit präsentiert. Weltweit zum ersten Mal verkehrte mit dem Shinkansen ein Zug planmäßig mit 200 km/h und demonstrierte gleichzeitig das hohe Sicherheitsniveau der Eisenbahn. Zuvor hatte die japanische Bahntechnologie international kein großes Ansehen genossen, was sicherlich an den Beschränkungen durch die Kapspur lag. Doch mit dem Erfolg des Shinkansen erregten Japans Eisenbahnen weltweites Aufsehen.

Ein Shinkansen der Serie 500 passiert die Maibara Station als »Nozomi 29« service (5. Februar 2010).

Der Tokaido-Shinkansen diente als Vorbild für Hochgeschwindigkeitsverkehre wie z.B. den französischen TGV oder den deutschen ICE. Nach seinem Erfolg begannen die japanischen Eisenbahnen mit dem Bau des Sanyo-Shinkansen, um den Shinkansen nach Westen zu verlängern. Die Neubaustrecke erreichte 1975 Hakata (Fukuoka) auf der Insel Kyushu. Die Bahnlinie besitzt zahlreiche Tunnel, darunter den 18,7 km langen Kanmon-Tunnel unter der Meerenge zwischen den Inseln Honshu und Kyushu.

In Japan forderte die Bevölkerung verstärkt den Bau von Shinkansen-Strecken im ganzen Land. Daher entschied die japanische Regierung, den Bau weiterer Verlängerungen zu fördern. Sie verabschiedete 1970 das »Gesetz über die landesweite Shinkansen-Entwicklung«. Da aber die Baukosten für die Shinkansen-Strecken immer weiter stiegen, nicht zuletzt wegen der immer schwieriger werdenden Topographie, suchte man nach preisgünstigeren Alternativen. Deshalb entstand die Idee, die Gleise einer Bahnlinie in Kapspur einfach auf Normalspur umzunageln: der Mini-Shinkansen war geboren. Auf diesen umgespurten Kapspurstrecken blieb allerdings die Höchstgeschwindigkeit begrenzt. Weil aus Kostengründen auch das Lichtraumprofil nicht vergrößert wurde, mussten schmalere Züge beschafft werden.

Der große Erfolg des Shinkansen hielt weiter an, allerdings ging sich im Lauf der Jahre die Zahl der Streckeneröffnungen zurück. Mittlerweile umfasst das Shinkansen-Netz eine Gesamtlänge von 3.051 km mit folgenden Verbindungen:

- Tōkaidō-Shinkansen (Tokio – Nagoya – Osaka, 515,4 km)
- San'yō-Shinkansen (Osaka – Okayama – Hiroshima – Kokura – Hakata, 553,7 km)
- Hakata-Minami-Linie (Hakata – Hakata-minami, 8,5 km)
- Kyūshū-Shinkansen (Hakata – Yatsushiro – Kagoshima-Chuo, 256,8 km)
- Tōhoku-Shinkansen (Tokio – Ueno – Omiya – Fukushima – Sendai – Morioka – Hachinohe – Aomori, 674,9 km)
- Hokkaidō-Shinkansen (Aomori – Hakodate, 148,9 km)
- Jōetsu-Shinkansen (Omiya – Takasaki – Niigata, 269,5 km)
- Gāla-Yuzawa-Linie (Echigo-Yuzawa – Gāla-Yuzawa, 1,8 km)
- Hokuriku-Shinkansen (Takasaki – Nagano – Toyama – Isurugi – Kanazawa, 345,4 km)
- Yamagata-Mini-Shinkansen (Fukushima – Yamagata – Shinjo, 148,6 km)
- Akita-Mini-Shinkansen (Morioka – Akita, 127,3 km)

Typenkunde der Hochgeschwindigkeitszüge

Baureihe 401

Technische Daten	
Stromsystem	15 kV/16,7 Hz ~
Vmax (km/h)	280
Leistung (kW)	2 x 4.800
Länge über Kupplung (mm) (vierzehnteilig)	357.920
Sitzplätze (vierzehnteilig)	645 + 40 (Speisewagen)
Indienststellung	1990–1992

Baureihe 401

Für ihren neuen Hochgeschwindigkeitsverkehr beschaffte Deutsche Bundesbahn (DB) zwischen 1989 und 1992 die erste Generation der InterCity-Express-Züge (ICE 1). Insgesamt lieferten die Hersteller 122 Triebköpfe mit je vier Drehstrom-Asynchronmotoren und 723 Mittelwagen. Planmäßig sollten 60 Zuggarnituren gebildet werden, zwei Triebköpfe dienten als Reserve. Einige Züge haben für den Einsatz in der Schweiz einen zweiten Stromabnehmer mit schmalerem Schleifstück für die dortige Oberleitung. 1998 ging durch das Zugunglück von Eschede fast ein kompletter Zug verloren.

Zwischen 2005 bis 2008 durchliefen die Züge ein sogenanntes Redesign-Programm, in dessen Rahmen die Technik und die Inneneinrichtung modernisiert wurden. Heute verkehren sie von Hamburg-Eidelstedt aus in ganz Deutschland im hochwertigen Reiseverkehr. nnt wurde, um dann einzeln ihren Zielen entgegenzufahren.

Baureihe 403, 406

Der Bau der Schnellfahrstrecke Rhein/Main–Köln mit ihren starken Steigungen und einer Höchstgeschwindigkeit 300 km/h erforderte neue ICE-Züge. Deshalb orderte die DB AG bereits 1994 vom ICE 3 insgesamt 37 Ein-System-Züge der Baureihe 403 und 13 Viersystemzüge der Baureihe 406. Außerdem bestellten die Nederlandse Spoorwegen vier Triebzüge der Baureihe 406. Beim Antrieb der achtteiligen Einheiten der neuen Gattung entschied man sich gegen das Triebkopfkonzept der ersten ICE-Züge, statt-

dessen sind angetriebener Mittelwagen in den Zug eingestellt. Besonderen Wert legte die DB AG auf das Design der strömungstechnisch optimierten Frontpartie.
Der erste ICE 3 wurde im Sommer 1999 präsentiert, seit Herbst 2002 rollen sie planmäßig über die Neubaustrecke Rhein/Main–Köln. Anfang 2005 folgte die zweite Bauserie, die die DB AG als 403 051 bis 063 einreihte. Nachdem sie eine Zulassung für Frankreich erhalten haben, verkehrt die Baureihe 406 seit Mitte Juni 2007 auch zwischen Frankfurt und Paris.

Baureihe 403, 406

Technische Daten	403	406
Stromsystem	15 kV/16,7 Hz ~	15 kV/16,7 Hz ~, 25 kV/50 Hz ~; 1,5 kV=; 3 kV=
Vmax (km/h)	330	330/220*
Leistung (kW)	8.000	8.000**
Länge über Kupplung (mm)	200	320
Sitzplätze	415	404
Indienststellung	1999–2002	

* unter Gleichspannung
** 4.300 kW bei 3 kV=, 3.600 kW bei 1,5 kV=

sowie einem Fahrwerküberwachungs- und -diagnosesystemen ausgerüstet. Hinter dem Führerraum sind die Steuerungs- und Zugbeeinflussungstechnik zusammengefasst. Das Train Communication Network (TCN) besteht aus dem Zugbus (WTB) und dem Fahrzeugbus (MVB). Es sorgt für den Datenaustausch zwischen den einzelnen Wagen eines Zugs sowie zwischen zwei gekuppelten Zügen. Wegen Problemen mit der Software verzögerten sich die Zulassungsfahrten bis Mitte 2012. Danach bekamen die ersten Züge eine Zulassung, aber nur für Einfachtraktion. Erst Ende 2013 genehmigte das Eisenbahnbundesamt (EBA) auch den Einsatz in Mehrfachtraktion.

Baureihe 407

Technische Daten	
Stromsystem	15 kV/16,7 Hz ~, 25 kV/50 Hz ~, 3 kV =, 15, kV =
Vmax (km/h)	320/220*
Leistung (kW)	8.000/4.200*
Länge über Kupplung (mm)	200,72
Sitzplätze	444 + 16 (Bistro)
Indienststellung	2009– 2012

* unter Gleichspannung

Baureihe 407

Nach Spanien, China und Russland beschaffte die DB AG ab 2012 ebenfalls 17 Mehrsystemzüge aus der von Siemens Rail Systems angebotenen »Velaro«-Plattform und bezeichnete sie als Baureihe 407. Die Wagenkästen aus Aluminium sind nach den aktuellen Richtlinien der »Technische Spezifikationen für die Interoperabilität« (TSI) konstruiert. Die Drehgestelle des Typs SF 500 wurden überarbeitet und mit neuen Radsatzwellen

Baureihe 410⁰

1982 begannen die Arbeiten zur Entwicklung des ICE-V. Während die beiden Triebköpfe von einem Konsortium verschiedener Hersteller (mechanischer Teil: Henschel, Krauss-Maffei und Krupp; elektrischer Teil: AEG, BBC und Siemens) gefertigt wurden, stammten die drei Mittelwagen alle von MBB in Donauwörth. Im August 1985 übernahm die DB den vollständigen Zug. Das Fahrzeug sollte planmäßig 250 km/h erreichen. Bei

Versuchsfahrten wurde aber bis zu 350 km/h schnell gefahren. Mit 406,9 km/h stellten die beiden Triebköpfe mit zwei Mittelwagen am 1. Mai 1988 einen Weltrekord für Schienenfahrzeuge auf. Bis 1998 diente der Zug als Erprobungsträger, dann wurde er abgestellt; seine Aufgaben übernahm der ICE-S.

Seit einigen Jahren steht der Triebkopf 410 001 mit einem Mittelwagen als Denkmal im Forschungs- und Technologiezentrum Minden. 410 002 hat dagegen im Verkehrszentrum des Deutschen Museums einen Platz gefunden.

Baureihe 410^{0}

Technische Daten	
Stromsystem	15 kV/16,7 Hz ~
Vmax (km/h)	350
Leistung (kW)	7.280
Länge über Kupplung (mm)	114.640
Sitzplätze	87
Indienststellung	1985

Baureihe 411, 415

1994 orderte die DB AG zur Beschleunigung des Fernverkehrs auf Ausbaustrecken 32 siebenteilige Züge als Baureihe 411 und elf fünfteilige als Baureihe 415, die in den Jahren 1999 und 2000 in Dienst gestellt wurden. Eine 2. Bauserie von 28 Einheiten der Baureihe 411 folgte 2004/2005. Alle Triebzüge sind mit Neigetechnik ausgerüstet, die ihnen das bogenschnelle Fahren ermöglicht. Für den Antrieb wählte man ein ähnliches Konzept wie beim ICE 3 (Baureihe 403), bei dem mehrere Mittelwagen angetrieben sind. Alle Triebzüge sind mit dem hydraulisch arbeitenden Neigesystem von FIAT ausgerüstet, das die Wagenkästen bei Kurvenfahrt um bis zu 8° nach beiden Seiten neigt.

Zeitweilige Probleme mit den Radsatzwellen führten dazu, dass die Wartungsintervalle stark verkürzt wurden und die Züge zeitweilig nur mit ausgeschalteter Neigetechnik verkehren durften. Die Probleme sind aber längst behoben und die Züge wieder »bogenschnell« unterwegs.

Baureihe 415

Technische Daten	411	415
Baureihe	411	415
Stromsystem	15 kV/16,7 Hz ~	15 kV/16,7 Hz ~
Vmax (km/h)	230	230
Leistung (kW)	4.000	3.000
Länge über Kupplung (mm)	184.400	132.600
Sitzplätze	357 + 24*	250
Indienststellung	1998–2006	1998–2000

* Restaurant

Lok-Portrait

Der ICE 2: Flügelzug und Erprobungsträger

Beim Einsatz der ICE-1-Züge zeigte sich, dass man mit den fest gekuppelten Garnituren nur schwer auf Schwankungen der Fahrgastzahlen reagieren konnte. Die Züge waren beispielsweise in Tagesrandlagen nur schwach ausgelastet und wären damit für ICE-Routen, die zu diesem Zeitpunkt neu geplant wurden, zu groß gewesen.

Dies führte zu der Idee, den Nachfolger des ICE 1 in zwei kuppelbare Hälften aufzuteilen. Im Dezember 1993 bestellte die DB 44 ICE-2-Züge, zwei Reserve-Triebköpfe und einen weiteren Steuerwagen.

Die Triebköpfe kamen von Siemens in Essen (früher Krupp), Krauss-Maffei und ABB in Kassel (früher Henschel). Für die 1.-Klasse-Mittelwagen zeichneten AEG in Nürnberg und DWA in Ammendorf verantwortlich. Den Bau der 2.-Klasse-Wagen teilten sich Duewag in Krefeld-Uerdingen und LHB in Salzgitter. LHB lieferte auch die Speisewagen. Die Steuerwagen schließlich lieferte AEG.

Auf den Triebkopf der Baureihe 402 folgen zunächst sechs Mittelwagen und am Schluss statt eines weiteren Triebkopfs ein antriebsloser Steuerwagen, dessen Kopfform samt Führerstand dem Triebkopf entspricht. Der ICE-2 lässt sich bei geringem Sitzplatzbedarf einzeln als Halbzug einsetzen, außerdem können damit Flügelzüge gebildet werden, die für die Verbindungen von Westdeutschland nach Berlin schon vorgesehen waren.
Die Triebköpfe entsprechen weitgehend denen des ICE 1. Lediglich die zweiteilige Bugklappe mit der automatischen Scharfenberg-Kupplung unterscheidet sie äußerlich von ihren Vorläufern. Jeder Halbzug ist nur mit einem Stromabnehmer der Bauart DSA 350 SEK ausgerüstet.

Im Unterschied zum ICE 1 laufen die Mittelwagen auf luftgefederten Drehgestellen vom Typ SGP 400. Ansonsten entsprechen auch sie den Vorgängern im ICE 1. Die Großräume wurden mit leichteren Sitzen ausgestattet, um Gewicht zu sparen. Der Bistrobereich des Speisewagens wurde kleiner, weil der Wagen zusätzlich das Serviceabteil aufnehmen muss.

Der ICE-S

Als Erprobungsträger für das Antriebskonzept des neuen ICE 3 baute man 1997 zwei ICE-2-Triebköpfe zum Versuchszug um und stellte sie für Messfahrten als 410 101 und 102 in Dienst. Die angetriebenen Mess-Mittelwagen 410 201, 202 und 203 sowie der antriebslose Mittelwagen 410 801 sind Eigentum der Arbeitsgemeinschaft Siemens/Bombardier (vormals ADtranz). Wegen seiner hohen Leistung erreicht der ICE-S mühelos eine Spitzengeschwindigkeit von 400 km/h.
Die Triebköpfe haben neue Hochgeschwindigkeits-Stromabnehmer. Die Stromabnehmer auf dem Mittelwagen 2 sind nicht angeschlossen. Ihre Schleifstücke eignen sich für den Einsatz im französischen, niederländischen und belgischen Netz, außerdem können sie mit Kameras und Sensoren beobachtet werden.
Seit Mitte 2006 besteht der Zug, der DB-Systemtechnik Minden gehört, nur noch aus den beiden Triebköpfen und dem Mittelwagen 810 101.

Baureihe 402, 410[1]

Technische Daten	412	410[1]
Stromsystem	15 kV/16,7 Hz ~	15 kV/16,7 Hz ~
Vmax (km/h)	280	350
Leistung (kW)	4.800	4.800
Dienstmasse (t)	418	78
Radsatzfahrmasse (t)	19,5	19,5
Länge über Kupplung (mm)	205.360	20.560
Raddurchmesser (mm)	1.000	1.000
Sitzplätze (siebenteilig)	381	-
Indienststellung	1995–1997	1996

TGV Paris Sud-Est (TGV PSE)

Der TGV Paris Sud-Est (PSE) ist der erste Typ der TGV-Familie überhaupt. Er entstand als 10-teilige Einheit mit einem Triebkopf an jedem Ende, die durch herkömmliche Zug- und Stoßvorrichtungen mit dem 8-teiligen Gliederzug verbunden sind. Die Mehrzahl der Triebköpfe sind für Wechsel- und Gleichstrom ausgelegt (25 kV/50 Hz u. 1,5 kV=), 18 Triebköpfe erhielten für Einsätze in die Schweiz eine zusätzliche Ausrüstung für 15 kV/16 $^2/_3$ Hz. Die Wagenkästen laufen auf Jacobs-Dreh-gestellen. Geliefert wurden zwischen 1978 und 1986 insgesamt 101 Zweisystemeinheiten (Einheiten 01–102) sowie ein Reservetriebkopf, acht Dreisystemzüge (Einheiten 110–117; die Einheiten 112 u. 114 gehören der SBB) und fünf fensterlose Halbzüge für die französische Post (Einheiten 951–955).

Alle TGV PSE erhielten im Laufe der Jahre neue Laufdrehgestelle mit besserer Federung und wurden mehrfach innen renoviert. Die ursprüngliche orange Lackierung wurde zugunsten der neuen TGV-Einheitslackierung in Silber und Blau aufgegeben. Fast alle Züge sind nun dank der TVM 430-Signalisierung mit bis zu 300 km/h unterwegs. Erste Ausmusterungen begannen im Herbst 2013.

(Baureihen-)Bezeichnung: TGV Paris Sud-Est (TGV PSE), TGV Postal

Technische Daten	
Betriebsnummern:	SNCF: 01–102 (Zweisystem), 110, 111, 113, 115–118 (Dreisystem), 951–957 (Postal); SBB: 112, 114
Stromsystem:	25 kV/50 Hz; 1,5 kV=; 15 kV/16$^2/_3$ Hz
Vmax (km/h):	300, einige auch nur 270
Leistung (kW):	12 x 537 bei 25 kV/50 Hz
Leer-/Dienstmasse (t), 10-teilig:	385 / 418
Länge über Kupplung (mm), 10-teilig:	200.190
Sitzplätze (10-teilig):	350 (1. Klasse: 110, 2. Klasse: 340) oder 345 (1. Klasse: 69, 2. Klasse: 276)
Indienststellung:	1978–1986

TGV Atlantique (TGV-A)

Die zweite Generation des TGV gelangte ausschließlich in Zweisystemausführung (25 kV/50 Hz u. 1.500 V=) auf die Schienen und wurden mit leistungsstarken Drehstrom-Synchronmotoren ausgerüstet. Auf Grund der Leistung von 8.800 kW und geringeren Steigungen der Atlantique-Strecke konnten zwei zusätzliche Wagen eingefügt und die Höchstgeschwindigkeit auf 300 km/h angehoben werden. Ergänzt wurde das Ganze durch neue Stromabnehmer und ein neues Bremssystem. Für mehr Komfort sorgten nun die in jedem Zug vorhandenen zwei Familienabteile, ein Spielbereich für Kinder, ein Wickelraum, ein Rollstuhl-Stellplatz, eine barrierefreie Toilette und drei Telefonzellen. Service-Nischen in den Wagenübergängen sorgten mit der Zubereitung von vorbereiteten Speisen für das leibliche Wohl der Fahrgäste.

Insgesamt wurden zwischen 1988 und 1992 exakt 105 Züge (Einheiten 301–405) und ein Reservetriebkopf geliefert. Erstmals kam nun die neue TGV-Lackierung in Blau und Silber zur Anwendung. Ab 2006 erfolgten auch bei dieser Serie umfangreiche Modernisierungen.

(Baureihen-)Bezeichnung: TGV Atlantique (TGV-A)

Technische Daten	
Betriebsnummern:	301–405
Stromsystem:	25 kV/50 Hz; 1,5 kV=
Vmax (km/h):	300
Leistung (kW):	8 x 1.094 (25 kV/50 Hz), 8 x 485 (1,5 kV=)
Leer-/ Dienstmasse (t), 12-teilig:	444 / 484
Länge über Kupplung (mm), 12-teilig:	237.590
Sitzplätze (12-teilig):	485 (1. Klasse: 116, 2. Klasse: 369)
Indienststellung:	1988–1992

TGV Réseau (TGV-R), Thalys PBA

Technisch ist der TGV-R eine 8-teilige Version des TGV-Atlantique mit eng verwandten Triebköpfen. Geliefert wurden zunächst zwischen 1992 und 1994 insgesamt 50 Zweisystemzüge (25 kV/50 Hz u. 1.500 V=, Einheiten 501–550). 1994 bis 1996 folgten 45 Dreisystemzüge (25 kV/50 Hz, 1.500 V= u. 3.000 V=) in unterschiedlicher Ausführung: Die Einheiten 4501–4506 waren für den Einsatz nach Italien, die Einheiten 4507–4530 für den Verkehr in Richtung Belgien und schließlich die Einheiten 4531–4540 mit geänderten Stromabnehmern und niederländischer ATB-Ausrüstung als Thalys PBA für die Relation Paris – Brüssel – Amsterdam vorgesehen. Für die Eröffnung der LGV Est in 2007 erhielten alle TGV R eine Innenraummodernisierung und ihre Höchstgeschwindigkeit wurde auf 320 km/h angehoben. Daneben gab es einige Umbauten: 19 Einheiten (515–533) mussten ihre Wagen den neuen TGV POS-Triebköpfen zur Verfügung stellen, während die Triebköpfe mit Duplex-Garnituren gekuppelt wurden. Schon 1997 war die Einheit 502 in einen schweren Unfall verwickelt, welcher die Zerstörung eines Triebkopfs zur Folge hatte. Der zweite Triebkopf steht seither als Reserve zur Verfügung.

(Baureihen-)Bezeichnung: TGV Réseau (TGV-R), Thalys PBA

Technische Daten	
Betriebsnummern:	501–553, 4501–4551, 4532–4540 (Thalys PBA)
Stromsystem:	25 kV/50 Hz; 1,5 kV=; 3 kV=
Vmax (km/h):	320 (25 kV/50 Hz), 220 (1,5 kV= und 3 kV=)
Leistung (kW):	8 x 1.094 (25 kV/50 Hz), 8 x 485 (1,5 kV= und 3 kV=)
Leer-/ Dienstmasse (t), 10-teilig:	383 / 416
Länge über Kupplung (mm), 10-teilig:	200.190
Sitzplätze (10-teilig):	377 (1. Klasse: 120, 2. Klasse: 257)
Indienststellung:	1992–1996

Lok-Portrait

Zug für den Kanaltunnel

Der erste Eurostar

Am 14. November 1994 wurde der Kanaltunnel (Eurotunnel) eröffnet, der den Ärmelkanal an seiner schmalsten Stelle unterquert. Für den internationalen Reiseverkehr zwischen Großbritannien und dem europäischen Festland gründeten die SNCF, die belgische SNCB/NMBS und die britischen Bahnen die Eurostar Group Ltd. Weil die Züge zwischen Paris und London bzw. Brüssel – London überwiegend französische Hochgeschwindigkeitsstrecken nutzen würden, wurden die neuen Hochgeschwindigkeitszüge in Anlehnung an das TGV-Konzept unter Federführung von Alstom entwickelt.

Bei der ersten Generation der Eurostar-Züge handelt es sich konstruktiv um einen doppelten TGV: zwei 10-teilige Halbzüge, die eine automatische Kurzkupplung verbindet, bilden einen Eurostar. Dieser musste den Sicherheitsbestimmungen im Eurotunnel zu genügen, die zunächst die durchgängige Begehbarkeit des Zuges forderten. Um bei nur zwei Triebköpfen genügend Leistung zu haben, rüstete man die jeweils dem Triebkopf zugewandten Drehgestelle der angrenzenden Mittelwagen ebenfalls mit Fahrmotoren aus. Die Kopfform der Eurostar-Triebköpfe musste für den Tunnelverkehr (Luftwiderstand, Flackereffekt im Tunnel) neu gestaltet. Geliefert wurden die Eurostar-Züge zunächst als Dreisystemfahrzeuge (25 kV/50 Hz, 3 kV= und in Großbritannien 750 V= über Stromschiene) mit zwölf Drehstrom-Asynchron-Fahrmotoren. Für den Verkehr über Paris hinaus in Richtung Alpen/Südfrankreich erhielten neun Eurostarzüge zusätzlich eine 1,5 kV-Gleichstromausrüstung. Bis zur Eröffnung der mit 25 kV/50 Hz

elektrifizierte Neubaustrecke (HSL 1) vom Kanaltunnel bis zum Londoner Bahnhof St. Pancras am 14. November 2007 fuhren die Züge in Großbritannien auf herkömmlichen Strecken im Stromschienenbetrieb mit 750 V=.
Außerdem lieferte Alstom noch sieben sogenannte »Regional-Eurostar« (14 Halbzüge), mit denen ursprünglich Eurostar-Leistungen über London hinaus verlängert werden sollten. Weil die Länge der Bahnsteige in England aber nicht für 400 Meter-Züge ausreicht, musste bei diesen Zügen auf je zwei Wagen der 1. Klasse und der 2. Klasse verzichtet werden. Die Verkehre nördlich von London kamen aber nicht zustande. Ab 2007 übernahm die SNCF sechs Garnituren für den Verkehr von Paris Nord nach Lille und Valenciennes. Ein weiterer Halbzug (3307) dient bei der SNCF als Ersatz, während der Halbzug 3308 im Londoner Depot Temple Mills statischen Versuchen diente.

(Baureihen-)Bezeichnung: Eurostar, Regional Eurostar

Technische Daten	
Stromsystem:	25 kV/50 Hz; 750 V= (stillgelegt); 3 kV=; zum Teil auch 1,5 kV=
Vmax (km/h):	300 (25 kV/50 Hz), 220 (1,5 kV= und 3 kV=)
Leistung (kW):	12 x 1.017 (25 kV/50 Hz), 12 x 475 (1,5 kV= und 3 kV=), 12 x 283 (750 V=)
Leermasse (t), 20-teilig, 16-teilig:	752,4; 665 (Regional Eurostar)
Dienstmasse (t), 20-teilig, 16-teilig:	816; 680 (Regional Eurostar)
Länge über Kupplung (mm), 20-teilig, 16-teilig:	393.720, 318.920 (Regional Eurostar)
Radsatzabstand Trieb-/ Laufdrehgestell (mm):	3.000
Treib-/Laufraddurchmesser (mm):	920
Sitzplätze (20-teilig):	794 (1. Klasse: 210, 2. Klasse: 584); 604 (Regional Eurostar 1. Klasse: 132, 2. Klasse: 472)
Indienststellung:	1992–1996

TGV Duplex, TGV-R Duplex

Weil die Fahrgastzahlen auf der Strecke Paris – Lyon stark anstiegen, waren neue Lösungen nötig. Zwei gekuppelte TGV-Einheiten benötigen bereits die volle Bahnsteiglänge und ein noch engerer Takt war nicht mehr möglich. Deshalb entstand die Idee, einen doppelstöckigen TGV zu entwickeln, der 40 % mehr Fahrgäste befördert als ein TGV Réseau aber dasselbe Gewicht aufweist.

In bewährter Konstruktion besteht auch der TGV Duplex aus zwei Triebköpfen und acht Mittelwagen. Die Antriebstechnik entspricht dem TGV-R, die Triebköpfe besitzen rundere Formen, eine einteilige Frontscheibe sowie ein mittig angeordnetes Führerpult. Zwischen 1995 und 2007 lieferte Alstom 89 Garnituren an die SNCF.
Weiteren Zuwachs erhielten die Doppelstock-TGV durch die Einführung der TGV POS, denn für die Verkehre Richtung Süddeutschland und Schweiz hatte die SNCF 19 TGV-Duplex-Garnituren mit Dreisystem-Triebköpfen bestellt. Diese Triebköpfe gingen dann mit TGV-R-Mittelwagen in Betrieb, während die TGV-R-Triebköpfe mit den Doppelstock-Mittelwagen gekuppelt wurden.

(Baureihen-)Bezeichnung: TGV Duplex, TGV-R-Duplex

Technische Daten	
Betriebsnummern:	201–289, 601–619
Stromsystem:	25 kV/50 Hz; 1,5 kV=
Vmax (km/h):	320 (LGV mit 25 kV/50 Hz), sonst 220
Leistung (kW):	8 x 1.094 (25 kV/50 Hz), 8 x 485 (1,5 kV=)
Leer-/ Dienstmasse (t), 10-teilig:	390 / 424
Größte Radsatzfahrmasse (t):	17
Länge über Kupplung (mm), 10-teilig:	200.190
Sitzplätze (10-teilig):	545 (1. Klasse: 197, 2. Klasse: 348)
Indienststellung:	1996–2007

Thalys PBKA

Für den Hochgeschwindigkeitsverkehr zwischen Paris, Brüssel, Köln und Amsterdam (PBKA) einigten sich im Juni 1992 die beteiligten Bahngesellschaften SNCF, SNCB, DB und NS auf ein gemeinsames Fahrzeug. Diese Vierstrom-PBKA-Hochgeschwindigkeitszüge mit ihrem charakteristischen Outfit in bordeauxrot und graumetallic sind eine Weiterentwicklung des TGV und werden unter dem Produktnamen »THALYS« vermarktet. Von den vier beteiligten Bahnen wurden zunächst 17 Garnituren bei GEC-Alsthom bestellt. Seit dem 14. Dezember 1997 fahren die Thalys PBKA von Paris nach Brüssel, anschließend weiter nach Amsterdam bzw. nach Köln und zwischenzeitlich teilweise weiter nach Düsseldorf. Durch seine gerundete Nase ähnelt der Thalys PBKA äußerlich dem TGV Duplex, technisch gesehen ist er aber ein Verwandter des TGV Réseau, des TGV der dritten Generation. Der Thalys PBKA ist für vier unterschiedliche Strom- und sieben verschiedenen Signalsysteme ausgelegt. Eine Zuggarnitur besteht aus zwei Triebköpfen und acht Mittelwagen. Mittlerweile modernisierte man die Fahrzeuge innen und außen, dabei rüstete man sie auch mit Breitband-Internet-Anschluss per Satellitentechnologie aus.

(Baureihen-)Bezeichnung: TGV PBKA (THALYS)

Technische Daten	
Stromsystem:	25 kV/50 Hz; 15 kV/16²/₃ Hz; 1,5 kV=; 3 kV=
Vmax (km/h):	300 (25 kV/50 Hz), 250 (15 kV/16²/₃ Hz), 220 (1,5 kV= und 3 kV=)
Leistung (kW):	8 x 1.094 (25 kV/50 Hz), 8 x 640 (3 kV=), 8 x 485 (1,5 kV=, 15 kV/16²/₃ Hz
Leer-/ Dienstmasse (t), 10-teilig:	383 / 424
Länge über Kupplung (mm), 10-teilig:	200.190
Sitzplätze (10-teilig):	377 (1. Klasse: 120, 2. Klasse: 257)
Indienststellung:	1996–1998

TGV POS

Für den Verkehr auf ihrer neuen Hochgeschwindigkeitsstrecke Strasbourg – Paris und weiter nach Deutschland beschaffte die SNCF den »Train à Grande Vitesse Paris – Ostfrankreich – Südwestdeutschland« (TGV POS). Der TGV POS war keine reine Neuentwicklung, vielmehr kombiniert das Fahrzeug neue Triebköpfe mit den Mittelwagen des TGV Réseau. Die neuen Triebköpfe entsprechen wiederum mechanisch weitgehend jenen der TGV Thalys PBKA (Paris – Brüssel – Köln / Amsterdam). Die elektrische Ausrüstung ist für drei Stromsysteme ausgelegt (1,5 kV=, 25 kV/50 Hz und 15 kV/16 Hz). Die ehemaligen Mittelwagen des TGV Réseau wurden für den neuen Einsatz in der SNCF-Werkstatt Bischheim umfangreich modernisiert. Eine Zuggarnitur besteht aus zwei Triebköpfen und acht Mittelwagen. Beschafft wurden 19 Einheiten. Seit dem Fahrplanwechsel im Dezember 2012 fahren die TGV POS als »TGV Lyria« planmäßig nur noch in die Schweiz. Eine Besonderheit bildet der TGV 4402, dessen Triebköpfe mit drei modifizierten Mittelwagen am Mittag des 3. April 2007 auf der LGV Est einen neuen Geschwindigkeitsweltrekord von 574,8 km/h aufstellten.

(Baureihen-)Bezeichnung: TGV POS

Technische Daten	
Betriebsnummern:	SNCF: 4401–4405, 4407–4419; SBB: 4406
Stromsystem:	25 kV/50 Hz; 15 kV/16²/₃ Hz; 1,5 kV=
Vmax (km/h):	320 (25 kV/50 Hz), 250 (15 kV/16²/₃ Hz), 220 (1,5 kV=)
Leistung (kW):	8 x 1.160 (25 kV/50 Hz), 8 x 860 (15 kV/16²/₃ Hz), 8 x 485 (1,5 kV=)
Leer-/ Dienstmasse (t), 10-teilig:	390 / 418
Länge über Kupplung (mm), 10-teilig:	200.190
Sitzplätze (10-teilig):	357 (1. Klasse: 105, 2. Klasse: 252)
Indienststellung:	2005–2007

TGV DASYE, TGV 2N2 Euro-Duplex

Anfang des 21. Jahrhunderts beschloss die SNCF, nur noch TGV mit IGBT-gesteuerter Drehstrom-Asynchron-Antriebstechnik in Doppelstock-Ausführung zu beschaffen. Zwischen 2007 und 2011 orderte die Staatsbahn zwei Serien doppelstöckigen Zweisystem-TGV bei Alstom. Sie werden als »TGV DASYE« (Duplex ASYnchrone (traction) ERTMS) bezeichnet. Von den 49 Garnituren der »2. Generation« sind die Einheiten 725–734 mit kleinen Modifikationen seit Dezember 2010 auf der Verbindung Paris – Barcelona (Spanien) im Einsatz.

Im Sommer 2011 bestellte die SNCF insgesamt 55 Garnituren der »3. Generation«. Die Mittelwagen wurden konstruktiv überarbeitet und sind alle mit Dreisystem-Triebköpfen (wie der TGV POS) bestückt. Jedoch nur die Einheiten 4701–4730 sind für Verkehre nach Deutschland und in die Schweiz mit den Signalsystemen ERTMS-2, LZB-PZB und Signum ausgerüstet. Einen Anschlussauftrag zum Bau 30 weiterer Züge erteilte die SNCF im Frühjahr 2012, die 2015 ausgeliefert wurden.

(Baureihen-)Bezeichnung: TGV DASYE, TGV 2N2

Technische Daten	
Betriebsnummern:	701–749, 801–825, 4701–4730
Stromsystem:	25 kV/50 Hz; 1,5 kV= (801–825, 4701–4730: + 15 kV/16$^{2}/_{3}$ Hz)
Vmax (km/h):	320 (LGV mit 25 kV/50 Hz), sonst 220
Leistung (kW):	8 x 1.160 (25 kV/50 Hz), 8 x 485 (1,5 kV=)
Leer-/ Dienstmasse (t), 10-teilig:	399 / 428
Länge über Kupplung (mm), 10-teilig:	200.190
Sitzplätze (10-teilig):	516 (1. Klasse: 184, 2. Klasse: 332)
Indienststellung:	2007–2015

Shinkansen

Die Reihe 0

Mit der Baureihe 0 (ursprünglich 000) wurde 1964 der Tokaido-Shinkansen zwischen Tokio und Osaka eröffnet. Charakteristisch für die Züge war ihre »Nase«, deren Vorbild angeblich die Spitze einer DC 8 war. Anfangs bestand ein Shinkansen aus zwölf Wagen, deren Achsen alle mit einem 185-kW-Motor ausgerüstet waren. Zwei Wagen bildeten immer eine feste Einheit mit einem gemeinsamen Stromabnehmer. Anfangs betrug die Höchstgeschwindigkeit 210 km/h, ab 1986 erlaubte der Streckenausbau 220 km/h. Zwischen 1963 und 1986 wurden insgesamt 3.216 Wagen gebaut.

(Baureihen-)Bezeichnung: 0

Technische Daten	
Betriebsnummern:	R61-68
Konfiguration der Einheiten:	4T, 6T, 12T, 16T
Radsatzanordnung (Endwagen):	Bo'Bo'
Radsatzanordnung (Mittelwagen):	Bo'Bo'
Stromsystem:	25 kV / 60 Hz
Spurweite (mm):	1.435
Vmax (km/h):	220
Leistung angetriebener Wagen (kW):	4 x 185
Leermasse Wagen (t):	53-57,5
Indienststellung:	1964-1986

Zunächst verkehrten die Züge der 0-Serie nur als zwölfteilige Einheiten, ab 1971 meist als 16-teiligen Einheiten. Probleme bei der Druckdichtheit, Korrosion und hohe Wartungskosten führten schon ab 1976 zu ersten Abstellungen bei den Original-Shinkansen.

Die letzten 16-Wagenzüge fuhren im Dezember 1999, die letzten 12-Wagen-Einheiten bis April 2000. Am 30. November 2008 erfolgte zum letzten Mal ein fahrplanmäßiger Einsatz und am 14. Dezember 2008 fand die allerletzte Fahrt statt. Bereits im August 2008 wurde ein Zug ins Eisenbahnmuseum letztmalig im Jahr 2003. Im Betrieb standen zuletzt nur noch sechsteilige Einheiten, die auf der Sanyo-Strecke zwischen den Bahnhöfen Okayama und Hakata liefen und bis März 2012 außer Dienst gestellt wurden.

Die Reihe 100

Die Baureihe 100 ist die zweite Shinkansen-Generation, auf den Tokaido- und Sanyo-Strecken zum Einsatz kam. Zwischen 1984 und 1991 wurden insgesamt 1.056 Fahrzeuge (= 66 16-teilige Einheiten) gebaut. Bei der Gestaltung war ihre Front als »Shark-Nose« (= Haifisch-Nase) spitzer ausgeführt als bei der Reihe 0. Trotz vier antriebsloser Wagen erlaubten leistungsfähige Motoren (230 kW) mit Thyristorsteuerung und das reduzierte Gewicht eine Höchstgeschwindigkeit von 270 km/h. Sie blieb aber zunächst auf 220 km/h beschränkt und wurde erst ab 1989 bei den »Grand Hikari« des Sanyo-Shinkansen auf 230 km/h erhöht.

Im Regelverkehr liefen die Züge 16-teilig mit je einem Steuerwagen am Ende und zwei doppelstöckigen, antriebslosen Mittelwagen in der Zugmitte. Diese Einheiten verkehrten

(Baureihen-)Bezeichnung: 100

Technische Daten	
Betriebsnummern:	K51-K60, P1-12
Konfiguration der Einheiten:	4T, 6T, S+10T+S, S+6T+2M+6T+S, 6T+4M+6T
Radsatzanordnung (Endwagen):	Bo'Bo' oder 2'2'
Radsatzanordnung (Mittelwagen):	Bo'Bo' oder 2'2'
Stromsystem:	25 kV / 60 Hz
Vmax (km/h):	270
Leistung angetriebener Wagen (kW):	4 x 230
Leermasse Wagen (t):	46-56
Indienststellung:	1984-1991

Die Reihe 200

Zwischen 1980 und 1986 wurden insgesamt 700 Fahrzeuge der Baureihe 200 in Dienst gestellt. Die zunächst zwölfteiligen Einheiten kamen vornehmlich auf den Tohoku- und Joetsu-Shinkansen zum Einsatz. Auch ihre Gestaltung orientierte sich an der Reihe 0. Alle Wagen waren angetrieben, um hohe Geschwindigkeiten auf den steilen Gebirgsstrecken zu erreichen. Vor dem Schnee im Gebirge schützten die Fahrzeuge spezielle Verkleidungen an den Drehgestellen und an der Unterflurausrüstung, Mini-Schneepflüge an jedem Ende sowie geänderte Belüftungsöffnungen für die Klimaanlage. Durch Einfügen weiterer Mittelwagen (z.T. auch antriebslos und doppelstöckig) kamen später 13- und 16-teilige Züge zum Einsatz. Ab 1987 liefen auch zehnteilige und ab 1988 sogar nur achteilige Einheiten. Nach diversen Ausmusterungen standen zuletzt nur wenige acht- und zehnteilige Einheiten im Einsatz, die 2011 den Dienst quittierten.

(Baureihen-)Bezeichnung: 200

Technische Daten	
Betriebsnummern:	F8, F19, K21-31, K41-51
Konfiguration der Einheiten:	10T, 12T, 6T+M+6T, 8T+2M+6T
Radsatzanordnung (Endwagen):	Bo'Bo'
Radsatzanordnung (Mittelwagen):	Bo'Bo' oder 2'2'
Stromsystem:	25 kV / 60 Hz
Vmax (km/h):	275
Leistung angetriebener Wagen (kW):	4 x 230
Leermasse Wagen (t):	57-62
Indienststellung:	1980-1986

Die Reihe 300

JR Central und JR West erhielten die ersten Exemplare 16-teiligen Züge der Baureihe 300 im Jahr 1992. Die 270 km/h schnellen Züge kamen auf der Tokaido- und Sanyo-Strecke als sogenannten »Super Hikari«-Züge zum Einsatz. Bis 1998 wurden insgesamt 1.120 Fahrzeuge (70 Einheiten) beschafft. Äußerlich unterscheiden sie sich von den früheren Triebzügen durch eine geänderte Kopfform sowie niedrigere Wagenkästen. Erstmals kamen Drehstrom-Asynchronmotoren mit einer Leistung von 300 kW zum Einbau. Ferner erhielten die Züge neu konstruierte Drehgestelle. Ab Oktober 2004 verbesserte die Bahngesellschaft JR Central die Laufeigenschaften ihrer 61 Einheiten. Sieben Wagen pro Triebzug erhielten eine semi-aktive Vibrationskontrolle. Fernen wurden alle Wagen mit einer nicht linearen Luftfederung sowie einer neuen Sekundärfederung zum besseren Ausgleich seitlicher Bewegungen ausgerüstet. Erste Ausmusterungen begannen schon 2007 nach Anlieferung der neuen Reihe N700. Die letzten der ursprünglich 61 Einheiten von JR Central sind seit März 2012 nicht mehr im Einsatz.

(Baureihen-)Bezeichnung: 300

Technische Daten	
Betriebsnummern:	F1-9, J1-61
Radsatzanordnung (Endwagen):	Bo'Bo' oder 2'2'
Radsatzanordnung (Mittelwagen):	Bo'Bo' oder 2'2'
Stromsystem:	25 kV / 60 Hz
Spurweite (mm):	1.435
Vmax (km/h):	270
Leistung angetriebener Wagen (kW):	4 x 300
Leermasse Wagen (t):	38-41,8
Indienststellung:	1989-1998

Die Reihe 400

Bei der Baureihe 400 handelt es um sich die ersten »Mini-Shinkansen«, die sowohl auf umgespurten Kapspurstrecken sowie auf normalen Shinkansen-Strecken eingesetzt wurde. Insgesamt zwölf sechsteilige, allachsgetriebene Einheiten stellte JR East zwischen 1990 und 1992 für den Einsatz als »Tsubasa« zwischen Tokio und Yamagata in Dienst. Auf den Shinkansen-Strecken beträgt die Höchstgeschwindigkeit 240 km/h, auf der umgespurten Strecke von Fukushima nach Yamagata lediglich 130 km/h. Wegen des eingeschränkten Lichtraumprofils der ehemaligen Kapspurstrecken mussten die Wagenkästen schmaler und kürzer ausgeführt werden. Daher wird an normalen Shinkansen-Bahnsteigen ein Spalt mit einem ausfahrbaren Einstieg überbrückt. Den Antrieb besorgen letztmalig bei Shinkansen-Fahrzeugen Gleichstrommotoren (210 kW) mit Thyristorsteuerung. Bereits zwischen Dezember 2008 und Sommer 2009 schieden die meisten Garnituren aus und wurden durch neue E3-2000-Züge ersetzt. Lediglich die Einheit L3 blieb bis zum April 2010 im Einsatz.

(Baureihen-)Bezeichnung: 400

Technische Daten	
Betriebsnummern:	L1-12
Radsatzanordnung (Endwagen):	Bo'Bo'
Radsatzanordnung (Mittelwagen):	Bo'Bo' oder 2'2'
Stromsystem:	20/25 kV / 50 Hz
Spurweite (mm):	1.435
Vmax (km/h):	240
Leistung angetriebener Wagen (kW):	4 x 210
Leermasse Wagen (t):	39,6-49,0
Indienststellung:	1990-1992

Die Reihe 500

Seit dem 22. März 1997 verkehrte die Baureihe 500 als »Nozomi« (= Hoffnung) zwischen Shin-Osaka und Hakata mit einer Höchstgeschwindigkeit von 300 km/h planmäßig schnellste Zug Japans. Jeder Radsatz wird durch einen Drehstrommotor mit 285 kW Leistung angetrieben, womit insgesamt 18.240 kW zum Erreichen einer Maximalgeschwindigkeit von 320 km/h zur Verfügung stehen. Bedingt durch die extrem lang gezogene »Nase« sind die Endwagen 27 m lang, die Mittelwagen kommen dagegen mit den üblichen 25 m aus. Damit kommt eine Einheit auf eine Gesamtlänge 404 m. Mit dem Einsatz der Baureihe 500 verringerte sich die Reisezeit zwischen Tokio und Hakata von 5 Std. 4 Min. auf 4 Std. 49 Min Insgesamt wurden nur neun Einheiten in Dienst gestellt.Zwischen 2008 und 2010 wurden sechs der ursprünglich neun Garnituren zu achteiligen Einheiten (Serie 500-7000) verkürzt. Sie übernahmen dann ab dem 1. Dezember 2008 von den ausgemusterten Zügen der Baureihe 0 deren Einsätze als »Kodama«, dem langsamsten Shinkansen zwischen Osaka und Hakata.

(Baureihen-)Bezeichnung: 500

Technische Daten	
Betriebsnummern:	W1-9
Konfiguration der Einheiten:	16T
Radsatzanordnung (Endwagen):	Bo'Bo'
Radsatzanordnung (Mittelwagen):	Bo'Bo'
Stromsystem:	25 kV / 60 Hz
Spurweite (mm):	1.435
Vmax (km/h):	320
Leistung angetriebener Wagen (kW):	4 x 285
Leermasse Wagen (t):	39,5
Indienststellung:	1995-1998

Reihe 700

JR Central und JR West beschafften die Reihe 700 als günstige Alternative zu den sehr teuren Einheiten der Baureihe 500 auf dem Tokaido- und Sanyo-Shinkansen. Eine 16-teilige Einheit kostete rund vier Mrd. Yen und damit rund 20 % weniger als ein

Zug der Reihe 500. Beschafft wurden zwischen 1999 und 2005 insgesamt 75 16-teilige und 16 achtteilige Einheiten. Drehstrommotoren mit 275 kW Leistung sorgen bei den angetriebenen Radsätzen für den nötigen Schub und ermöglichen eine Höchstgeschwindigkeit von 285 km/h.

Die achtteiligen Einheiten (Unterbaureihe 700-7000) wurden nur von JR West für den Einsatz als »Hikari Rail Star« zwischen Osaka und Hakata beschafft. Um in Spitzenzeiten einen Einsatz in Doppeltraktion zu ermöglichen, erhielten diese Fahrzeuge die entsprechenden Kupplungen. Bisher wurde diese Möglichkeit allerdings niemals genutzt.

(Baureihen-)Bezeichnung: 700

Technische Daten	
Betriebsnummern:	B1-15, C1-60, E1-16
Radsatzanordnung (Endwagen):	2'2'
Radsatzanordnung (Mittelwagen):	Bo'Bo' oder 2'2'
Stromsystem:	25 kV / 60 Hz
Spurweite (mm):	1.435
Vmax (km/h):	285
Leistung angetriebener Wagen (kW):	4 x 275
Leermasse Wagen (t):	40,0
Indienststellung:	1997-2005

Die Reihe N700

Nachdem sich die Reihe 700 im Betriebsalltag bewährt hatte, entwickelten JR Central und JR West dieses zur Reihe N700 fort, von der sie acht- und 16-teiligen Züge für das Tokaido- und Sanyo-System beschafften. Nachdem ein erster Vorserienzug (Einheit Z0) im Februar 2005 an JR Central geliefert worden war, nahmen die ersten Serienzüge im Sommer 2007 den Dienst auf. Die Züge sind auf dem Tokaido-Shinkansen mit bis zu 270 km/h unterwegs, auf dem Sanyo-Shinkansen erreichen sie sogar 300 km/h. Abgesehen von den beiden Steuerwagen sind alle Wagen angetrieben. Auf jeden Radsatz wirkt ein Drehstrommotor mit 305 kW Leistung, gesteuert von IGBT-Stromrichtern. Ferner sind die Wagen mit einer über die Luftfederungen betätigten Neigeeinrichtung ausgerüstet, die eine geringe Wagenneigung von einem Grad ermöglicht. Damit dürfen Kurven mit einem Radius von 2.500 m mit 270 km/h durchfahren werden. In Verbindung mit einem neuen digitalen, automatischen Zugsteuerungs-System (ATC = Automatic Train Control) und seinem hohen Beschleunigungsvermögen sollten die Reisezeiten zwischen Tokio und Osaka um mindestens fünf Minuten und zwischen Tokio und Hakata um rund 13 Minuten verringert werden. Der Prototyp erreichte die 270-km/h-Marke in der Ebene um 40 % schneller als die Züge der Baureihe 700. Die 16-teiligen N700 ersetzten in den schnellen »Nozomi«-Diensten bis 2011 komplett die Baureihen 300, 500 und 700 auf dem Tokaido- und Sanyo-Shinkansen.

Im Jahr 2007 entwickelten JR West und JR Kyushu die achteilige Unterbaureihe N700-7000, die auf dem neuen Kyushu-Shinkansen und auf dem Sanyo-Shinkansen zum Einsatz kommen sollten. Ein erster Prototyp wurde im Oktober 2008 ausgeliefert. Diese Triebwagen unterscheiden sich teilweise von den 16-teiligen N700. So sind alle Achsen angetrieben, um auf den steigungsreichen Abschnitten der Kyushu-Strecke genügend Leistung zu haben. Zur besseren Laufruhe sind wie bei den Reihen 500 und 700 Gierungsdämpfer zwischen Drehgestell und Wagenkasten angebracht sowie die ganze Garnitur mit einer halbaktiven Dämpfung ausgerüstet. Auf eine Neigeeinrichtung wurde hingegen verzichtet. In der »Standard«-Klasse ist eine Sitzteilung 2+2 installiert, im Gegensatz zu den Sechzehnteilern mit einer Sitzteilung von 2+3. Die Achtteiler verkehren ab 12. März 2011 vorwiegend als langsamere »Sakura« (= Kirschblüte) und schnelle »Mizuho« zwischen Kagoshima und Osaka.

(Baureihen-)Bezeichnung: N700

Technische Daten	
Betriebsnummern:	Z0, Z1-80, N1-16, S1-19, R1-10
Radsatzanordnung (Endwagen):	2'2'
Radsatzanordnung (Mittelwagen):	Bo'Bo'
Stromsystem:	25 kV / 60 Hz
Spurweite (mm):	1.435
Vmax (km/h):	300
Leistung angetriebener Wagen (kW):	4 x 305
Leermasse Wagen (t):	
Leermasse ganzer Zug (t):	715 (16-teilig)
Indienststellung:	2005-2011

Die Reihe 800

Bei der Reihe 800 handelt es sich um sechsteilige, allachsgetriebene Triebzüge, die im Frühjahr 2004 als »Tsubame« (= Schwalbe) auf dem ersten Abschnitt des Kyushu-Shinkansen zwischen Yatsushiro und Kagoshima in Betrieb gingen. Seit dem 12. März 2011 befahren sie auch den Nordabschnitt Yatsushiro–Hakate. Obwohl die »Tsubame« auch auf den Sanyo-Shinkansen übergehen könnten, sind sie meist auf ihrer Hausstrecke im Einsatz.

Die sechs Einheiten umfassende Baureihe basiert technisch auf der Reihe 700. Ihre ansprechende Kopfform ähnelt jedoch einer spitz zulaufenden Nase, auf den charakteristischen »Entenschnabel« Reihe 700 wurde verzichtet. Ihre Höchstgeschwindigkeit ist derzeit auf 260 km/h beschränkt, obwohl sie konstruktiv für eine Geschwindigkeit von 285 km/h ausgelegt sind. Verbesserungen gab es auch im Innern, wo bei der Ausstattung viel von traditionelleren Materialien Gebrauch gemacht wurde wie z.B. von Holz bei den Sitzen.

(Baureihen-)Bezeichnung: 800

Technische Daten	
Betriebsnummern:	U001-U006
Konfiguration der Einheiten:	6T
Radsatzanordnung (Endwagen):	Bo'Bo'
Radsatzanordnung (Mittelwagen):	Bo'Bo'
Stromsystem:	25 kV / 60 Hz
Spurweite (mm):	1.435
Vmax (km/h):	260
Leistung angetriebener Wagen (kW):	4 x 275
Indienststellung:	2003-2005

Die Reihe E1 »Max«

Bei der Reihe E1 handelt es sich um die ersten komplett doppelstöckig ausgeführten Shinkansen-Züge. Bekannt sind sie auch als »Max«, die Abkürzung steht für »Multi Amenity Express« (= »Expresszug mit vielseitigem Komfort«).
Sechs 12-teilige Einheiten zum Betrieb auf dem Tohoku- und dem Joetsu-Shinkansen wurden
zwischen März 1994 und Ende 1995 geliefert. Bei sechs der zwölf Wagen wird jeder Radsatz von einem 410-kW-Drehstrommotor mit Regenerationsbremse angetrieben.
Die 240 km/h schnellen »Max«-Züge sollten vor allem die ständig überfüllten Langstrecken-Pendlerzüge nach Tokio entlasten. Vier Wagen haben im Oberdeck eine Sitzanordnung von 3+3; diese Sitzplätze können nicht reserviert werden. Insgesamt bietet der Doppelstockzug 40 % mehr Platz als eine zwölfteilige Einheit der Reihe 200. Ab 2003 erhielten die Züge eine Generalüberholung, bei der u.a. neue Sitze eingebaut wurden. Im März 2011 wurde bekanntgegeben, dass die E1-Züge ab Juli 2012 sukzessive außer Dienst gestellt werden sollen.

(Baureihen-)Bezeichnung: E1

Technische Daten	
Betriebsnummern:	M1-6
Radsatzanordnung (Endwagen):	2'2'
Radsatzanordnung (Mittelwagen):	Bo'Bo' oder 2'2'
Stromsystem:	25 kV / 60 Hz
Spurweite (mm):	1.435
Vmax (km/h):	240
Leistung angetriebener Wagen (kW):	4 x 410
Indienststellung:	1994-1995

Die Reihe E2

Die beiden ersten Vorserienzüge der Reihe E2 wurden im April bzw. Juni 1995 als achtteilige Einheiten ausgeliefert. Bis auf die beiden Steuerwagen sind alle Wagen angetrieben, wobei auf jeden Radsatz ein Drehstrommotor mit 300 kW Leistung wirkt. Die Züge sind für eine Maximalgeschwindigkeit von 315 km/h ausgelegt, fahren aber im Regelbetrieb nicht schneller als 275 km/h. Die Fahrzeuge können sowohl unter 50 Hz (normale Frequenz von JR East) als auch unter 60 Hz (Nagano-Shinkansen westlich von Karuizawa) verkehren.

Als erste Serienfahrzeuge wurden von Dezember 1996 bis März 1997 sechs achtteilige Einheiten der Unterbaureihe E2' in Dienst gestellt, die zur Verstärkung auf dem Tohoku-Shinkansen wegen der Betriebsaufnahme des Akita-Mini-Shinkansen benötigt wurden. Sie erhielten am in Richtung Morioka weisenden Zugende versenkbare Kupplungen, um gekuppelt mit den Mini-Shinansen der Baureihe E3 zwischen Tokio und Morioka zu verkehren. Dort wurden die E3-Einheiten abgekuppelt und fuhren solo weiter nach Akita. Weitere neun Einheiten der Reihe E2' wurden 1998 und 1999 geliefert, um steigende Fahrgastzahlen auf den Shinkansen-Strecken von JR East Rechnung zu bewältigen. Ab September 2002 wurden die E2' auf zehn Wagen erweitert; als »Hayate« verkehrten sie auf dem im Dezember 2002 eröffneten Abschnitts des Tohoku-Shinansen nach Hachinohe.

Für die als »Asama« bezeichneten Dienste auf dem am 1. Oktober 1997 eröffneten Hokuriku-Shinkansen nach Nagano stellte JR East zwischen März und September 1997 zwölf achtteilige Einheiten der Baureihe E2 in Dienst. Ihre Höchstgeschwindigkeit ist auf 260 Km/h begrenzt.

Ende Dezember 2000 wurde der Prototyp der verbesserten Unterbaureihe E2-1000 an JR East geliefert. Die anfangs achtteilige Einheit ging nach ausgiebigen Testfahrten im November 2001 in den Plandienst. Ab Juli 2002 standen die ersten Serienfahrzeuge zu Verfügung, welche nun als zehnteilige Einheiten ausgeführt waren. Diese Züge ersetzten vor allem die in die Jahre gekommenen Fahrzeuge der Reihe 200 in den neuen »Hayate«-Diensten auf dem Tohoku-Shinkansen. Die Reihe E2-1000 weist diverse Verbesserungen am, am augenfälligsten sind die großen Seitenfenster (analog der Reihe E4). Ferner erhielten die Züge neue Einholm-Stromabnehmer auf einem stromlinienförmigen Aufbau, der die Stromabnehmer-Verkleidung überflüssig machte. Da die Einheiten nur für 50 Hz ausgelegt sind, kommen sie nur auf dem Tohoku- und Joetsu-Shinkansen zum Einsatz.

(Baureihen-)Bezeichnung: E2

Technische Daten	
Betriebsnummern:	N1-13, N21, J2-15, J51-75
Radsatzanordnung (Endwagen):	2'2'
Radsatzanordnung (Mittelwagen):	Bo'Bo'
Stromsystem:	25 kV / 50/60 Hz
Spurweite (mm):	1.435
Vmax (km/h):	275
Leistung angetriebener Wagen (kW):	4 x 300
Leermasse Wagen (t):	39.0-46,0
Indienststellung:	1995-2010

Die Reihe E3

Die Reihe E3 zählt zu den Mini-Shinkansen, die seit März 1997 den Betrieb als »Komachi« auf der umgespurten Bahnlinie von Morioka nach Akita übernahmen. Die Höchstgeschwindigkeit der zunächst 16 fünfteiligen Einheiten betrug auf der normalen Shinkansen-Strecke 275 km/h, auf der umgespurten Linie dagegen nur 130 km/h. Im Oktober/November 1998 ergänzte JR East die Fahrzeuge mit einem weiteren antriebslosen Mittelwagen. Bis 2005 folgten insgesamt weitere zehn sechsteilige Triebzüge.

Zur Verlängerung des Yamagata-Mini-Shinkansen nach Shinjo im Dezember 1999 wurden zwei siebenteilige Einheiten der Unterbaureihe E3-1000 im August und im September 1999 ausgeliefert. Eine dritte siebenteilige Einheit steht seit Juli 2005 zur Verfügung. Der erste siebenteilige Shinkansen von insgesamt zwölf Einheiten der neuen Unterbaureihe E3-2000 nahm am 20. Dezember 2008 seinen Dienst auf der Yamagata-Strecke als »Tsubasa« auf. Die E3-2000 wurden mit kleinen Verbesserungen wie einem aktiven Federungssystem, farbigen LED-Zielanzeigen und Netzsteckdosen in allen Wagen ausgestattet.

(Baureihen-)Bezeichnung: E3

Technische Daten	
Betriebsnummern:	R1-26, L51-53, L61-72
Radsatzanordnung (Endwagen):	Bo'Bo'
Radsatzanordnung (Mittelwagen):	Bo'Bo' oder 2'2'
Stromsystem:	20/25 kV / 50 Hz
Spurweite (mm):	1.435
Vmax (km/h):	275
Leistung angetriebener Wagen (kW):	4 x 300
Leermasse Wagen (t):	40,6-46,6
Indienststellung:	1995-2010

Die Reihe E4 »Max«

Die achtteiligen Doppelstockzüge der Reihe E4 mit 800 Sitzplätzen entstanden auf Basis der Baureihe E1 und können in Doppeltraktion verkehren. Wie bei der Reihe E1 gibt es im Oberdeck teilweise unreserviebare Sitzplätze. Vier Wagen einer Einheit sind angetrieben, wobei auf jeden Radsatz ein Drehstrommotor mit 420 kW Leistung wirkt. Die Wagenkästen sind aus Aluminium gefertigt, womit die Achslast bei 16 Tonnen gehalten werden konnte. Die Höchstgeschwindigkeit beträgt 240 km/h.

Die ersten drei Einheiten kamen im Dezember des 1997 auf dem Tohoku-Shinkansen zum Einsatz. Weitere Züge ergänzten die Flotte ab Anfang 1999, so dass ab April 1999 die E4 auch zusammen mit den Zügen der Reihe 400 zwischen Tokio und Fukushima verkehrten. Ab Mai 2001 fuhren die E4 auch einige Leistungen auf dem Joetsu-Shinkansen. Für den Betrieb unter 50 Hz und unter 60 Hz auf dem Nagano-Shinkansen erhielt JR East 2003 zwei Einheiten, die unter beiden Frequenzen fahren können. Alle anderen E4 enden in Karuizawa, da sie nur für den Betrieb unter der 50-Hz-Frequenz ausgerüstet sind.

(Baureihen-)Bezeichnung: E4

Technische Daten	
Betriebsnummern:	P1-22, P51-52, P81-82
Radsatzanordnung (Endwagen):	2'2'
Radsatzanordnung (Mittelwagen):	Bo'Bo' oder 2'2'
Stromsystem:	25 kV / 60 Hz
Spurweite (mm):	1.435
Vmax (km/h):	240
Leistung angetriebener Wagen (kW):	4 x 420
Leermasse einzelner Wagen (t):	50,3-56,9
Indienststellung:	1997-2003

Die Reihe E5

Die ersten neuen Shinkansen der E5-Serie verkehrten im Frühjahr 2011 auf dem Tohoku Shinkansen von Tokio nach Aomori. Die Shinkansen-Baureihe E5 repräsentiert den technischen Fortschritt bei Reisekomfort und Sicherheit. Jede Einheit weist drei Komfortbereiche auf: Im Bereich »Standard« beträgt der Sitzabstand 1.040 mm (60 mm mehr als in der E2-Serie), in der »Green class« 1.160 mm und in der »Gran class« großzügige 1.300 mm. Das spezielle Design der Stirnfront mit einer 15 Meter langen »Nase« soll das sogenannte »Tunnelknall«-Phänomen reduzieren, das entsteht, wenn Züge mit Geschwindigkeiten von über

200 km/h in einen Tunnel einfahren. Hinzu kommen neu gestaltete, geräuscharme Stromabnehmer. Die Garnituren sind mit einem aktiven Federungssystem ausgestattet, das Neigungen sowie seitliche Bewegungen entdeckt und ausgleicht. Ein spezielles pneumatisches Neigesystem mit einem maximalen Neigungswinkel von 1,5 Grad reduziert bei Kurvenfahrten die Zentrifugalkräfte. Eine Bremsanlage von Knorr sorgt dafür, das der Zug aus seiner Höchstgeschwindigkeit noch sicher abgebremst wird.

(Baureihen-)Bezeichnung: E5

Technische Daten	
Betriebsnummern:	S11, U2-60
Radsatzanordnung (Endwagen):	2'2'
Radsatzanordnung (Mittelwagen):	Bo'Bo'
Stromsystem:	25 kV / 50 Hz
Spurweite (mm):	1.435
Vmax (km/h):	320
Leistung angetriebener Wagen (kW):	4 x 311
Leermasse einzelner Wagen (t):	41,9-46,8
Leermasse ganzer Zug (t):	453,5
Indienststellung:	2009-

Die Reihe E6

JR East ließ die neuen Triebwagen der Baureihe E6 Für den Einsatz als »Mini-Shinkansen« auf der Tohoku- und der Akita-Strecke entwickeln. Die Garnituren mit einem Schmalprofil-Wagenkasten sind siebenteilig ausgeführt, um die gleiche Kapazität wie die sechsteiligen E3-Züge zu bieten. Alle Fahrzeuge sind inklusive der Drehgestelle vollverkleidet und verfügen über ein aktives Neigesystem bis zu 1,5 Grad. Die E6 weisen ähnliche Verbesserungen des Fahrgastkomforts auf wie die Baureihe E5 einschließlich Netzsteckdosen an jedem Platz und Videoüberwachung in den Einstiegsbereichen. Die Sitzteilung sowohl in der »Standard class« als auch in der »Green class« beträgt 2+2. Der erste Vorserienzug S12 wurde Juni 2010 ausgeliefert und begann einen Monat später mit seinen Testfahrten auf dem Tohoku-Shinkansen. Die Indienststellung der ersten Serienzüge begann 2012. Seit März 2013 wurden zwei oder drei Zugpaare mit den neuen E6 gefahren. 2014 ersetzten die E6 auf dem Akita-Shinkansen alle E3-Garnituren.

(Baureihen-)Bezeichnung: E6

Technische Daten	
Betriebsnummern:	S12
Radsatzanordnung (Endwagen):	Bo'Bo'
Radsatzanordnung (Mittelwagen):	Bo'Bo' oder 2'2'
Stromsystem:	20/25 kV / 50 Hz
Spurweite (mm):	1.435
Vmax (km/h):	320
Leistung angetriebener Wagen (kW):	4 x 311
Leermasse einzelner Wagen (t):	42,5-45,7
Indienststellung:	2010-

Italien

Monotensione

1996 erhielten die FS die ersten von 30 ETR.500-Zügen, welche theoretisch für eine Höchstgeschwindigkeit von 300 km/h ausgelegt waren. Die Garnituren bestanden aus zwei Gleichstrom-Triebköpfen für 3 kV mit jeweils 4.400 kW Leistung und elf, später zwölf Mittelwagen. Ihre Inbetriebnahme bis 1999 erlaubte die schrittweise Einführung von stündlichen hochwertigen Zügen zwischen Mailand und Rom sowie weitere, einzelne Verbindungen von Mailand nach Turin, Venedig, Triest und Lecce.

Politensione

Zwischenzeitlich hatten die FS entschieden, alle zukünftigen Hochgeschwindigkeitsstrecken (beginnend mit Rom–Neapel) mit 25 kV/50 Hz zu elektrifizieren. Die Staatsbahn bestellte daher 30 weitere ETR.500-Züge, diesmal mit Zweisystem-Triebköpfen der Baureihe E.404.500 P (Politensione). Diese wurden völlig neu gestaltet, die gesamte Front erhielt ein »Facelifting« im Pininfarina-Design. Die zwischen 1999 und 2001 gelieferten Triebköpfe sind sowohl für 25 kV/50 Hz als auch für 3 kV= (jeweils 4.400 kW) ausgelegt. Einige Triebköpfe erhielten zusätzlich eine Ausrüstung für 1,5 kV=. 2002 beschlossen die FS, die Gleichstrom-Triebköpfe der Baureihe E.404.100 durch 60 Zweisystem-Triebköpfe der neu zu beschaffenden Baureihe E.404.600 P zu ersetzen, die zwischen 2004 und 2006 in Dienst gestellt wurden. Die Mittelwagen der ersten Serie kamen ebenfalls in den Genuss einer Auffrischungskur, bevor sie mit neugelieferten Triebköpfen E 404.600 vereinigt wurden.Zwischen 2006 und 2008 wurden die 60 Gleichstrom-Triebköpfe E.404.100 der ersten Serie 1992 von Bombardier grundlegend umgebaut. Als neue Baureihe E.414 können sie jetzt normale Reisezugwagen ziehen. Ab 2008 führte FS Trenitalia für die Hochgeschwindigkeitszügen neue Bezeichnungen ein. Züge mit Höchstgeschwindigkeiten von 300 bis 350 km/h wurden nun als Frecciarossa (= Roter Pfeil) bezeichnet. Die ETR.500-Einheiten erhielten ein neues Farbschema mit rotem Streifen und der Aufschrift FRECCIAROSSA auf den Triebköpfen.

(Baureihen-)Bezeichnung: E.414

Technische Daten	
Betriebsnummern:	100-159
Radsatzanordnung:	Bo'Bo'
Stromsystem:	3 kV=
Spurweite (mm):	1.435
Vmax (km/h):	250 km/h
Leistung (kW):	4 x 1.100
Dienstmasse (t):	68
Indienststellung/Umbau:	1996-1999 / 2006-2008

(Baureihen-)Bezeichnung: ETR.500 (mit Triebköpfen E.404.500 u. E.404.600)

Technische Daten	
Betriebsnummern:	01-60
Radsatzanordnung (13-teilig):	Bo'Bo'+11 x 2'2'+Bo'Bo'
Stromsystem:	25 kV/50 Hz; 3 kV=; Einheiten 54, 57 und 60 auch 1,5 kV=
Spurweite (mm):	1.435
Vmax (km/h):	300 km/h
Leistung (kW):	8 x 1.100
Leermasse (t), 13-teilig:	598
Dienstmasse (t), 13-teilig:	645,2
Größte Radsatzfahrmasse (t):	17
Länge über Kupplung (mm), 13-teilig:	328.230
Sitzplätze (zehnteilig):	604 (1. Klasse: 128, 2. Klasse: 476)
Indienststellung:	1996-2008

ETR.1000

FS Trenitalia orderte im September 2010 bei einem Konsortium von Bombardier Transportation und AnsaldoBreda 50 achteilige Hochgeschwindigkeitszüge auf Basis der Zefiro-Plattform. Der Auftrag hat einen Gesamtwert von 1,54 Mrd. Euro. Die mehrsystemfähigen, 200 m langen und 600 Sitzplätze umfassenden Züge des Typs V300ZEFIRO sollten an die europäischen Verhältnisse (TSI-Standard) umfassend angepasst werden und für einen grenzüberschreitenden Einsatz ausgerüstet sein. Ein hohes Beschleunigungsvermögen sollte es dem Zug selbst auf kurvenreichen Strecken hervorragende Reisezeiten ermöglichen.

Am 26. März 2013 wurde der erste der fünf Vorserienzüge im AnsaldoBreda-Werk Pistoia der Öffentlichkeit vorgestellt. Danach brachte man den Zug für Testfahrten auf dem Eisenbahnversuchsring Velim nach Tschechien. Die anderen Vorserienzüge führten Versuchsfahrten auf dem italienischen Streckennetz aus, mit denen die Zulassung bis 300 km/h im April 2015 erreicht wurde. Anlässlich der Expo 2015 kamen die ersten sechs Exemplare zum Einsatz.

Baureihenbezeichnung: ETR.1000

Technische Daten	
Betriebsnummern:	
Stromsystem:	3 kV=, 25 kV/50Hz
Spurweite (mm):	1.435
Vmax (km/h):	360
Dauerleistung (kW):	8.200 (8 x 1.025)
Dienstmasse (t), achtteilig:	500
Länge über Kupplung (mm), achtteilig:	202.000
Indienststellung:	ab 2013

Spanien

AVE: Baureihe S-103 »Velaro E«

Im Juli 2001 vereinbarten Siemens und die RENFE die Lieferung von 16 Hochgeschwindigkeitszügen der Bauart »Velaro E«. Im März 2004 orderte die RENFE Siemens zehn weiteren Garnituren. Basis der »Velaro«-Plattform ist die deutschen ICE 3. Wie bei diesem sind die Antriebskomponenten und Technikmodule des S-103 unterflur angeordnet. Im Vergleich zum ICE 3 erhöhte sich beim »Velaro E« die betriebliche Höchstgeschwindigkeit auf 350 km/h sowie die Antriebsleistung um 10 % auf 8.800 kW. Standardmäßig ist der S-103 mit dem Zugsicherungssystem ETCS Level 2 für einen grenzüberschreitenden Einsatz ausgerüstet. Für Fahrten auf der 1992 eröffneten ersten spanischen HG-Strecke Madrid–Sevilla ist zudem die Linienzugbeeinflussung (LZB) vorhanden.

Der AVE S 103 bietet in den drei Klassen Club, Preferente und Turista Platz für 405 Fahrgäste. Fast alle Sitze im Velaro E sind drehbar und können somit vor Fahrtbeginn in Fahrtrichtung ausgerichtet werden. Mit dem Velaro E brachte Siemens erstmals einen deutschen Hochgeschwindigkeitszug im Ausland auf die Schiene. Seit dem 22. Juni 2007 fahren die ersten Züge im Regelbetrieb.

Baureihenbezeichnung: S-103 »Velaro E«

Technische Daten	
Betriebsnummern	103-001 bis 103-026
Stromsystem:	25 kV/50 Hz
Vmax (km/h):	350
Dauerleistung (kW):	8.800 (16 x 550)
Länge über Kupplung (mm):	200.320
Sitzplätze (Club/Preferente/Turista):	405 (38+103+264)
Indienststellung:	2005-2008

AVE: CAF »Oaris«

Im Mai 2010 stellte der spanische Fahrzeugbauer CAF auf dem »International Rail Forum 2010« in Valencia seine OARIS-Plattform vor, den ersten rein spanischen Hochgeschwindigkeitszug. Die OARIS-Plattform ist ein modular aufgebautes Fahrzeugkonzept, welches die Bildung von vier-, sechs- oder sogar achtteiligen Einheiten ermöglicht. Ein Multitraktionssystem ermöglicht den Betrieb unter 1,5 oder 3 kV Gleichstrom wie auch unter 15 kV/16⅔ Hz oder 25 kV/50 Hz Wechselspannung.Die OARIS-Triebwagen sind sowohl für Normal- als auch für die Breitspur geeignet. Der Einbau aller europäischen Signalsysteme einschließlich ETCS ist ebenfalls möglich.Im September 2010 begann CAF mit der Fertigung eines vierteiligen Prototyps, welcher bei der RENFE die Baureihenbezeichnung S-105 erhielt. Am 14. Januar 2011 gab CAF die Fertigstellung des Prototyps bekannt. Die ersten fahrdynamischen Tests begannen im Frühjahr 2011 und dauerten bis 2015. Ebenfalls 2015 bestellte die norwegische Flytoget AS acht Oaris für 250 km/h, von denen das erste Exemplar Anfang 2018 ausgeliefert wurde.

Baureihenbezeichnung: S-105

Technische Daten	
Betriebsnummer:	»Oaris«-Prototyp
Radsatzanordnung:	Bo'2'+Bo'2'+2'Bo'+2'Bo'
Stromsysteme:	25 kV/50 Hz, 3 kV=
Spurweiten (mm):	1.435 und 1.668
Vmax (km/h):	320 (25 kV/50 Hz)
Leistung (kW):	5.280 (8 x 660) bei 25 kV/50 Hz
Indienststellung:	2011

Russland

Der »Sapsan« (Velaro RUS)

Nachdem die russische Staatsbahn RŽD mit einer originären Eigenentwicklung für den Hochgeschwindigkeitsverkehr gescheitert war, suchte sie in Westeuropa nach einem geeigneten Fahrzeug. Die Wahl fiel schnell auf den Velaro von Siemens: Am 18. Mai 2006 vereinbarte Siemens mit der RŽD die Lieferung von acht Hochgeschwindigkeitszügen des Typs Velaro RUS sowie der Wartung für die Dauer von 30 Jahren.

Der Velaro RUS basiert auf der Siemens-Plattform für Hochgeschwindigkeitszüge »Velaro«, deren Entwicklung mit dem ICE 3 der Deutschen Bahn begann und sich mit Aufträgen aus Spanien sowie China fortsetzte. Die unter der Bezeichnung »Sapsan« (= Wanderfalke) vermarkteten Züge mussten sowohl europäische als auch russische Normen erfüllen. Ferner galt es die speziellen klimatischen Bedingungen zu berücksichtigen: Die Züge sind bis zu einer Außentemperatur von -40 °C uneingeschränkt betriebsfähig, sicherheitsrelevante Systeme sogar bis -50 °C. Um Probleme mit Flugschnee zu vermeiden, erfolgt die Kühlung der Unterflurkomponenten über Luftführungskanäle vom Wagendach aus. Gebaut wurden vier Einsystemzüge (EVS 1) für den Betrieb unter 3 kV= (Moskau–St. Petersburg) und vier Zweisystemzüge für zusätzlich 25 kV/50 Hz Wechselstrom (Moskau–Nischni Nowgorod). Vier angetriebene Wagen mit 16 Triebdrehgestellen beschleunigen die zehnteilige Einheit.

Ein großer Teil der Strecke Moskau–St. Petersburg konnte zwischenzeitlich auf 200 km/h ausgebaut werden, wobei ein paar Abschnitte sogar für 250 km/h hergerichtet sind. Dort stellte der Velaro RUS während einer Testfahrt mit 293 km/h einen neuen russischen Geschwindigkeitsrekord auf. Der Planbetrieb begann im Dezember 2009 mit drei täglichen Zugpaaren. Heute fahren die Sapsan mit sieben Zugpaaren zwischen Moskau und St. Petersburg, wobei die schnellsten Züge im Non-Stopp-Verkehr 3 Std. 50 Min. für die 650 km lange Fahrt benötigen. Seit Juli 2010 verkehrt der Sapsan auch auf der leicht modernisierten Strecke Moskau–Nischni Nowgorod.

(Baureihen-)Bezeichnung: Sapsan (EVS1 und EVS2)

Technische Daten	
Betriebsnummern:	01-04 (EVS2), 05-08 (EVS1)
Radsatzanordnung (Endwagen):	Bo'Bo'
Radsatzanordnung (Mittelwagen):	Bo'Bo' oder 2'2'
Stromsystem:	3 kV= und 25 kV/50 Hz (EVS2), nur 3 kV= (EVS1)
Spurweite (mm):	1.520
Vmax (km/h):	300 (Betriebs-Vmax: 250)
Leistung angetriebener Wagen (kW):	4 x 500 (gesamter Zug: 8.000)
Indienststellung:	2008-2009

ZUNÄCHST NUR WERKTAGS

Der »Capitole« nimmt Fahrt auf

Zwischen der Paris und dem Toulouse startete die französische Staatsbahn SNCF am 15. November 1960 eine neue Schnellzugverbindung.

»Le Capitole« rollt auf der kurvenreichen Strecke Paris–Toulouse.

Als TEE bezeichnet, fährt der Schnellzug »Le Capitole« im Juni 1980 nach Toulouse. Die Lokomotive gehört zur Baureihe CC 6500, und die Garnitur besteht aus »Grand Confort«-Wagen.

Der Schnellzug »Le Capitole« mit roten Wagen und einer Lokomotive der Baureihe BB 9200 im Juni 1969 auf dem Weg nach Toulouse. Der Zug fuhr auf Teilstrecken mit 200 km/h.

Zunächst an drei Tagen pro Woche befuhr ein Zug die 713 Kilometer lange Strecke von der Haupt- in die südfranzösische Großstadt an der Garonne, der mit vier Zwischenhalten rund sieben Stunden brauchte.

»Le Capitole« befuhr als »Rapide« auf der ehemaligen Hauptmagistralen der Chemin de fer de Paris à Orléans (P.O.) die Relation Paris, Orléans, Limoges, Brive-la-Gaillarde, Cahors, Montauban, Toulouse. Er war zunächst aus vier oder fünf Wagen 1. Klasse des Typs INOX-DEV (silberfarben), einem blauen CIWL-Speisewagen und einem grünen Gepäckwagen zusammengestellt und mit einer Elektrolokomotive der Baureihe BB 9200 bespannt, die ebenfalls in Grün lackiert war. Der Zug verkehrte mit einer Höchstgeschwindigkeit von 160 km/h.

Vor allem für Geschäftsleute war dieser Zug gedacht. Später fuhr nur an Werktagen und ausschließlich mit Wagen der 1. Klasse und einem Speisewagen der Compagnie Internationale des Wagons-Lits (CIWL). Der gute Service an Bord des Zuges und die auf sechs Stunden und 45 Minuten reduzierte Fahrzeit zog viele Fahrgäste an, so dass freitags ein zusätzlicher Zug eingesetzt werden musste.
Seit dem 28. Mai 1967 erreichte der »Capitole« auf dem Streckenabschnitt Les Aubrais–Vierzon durch den Einsatz von neuem Wagenmaterial zum ersten Mal die Höchstgeschwindigkeit von 200 km/h. Der Zug bewältigte von nun an die Strecke in einer Fahrzeit von sechs Stunden und war fahrplanmäßig der schnellste Zug Europas. Seine Beliebtheit nahm dank dieser Verbesserung noch weiter zu.

Als die SNCF die bisherigen Wagen vom Typ UIC (»Union Internationale des Chemins de Fer«) durch Wagen der »Grand Comfort«-Klasse ersetzte, wurde der »Capitole« im Jahr 1970 gleichzeitig Teil des europäischen TEE-Netzes. Dank eines neuen Streckenabschnitts für Tempo 200 km/h konnte die Fahrzeit weiter auf fünf Stunden 56 Minuten reduziert werden. Eine Leistung, die damals nicht mehr verbessert werden konnte. Der Ruhm des »Capitole« reichte jedoch nicht aus, um der Konkurrenz standzuhalten und den allgemeinen Niedergang der TEE-Züge zu verhindern.

Er setzte zunächst noch seine Karriere als Schnellzug fort, doch dann musste er zu Gunsten der TGV weichen. Mit Einführung der zweiten TGV-Verbindung zwischen Paris und Toulouse im September 1991 wurde er aus dem Fahrplan genommen.

Lange Zeit war der »Capitole« einer der Renommierzüge der französischen Staatsbahn SNCF gewesen, und sein Ruhm als bester Zug seiner Generation wird für immer in Erinnerung bleiben.

Schnell und komfortabel

Der Trans-Europ-Express rollt 1957 an den Start

Bis heute gelten die drei Buchstaben »TEE« bei den europäischen Eisenbahnen als Synonym für schnelle, luxuriöse Fernzüge. Dabei ist es mehr als ein halbes Jahrhundert her, dass der TEE startete.

Ihre formschönen Vierstromtriebwagen RAe setzten die Schweizerischen Bundesbahnen vor allem als TEE »Gottardo« ein.

Bereits im Dezember 1953 hatte der Generaldirektor der Niederländischen Eisenbahnen Franciscus Querien den Hollander (1893–1982) vorgeschlagen, in Westeuropa ein neues, komfortables Netz aus grenzüberschreitenden Verbindungen mit Schnelltriebwagen zu schaffen und damit die schweren, langsamen Schnellzüge abzulösen. Ein solches Netz war dringend nötig, um die Eisenbahn in den 1950er-Jahren gegenüber dem Auto und besonders dem Flugzeug konkurrenzfähig zu halten. Weil die Eisenbahn mit den kurzen Reisezeiten der Flugzeuge nicht konkurrieren konnte, musste sie versuchen, die Reisenden mit anderen Vorteilen für den Schienenverkehr zu gewinnen: Die Eisenbahn brachte ihre Fahrgäste direkt in die Zentren der Städte. Außerdem konnte das größere Platzangebot in den Zügen zum Arbeiten genutzt werden. Dafür richtete man Konferenz-, Schreib- und Funkabteile ein.

Die Verhandlungen der Bahnverwaltungen dauerten mehr als drei Jahre, dann ging die neue Schnellzug-Gattung an den Start. Weil man sich aber nicht auf einen gemeinsamen Fahrzeugtyp einigen konnte, stellte jede Staatsbahn eigene Fahrzeuge, die bestimmten Standards entsprechen mussten. Als Markenzeichen wählte man den Namen »Trans-Europ-Express«. Für das Emblem wurden die Anfangsbuchstaben »TEE« mit drei sich überschneidenden Ringen umrandet. Im Mai des Jahres 1957 präsentierten die Bahngesellschaften Deutsche Bundesbahn (DB), Nederlandse Spoorwegen (NS) Schweizer Bundesbahnen (SBB) und die französische Staatsbahn SNCF mit einer Sternfahrt nach Luxem-

Der VT 11 5002 verlässt als TEE 74 »Saphir« am 24. April 1959 den Hauptbahnhof von Aachen.

Der TEE 44 »Parsifal« hat soeben seine Reise nach Paris begonnen und ist aus Hamburg-Altona kommend am 24. August 1968 in Hamburg Hbf eingefahren.

burg ihre neuen TEE-Züge. Ihr Einsatz begann im Juli desselben Jahres. Über die nächsten drei Jahrzehnte entstanden über 60 internationale TEE-Verbindungen, die die Renommierzüge der westeuropäischen Staatsbahnen waren. Bereits 1971 integrierte die Deutsche Bundesbahn fast alle TEE-Züge in Deutschland in das Zwei-Stunden-Takt-System der damals erstklassigen Intercity-Züge (siehe Seite 135). Im Jahr 1979 ersetzte die DB zahlreiche TEE in Deutschland durch IC-Züge mit zwei Wagenklassen. Schließlich stellte man 30 Jahre nach dem Start 1987 die letzten TEE-Verbindungen ein und führte gleichzeitig mit dem »EuroCity« eine neue europäische Zuggattung für Qualitätszüge mit erster und zweiter Klasse ein.

TEE-Standards

- Da sich die europäischen Bahnverwaltungen nicht auf ein einheitliches Fahrzeug einigen konnten, vereinbarten sie gemeinsame Standards, die die Fahrzeuge bei Ausrüstung, Technik und Komfort erfüllen mussten:
- ca. 100 bis 120 Sitzplätze, maximal drei breite und gut gepolsterte Sitze in einer Reihe
- Großraum mit Mittelgang (Sitzanordnung 2+1) oder Abteile mit Seitengang Technik
- höchste Laufgüte der Wagen mit bestmöglicher Geräuschdämmung
- Motorleistung für Höchstgeschwindigkeit von 140 km/h in der Ebene und 70 km/h bei 16 Promille Steigung
- Mittelpufferkupplungen
- maximale Achslast 18 t
- stufenweise lösbare Bremsen nach international zugelassenem System Service
- Küche zur Versorgung der Reisenden, wahlweise Bedienung am Platz oder im
- separaten Speiseraum
- Außenanstrich und Markenzeichen: einheitlich bordeauxrot-beige, TEE-Emblem.

Trans-Europ-Express – Mitglieder

- Belgische Staatsbahnen (Societé Nationale des Chemins de Fer Belges, SNCB)
- Dänische Staatsbahnen (Danske Statsbaner, DSB), ab 1974 nur Netz, keine Fahrzeuge
- Deutsche Bundesbahn (DB)
- Französische Staatsbahnen (Societé Nationale des Chemins de Fer Francais, SNCF)
- Italienische Staatsbahnen (Ferrovie dello Stato, FS)
- Luxemburgische Eisenbahnen (Chemins de Fer Luxembourgeoises, CFL)
- Niederländische Eisenbahnen (Nederlandse Spoorwegen, NS)
- Schweizerische Bundesbahnen (SBB)
- Spanische Staatseisenbahn (Red Nacional de los Ferrocarriles Españoles, RENFE), ab 1969

Der TEE galt als ein Symbol für eine erfolgreiche Zukunft.

Der Paradezug der SNCF

Der »Mistral« setzt neue Maßstäbe bei Geschwindigkeit und Komfort

Rund vier Jahrzehnte nach seinem Ende erinnert dieser klangvolle Zugname noch immer an die großen Zeiten berühmter Schnellzüge

Fast wie früher: An die großen Zeiten des »Mistral« erinnerte die 241P 17 der Chemin de Fer du Creusot am 3. Oktober 2014 im Bahnhof Lyon Perrache.

Der »Mistral« fuhr auf seiner Fahrt von Nizza nach Marseille Mittelmeer entlang.

Der »Mistral« – benannt nach dem Wind, der über Frankreich aus nord- oder nordwestlicher Richtung in den Mittelmeerraum weht – gilt als einer der wohl populärsten Züge in der Geschichte der französischen Staatsbahn. Mit einer durchschnittlichen Reisegeschwindigkeit von zuletzt 127,7 km/h galt er bis 1981 als schnellster fahrplanmäßig fahrender Zug in Europa.

Seine mehr als drei Jahrzehnte währende Karriere begann nach dem Zweiten Weltkrieg. Bereits seit 1950 verband der »Rapide Mistral« Paris mit Marseille. Als damals prestigeträchtigster Zug der SNCF erhielt er die programmatische Zugnummer »R 1«; der Gegenzug trug die »R 2«. Der Mistral führte – zu einer Zeit als es noch drei Wagenklassen gab – ausschließlich Wagen der 1. und 2. Klasse sowie Pullmanwagen der »Compagnie Internationale des Wagons-Lits« (CIWL).

Im Jahr 1952 wurde die Fahrstrecke bis Nizza verlängert. Für die 1088 km benötigte der Zug genau elf Stunden. Zwischen Paris und Lyon wurde er mit Elektroloks bespannt, während er von Lyon nach Marseille von den damals noch neuen Dampflokomotiven der Baureihe 241 P befördert wurde. Im Abschnitt zwischen Marseille und Nizza kam die ölgefeuerte 141 R zum Einsatz.

Eine revolutionäre Neuerung gab es 1953: Für den Zug beschaffte die SNCF neuartige INOX-Wagen aus rostfreiem Stahl, die später als »Mistral 56« bezeichnet wurden. Erstmals in Europa besaßen diese Wagen eine Klimaanlage. Sie sorgten mit für den großen wirtschaftlichen Erfolg des Schnellzuges.

Nach der europäischen Reform der Wagenklassen von 1956 – die 3. Klasse entfiel – führte der Mistral nur noch die 1. Klasse. Ebenfalls 1956 erhöhte die SNCF die Höchstgeschwindigkeit des Zuges auf 150 km/h. Er erreichte damit zwischen Paris und Dijon sogar eine durchschnittliche Reisegeschwindigkeit von 132,2 km/h – damals seine Sensation!

Für die Bespannung des Schnellzuges trugen die Loks ein besonderes Schild, so wie CC 6570 im Bahnhof Modane am 29. September 2007.

Der Zug befuhr weiter ausschließlich die Strecke Paris–Lyon–Marseille–Nizza und wurde 1965 Teil des internationalen TEE-Netzes (Trans-Europ-Express). Neue Stahlwagen des Typs »Mistral 69« modernisierten den Zug im Jahr 1969 erneut und sorgten dafür, dass sein Erfolg anhielt. Ein Wagen mit Schreibbüro und für einige Monate sogar mit einem Frisiersalon erhöhte seine allgemeine Beliebtheit noch mehr. Der Einsatz neuer und leistungsstärkerer Lokomotiven verringerte die Fahrzeit auf ungefähr neun Stunden. Am Freitag und am Sonntagabend verkehrte sogar der »Mistral« sogar in zwei Teilen. Er stand in Konkurrenz zu anderen Schnellzügen, vor allem auf der Strecke Paris–Lyon und Paris–Marseille. Obwohl der Zug viele treue Fahrgäste hatte, verlor er aber bald einen Teil davon an den Flugverkehr. Es bestand nur wenig Hoffnung, seinen Niedergang aufhalten zu können, denn fahrplanmäßig fuhr der Zug seinerzeit nicht schneller als 160 km/h und führte als TEE nur die 1. Wagenklasse.

Als die ersten TGV auf der Strecke von Paris nach Lyon den Verkehr aufnahmen, war das Ende des »Mistral« besiegelt. Obwohl er als normaler Schnellzug nun auch wieder Wagen der 1. und 2. Klasse führte, erwirtschaftete er auf der Tagesverbindung Paris–Nizza keinen Gewinnmehr. Der Zug verlor in der Folge sogar seinen berühmten Namen und schließlich verkehrte der »Mistral« am 26. September 1981 zum letzten Mal.

HL-Schnellverkehr

Doppelstockwagen revolutionieren den Personenverkehr

Verkehrssensation in Norddeutschland: Als die Lübeck-Büchener Eisenbahn 1936 den Verkehr mit doppelstöckigen Wendezügen aufnahm, ahnte niemand, dass die Privatbahn damit den Weg in die Zukunft wies.

Lebendige Geschichte der Doppelstockwagen: Der ehemalige Wagen 8 der LBE gehört heute dem Verkehrsmuseum in Nürnberg

Nur noch historisch interessierten Eisenbahnfreunden ist diese innovative Privatbahn heute ein Begriff. Das ist schade, denn die Lübeck-Büchener Eisenbahn-Gesellschaft (LBE) gehörte nicht nur zu den ältesten und größten Privatbahnen in Deutschland, sondern es entwickelte mit seinen doppelstöckigen Wendezügen einen Wagentyp, der heute vielfach das Rückgrat im Nah- und Fernverkehr der Eisenbahn bildet. Bereits am 16. Oktober 1851 hatte die LBE den Betrieb auf ihrer Stammstrecke von Lübeck nach Büchen aufgenommen. Am 1. August 1865 folgte die Hauptbahn Hamburg–Lübeck. Doch das einst blühende Unternehmen geriet in den 1920er-Jahren durch die Inflation und die Weltwirtschaftskrise in ernste finanzielle Probleme. Einerseits wuchsen die Betriebsausgaben, andererseits war ein Großteil der Fahrzeuge und Strecken verschlissen. Der Direktor der LBE, Adolf Gerteis (1886–1957), und der maschinentechnische Dezernent, Baurat Paul Mauck (1900–1975), sahen nur einen Ausweg aus der Misere – es mussten neue Fahrzeuge beschafft und in die Modernisierung der Infrastruktur investiert werden. Beide wollten vor allem den Reiseverkehr attraktiver gestalten. In 40 Minuten sollte der Fahrgast von Hamburg nach Lübeck fahren können. Die Fahrt von der Alster zur Ostsee sollte maximal eine Stunde dauern.

Für den Wendezugdienst zwischen Hamburg und Travemünde beschaffte die LBE drei stromlinienverkleidete 1'B1'h2-Tenderloks

Dieses ehrgeizige Ziel war aber mit den vorhandenen Fahrzeugen nicht zu erreichen. Für den geplanten Schnellverkehr zwischen Hamburg und Travemünde war der Einsatz von 120 km/h schnellen Doppelstock-Wendezügen vorgesehen. Die dafür benötigten spurtstarken, stromlinienverkleideten Tenderloks entwickelte die LBE in Zusammenarbeit mit der Firma Henschel & Sohn. Den Bau der zweiteiligen Doppelstockeinheiten übernahmen die Linke-Hofmann-Busch-Werke in Breslau und die Waggon- und Maschinenbau AG in Görlitz (Wumag). Am 7. April 1936 stellte die LBE ihren neuen Zug bestehend aus einer 650 PS starken Maschine und einem klimatisierten Doppelstockwagen stolz der Presse vor.

Der Erfolg des neuen Angebots überraschte die LBE. Als diese am 15. Mai 1936 den planmäßigen Einsatz der Doppelstock-Wendezüge zwischen Hamburg und Travemünde aufnahm, waren die Wagen oft bis auf den letzten Platz besetzt. Binnen kürzester Zeit stiegen die Fahrgastzahlen um rund 25 % an. Die Wendezüge der LBE wurden schnell zu einem Markenzeichen des Unternehmens. Ihre graue Lackierung brachte den Tenderloks den Spitznamen »Mickymaus« ein.

Dank der steigenden Fahrgastzahlen konnte die LBE ihr 1935 begonnenes Modernisierungsprogramm weiter vorantreiben. Bis 1937 hatte das Unternehmen rund 10 Millionen Mark investiert. Die Früchte dieser Arbeit konnte die LBE aber nicht mehr ernten. Bereits seit Jahrzehnten sah die Staatsbahn in der LBE einen ernsthaften Mitbewerber im Fernverkehr in Norddeutschland. Doch die Aktionäre der LBE behielten ihre Wertpapiere, für die sie über Jahrzehnte hinweg ansehnliche Dividenden erhielten. Erst als die LBE in den 1920er-Jahren rote Zahlen schrieb, konnte die Reichsbahn schrittweise die Unternehmensanteile erwerben. 1937 gehörten ihr schließlich 86 % der Aktien der Privatbahn. Zum 1. Januar 1938 verlor die LBE ihre Eigenständigkeit und das 159,9 km lange Streckennetz wurde von der Deutschen Reichsbahn (DRB) übernommen.

»Silver Jubilee« und »Coronation Scot«

Britische Bahngesellschaften gehen auf Tempo-Jagd

Auch in Großbritannien wuchs während der 1930er Jahre die Konkurrenz von Straßen- und Luftverkehr. Schnell erkannten die großen Bahngesellschaften, dass der Eisenbahnverkehr zwischen den wichtigsten Städten des Landes schneller, zuverlässiger und komfortabler werden musste.

Letzter Glanz der Nachkriegszeit: Die englische Weltrekordlok »Mallard« wartet im Jahr 1948 als Zuglok des »Flying Scotsman« auf die Abfahrt nach Edinburgh.

Dampflokparade am 13. April 2012 in Barrow Hill: von links nach rechts GNR Class N2 1744, LNER Class A4 4464 »Bittern« und LNER Class A4 4468 »Mallard«.

Am Beginn der 1930er Jahre standen die eindrucksvollen Erfolge verschiedener Dieseltriebzüge für hohe Geschwindigkeiten im Mittelpunkt des öffentlichen Interesses an der Eisenbahn. Im Mai 1933 stellte die Deutsche Reichsbahn-Gesellschaft den dieselelektrischen Triebwagen »Fliegender Hamburger« in Dienst. Im Jahr 1934 erreichte der »Pioneer Zephyr« der »Chicago, Burlington and Quincy Railroad« (CB&Q) auf seiner 1.015 Meilen (1.633 km) langen und nur 13 Std. und 5 Min. währenden Non-Stopp-Fahrt von Denver nach Chicago (Durchschnittsgeschwindigkeit 77 mph = 124 km/h) kurzzeitig 112,5 mph (181 km/h).

Vor diesem Hintergrund reiste der langjährige »Chief Mechanical Engineer« (CME) der »London and North Eastern Railway« (LNER), Sir Herbert Nigel Gresley (1876–1941), eigens nach Deutschland, um den Fliegenden Hamburger persönlich in Augenschein zu nehmen. Obwohl dessen Stromliniengestaltung großen Eindruck auf ihn machte, war ihm gleichzeitig klar, dass diese nur bei hohen Geschwindigkeiten half. Außerdem bestanden sowohl der Fliegende Hamburger als auch der »Pioneer Zephyr« lediglich aus zwei bzw. drei Einheiten. Gresley wollte aber einen ganzen Zug mit acht oder neun Wagen mit hohen Geschwindigkeiten befördern. Nach seiner Rückkehr begann der CME deshalb, die Konstruktion der Dampflok-Gattung A3 der LNER technisch zu verändern und stromlinienförmig zu gestalten. Bei Testfahrten bewiesen Gresleys Konstruktionen ihre Leistungsfähigkeit: So durchbrach die A1 »Flying Scotsman« die 100 mph-Grenze und die A3 »Papyrus« erreichte kurzzeitig sogar 108 mph (174 km/h). Letztere kam der Reisegeschwindigkeit des Fliegenden Hamburgers ziemlich nahe, beförderte aber wesentlich mehr Waggons. Aufgrund dieser erfolgreichen Testfahrten genehmigte das Direktorium der LNER den Bau eines neuen Stromlinienzuges: Mit dem »Silver Jubilee« wollte die LNER 1935 anlässlich des 25. Thronjubiläums von König Georg V. eine neue Schnellverbindung zwischen London und Newcastle 432 km einrichten.

Den »Silver Jubilee« bildeten drei Einheiten, wobei wiederum je zwei Einheiten aus je zwei Wagen bestanden, die auf einem mittigen Jakobsdrehgestell ruhten, während die dritte mit drei Wagen auf zwei Jakobsdrehgestellen lief. Die Fahrzeuge erhielten strömungsgünstige Schürzen, ein weitgehend glattes Äußeres sowie geschlossene Wagenübergänge. In ihnen fanden 198 Fahrgäste Platz. Die keilförmige Stromliniengestaltung der hierzu neu konzipierten Pazifik-Dampflok der LNER-Reihe A4 war von einem Bugatti-Triebwagen beeinflusst, den Gresley in Frankreich besichtigt hatte. Endgültig festgelegt wurde die Stromlinienform nach Windkanalversuchen im National Physical Laboratory (NPL) in Teddington mit der Unterstützung von Prof. Dalby.

Der Schnellzug »Coronation Scot«, der seinen Namen anlässlich der Krönung von George V. erhielt, beim Verlassen des Euston Bahnhofes in London. 23.06.1937

Mit einem Sonderzug am Haken erinnert die 60007 »Sir Nigel Gresley« (ex LNER Class A4 4498) bei Danesmoor am 28. Februar 2009 an glanzvolle Zeiten.

Bei einer Vorstellungsfahrt des »Silver Jubilee« von Kings Cross nach Grantham am 27. September 1935 wurden 112,5 mph (181,05 km/h) erreicht. Der erste planmäßige Zug rollte am 1. Oktober 1935, gezogen von der 2509 »Silver Link«. Weitere drei Loks (2510-2512) wurden zunächst für die Silver Jubilee-Verbindung nach Newcastle gebaut. Sie war ein großer Erfolg, denn sie verringerte die Reisezeit zwischen Kings Cross und Newcastle auf exakt vier Stunden und sie war extrem zuverlässig. Ihre Pünktlichkeit war so groß, dass nach der Legende die Menschen in York ihre Uhren nach dem charakteristischen glockenspielartigen Pfiff der A4 des Silver Jubilee stellten, wenn dieser in den Bahnhof von York einfuhr. Mit diesem Erfolg verlängerte die LNER den Zug bald bis Edinburgh und nahm 1937 eine weitere Verbindung nach Leeds und Bradford in Betrieb.

Das rief natürlich auch die Konkurrenz auf den Plan. Die schärfste Konkurrentin der LNER war »Midland and Scottish Railway« (LMS). Diese schickte den Stromlinienzug »Coronation Scot« im wahrsten Sinne des Wortes ins Rennen um das blaue Band der Schiene. Diesen Stromlinienzug hatte der CME der LMS William Stanier (1876–1965) zusammen mit der als Zuglok vorgesehenen Gattung Class 8P »Coronation« entworfen. Eine solche Komposition des »Coronation Scot« stellte am 28. Juni 1937 einen neuen Geschwindigkeitsrekord von 114 mph (183,5 km/h) auf. Zwar versuchte die LNER zwei Tage später bei einer Presse- und Werbefahrt für den ihren neuen »Coronation«, gezogen von 4489 »Dominion of Canada«, den Rekord zu überbieten, doch die Maschine erreichte auf der LNER-Rennstrecke bei Stoke Bank lediglich 109,5 mph (176,2 km/h). Immer noch ein respektabler Wert, aber nicht ausreichend.

Aber Gresley und LNER gaben nicht auf. Im Rahmen von Versuchsfahrten mit dem neuen Westinghouse-Bremssystem plante man am 3. Juli 1938 unter größter Geheimhaltung einen neuen Rekordversuch. Die Mitarbeiter der Firma Westinghouse waren überrascht, als einige Reisezugwagen gegen einen Messwagen getauscht worden waren. Als Zuglok diente die nur vier Monate alte 4468 »Mallard«, die als erste A4 mit einer Kylchap-Saugzuganlage ausgerüstet worden war. Am Regler stand Lokführer Joseph Duddington aus Doncaster, dem der Ruf vorauseilte, die Maschinen extrem zu fordern. Unterstützt wurde er vom Heizer Thomas Bray und vom Inspektor J. Jenkins. Die Hinfahrt bestand aus den geplanten Bremstests, anders dagegen die Rückfahrt: Obwohl die Westinghouse-Mitarbeiter in Barkston die Möglichkeit erhielten, ein Taxi nach Peterborough zu nehmen, zogen alle die Zugfahrt vor. Zunächst ging es gemächlich los: Grantham wurde mit noch 24 mph (38,6 km/h) passiert, am Posten Stoke waren es bereits 74,5 mph (119,9 km/h). Beim Meilenpfosten 94 wurden 116 mph (186,7 km/h) aufgezeichnet zusammen mit einer Leistung am Zughaken von 1.800 PS. 120 mph (193,1 km/h) waren zwischen den Meilenpfosten 92,75 und 89,75 erreicht und für eine kurze Strecke von 306 Yards (280 m) im Gefälle bei Stoke Bank stand die Tachonadel kurzzeitig bei 125 mph (201,2 km/h).

60022 Mallard kommt im Juni 1962 die Steigung bei Stoke Bank hinab, genauso wie rund 25 Jahre zuvor bei ihrem Weltrekord. Zehn Monate später, im April 1963, wurde die Lok außer Dienst gestellt.

Da der Messtreifen war auch einen minimalen Ausschlag bei 126 mph zeigte, war dies auch die Geschwindigkeit, die in die Plakette eingraviert wurde, die British Rail 1948 an der Mallard montierte. Gresley akzeptierte niemals diese Geschwindigkeit, er hielt sie für irreführend. Die LNER beanspruchte nur eine Höchstgeschwindigkeit von 125 mph. Damit hatte die Bahngesellschaft den bislang von der Deutschen Reichsbahn gehaltenen Weltrekord für Dampflokomotiven (124,5 mph) und den britischen Rekord der LMS (114 mph) gebrochen. Als die »Mallard« in Peterborough eintraf, stellte man fest, dass sich das mittlere Treibstangenlager stark überhitzt hatte. Das defekte Lager wurde aber schnell wieder ausgegossen, so dass die Lok innerhalb von neun Tagen wieder für den normalen Dienst zur Verfügung stand.

Die Reichsbahn hebt ab

Der »Fliegende Hamburger« wird in Dienst gestellt

Seit den 1920er-Jahren hatten es die Fahrgäste immer eiliger. Geschäftsreisende wollten möglichst schnell zu ihren Terminen kommen, und auch die Fahrt in den Urlaub sollte so kurz wie möglich sein. Die Zeit der geruhsamen Bahnreise ging langsam aber sicher zu Ende. Die Deutsche Reichsbahn-Gesellschaft plante deshalb ein Schnellverkehrsnetz, das mit einem Dieseltriebwagen startete, der bald zum Mythos werden sollte: der »Fliegende Hamburger«.

Der Reichsbahn-Schnelltriebwagen von Berlin nach Hamburg hat am 21.Juli 1933, pünktlich um 8.23 Uhr morgens, den Lehrter Bahnhof verlassen und passiert nordwärts den Lehrter Güterbahnhof und die Hinterhäuser der Lehrter Straße in Moabit.

Zusammen mit dem Luxuszug »Rheingold« gehörten die schnellen Dieseltriebzüge – die so genannten »Fliegenden Züge« – in den 1930er Jahren zum Paradeangebot der Deutschen Reichsbahn-Gesellschaft (DRG). Ihre Entwicklung verdankten sie nicht zuletzt der rasanten Zunahme des Luftverkehrs seit den 1920er Jahren. Aber auch die von der Reichspost und der Reichsbahn selbst eingeführten Schnellbusse, die ab Mitte der 1930er Jahre auf den Autobahnen dahinbrausten, beschleunigten bereits vor dem Zweiten Weltkrieg das Reisen.

Diese neue Ära läutete 1932 der Schnelltriebwagen VT 877 a/b – besser bekannt als der »Fliegende Hamburger« – im hochwertigen Reiseverkehr der Deutschen Reichsbahn-Gesellschaft (DRG) ein. Die Waggon- und Maschinenbau AG in Görlitz (Wumag) entwickelte Anfang der 1930er-Jahre einen zweiteiligen Triebwagen für den Fernschnellverkehr. Die beiden 410 PS starken Dieselmotoren des Typs GO 5 lieferte die Firma Maybach, die elektrische Ausrüstung und die Anlage für die elektrische Kraftübertragung fertigten die Siemens-Schuckert-Werke (SSW). Ab Ende 1931 nahm der Triebwagen in den Werkhallen der Wumag langsam Gestalt an. Nach dem Einbau der Maschinenanlage bei der Firma Maybach absolvierte der Triebwagen im Spätherbst 1932 seine ersten Testfahrten zwischen Friedrichshafen und Ulm. Anschließend wurde er nach Berlin überführt, wo er an die DRG übergeben

Ausfahrt aus dem Hamburger Hauptbahnhof im Jahr 1933: Die Verbindung zwischen Hamburg und Berlin mit dem SVT 877 war seinerzeit die schnellste Zugverbindung der Welt.

wurde. Nach seiner Abnahmefahrt am 19. Dezember 1932 wurde der 41,906 m lange Triebwagen als VT 877 a/b in Dienst gestellt. Die Lokomotiv-Versuchsabteilung (LVA) Grunewald erprobte das Fahrzeug in den folgenden Wochen und Monaten gründlich. Dabei erreichte der Triebwagen Geschwindigkeiten bis zu 175 km/h.

Am 15. Mai 1933 nahm die DRG mit dem für eine Höchstgeschwindigkeit von 160 km/h zugelassenen VT 877 a/b schließlich den planmäßigen Schnellverkehr auf der Strecke Hamburg–Berlin auf. Für die 287 km lange Reise von der Spree an die Alster benötigte der Triebwagen lediglich zwei Stunden und 18 Minuten. Dies entsprach einer durchschnittlichen Reisegeschwindigkeit von 124,8 km/h. Dies brachte dem VT 877 a/b völlig zu Recht den Beinamen »Fliegender Hamburger« ein. Für den Planeinsatz des VT 877 a/b hatte die DRG zuvor erhebliche Mittel in die Signaltechnik der Strecke investiert. Aufgrund der größeren Höchstgeschwindigkeit – der Bremsweg des VT 877 a/b aus 160 km/h betrug rund 1.000 m – musste der Vorsignalabstand von 700 auf 1.200 mm verlängert werden. Der »Fliegende Hamburger« blieb ein Einzelstück, der zunächst als Fernschnelltriebwagen (FDt) 1/2 zwischen Berlin und Hamburg pendelte. Fiel der VT 877 a/b aus, setzte die DRG einen lokbespannten Ersatzzug ein. Der Triebwagen erwies sich als eine äußerst robuste Konstruktion. Bereits im ersten Halbjahr wies er eine Einsatzfähigkeit von 71 % aus. Nach zwei Jahren waren es bereits 91 %. Der »Fliegende Hamburger« war eines der Prestige-Fahrzeuge der DRG. Die Fahrt mit dem VT 877 a/b, der 98 Sitzplätze in der 2. Klasse und vier Sitzplätze im Speiseabteil bot, konnten sich jedoch nur wenige leisten. Eine Fahrkarte kostete 17 Reichsmark (RM) zuzüglich einer Zuschlagkarte für FD-Züge in Höhe von 2 RM. Zum Vergleich: Ein einfacherer Beamter bei der DRG verdiente damals nicht einmal 115 RM netto im Monat.

Mit der Indienststellung der 13 Doppel-Triebwagen der Bauart Hamburg (VT 137 149–152 und VT 137 224–232) in den Jahren 1935/36 verlor der VT 877 a/b seine herausragende Bedeutung im Fernschnellverkehr, den die Reichsbahn mit dem Beginn des Zweiten Weltkrieges am 1. September 1939 einstellen musste.

Nach Kriegsende verblieb der »Fliegende Hamburger« in der französischen Besatzungszone. Auf Befehl der Besatzungsmacht wurde er in einen Lazarett-Zug umgebaut und als solcher ab 1946 eingesetzt. Ab 1947 trug der Triebwagen die neue Betriebs-Nr. VT 04 000. 1949 wurde das Fahrzeug in einen normalen Triebwagen umgebaut, der nun Sitzplätze in der 2. und 3. Klasse besaß. Die gerade gegründete Deutsche Bundesbahn (DB) setzte den »Fliegenden Hamburger« ab 2. Oktober 1949 als »Rhein-Main-Express« zwischen Basel und Frankfurt (Main) ein. Drei Jahre später wurde der VT 04 000 erneut umgebaut. Dabei erhielt er u.a. eine Küche, eine neue Steuerung und passend zu den anderen Triebwagen eine Scharfenberg-Kupplung.

Der »Fliegende Hamburger« war zunächst in den Bahnbetriebswerken Dortmund und Frankfurt-Griesheim stationiert, bevor er zum Bw Hamburg-Altona gelangte. Dort fungierte das Fahrzeug zuletzt nur noch als Verstärkungseinheit für die »Helvetia-Express«. Im April 1947 hatte der VT 04 000 ausgedient. Er wurde am 3. Mai 1957 nach München-Freimann überführt, wo er auch ausgemustert wurde. Der zunächst geplante Rückbau des »Fliegenden Hamburgers« in seinen Originalzustand für das Verkehrsmuseum Nürnberg wurde leider verworfen. Lediglich der a-Teil blieb als Schaustück erhalten.

Die SVT der Deutschen Reichsbahn-Gesellschaft

SVT 137 149-152, 224-232 »Hamburg« (DRG, DR), 04.1, 04.5 (DB), 183 (DR)

Technische Daten		
Baureihenbezeichnung:	VT 04.1 (DB)	VT 04.5 (DB)
Radsatzanordnung:	2'(Bo)'2'	B'(2)'B'
Vmax (km/h):	160	160
Motorleistung (PS):	2 x 410	2 x 410
Motorleistung (kW):	2 x 302	2 x 302
Kraftübertragung:	elektrisch	hydraulisch
Dienstmasse leer (t):	92	95
Größte Radsatzfahrmasse (t):	17	16
Länge über Puffer/Kupplung (mm):	44.756	44.756
Drehzapfenabstand (mm):	18.075+18.075	18.075+18.075
Radsatzabstand Triebgestell (mm):	3.500	3.500
Radsatzabstand Laufdrehgestell (mm):	3.500	3.500
Treibraddurchmesser (mm):	1.000	1.000
Laufraddurchmesser (mm):	900	900
Sitzplätze:	81	80
Indienststellung:	1935-1936	1951
Verbleib:	183 252 ex SVT 137 225 (VMN, Leipzig Hbf)	++

Der Erfolg wird kopiert: die SVT der Bauart »Hamburg«

Dieser Erfolg ermunterte die Reichsbahn, weitere Schnelltriebwagenverbindungen in Angriff zu nehmen. Ein sternförmiges Netz sollte Berlin mit anderen Zentren in Deutschland verbinden. So wurden für den Sommer 1935 die Verbindungen FDt 15/16 nach Köln und FDt 571/572 nach Frankfurt (Main) angekündigt. Mit dem »t«, das für Triebwagen stand, unterschied man die Triebwagenkurse von lokbespannten FD-Zügen. Der FD 1/2 wurde deshalb in FDt 1/2 umbenannt.

Für diese Kurse mussten zusätzliche Schnelltriebwagen beschafft werden. Weil sich der Fliegende Hamburger bewährt hatte, blieb man bei dessen Grundkonstruktion. Auffälligste Unterschiede zum Vorgänger waren die neue, noch strömungsgünstigere Front mit den hohen Frontscheiben und die automatische Scharfenbergkupplung, durch die die Züge schneller miteinander ge- und wieder entkuppelt werden konnten. Die Fahrzeuge waren etwas länger und hatten in der 1. und 2. Klasse insgesamt 77 Sitzplätze. Im Buffetraum in der Mitte der Züge gab es wie beim Prototypen vier Plätze.

Wie geplant wurden 13 Züge fertiggestellt, sodass der Betrieb nach Köln und Frankfurt (Main) aufgenommen werden konnte. In Anlehnung an den Fliegenden Hamburger wurden sie als Bauart Hamburg bezeichnet. 1936 kamen Verbindungen nach München und Stuttgart hinzu. Zwischen Berlin und Nürnberg liefen diese Züge als gekuppelte Einheit, die erst in Nürnberg getrennt wurde, um dann einzeln ihren Zielen entgegenzufahren.

Der »Elektrische«

Eine der wenigen Verbindungen, die nicht nach Berlin führte, war jene von Stuttgart über München nach Berchtesgaden. Für diese Strecke, die Mitte der 1930er-Jahre schon vollständig elektrifiziert war, bestellte die Reichsbahn drei unterschiedliche Elektrotriebwagen. Wie die Schnelltriebwagen der Bauart Hamburg waren sie ebenfalls zweiteilig, hatten in der Mitte ein gemeinsames Drehgestell für die beiden Hälften und wiesen an den Enden die markanten runden Stirnfronten mit den drei Frontfenstern auf. Die elektrischen Ausrüstungen in den drei Wagen unterschieden sich erheblich, sodass man Erfahrungen mit verschiedenen Antriebsarten, Schaltwerken und Transformatoren sammeln konnte. Die drei Wagen waren in München zu Hause und wurden bis 1939 nach Stuttgart eingesetzt.
Auch beim Anstrich unterschieden sich die elektrischen Triebwagen von ihren Dieselkollegen. Während die Dieseltriebwagen ähnlich dem »Rheingold« einen zweifarbigen Anstrich mit violetter Brüstung und cremefarbenem Fensterband hatten, war der komplette Kasten der E-Triebwagen hellgelb lackiert. Nur der Fahrzeugrahmen hob sich rot davon ab. Erst bei der Deutschen Bundesbahn wurde der Anstrich an die anderen Schnelltriebwagen angeglichen, alle bekamen eine taubenblaue Brüstung mit grauem Fensterband.

ET 11 (DRG, DB)

Technische Daten			
Baureihenbezeichnung:	ET 11 01 (DRG)	ET 11 02 (DRG)	ET 11 03 (DRG)
Radsatzanordnung:	Bo'2'+2'Bo	Bo'2'+2'Bo	Bo'2'+2'Bo
Stromsystem:	16⅔Hz / 15 kV	16⅔ Hz / 15 kV	16⅔ Hz / 15 kV
Vmax (km/h):	160	160	160
Stundenleistung (kW):	1.413	1.020	1.020
Dauerleistung (kW):	1.250	920	920
Dienstmasse (t):	104,0	107,7	113,5
Größte Radsatzfahrmasse (t):	18,5	18,8	20,0
Länge über Puffer/Kupplung (mm):	43.585	43.585	43.585
Drehzapfenabstand (mm):	13.900+13.900	13.900+13.900	13.900+13.900
Radsatzabstand Triebgestell (mm):	3.700	3.600	3.700
Radsatzabstand Laufdrehgestell (mm):	3.000	3.000	3.000
Treibraddurchmesser (mm):	1.100	950	1.100
Laufraddurchmesser (mm):	950	950	970
Sitzplätze:	77	77	77
Indienststellung:	1935	1936	1937
Verbleib:	ET 11 01 (DGEG, Neustadt/Weinstraße)		

SVT mit 3. Klasse: die Bauart »Leipzig«

Mitte der 1930er-Jahre war die Erweiterung des Netzes nach Ostpreußen und Schlesien beschlossene Sache, und es waren auch schon zwei neue Triebwagen für diese Verbindung bestellt worden. Um sie einem größeren Kundenkreis zugänglich zu machen und mehr Fahrgäste befördern zu können, wurden die Züge nun dreiteilig ausgeführt und um die 3. Wagenklasse ergänzt. Bei diesen achtachsigen Einheiten wurde mit dem einzelnen Jacobs-Drehgestell und dem dieselelektrischen Antrieb auf bewährte Konstruktionsmerkmale zurückgegriffen. Die Inneneinrichtung war allerdings sparsamer als bei den Vorläufern.

Inzwischen war die Entwicklung hydrodynamischer Getriebe so weit fortgeschritten, dass die Reichsbahn beschloss, auch in ihren Schnelltriebwagen den dieselhydraulischen Antrieb zu testen. Sie bestellte zwei weitere Züge der dreiteiligen Bauart Leipzig, die 1936 kurz nach den ersten beiden Zügen in Betrieb gingen. Alle vier Wagen wurden auf den vorgesehenen Strecken nach Osten eingesetzt.

SVT 137 153, 154, 233 u. 234 »Leipzig« (DRG, DR), 183 (DR)

Technische Daten		
Baureihenbezeichnung:	SVT 137 153, 154 (DRG)	SVT 137 233, 234 (DRG)
Radsatzanordnung:	B'(2)'(2)'B'	2'(Bo)'(Bo)'2'
Vmax (km/h):	160	
Motorleistung (PS):	2 x 600	2 x 600
Motorleistung (kW):	2 x 441	2 x 441
Kraftübertragung:	hydraulisch	elektrisch
Dienstmasse leer (t):	120	131
Größte Radsatzfahrmasse (t):	17	17
Länge über Kupplung (mm):	60.150	60.150
Drehzapfenabstand (mm):	16.875+17.800+16.875	16.875+17.800+16.875
Radsatzabstand Triebgestell (mm):	4.230	3.500
Radsatzabstand Laufdrehgestell (mm):	3.500	4.000
Treibraddurchmesser (mm):	900	1.000
Laufraddurchmesser (mm):	900	900
Sitzplätze:	139	139
Indienststellung:	1936	1935
Verbleib:	++	183 251 ex SVT 137 234 (EK, Leipzig)

Noch etwas länger: Bauart »Köln«

Weil die Nutzung des Schnelltriebwagennetzes zunahm und besonders auf der Verbindung Richtung Köln und Ruhrgebiet das Platzangebot der zweiteiligen Bauart »Hamburg« oft nicht ausreichte, mussten teilweise Züge aus zwei Triebwagen gebildet werden. Um dies zu beenden, nahm die Reichsbahn eine weitere Triebwagenbauart in ihr Beschaffungsprogramm auf. Entsprechend ihrem Einsatzbereich wurde diese Bauart als Köln bezeichnet.

Die Wagen waren noch länger als die der Bauart Leipzig. Zum einen sollten sie mehr Sitzplätze bieten und zum anderen sollten Mängel wie zu kurze Abteile oder zu wenig Speiseraumplätze behoben werden. Auch diese Züge waren dreiteilig, hatten aber getrennte Wagen mit je zwei eigenen Drehgestellen. Beim Antrieb wählte man wieder das dieselelektrische Konzept. Zunächst wurden zwei Bauserien mit je drei Triebwagen geordert, denen eine Bestellung über acht weitere Wagen folgte. Die Auslieferung erfolgte 1937 und 1938. Kaum waren die ersten Wagen fertiggestellt, kamen sie auch schon in den Betriebseinsatz. Zu dieser Zeit hatte das Schnelltriebwagennetz der Reichsbahn mit über 13.000 km seine größte Ausdehnung. Ein weiterer Ausbau war zwar vorgesehen, der Zweite Weltkrieg machte diese Pläne aber zunichte. Schon vor Kriegsausbruch wurden alle Schnelltriebwagen bereits im August 1939 aus dem Betrieb genommen. Die Reichsführung nahm die Züge in Beschlag, die jetzt nur noch zu Sondereinsätzen herangezogen wurden.

SVT 137 273-278, 851-858 »Köln« (DRG, DR), VT 06.1, 06.5 (DB), 182 (DR)

Technische Daten			
Baureihenbezeichnung:	VT 06.1 (DB)	VT 06.5 (DB)	182 (Reko DR)
Radsatzanordnung:	2'Bo'+2'2'+Bo'2'	B'2'+2'2'+2'B'	2'Bo'+2'2'+Bo'2'
Vmax (km/h):	160	160	160
Motorleistung (PS):	2 x 600	2 x 600	2 x 730
Motorleistung (kW):	2 x 441	2 x 441	2 x 515
Kraftübertragung:	elektrisch	hydraulisch	elektrisch
Dienstmasse leer (t):	170	159	168
Größte Radsatzfahrmasse (t):	19	19	18
Länge über Puffer/Kupplung (mm):	70.205	70.205	70.205
Drehzapfenabstand (mm):	16.120+	16.135+	16.120
Radsatzabstand Triebdrehgestell (mm):	3.000	4.000	3.000
Radsatzabstand Motordrehgestell (mm):	4.000	-	4.000
Radsatzabstand Laufdrehgestell (mm):	3.000	3.000	3.000
Treibraddurchmesser (mm):	930	930	930
Laufraddurchmesser (mm):	930	930	930
Sitzplätze:	132	126	150
Indienststellung:	1938	1950-1951	1965
Verbleib:	VT 06 104 a/b (Alstom LHB), VT 06 106	++	182 009/010 ex SVT 137 856 (Leipzig)

antriebslosen Wagen befördert wurden. Für den Antrieb wählte man einen sehr großen, mittelschnell laufenden Motor aus dem U-Boot-Bau, an den ein Generator angeflanscht war, der den elektrischen Strom für die Fahrmotoren in je einem Drehgestell des Maschinen- und des Steuerwagens am anderen Ende des Zugs erzeugte.

Den beiden vierteiligen Zügen, die im Sommer 1938 an die Reichsbahn geliefert wurden, folgte im Oktober 1938 noch ein Reserve-Maschinenwagen ohne die zugehörigen Mittel- und Steuerwagen. Wegen ihrer neuartigen Ausführung wurden die beiden Züge zunächst auf Versuchsfahrten ausgiebig geprüft. Dabei kamen sie auch auf topografisch schwierigen Strecken wie der Schwarzwaldbahn zum Einsatz. Nach dem Ende der Versuche kamen sie nach Berlin und wurden von dort aus eingesetzt.

Zu spät: Bauart »Berlin«

Parallel zur Konstruktion und Fertigung der Züge der Bauart Köln beschritt die Reichsbahn einen neuen Weg bei der Entwicklung von Schnelltriebwagen. Mit der vierteiligen Bauart Berlin bestellte sie erstmals einen Triebzug, bei dem alle Antriebsanlagen in einem Maschinenwagen zusammengefasst und die Fahrgäste in

Der ursprüngliche Planeinsatz nach Karlsruhe kam allerdings nicht mehr zustande, denn mit dem Beginn des Kriegs am 1. September 1939 wurden die Mittel- und Steuerwagen abgestellt. Die Maschinenwagen wurden später in Frankreich als fahrbare Notstromaggregate genutzt.

SVT 137 901-903 »Berlin« (DRG, DR)

Technische Daten		
Baureihenbezeichnung:	SVT 137 901, 902 (DRG)	SVT 137 902 (DR)
Radsatzanordnung:	2'Bo'+2'2'+2'2'+Bo'2'	2'Bo'+2'2'+2'Bo'+Bo'2'
Vmax (km/h):	160	140
Motorleistung (PS):	1.320+150	1.320+150
Motorleistung (kW):	971+110	971+110
Kraftübertragung:	elektrisch	elektrisch
Dienstmasse leer (t):	212,7	217,5
Größte Radsatzfahrmasse (t):	18,75	18,75
Länge über Kupplung (mm):	87.450	89.720
Drehzapfenabstand (mm):	10.200+16.780+	10.200+17.500+
	16.780+15.865	17.500+18.000
Radsatzabstand Triebgestell (mm):	3.000	3.000
Radsatzabstand Laufdrehgestell (mm):	3.000	3.000
Treibraddurchmesser (mm):	1.000	1.000/880
Laufraddurchmesser (mm):	1.000/930	1.000/880
Sitzplätze:	155	182
Indienststellung:	1938	1956
Verbleib:	siehe VT 07.5	++

Golden Arrow – Flèche d´Or
Von Paris nach London mit dem Zug

Durch das Goldene Zeitalter der Eisenbahn rollten auch goldene Züge. Der Luxuszug Flèche d´Or der CIWL fuhr seit 1926 zwischen Paris und Calais auf den Gleisen der »Compagnie des chemins de fer du Nord«.

London Victoria Station am 11. Juni 1961: Ein letztes Mal bringt eine Dampflok den »Golden Arrow« nach Dover. Dann wird die elektrische Traktion die Beförderung übernehmen.

Ende der 1920er Jahre bediente der »Flèche d'Or« die Relation Paris-London. Der Ärmelkanal wurde mit Fähren überquert.

Im Jahr 1947 besteigen die Fahrgäste des »Golden Arrow« im Hafen von Dover die Fähre nach Calais.

Die 231 K 8 erinnert am 16. April 2016 im Bahnhof Noyelles an den besonderen Dienst vor dem »Flèche d'Or«.

Heutzutage kann man dank des Tunnels unter dem Ärmelkanal mit dem Zug von Paris nach London fahren, aber bereits im Jahr 1929 existierte eine Eisenbahnverbindung, die die beiden Hauptstädte miteinander verband, wobei der Ärmelkanal per Schiff überquert wurde.

Die »Compagnie Internationale des Wagons-Lits« (CIWL) hatte auf den Wunsch vieler Reisender reagiert, die von Paris nach London fahren wollten, und im Jahr 1926 eine Zugverbindung von Paris nach Calais eingerichtet, die drei Jahre später in England durch den »Golden Arrow« vervollständigt wurde.

Für diese Zugleistung hatte die CIWL extra Pullman-Wagen vom Typ »Flèche d'Or« bauen lassen, die den Fahrgästen optimalen Fahrkomfort gewährleisteten. Es handelte sich dabei um Ganzmetallwagen, die nach neuesten Sicherheitsstandards gebaut waren; die Ausstattung variierte von Wagen zu Wagen. Einige Waggons verfügten über ein Küchenabteil, um die Reisenden mit Speisen und Getränken am Platz bedienen zu können.

Während des Zweiten Weltkrieges wurde der Betrieb dieses Zuges eingestellt. Erst 1946 war er wieder unterwegs. Ab dem Jahr 1950 führte dieser Zug außer den Pullman-Wagen auch reguläre Wagen der SNCF, wodurch der Zug nicht mehr nur aus 1. Klasse-Wagen bestand.

Ende Mai 1969 wurde der Einsatz von Pullman-Wagen eingestellt und der Zug wurde so zu einem ganz normalen Zug, der aber weiterhin seinen klassischen Namen führte. Zehn Jahre später allerdings verschwand nach über 50 Jahren der Name »Flèche d'Or«. Dieser berühmte Zug wird jedoch bei Eisenbahnkennern immer als eines der Prunkstücke der CIWL im Gedächtnis bleiben.

Ein Zug wird zum Mythos

Der »Rheingold« verbindet die Nordsee mit den Alpen

Noch heute ist der »Rheingold« – benannt nach dem sagenumwobenen Schatz aus dem Nibelungenlied – eine Legende. Der Luxus-Zug ging 1928 auf seine erste Fahrt.

Dieses Bild von Meisterfotograf Carl Bellingrodt zeigt die 18 534 mit dem Rheingold bei Namedy.

Bereits Anfang der 1920er Jahre planten die Deutsche Reichsbahn-Gesellschaft (DRG) und die Mitteleuropäische Speise- und Schlafwagen AG (Mitropa) den Einsatz eines Luxus-Zuges in Deutschland, der in Konkurrenz zu den Zügen der französischen »Compagnie Internationale des Wagons-List et Grands Express Européens« (CIWL) stehen sollte. Doch die Bestimmungen des Versailler Vertrages schränkten den Handlungsspielraum der DRG und der Mitropa ein. Erst Anfang 1925 konnte beide Unternehmen mit ihren Planungen beginnen. Der neue Luxus-Zug sollte zwischen den Niederlanden und der Schweiz verkehren. 1927 hatten die DRG und die Mitropa ihr Ziel erreicht. Auf der Europäischen Fahrplan- und Wagenbeistellungskonferenz, die zwischen dem 18. und 22. Oktober 1927 in Prag tagte, wurde die Einrichtung einer Schnellverbindung zwischen Hoek van Holland/Amsterdam und Basel beschlossen. Der Zug sollte aus so genannten Pullman-Wagen bestehen.

Am 15. Mai 1928 war es dann soweit – der »Rheingold« ging auf seine erste Fahrt. Der Salonwagenzug bestand ausschließlich aus

Der »Rheingold« durchfährt in den 1930er Jahren die reizvolle Rheinstrecke zwischen Koblenz und Mainz.

Wagen der 1. und 2. Klasse und bot einen außergewöhnlichen Komfort. Die violett-elfenbeinfarben lackierten Fahrzeuge hoben sich deutlich von den anderen Reisezugwagen der DRG ab. Trotz der Ende der 1920er-Jahre schwierigen Wirtschaftslage und der Konkurrenz durch die CIWL, die zwischen Amsterdam und Basel ihren »Edelweiß« über Brüssel und Luxemburg einsetzte, wurde der »Rheingold« ein voller Erfolg. Die Reisenden schwärmten nicht nur von der herrlichen Landschaft im Rheintal sondern auch von der Inneneinrichtung und dem hervorragenden Service im Zug. Die 23,5 m langen Wagen waren entweder in kleine Säle oder Abteile mit zwei oder vier Plätzen unterteilt. In der 1. Klasse konnten die Sessel sogar verschoben werden. Die 1,4 m breiten Fenster boten freie Sicht.

Der neue Kuppelwagen gewährleistete in den 1960er Jahren eine Panoramasicht.

Nach dem Zweiten Weltkrieg verblieben 17 der insgesamt 26 Wagen des »Rheingolds« in den westlichen Besatzungszonen. Die Deutsche Bundesbahn (DB) ließ für den neuen »Rheingold« jedoch 23 so genannte Schürzenwagen umbauen und blau lackieren. Erst ab 1962 setzte die DB für den »Rheingold« neue, speziell entwickelte 26,4 m lange Reisezugwagen ein, die u.a. eine Klimaanlage, goldbedampfte Scheiben und komfortable Sitzen besaßen. 1965 wurde der »Rheingold« Bestandteil des TEE-Netzes der DB. Eine Besonderheit des Zuges war der Aussichtswagen mit seiner erhöhten Glaskanzel, die 22 Sitzplätze hatte. Elf Jahre später war der einstige Ruhm des Luxus-Zuges verblasst. Die so genannten Kanzelwagen hatten ausgedient und der TEE »Rheingold« bestand nur noch aus normalen Wagen. 1987 hatte die Legende ausgedient. Am 30. Mai 1987 verkehrte der TEE »Rheingold« zum letzten Mal.

Heute erinnert der historische TEE »Rheingold« an die Glanzzeiten des Luxuszuges.

Doppel-Sieg
Vom Pullmanzug zum TEE

Der »Edelweiss« verband als Konkurrent des »Rheingold« von 1928 bis 1979 die Niederlande mit der Schweiz. Der Zug machte vor und nach dem Zweiten Weltkrieg zwei Karrieren.

Die Pullman-Wagen übertrafen mit ihrer Inneneinrichtung sogar noch die luxuriös ausgestatteten Wagen der berühmten CIWL.

Bereits seit 1883 hatte die »Compagnie Internationale des Wagons-Lits« (CIWL) ein ganzes Liniennetz an Luxuszügen aufgebaut. Bis zum Ersten Weltkrieg beschränkte es sich aber fast ausschließlich auf Schlafwagenzüge für lange Strecken. Diese Züge führten nur vereinzelt Salonwagen für den Tagesverkehr mit. Dies änderte sich nach dem Ersten Weltkrieg, als die CIWL seit 1925 damit begann, ein Netz von Luxuszügen für den reinen Tagesverkehr aufzubauen. In diesen Zügen setzte die CIWL so genannte »Pullmanwagen« ein, luxuriös ausgestattete Großraumwagen, von denen jeder zweite eine Küche besaß. Die Züge verkehrten ohne Speisewagen, stattdessen wurde am Platz serviert. Jeweils ein Wagen mit und ein Wagen ohne Küche bildeten dabei eine so genannte »Couplage«. Gleich nach dem Ersten Weltkrieg hatten sich die CIWL und die deutsche Mitropa auf eine Abgrenzung der jeweils mit Schlaf- und Speisewagen bedienten Länder und Strecken geeinigt. In den Niederlanden und in der Schweiz durften Wagen beider Gesellschaften die Schienenstränge befahren.

Im Wesentlichen beschränkte sich die Mitropa auf den Verkehr ihrer in normale D- und FD-Züge eingestellten Schlaf- und Speisewagen. Die einzige Ausnahme bildete der FFD »Rheingold« von Amsterdam in die Schweiz, für den 1928 eigens luxuriöse Salonwagen mit Service am Platz beschafft worden waren. Der »Rheingold« verkehrte erstmals am 15. Mai 1928 auf der Relation Amsterdam – Mannheim – Basel. Einen Monat startete der Edelweiss erstmals von Amsterdam über Brüssel, Luxemburg und

In Belgien beförderte die Reihe 10 den »Edelweiss«.

Werbeplakat zur Einführung 1928

Im Juli 1973 erreicht ein Ram der SBB als TEE Edelweiss den Bahnhof Mulhouse.

Straßburg nach Basel. Beide Züge waren auf der wichtigen Verbindung von den niederländischen Kanalhäfen in die Schweiz Rivalen. Der Edelweiss hatte dabei mit 812 km zwischen Amsterdam und Basel eine im Vergleich mit den 779 km des Rheingold etwas längere Strecke, die zudem durch die Querung der Ardennen zwischen Namur und Luxemburg und der nördlichen Vogesen zwischen Metz und Straßburg betrieblich deutlich anspruchsvoller war. Trotzdem waren vergleichbar. Der Rheingold war 1939 in Richtung Süden von Amsterdam bis Basel 9 Stunden und 46 Minuten unterwegs, der Edelweiss benötigte 10 Stunden und 8 Minuten.

Seit dem Sommer 1929 fuhren die Wagen der 1. Klasse des Edelweiss nach Zürich, ein Kurswagen 1. Klasse lief weiter nach Luzern. Die Pullmanwagen 2. Klasse endeten in Basel. Zwischen Basel und Zürich führten die SBB dabei die Kurswagen aus dem Edelweiss über mehrere Jahre zusammen mit den Zürcher Kurswagen des Rheingold. Die CIWL setzte bis 1939 als Fahrzeuge ausschließlich ihre ab 1925 beschafften Pullmanwagen ein mit Küche und Service am Platz ein. Im Regelfall bestand der Edelweiss aus mindestens vier Pullmanwagen in Form jeweils einer Couplage erster und zweiter Klasse sowie zwei Gepäckwagen.

Bespannt wurden die Züge in den Niederlanden, Belgien, Luxemburg und Frankreich mit Dampflokomotiven. Die NS setzte ihre Vierzylinder-2'C-Loks der NS-Baureihe 3700 ein, die belgische Staatsbahn die schweren Pacifics der NMBS/SNCB-Reihe 10. In Frankreich verwendete die AL ihre Pacifics der Reihe AL S 14. Gelegentlich kamen auch die zwei Exemplare der AL S 16 zum Einsatz, ebenfalls Pacific-Loks, allerdings keine Vierzylinder-Verbundmaschinen, sondern Zweizylinderloks. Die SBB in der Schweiz setzten E-Loks der Reihe Ae 4/7 ein, da die Strecke Basel–Zürich bereits seit 1926 elektrifiziert war.

Nach dem Zweiten Weltkrieg nahm der Edelweiss als normaler Schnellzug den Verkehr auf. Noch bis 1952 stellte CIWL den Speise- und weitere Pullmanwagen, die die normalen Sitzwagen ergänzten. Mit dem Beginn des Sommerfahrplans 1957 starteten die Staatsbahnen Belgiens (NMBS/SNCB), der Niederlande (NS), der Bundesrepublik Deutschland (DB), Frankreichs (SNCF), Italiens (FS), Luxemburgs (CFL) und der Schweiz (SBB) den TEE-Verkehr. Viele TEE-Züge übernahmen die Laufwege bisheriger Schnellzüge. Dazu zählte auch der Edelweiss, der ab 2. Juni 1957 als TEE von Amsterdam nach Zürich verkehrte.

Um den Reisenden an den Grenzen zeitraubende Lokwechsel zu ersparen, sollten nach dem gemeinsamen Beschluss der am TEE-System beteiligten Staatsbahnen ausschließlich Dieseltriebwagen eingesetzt werden. Es gelang allerdings nicht, sich auf ein gemeinsames Fahrzeug zu einigen, so dass 1957 schließlich insgesamt vier verschiedene Fahrzeugtypen für den TEE-Verkehr gebaut wurden. Die SBB und die NS entwickelten gemeinsam den Dieseltriebwagen SBB RAm TEE / NS DE IV, von dem die SBB zwei und die NS drei Exemplare beschafften. Diese verkehrten ab 1957 bis 1974 als TEE Edelweiss zwischen Zürich und Amsterdam.

1974 stellten die beteiligten Bahnen den TEE Cisalpin auf einen lokbespannten Zug um. Die bisher dort eingesetzten Mehrsystemtriebwagen der Baureihe SBB RAe TEE II wurden damit für neue Einsätze frei. Sie übernahmen daher ab 26. Mai 1974 den TEE Edelweiss.

Für die 1050 Kilometer benötigte der Zug 9 Stunden und 30 Minuten, dies entsprach von Reisegeschwindigkeit von 110 km/h. Im Jahr 1974 verkürzte man den Zuglauf des Edelweiss auf die Strecke von Brüssel bis Zürich.

Rückläufige Fahrgastzahlen führten dazu, dass bereits bei der Europäischen Fahrplankonferenz 1977 vorgeschlagen wurde, den Zug einzustellen. Am 26. Mai 1979 verkehrte der Edelweiss zum letzten Mal, ein normaler D-Zug übernahm seine Fahrplanlage.

Konkurrent der CIWL

Mitten im Krieg wird in Berlin die Mitropa gegründet

Das neue Unternehmen sollte vor allem in Deutschland und Österreich-Ungarn die französische »Compagnie Internationale des Wagons-List et Grands Express Européens« ersetzen.

Während des Ersten Weltkrieges wurde vor allem in Deutschland und Österreich-Ungarn die Tätigkeit der französischen »Compagnie Internationale des Wagons-List et Grands Express Européens« (CIWL) misstrauisch beäugt. Ersatz musste her, deshalb rief man kurzerhand am 23. September 1916 in Berlin die Mitteleuropäische Schlafwagen- und Speisewagen Aktiengesellschaft Mitropa) ins Leben. Die Regierungen in Wien und Berlin räumten für ihr Einflussgebiet der Mitropa vertraglich bis zum 1. Oktober 1946 das Monopol im Speise- und Schlafwagenverkehr ein. Doch kaum hatte die Mitropa mit den von der CIWL übernommenen Fahrzeugen am 1. Januar 1917 den Betrieb eröffnet, musste sie auch schon um ihr Überleben kämpfen. Nach der deutschen Niederlage und der Unterzeichnung des Versailler Vertrages (28.06.1919) versuchte die CIWL mit allen Mitteln, die Mitropa vom Markt zu verdrängen. Die Schadensersatzforderungen der CIWL und das Aufbrechen des Verkehrsmonopols der Mitropa im deutschsprachigen Raum mit Hilfe des Artikels 367 des Versailler Vertrages trieben das junge Unternehmen fast in den Ruin. Doch dank politischer Unterstützung durch das deutsche Außenministerium behauptete sich die Mitropa aber und etablierte sich bis 1924 auch in der Schweiz, den Niederlanden und Skandinavien. Als ab 10. Januar 1925 der Artikel 367 des Versailler Vertrages nicht mehr galt, benötigte die CIWL für die Einsätze ihrer Fahrzeuge in Deutschland und Österreich die Zustimmung des Mitbewerbers. Beide Unternehmen unterzeichneten daher am 23. April 1925 einen Vertrag, der einerseits der CIWL die wichtigsten Strecken im Ausland sicherte, andererseits aber der Mitropa das Monopol in Deutschland garantierte.

In den 1920er Jahren expandierte das Unternehmen. Für die Instandsetzung ihrer Fahrzeuge erwarb die Mitropa 1921 die Anlagen der ehemaligen Karussellfabrik Fritz Bothmann in Gotha und

Speisen mit Niveau Mitte der 1930er Jahre: Kellner servieren den Gästen in einem Speisewagen der Mitropa.

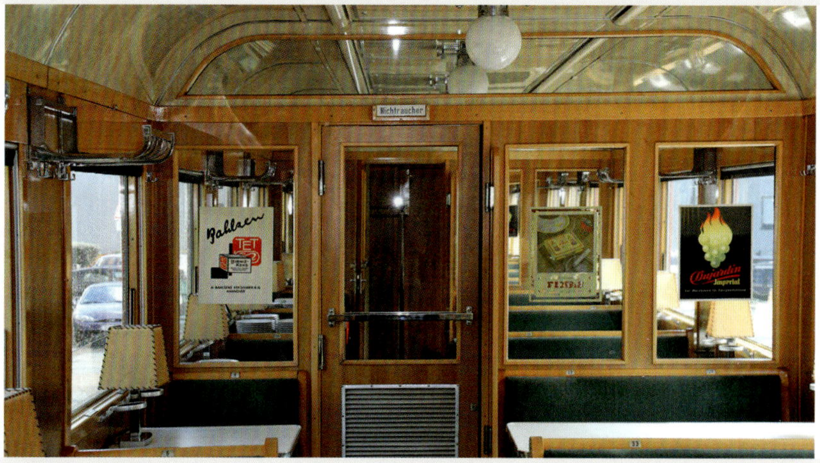

Auch heute noch gediegen: Blick in den historischen Speisewagen 1189 P.

baute sie zu einer modernen Hauptwerkstatt um. Bereits 1924 zählten 239 Speise- und 73 Schlafwagen zum Fahrzeugbestand der Mitropa. Mit der Übernahme der Schlafwagen der Deutschen Reichsbahn-Gesellschaft (DRG) 1926 stieg der Fahrzeugpark bis 1927 auf über 420 Wagen an. Die Verwaltung für das inzwischen rund 5.000 Mitarbeiter zählende Unternehmen hatte ihren Sitz in der Universitätsstraße in Berlin. Im Lehrter Bahnhof betrieb die Mitropa eine eigene Großwäscherei. Doch die Mitropa betreute nicht nur Schlaf- und Speisewagen. In den 1920er Jahren richtete sie auch in ausgewählten Bahnhöfen komfortable Hotels ein. Außerdem erschloss die Mitropa neue Geschäftsfelder. Ab 1927 oblag ihr u.a. die gastronomische Versorgung der zwischen Potsdam und Pichelsberg verkehrenden Ausflugsdampfer. Ein Jahr später übernahm sie den Versorgungsbetrieb auf der Rhätischen Bahn und der Berninabahn in der Schweiz sowie in den Flugzeugen und Flughäfen der Deutschen Lufthansa. Später kamen noch die Fährschiffe zwischen Sassnitz und Trelleborg sowie die Boote der Donauschifffahrt hinzu. Der Service und die Speisen der Mitropa besaßen einen ausgezeichneten Ruf.

Ab 1927 erhielten die Wagen der Mitropa ihren typischen bordeauxfarbenen Anstrich. Das Firmenlogo und den typischen Mitropa-Schriftzug hatte der Grafiker Karl Schulpig (1884–1948) entworfen. Der Bauhaus-Schüler, der u.a. auch das Signet der Firma Pelikan gestaltet hatte, erhielt für sein Mitropa-Logo 1919 den Preis des Bundes Deutscher Gebrauchsgrafiker.
In den 1930er Jahren wuchs der Fahrzeugbestand der Mitropa kontinuierlich an. Ende 1934 gehörten dem Unternehmen 190 Schlaf-, 288 Speise- und 41 Packwagen mit Küchenabteil. In der Folgezeit ersetzte die Mitropa die älteren Fahrzeuge schrittweise durch Neubau-Wagen. 1939 trugen 244 Schlaf-, 298 Speise- und 105 Packwagen die Anschrift der Mitropa. Dazu kamen noch 16 Schnelltriebwagen, die von der Mitropa bewirtschaftet wurden. Doch mit dem Beginn des Zweiten Weltkrieges musste das Unternehmen den Einsatz seiner Schlaf- und Speisewagen immer weiter einschränken.
Die deutsche Teilung hatte auch für die Mitropa gravierende Folgen. Die in den westlichen Besatzungszonen verbliebenen Firmenteile gingen in der 1949 gegründeten Deutschen Schlaf- und Speisewagengesellschaft (DSG) auf, die eine 100-%-ige Tochter der Deutschen Bundesbahn (DB) war. Bis 1966 unterhielt die DSG eigene Speisewagen und bis 1974 eigene Schlafwagen. Danach bewirtschaftete das Unternehmen ausschließlich Fahrzeuge der DB.

In der sowjetischen Besatzungszone (SBZ) blieb die Mitropa als Aktiengesellschaft erhalten. Auch den Schriftzug und das Logo wurden weiterverwendet, obwohl die Markenrechte dafür bei der DSG lagen. Das Logo wurde jedoch leicht modifiziert. Der Adler über dem M entfiel und das Rad erhielt nun sechs statt bisher vier Speichen, da diese leicht an das Hakenkreuz der Nazis erinnern konnte. Ab Mitte der 1950er-Jahre dehnte die Mitropa in der DDR ihren Geschäftsbereich schrittweise aus. Neben der Versorgung in den Bahnhöfen und Zügen der DR oblag dem Unternehmen ab 1954 die Bewirtschaftung der Schiffe der Weißen Flotte in Berlin und Dresden. Später kamen noch alle DDR-Fährschiffe auf der Ostsee hinzu. Ab 1961 unterstanden auch die Autobahn-Raststätten in der DDR der Mitropa.
Nach der deutschen Wiedervereinigung wurden die DSG und die Mitropa zunächst als eigenständige Unternehmen weitergeführt. Erst 1994 fusionierten sie zur neuen Mitropa AG, die nach ihrem Verkauf im Frühjahr 2004 in eine GmbH umgewandelt wurde. Seither betreibt die Mitropa GmbH nur noch Einrichtungen in ausgewählten Bahnhöfen und Autobahn-Raststätten.

Start mit Hindernissen

Der Nord-Express kommt in Fahrt

Es ist wesentlich leichter, eine neue Eisenbahnverbindung auf dem Papier zu planen, als die notwendigen Protokolle und Verträge für ihre Inbetriebnahme unterschreiben zu lassen.

Gegen Ende seiner Einsatzzeit »Nord-Express« nähert sich der »Nord-Express« Paris. Auf seiner Fahrt führt er einen russischen Schlafwagen aus Moskau mit sich.

Ende der 1920er-Jahre verlässt der »Nord-Express« den Bahnhof von Compiègne an der französischen Nordbahn.

Besonders im 19. Jahrhundert entstanden zahlreiche internationale Zugverbindungen unter großen Schwierigkeiten, das galt auch für den »Nord-Express«. Er bildete den nördlichen Abschnitt zwischen St. Petersburg und Lissabon, konnte aber erst 1896 in Betrieb genommen werden, neun Jahre später als der »Süd-Express«. Die »Compagnie Internationale des Wagons-Lits« musste zunächst mit zahlreichen Eisenbahngesellschaften verhandeln. Damit der »Nord-Express« über die Schienenstränge zwischen Paris, Köln, Berlin, Königsberg, Wirballen und St. Petersburg rollen konnten, schloss die CIWL allein 14 Verträge mit den verschiedenen Bahngesellschaften ab, darunter neun preußischen Verwaltungen, sowie dem Schiffsdienst zwischen Dover und Ostende schließen. Die Geschäftsführung oblag der Königlichen Eisenbahndirektion Berlin, da die Preußische Staatseisenbahn den größten zusammenhängenden Streckenteil des Laufweges (1419 km) stellte. Hier trug er die Zugnummer L11/12.

In seiner Blütezeit vor dem Ersten Weltkrieg rollte der Nord-Express als exklusiver Luxuszug von Paris und Ostende (mit Anschluss von London) über Hannover, Berlin, die Preußische Ostbahn und Dwinsk (Dünaburg, heute Daugavpils) nach St. Petersburg mit Kurswagen nach Riga. Eingesetzt wurden speziell konstruierte, markante dunkelbraune Wagen. Zu Beginn verkehrte er einmal wöchentlich, ab Herbst 1897 zweimal wöchentlich und ab Ende 1899 täglich.
Eine umsteigefreie Zugverbindung war jedoch wegen der unterschiedlichen Spurweiten in Russland und Westeuropa noch nicht möglich. So wurde eine russische Verbindung Sankt Petersburg–Eydtkuhnen eingerichtet, wo in baugleiche Wagen der Normalspur am selben Bahnsteig umgestiegen wurde. In der Gegenrichtung geschah das im Bahnhof Wirballen. Die beiden nur zwei Kilometer voneinander entfernt liegenden Grenzbahnhöfe waren beide mit beiden Spurweiten ausgestattet.
Die Fahrzeit zwischen Paris und St. Petersburg betrug etwa 52 Stunden. In Daugavpils bestand bis 1914 Anschluss über Kurswagen an die Transsibirische Eisenbahn und damit bis China.
Während des Ersten Weltkriegs und einigen Jahren danach war die Verbindung unterbrochen. Vor allem die politischen Ereignisse in Russland im Jahr 1917 stellten seine Zukunft in Frage. Erst 1926 entsprach er wieder seiner ursprünglichen Bezeichnung als Nord-Express und auch seinem Ruf als luxuriöser Nachtzug, führte dann aber ab dem Jahr 1931 auch Wagen der 2. Klasse.
Im Zweiten Weltkrieg wurde der Zugverkehr abermals unterbrochen, erst 1946 kam der »Nord-Express« wieder in Fahrt. Der Eiserne Vorhang führte zu einer Änderung seiner Strecke, die nun von Paris bis nach Kopenhagen führte, gleichzeitig verlor er seinen Charakter als Luxuszug. Verschiedene andere Zugverbindungen machten ihm Konkurrenz und seine Zukunft wurde immer unsicherer.
Um ihn zu retten wurde seine Streckenführung verkürzt: Von nun an fuhr er erst ab Belgien und später sogar erst ab Aachen bis nach Kopenhagen. Aber auch die Einführung von Schlafwagen für den »Nord-Express« im Jahr 1997 konnte nicht verhindern, dass auch dieser einst große Zug in der Anonymität unterging, zu der die Veränderungen bei den europäischen Eisenbahnen geführt hatten.

Lissabon als Ziel

Der Süd-Express setzt neue Maßstäbe

Der Erfolg des »Orient-Express« bestärkte die CIWL in ihrer Absicht, noch weitere Zugverbindungen zu schaffen. Ursprünglich wollte die CIWL Sankt Petersburg mit Lissabon mit einem Zug namens »Nord-Süd-Express« verbinden.

Am Ende seiner Karriere führte der »Süd-Express« nur noch Liegewagen.

Das ursprüngliche Vorhaben, eine durchgehende Verbindung von Lissabon bis Petersburg zu schaffen, stieß aber auf verschiedene Probleme. Vor allem wegen der unterschiedlichen Spurweiten in den zu zahlreichen Staaten, die durchfahren werden mussten, und auch wegen der großen politischen Vorbehalte, die erst noch überwunden werden mussten. Der Gründer der CIWL, der Belgier Georges Nagelmackers, löste das Problem pragmatisch in dem er die Verbindung mit zwei Zügen bediente.

Der Süd-Express wurde ab 1884 geplant und verkehrte ab 1887 zwischen Paris und Lissabon. Sein Gegenstück nach Norden startete erst neun Jahre später.

Der Süd-Express startete vom Paris Gare d'Austerlitz (zeitweise auch vom Gare d'Orsay) und endete in Lissabon Santa Apolónia (anfangs nur bis Madrid). In Lissabon hatten die Fahrgäste Anschluss an verschiedene Dampfschiff-Verbindungen in Richtung Südamerika. Zeitweise führte der Expresszug seit dem Jahr 1897 einen Zugteil, der über Cordoba und Algeciras verkehrte. Dort gab es für die Passagiere einen Schiffsanschluss nach Marokko.

Der von der CIWL betriebene »Süd-Express« bot einen größeren Komfort, höhere Geschwindigkeit und einen besseren Service als bisherige Züge.

Der »Süd-Express« bestand 1925 aus fünf Teakholzwagen, die zwischen den beiden Gepäckwagen liefen. In Frankreich kam 231 030 als Zuglok zum Einsatz.

Außerdem war der Süd-Express eine für damalige Verhältnisse außergewöhnlich schnelle Verbindung. Um 1900 galt er – allerdings nur in seinem französischen Abschnitt – als schnellster Zug Europas mit einer Durchschnittsgeschwindigkeit von 91,2 km/h. Als Frankreich am 3. August 1914 in den Ersten Weltkrieg eintrat, wurde der Zug eingestellt und nahm seinen Betrieb erst 1921 wieder auf, wobei die alten Teakholzwagen durch Stahlwagen ersetzt wurden. Im Jahr 1926 startet der elektrische Betrieb zwischen Hendaye und Bordeaux, bereits 1939 war die gesamte, in Frankreich zurückgelegte Strecke unter Fahrdraht. Das ermöglichte eine durchschnittliche Reisegeschwindigkeit von 101 km/h zwischen Paris und Bordeaux. Zuvor war der Zug, gezogen von Dampflokomotiven der Baureihe PO-Midi 3700/SNCF 231.700, der schnellste Dampfzug Frankreichs gewesen.

In der Fahrplanperiode 1935/36 gelang es erstmals, in Paris einen direkten Anschluss zwischen Nord- und Süd-Express herzustellen. Der Zweite Weltkrieg die Karriere des »Süd-Express« abermals. Erst 1947 wurde er wieder eingesetzt, verkehrte aber nur noch Nachtzug mit zwei angehängten Pullman-Wagen.
Zeitweise führte dieser Zug durchgehende Liegewagen zwischen Paris und Lissabon sowie Porto. Seit dem Jahr 1953 fuhr der Zug ohne Halt zwischen Paris und Bordeaux.

In der Zeit, als das Reisen mit dem Flugzeug oder Reisebussen zunahm, blieb auch der »Süd-Express« von dieser Konkurrenz nicht verschont und wurde wieder zu einem Nachtzug mit Liegewagen. Die letzten Pullman-Wagen dieses Zuges fuhren 1971 und beendeten den Einsatz dieser Wagen im regulären Betrieb. Schließlich wurde 1993 auch der Einsatz von Liegewagen eingestellt und am 25. September 1994 fuhr der einst renommierte »Süd-Express« zum letzten Mal.
Heute verbindet als Süd-Express ein Nachtreisezug die Städte Irun/Hendaye und Lissabon. Es ist ein Talgo-Schlaf- und Liegewagenzug der portugiesischen Staatsbahn Comboios de Portugal (CP). Die ursprünglich durchgehende Verbindung von und nach Paris wurde Mitte der 1990er Jahre an der spanisch-französischen Grenze gebrochen und der französische Abschnitt mit einem TGV bedient. Letzterer trägt allerdings nicht den Namen Süd-Express.

Der Nachtzug aus Lissabon, den die CP eigenwirtschaftlich betrieb, war dagegen hoch defizitär. Deshalb verkehrt er seit Oktober 2012 gemeinsam mit dem Lusitânia (Lissabon–Madrid) zwischen Lissabon und Medina del Campo, wo der Zug getrennt wird und der »Süd-Express« weiter nach Hendaye fährt. Dort besteht ein direkter Anschluss an den TGV von und nach Paris.

Unterwegs zur Côte d'Azur

Mit dem »Train bleu« von der Nordsee ans Mittelmeer

Als »Blue Train« verband der Calais-Mediterranée Express von 1886 bis 2007 Calais mit der französisch-italienischen Riviera. Seinen Namen verdankt er der dunkelblauen Farbe der 1922 erstmals beschafften Schlafwagen aus Stahl.

Eine Dampflok der Baureihe 231 E bespannt einen Schnellzug mit blauen ISG Speise- und Schlafwagen nach Paris. Das Foto entstand bei Chantilly auf der Hauptstrecke Lille–Paris im Juli 1957. Diese Baureihe wurde als »Pacific Chapelon« bezeichnet.

Bei erfahrenen Eisenbahnreisenden gilt seit jeher der Name »Train bleu« – »Blauer Zug« – als der Inbegriff eines Eisenbahntraumes, der an die Zugreisen des Goldenen Eisenbahnzeitalters erinnert. Der »Train bleu« zählt zu den ältesten Zügen seiner Gattung, denn er wurde im Dezember 1883 eingeführt, nur wenige Monate nach dem legendären Orient-Express.

Ursprünglich begann er seine Karriere unter dem Namen »Calais-Nizza-Rom-Express«, wurde dann aber in zwei Züge aufgeteilt, die unter dem Namen »Calais-Méditerranée-Express« liefen. Während des Ersten Weltkriegs wurde er eingestellt und erst 1920 wieder in Betrieb genommen.

1922 beschaffte die CIWL für den Calais-Mediterranée Express neue Schlafwagen des Typs S, die erstmals komplett aus Stahl gebaut wurden. Anstelle der bisherigen Teakholz-Verkleidung erhielten diese Wagen einen stahlblauen Anstrich mit goldener Beschriftung.

Seine Jungfernfahrt als überhaupt erster CIWL-Zug mit den neuen Wagen unternahm der »Train Bleu« am 8. Dezember 1922.

Gezogen von einer Ellok der Baureihe 2D2 9100 rollt der »Train Bleu« im Juni 1960 durch Villeneuve-St. Georges. In wenigen Minuten wird der Zug in den Pariser Gare de Lyon einfahren.

Der »Train Bleu« – hier in Théoule – war am Ende der 1950er Jahre sicherlich der bekannteste Nachtzug Frankreichs. Im Zugverband sind schon zwei Edelstahlwagen der Gattung »P« eingereiht.

Ab 1929 wurden diese Schlafwagen durch den neuen Typ Lx10 ersetzt, der zehn geräumige Kabinen für Einzelreisende aufwies und dessen Interieur von renommierten Innenarchitekten gestaltet worden war. Jeder Waggon hatte einen eigenen Steward, der sich während der Fahrt um die Wünsche der Passagiere kümmerte. Der Speisewagen erlangte Berühmtheit durch seine opulenten Fünf-Gänge-Menüs, ein gesonderter Bar- und Salonwagen sorgte für einen angenehmen Zeitvertreib nach dem Abendessen. Aufgrund der Farbgebung erhielt der Zug von den Reisenden schnell den Spitznamen »Train Bleu«. Offiziell erhielt er diese Bezeichnung aber erst 1947. Wie alle Luxuszüge der CIWL zu dieser Zeit war auch der Calais-Mediterranée Express ein reiner Erste-Klasse-Zug, den überwiegend wohlhabende britische Reisende an die südfranzösische Riviera nutzten.

Die höchste Auslastung hatte der »Train Bleu« von November bis April – also in jenen Monaten, in denen die britische Oberschicht der unfreundlichen Witterung der Insel entfloh und diese gegen das angenehme Klima der französischen und italienischen Riviera tauschte.

Der Zug verließ den Bahnhof Calais-Maritime um 13.00 Uhr im Anschluss an die Fähre aus England. Die Fahrt führte zunächst nach Paris, erst zum Gare du Nord, dann über die äußere Pariser Gürtelbahn zum Gare de Lyon, wo er am frühen Abend nach Dijon, Chalon-sur-Saône und Lyon weiter fuhr. In den frühen Morgenstunden erreichte er Marseille, von dort ging es über Toulon zu den bekannten Badeorte der Côte d'Azur: Saint-Raphaël, Cannes, Juan-les-Pins, Antibes, Nizza, Beaulieu-sur-Mer, Monte-Carlo, Monaco. Von der Endstation Ventimiglia verkehrte noch ein Kurswagen weiter bis San Remo.

Nach der Unterbrechung durch den Zweiten Weltkrieg verkehrte der »Train Bleu« seit 1947 wieder als reiner 1.-Klasse-Zug.

Mit der Einführung von Edelstahlwagen – auch bekannt als »Inox-Wagen« – verschwand zwischen 1958 und 1962 das harmonische blaue Farbkleid dieses Zuges. Doch etwas später sorgten neue, 26,4 m lange Schlafwagen wieder für ein einheitliches blaues Erscheinungsbild des Zuges.

Er verlor allerdings mit dem Ausbau des Luftverkehrs zunehmend seine Klientel. Ab 1962 führte der Zug deshalb auch die (neue) 2. Klasse und Liegewagen und verkehrte ab den sechziger Jahren nur noch ab Paris.

Im Jahr 1976 wurde schließlich noch der blaue Speisewagen durch einen roten Wagen der SNCF ersetzt. Von nun an war der »Train bleu« kein außergewöhnlicher Zug mehr, führte dafür aber auch klimatisierte Liegewagen mit sich. Er gehörte in den folgenden Jahrzehnten zu den wenigen Nachtzügen mit Ziel Côte d'Azur.

Doch 1981 wurde die neue Schnellfahrstrecke Paris–Lyon eröffnet und bis 2001 nach Marseille verlängert. Die Fahrzeit verkürzte sich damit von fünfzehn auf fünf Stunden und für einen Nachtzug bestand kein ausreichender Bedarf mehr. Bis 2003 verkehrte der »Train Bleu« noch unter seinem angestammten Namen, doch zum 9. Dezember 2007 wurde auch die Schlafwagenverbindung zwischen Paris und Marseille eingestellt.

Der »Orient-Express« weist den Weg

Ein Zug schreibt Geschichte und Geschichten

Als Inbegriff des Luxuszuges etablierte sich der »Orient-Express« sehr schnell. Für seinen Durchbruch sorgte allerdings der »Train Eclair de Luxe«, der heute fast vergessen ist.

Der »Orient Express« verlässt im Jahr 1928 den Wiener Westbahnhof mit dem Ziel Paris. Der Zug besteht sowohl aus Teakholz- als auch aus Stahlwagen.

Bereits 1872 plante der belgische Unternehmer Georges Nagelmackers einen Fernreisezug, der allerdings nur die Strecke Paris–Wien bedienen sollte. Zunächst konnte er aber nur einzelne Wagen einsetzen. Seine ersten Wagen liefen 1873 auf den Strecken Ostende–Köln, Ostend–Berlin, Paris–Berlin und Paris–Wien. Die einzige Einnahmequelle waren die Zuschläge für die Benutzung dieser Wagen. Dieses System hatte solange Bestand, bis das Unternehmen seine eigenen Züge einsetzen konnte.

Zu diesem Zweck gründete Nagelmackers im Dezember 1876 die »Compagnie Internationale des Wagons-Lits« (CIWL), deren Schlafwagen seit 1878 bis nach Wien fuhren. Nachdem auf der Fahrplankonferenz von 1879 die Bedeutung einer Verbindung in den Orient betont wurde, begannen sogleich Verhandlungen mit den verschiedenen Eisenbahngesellschaften. In dieser Zeit fanden auch erste Testfahrten mit dreiachsigen Restaurant-Wagen, die mit Küchenabteilen ausgestattet waren, statt. Die gut betuchten Reisenden waren begeistert, dass sie auf so einer langen Strecke bei einem Grenzübertritt nicht mehr in einen anderen Wagen umsteigen mussten und sogar ungestört in einem Wagen speisen konnten.

Außerdem ließ sich Nagelmackers noch eine ganz besondere Werbung für sein Projekt einfallen: In Oktober 1882 fuhr ein »Train Eclair der Luxe« von Paris nach Wien und wieder zurück. Der Zug bestand nur aus vier Schlafwagen, einem Speisewagen und einem Gepäckwagen. Auf ihrer Reise genossen die Passagiere den Komfort eines Luxushotels, zu dem vor allem exklusive Menüs gehörten. Die Fahrgäste waren begeistert und damit der Weg zum legendären »Orient-Express« endgültig geebnet. Am 17. Mai 1883 kam es nach langen Verhandlungen endlich zur Unterzeichnung des Vertrages. Dieser Vertrag wurde von der Kaiserlichen Direktion der Eisenbahnen in Elsaß-Lothringen in Straßburg (unter deutscher Verwaltung), der Generaldirektion der Großherzoglich Badischen Staatseisenbahnen, der Generaldirektion der Königlich Württembergischen Staatseisenbahnen, der Generaldirektion der Königlich Bayerischen Verkehrsanstalten, der k. k. Direktion für Staatseisenbahnbetrieb in Wien, der k. k. privilegierten Österreichischen Staatseisenbahngesellschaft in Budapest und der Königlichen Generaldirektion der Rumänischen Bahnen unterzeichnet. In diesem Vertrag wurde die Einrichtung eines direkten Luxuszuges von Avricourt nach Giurgewo festgelegt, sowie die Erweiterung der direkten Eisen-

Der »Orient-Express« – gezogen von einer Lok der Baureihe 231 K der SNCF – mit Kurswagen aus Bukarest, Wien, Salzburg und Stuttgart hat im März 1960 seine lange Reise fast beendet und erreicht bald den Pariser Gare de l'Est.

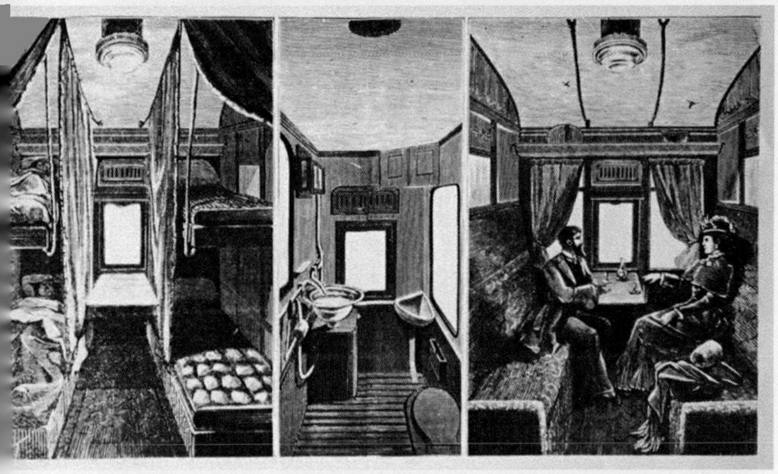

Der Orient-Express vom Oktober 1883: Die Zeichnung zeigt das Vierbett-Abteil im Wagen der Serie 121-126 in Tages- und Nachtstellung.

bahnverbindungen von Paris nach Konstantinopel über Straßburg, Wien, Bukarest und Varna.

Da in Bulgarien das Eisenbahnnetz noch nicht vollständig ausgebaut war, mussten die Passagiere in Giurgewo die Donau mit einer Fähre überqueren, um von der bulgarischen Station Rustschuk weiter per Eisenbahn nach Varna am Schwarzen Meer zu fahren. Von Varna aus erreichte man Konstantinopel mit einem Dampfschiff des Österreichischen Lloyd.

Seine erste Fahrt unternahm der Orient-Express-Zuges am 5. Juni 1883, einen Monat nach Unterzeichnung des Vertrages und vier Monate vor der offiziellen Einweihung der Strecke. Vorgesehen waren zwei Abfahrten pro Woche von Paris, Gare de Strasbourg, dienstags und freitags jeweils um 19 Uhr 30. Die Ankunft erfolgte 81 Stunden und 30 Minuten später im Hafen von Konstantinopel. Der Zug bestand aus zwei Schlafwagen, einem Restaurant-Wagen und zwei Gepäckwagen. Diese Zugkomposition wurde praktisch bis zum Kriegsbeginn 1914 beibehalten, nur die Wagentypen und deren Gewicht änderten sich.

Die ersten Wagen wurden aus diplomatischen Gründen in Wien bestellt, während der Restaurant-Wagen bei der Waggonfabrik Rathgeber in München in Auftrag gegeben wurde. Die letzten Innenarbeiten erfolgten in den Werkstätten der CIWL in Marly-les-Valenciennes. Der erste Speisewagen war dreiachsig, fast zehn Meter lang, und hatte offene Plattformen an den Enden und ein Küchenabteil in der Mitte. Sehr schnell ersetzte man diese Dreiachser durch Drehgestellwagen, denn diese waren komfortabler und geräumiger. Nachdem der Probebetrieb reibungslos verlaufen war, organisierte Nagelmackers wiederum sehr werbewirksam die Einweihungsfahrt von Paris nach Konstantinopel am 4. Oktober 1883, indem er zahlreiche bekannte Persönlichkeiten zu dieser Reise einlud. Ab März 1884 wurde die Gesellschaft stolz in »Compagnie des Wagons-Lits et des Grands Express Européens« umbenannt.

Der Erfolg des »Orient Express« war so groß, dass die CIWL bald weitere Nachtzüge einrichtete.

Georges Nagelmackers

Der Erfinder des Luxuszuges

Reisen bildet – das galt auch für einen jungen Belgier, den seine Eltern in die USA schickten. Dort machte er Bekanntschaft mit den Pullman-Schlafwagen.

Das älteste Foto der ISG zeigt Georges Nagelmackers (sitzend) mit seinem Partner Colonel Mann vor dem Schlafwagen Nr. 15. Beide Männer waren Gesellschafter und arbeiteten nach dem Misserfolg des ersten Unternehmens kurze Zeit zusammen. Im Jahr 1876 gründete Nagelmackers die ISG.

Auch Georges Nagelmackers ließ sich von Nadar fotografieren.

Georges Nagelmackers erblickte 1845 in Lüttich als Sohn eines wohlhabenden Bankiers das Licht der Welt. Seine Zukunft schien dadurch bereits vorgezeichnet. Seine Eltern ermöglichten ihm 1868 einen Aufenthalt in den Vereinigten Staaten von Amerika, wo er sich anderthalb Jahre Land und Leute anschaute. Auf seinen zahlreichen Reisen lernte dabei die »sleeping cars« der amerikanischen Eisenbahnen kennen und schätzen – damals nicht viel mehr als »rollende Schlafsäle« mit geringem Komfort. Der junge Belgier war von dieser fortschrittlichen Einrichtung angenehm überrascht. Diese Begegnung sollte seinen weiteren Lebensweg maßgeblich beeinflussen. Als er wieder nach Belgien zurückkehrte, war er fest entschlossen, in Europa das Reisen mit der Eisenbahn komfortabler zu machen. Er veröffentlichte deshalb im April 1870 eine Schrift mit dem Titel »Projekt zur Einführung von Schlafwagen bei den Eisenbahnen auf dem Kontinent«. Der deutsch-französische Krieg von 1870/71 verzögerte seine Pläne, jedoch gründete er bereits 1872 mit Unterstützung des belgischen Königs Leopold II., dem belgischen Staat und einigen Freunden eine Eisenbahngesellschaft. Mit dieser »Compagnie Internationale des Wagons-Lits« (CIWL) wollte er den Reisenden für Nachtfahrten noch komfortablere Bedingungen als in den amerikanischen Zügen anbieten und beabsichtigte, seine Wagen mit richtigen Betten auszustatten. Der Versuch, seine Gesellschaft mit der Gesellschaft einer seiner Konkurrenten, der »Pullman Sleeping Car Company«, zu fusionieren, scheiterte. Er schloss sich mit der »Mann's Boudoir Sleeping Car Company« zusammen und nachdem er diese übernommen hatte, gab er seiner Gesellschaft wieder den Namen »Compagnie Internationale des Wagons-Lits«. Die CIWL wurde vor allem mit ihrem »Train Express d'Orient«, der später als »Orient-Express« bezeichnet wurde, berühmt.

Die CIWL erweiterte ihre Geschäftsaktivitäten weit über Europa hinaus, bis in den Mittleren Orient, nach Ägypten und in die Mandschurei. Nagelmackers arbeitete unermüdlich und starb im Jahr 1905 mit nur 60 Jahren.

Die CIWL erweiterte in den darauf folgenden Jahren ihre Aktivitäten im Bereich des Tourismus und des Hotelwesens und eröffnete eigene Reisebüros und Luxushotels. Dieses dynamische traditionsreiche Unternehmen gehört heute zur Accor-Gruppe.

Gründung eines Pioniers

Die »Compagnie Internationale des Wagons-Lits« entsteht

Während einer Reise durch die USA entdeckte Georges Nagelmackers, wie bequem man auf Schienen im Schlaf reist. Er war von der Idee so begeistert, dass er in Europa die »Compagnie Internationale des Wagons-Lits« gründete.

Der Eröffnungszug für die Relation London–Paris–Vichy am 14. Mai 1927.

Eigentlich hatten seine Eltern den jungen Belgier Georges Nagelmackers (1845–1905) nach Amerika geschickt wurde, damit er dort u.a. seine Ausbildung als Ingenieur abschließen sollte. Am 14. Dezember 1867 schiffte er sich in Begleitung eines Verwandten, des Grafen de Berlaymont, und eines Freundes nach New York ein. Fast ein Jahr bereiste er ganz Amerika, hauptsächlich mit der Eisenbahn.

Damals ließ George Mortimer Pullman (1831–1897) in Nord-Amerika relativ einfach ausgestattete Schlafwagen verkehren. Diese in Europa unbekannten Pullman-Schlafwagen lernte Nagelmackers auf seinen Reisen kennen und ihren Komfort schnell zu schätzen. Auch wenn die Standardwagen eher Schlafsälen mit durch Vorhängen abgetrennten Betten ähnelten als Boudoirs, erschien ihm die Idee, in großem Komfort zu reisen und schlafend weite Strecken zu überwinden, so einfach wie genial.

Nach seiner Rückkehr verfasste Nagelmackers eine Abhandlung mit dem Titel: »Projekt zur Einführung von Schlafwagen bei den Eisenbahnen auf dem Kontinent«. Auch wenn das Konzept einfach schien, war dessen Umsetzung wesentlich schwieriger, denn in der zweiten Hälfte des 19. Jahrhunderts war man noch

Auch heute noch können Reisende auf Sonderfahrten den legendären Komfort der Waggons des Orient-Express genießen.

weit davon entfernt, in Europa ein einheitliches Schienennetz zu haben. Häufig stritten die vielen Gesellschaften um den durchgehenden Personenverkehrs. Außerdem war das Wagenmaterial der verschiedenen Bahnverwaltungen nicht kompatibel. Hinzu kam, dass die politische Lage während dieser Zeit in Europa eher angespannt war und höchstes diplomatisches Geschick, eine solide Kapitalgrundlage und eine begeisterte Vision der Zukunft nötig waren, um Verträge über den Einsatz von Schlafwagen im internationalen Verkehr zu vereinbaren. All diese Voraussetzungen erfüllte der 31-jährige Georges Nagelmackers. Außerdem besaß er die Unterstützung seines Landesvaters, König Leopold II. von Belgien. Dieser war vom Orient beeindruckt und erkannte den strategischen Nutzen, den Investitionen in den Ausbau von Infrastrukturen – wie zum Beispiel der Eisenbahn – für die Bildung neuer Märkte, vor allem im Ottomanischen Reich, bedeuteten.
Der deutsch-französische Krieg von 1870/71 verhinderte zunächst die Umsetzung von Nagelmackers Plänen. Er lernte aber seinen zeitweiligen Mitgesellschafter, Colonel Mann kennen, einen Amerikaner, der unter General Custer gedient hatte und unter anderem mit seiner »Mann's Boudoir Car Company« sogenannte »Boudoir-Wagen« für amerikanische Eisenbahngesellschaften baute. Mit dessen amerikanischen Konstruktionsmethoden baute er in Europa einen ersten Wagen dieses Typs für den Prinzen von Wales. Dieses Fahrzeug erregte großes öffentliches Aufsehen. Außerdem gelang es Nagelmackers, einen zweiten Wagen dieser Art an Leopold II. zu verkaufen.

Die Zusammenarbeit mit Mann dauerte nicht lange. Nagelmackers erwarb seine Anteile und übernahm nun die Geschäftsführung allein. Im Dezember 1876 gründete er die »Compagnie Internationale des Wagons-Lits« (CIWL). In den deutschsprachigen Ländern nannte sich die Gesellschaft »Internationale Schlafwagen Gesellschaft« (ISG). Zu den ersten Aktionären der CIWL gehörte kein Geringerer als der belgische König Leopold II.
Das junge Unternehmen landete mit dem 1883 eröffneten Orient-Express seinen ersten großen und vor allem lang anhaltenden Erfolg.
Voller Stolz hieß die Gesellschaft ab März 1884 »Compagnie des Wagons-Lits et des Grands Express Européens«.

Der Erfolg des »Orient Express« bewog die CIWL, bald weitere Nachtzüge einzuricten. Dazu zählten der »Süd-Express« von Paris nach Madrid und Lissabon 1887, der »Calais-Méditerranée Express« 1888, der »Ostende-Vienne Express« 1894 sowie der »Nord Express« 1896. Im April 1898 unterzeichnet Nagelmackers einen Vertag mit der russischen Regierung, der es der CIWL erlaubte, den Luxuszug »Transsibérien« von Moskau nach Irkutsk und später nach Vladivostok zu betreiben. Auch in Afrika und China war das Unternehmen aktiv.
Im Jahr 1900 besaß die CIWL einen umfangreichen Wagenpark: Sie verfügte insgesamt über 900 Wagen, davon 457 Schlafwagen, die sich wiederum in 379 Vierachser, 74 Dreiachser und 4 Zweiachser aufteilten.

George M. Pullman

Der Schlafwagen-Konstrukteur

Es überrascht nicht, dass der Schlafwagen in Amerika erfunden wurde. Denn in keinem anderen Land der Welt, konnten die Reisenden so früh so weit reisen.

Der Unternehmer George M. Pullmann in jüngeren Jahren

Der Schriftzug »Pullman« zierte lange Zeit die britischen Wagen der Pullman Sleeping Car Company.

Ein früher Schlafwagen von Pullman.

In den ersten Pullman-Wagen, wie diesem von 1891, gab es noch keine geschlossenen Schlafabteile, denn die Betten wurden nur durch Vorhänge abgetrennt.

Mit diesem Plakat bewarb die »Cincinnati, Hamilton and Dayton Railroad« 1894 den Service in ihren Pullmanwagen.

Obwohl Georges Nagelmackers die Idee eines umfangreichen Liniennetzes mit Luxuszügen entwickelte, gebührt dem Amerikaner George Mortimer Pullman (1831–1897) der Ruhm als eigentlichem Erfinder des Komforts auf Rädern. George Pullman kam 1831 im Staat New York auf die Welt und startete seine geschäftliche Karriere mit dem Bau von Güterwagen. Deshalb war er viel unterwegs. Auf seinen zahlreichen Reisen mit der Eisenbahn machte er die Bekanntschaft mit den erbärmlichen Bedingungen, unter denen die Fahrgäste in der damaligen Zeit reisten. Schon bald machte er sich Gedanken, wie sich eine lange Zugreise komfortabler gestalten ließe. Das Ergebnis seiner Überlegungen präsentierte er bereits 1865: seinen ersten Schlafwagen, den »Pioneer«. Dessen Ausstattung mit richtigen Betten, die mit Vorhängen voneinander getrennt waren, glich einer regelrechten Revolution auf den Gleisen.

Da lediglich Vorhänge die Betten voneinander trennten, hatten die Reisenden weiterhin wenig Privatsphäre. Das beklagten vor allem die Damen. Daher entwarf Pullman einen Wagen mit Trennwänden, die über so genannte »roomettes« verfügten, die auf dem europäischen Kontinent später als Abteile bezeichnet wurden.

Es dauerte eine Weile, bis dieses Wagenkonzept erfolgreich wurde und Pullman ein beträchtliches Vermögen bescherte. Als er im Jahr 1897 starb, besaß seine »Pullman Car Company« einen Wagenpark von mehr als 2500 Wagen und die Gesellschaft beschäftigte mehr als 15.000 Mitarbeiter. Seine Firma fertigte nicht nur Schlafwagen, sondern, was nur wenig bekannt ist, auch reguläre Personenwagen, Straßenbahnen und Güterwagen. In Europa wurden komfortable Schnellzugwagen, deren Konstruktion dem Konzept Pullmans folgte, ebenfalls »Pullmanwagen« genannt. Sie fuhren zunächst in England und später auch im berühmten französischen »Flèche d'Or« oder im »Süd-Express« durch ganz Europa.

2 Am Anfang standen Kohle und Eisen – die Dampfmaschine

»Jetzt pfeift der Dampf und läßt im Sturm uns reisen; Verwandelt ward die Zeit und wir mit ihr.«

Emanuel Geibel
(1815 – 1884)

wandelt die Welt

Trevithicks Lokomotive »Catch me you can«

Die erste funktionsfähige Lokomotive konstruierte Richard Trevithick 1803/1804. Leider war sie zu schwer für die Gleise.

Die Eisenbahn verändert die Welt

Einen solchen Wandel hatten die Menschen vorher noch nicht erlebt: Züge auf eisernen Schienenwegen beförderte Personen und Güter in großer Zahl mit hoher Geschwindigkeit.

Der »20th Century Limited« (New York–Chicago) der New York Central startet am 9. Juni 1938 von der Station La Salle Street in Chicago aus zu einer Präsentationsfahrt. Der Planeinsatz begann eine Woche später. Der vom erst 32-jährigen Henry Dreyfuss designte Zug besaß als erster in den USA Einzel-Schlafabteile.

Ende der 1920er Jahr verläss
»Flying Scotsman« London. D
gibt es eine Parallelfahrt.

Verwirrend: Gleisanlagen im Rangierbahnhof Maschen, dem größten Europas.

Die Eisenbahn transportierte im wahrsten Sinne des Wortes den Fortschritt in alle Landstriche, die sie erreichte. Dazu zählte vor allem die technische Entwicklung, die immer schneller voran ging. Wobei in diesem Zusammenhang der Begriff Eisenbahn das vollständige System meint, das dieses Verkehrsmittel ausmacht. So veränderten beispielsweise Trassen, Tunnel, Brücken, Viadukte und Bahnhöfe das Stadtbild vieler Orte und die Landschaft in vielen Regionen.
Doch nicht nur die Umwelt änderte sich, sondern mit der Eisenbahn wandelten sich Arbeit und Freizeit der Menschen. Zahlreiche neue Berufe entstanden, entweder bei der Eisenbahn direkt, dem Bau ihrer Strecken oder der Fertigung ihrer Fahrzeuge.
Die Produktion von Lokomotiven, Wagen und Gleisen sowie Planung, Bau und Betrieb der Schienenwege ließen riesige Aktiengesellschaften entstehen. Auf diese Weise sorgten Eisenbahnen in nie vorher dagewesener Weise für eine Konzentration des Kapitals. Damit beschleunigten und steigerten sie Größe und Geschwindigkeit der internationalen Geldströme – mit den auch heute wieder bekannten Folgen: dem Kollaps eines Unternehmens, dem anschließenden Börsencrash und einer daraus entstehenden Wirtschaftskrise. Mit anderen Worten: Technisch, ökonomisch und gesellschaftlich begann mit der Eisenbahn ein neues Zeitalter. Für den Zeitraum ab 1850 bis 1914 gilt es bis heute als das Goldene Zeitalter der Eisenbahn.

Doch nicht nur die Umwelt veränderte sich, sondern auch die Mobilität der Menschen, denn die Eisenbahn ermöglichte weite Reisen in andere Regionen. Vorher mussten die meisten Menschen laufen, Wohlhabende reisten auf dem Pferd oder mit der Postkutsche. Reisen war somit meist eine mühselige, beschwerliche und zeitraubende Anstrengung gewesen. Die Zugfahrt war dagegen schnell, sicher und in jedem Fall günstiger.
Für die Schönen und Reichen entstanden bald die bekannten Luxuszüge, über die bereits im vorhergehenden Kapitel ausführlich berichtet wurde.

Trotz der späteren Verkehrsmittel wie Automobil und Flugzeug hat die Eisenbahn ihren besonderen Reiz nie verloren. Um dies zu verstehen, ist es wichtig, noch einmal ganz an den Anfang der Eisenbahn zu gehen, deren Wiege in Großbritannien stand.

Den Anfang macht England

Der Beginn des Eisernen Zeitalters der Eisenbahn

In England begann im 18. Jahrhundert mit der Erfindung der Dampfmaschine die Industrielle Revolution. Da überrascht es nicht, das dort auch die moderne Eisenbahn erfunden wurde.

Der Einsatz von Gleisen für den Transport schwerer Güter reduziert nicht nur die Reibung, sondern bietet einen weiteren Vorteil: Schienen steuern den Weg, sodass Steuerungsfreiheit besteht. Dies erkannten bereits die Menschen der frühen Kulturen, davon zeugen beispielsweise in den Felsgrund geschliffene Rillenschienen auf Malta und in Griechenland. Zeitweilig scheint die Kenntnis dieser Technik über die Jahrhunderte verloren gegangen zu sein.

Der Bergbau in Deutschland entdeckte erst um das Jahr 1500, wie hilfreich Gleise beim Transport schwerer Güter sein können. In den engen Stollen der Bergwerke rollten Karren auf hölzernen Gleisen. Sie wurden von Pferden oder Menschen geschoben oder gezogen. Wegen der Enge in den Stollen mussten häufig auch Kinder diese Arbeit übernehmen.

Wenige Jahrzehnte später verbanden in England Pferdebahnen die Kohlegruben mit den Häfen. Das damals größte Schienennetz entstand ab 1600 in den Kohlefeldern von Newcastle upon Tyne. Mitte des 18. Jahrhunderts ersetzte man die Wagenräder aus Holz durch solche aus Gußeisen. Wenige Jahre später folgte die nächste Verbesserung: seit Ende der 1760er Jahre wurden Gleise aus Eisen gefertigt, die nicht nur stabiler als Holz waren, sondern auch einen geringeren Reibungswiderstand boten.

Für den nächsten dramatischen Wandel sorgte schließlich die Nutzung der Dampfkraft. Es war James Watt (1736 – 1819), der 1765 die erste voll funktionsfähige Dampfmaschine erfand. Seine Erfindung brachte zahlreiche Konstrukteure dazu, sich am Bau einer selbstfahrenden Dampfmaschine zu versuchen. So gelang es 1769 dem Franzosen Nicolas Cugnot (1725 – 1804), eine Dampfmaschine zu konstruieren, die auf Rädern fuhr. William Murdoch (1754 – 1839), ein Schüler von Watt, fertigte 1784 das Modell eines mit Dampf betriebenen Fahrzeugs. Im Jahr 1796 begann Richard Trevithick (1771 – 1833) ebenfalls damit, Modelle dampfgetriebener Fahrzeuge zu konstruieren. Bereits 1802 stellte er eine Straßenlokomotive her und im Jahr darauf begann er mit dem Bau der ersten Lokomotive überhaupt, die auf Schienen fahren sollte. Seine erfolgreiche Probefahrt absolvierte das Fahrzeug am 13. Februar 1804. Trevithicks 4.250 mm lange Lokomotive besaß ein Schwungrad und beförderte einen aus fünf Waggons

Eine der beiden Blenkinsop-Lokomotiven von 1811/1812 in der Jarchow-Rekonstruktion.

Die erste Lokomotive auf Schienen, Konstruktion von Richard Trevithick 1803/1804.

bestehenden Zug mit zehn Tonnen Eisenerz und 70 Fahrgästen von Pen-y-Darran nach Abercynon in Wales mit einer Geschwindigkeit von 8 km/h. Leider war der 15 Kilometer lange Schienenweg nach der Fahrt so stark beschädigt, dass die Lokomotive fortan als stationäre Dampfmaschine genutzt wurde. Doch von diesem Missgeschick ließ sich Trevithick nicht beirren. Vier Jahre später baute er eine Lokomotive, der den Namen programmatischen »Catch Me Who Can« (»Fang mich, wer kann«) gab. Sie fuhr in London auf einem Rundkurs, eine Mitfahrt kostete 1 Shilling für jeden Fahrgast.

Der fortschrittlich Inspektor der Kohlengruben von Leeds John Blenkinsop (1783 – 1831) war von Trevithick so überzeugt, dass er eine Lizenz zum Bau von Lokomotiven für die Middleton-Kohlenbahn erwarb. Die Fertigung übernahm 1811 die Eisengießerei Murray. Allerdings wurden Trevithicks Konstruktion verändert: Es wurden zwei Dampfzylinder verwendet statt des einen Zylinders der Trevithick-Maschine. Diese Modifikation machte des Schwungrad überflüssig und das Fahrzeug wesentlich leichter, das rund fünf Tonnen weniger wog. Zahnräder sollten das verminderte Reibungsgewicht ausgleichen.
Blenkinsop orderte zwei Lokomotiven bei Murray: die »Prince Regent« und die »Salamanca«. Beide Loks kamen seit dem 12. August 1812 beim Kohletransport auf der Middleton-Kohlebahn zum Einsatz.

In der Folge versuchten sich verschiedene Konstrukteure am Bau einer Lokomotive. Dazu zählten unter anderen William Hedley (1779 – 1843), Grubenaufseher der Zeche in Wylam, und Timothy Hackworth (1786 – 1850), Vorarbeiter der dortigen Schmiede. Für die Kohlenbahn dieser Zeche hatte der Ingenieur Christopher Blackett eine Maschine bei Trevithick geordert, aber nicht geliefert werden konnte.

Deshalb entwarf Hedley eine eigene Lokomotive, die Hackworth konstruktiv verbesserte. Der ersten Wylam-Lokomotive von 1813, der man den originellen Namen »Puffing Billy« gab, folgte bald eine zweite, die als »Wylam Dilly« ihren Dienst tat. Weil sie im Betrieb überzeugten, entstanden weitere baugleiche Maschinen dieses Typs.

Immerhin bis zum Jahr 1862 behielt die Wylamer Kohlenbahn ihre Spurweite von 1525 mm, deren Gleise nun auf die zukünftige Regelspur von 1435 mm umgenagelt wurden. Das war auch das Einsatzende von »Puffing Billy«, »Wylam Dilly« und den verwandten Maschinen, die allesamt abgestellt wurden.
Ganz in der Nähe der Kohlengrube von Wylam wuchs der begabte Sohn eines Grubenarbeiters auf, der die Arbeit von Hedley und Hackworth aufmerksam beobachtete und dessen Geburtshaus noch heute neben der Bahnlinie von Wylam steht: der 1781 geborene George Stephenson.

Stephenson wurde 1813 zum Ingenieur der Killingworth-Werkbahn ernannt, um Lokomotiven zu bauen. In der Nachfolge der Middleton-Maschine konstruierte er 1814 die »Mylord«, die nach der Schlacht bei Waterloo gegen Napoleon 1815 – dort sprach der Herzog von Wellington die Worte »I want night or Blucher!« – den Namen »Blücher« erhielt. Im Jahr 1815 fertigte Stephenson die »Killingworth«, deren Konstruktion sich an die Trevithick-Maschinen anlehnte. Allerdings mit einem wesentlichen Unterschied: Kolben- und Kuppelstangen übertrugen jetzt die Kraft und ersetzten so den Antrieb durch Zahnräder.

Im Jahr 1821 übernahm Stephenson die Position des leitenden Ingenieurs der Stockton and Darlington Railway. Hier setzte er den Einsatz von Lokomotiven vor den bislang von Pferden gezogenen Zügen durch. Wenige Jahre später begann Stephenson mit Hilfe seines Sohnes Robert mit dem Bau der ersten Lokomotive für eine öffentliche Eisenbahn. Sie war 7.315 mm

Eine Lokomotive des Typs »Puffing Billy«, Baujahr 1813, nach dem Umbau um 1830.

lang und wurde mittels zweier Zylinder angetrieben. Bei der neuen Lok Nr. 1 der Eisenbahngesellschaft von Stockton und Darlington, die den Namen »Locomotion« erhielt, handelte es sich um eine Weiterentwicklung der Killingworth-Maschinen, von denen fünf Exemplare auf der Hetton-Strecke im Einsatz waren. Am 27. September 1825 absolvierte die Lok nicht nur ihre Jungfernfahrt, sondern beförderte auch erstmals weltweit Passagiere auf einer öffentlichen Eisenbahn. Die »Locomotion« hatte 22 Wagen am Haken, die bis auf einen offen und mit provisorischen Sitzen ausgerüstet waren. Obwohl die Anzahl der ausgegebenen Fahrkarten auf 300 limitiert worden war, hatten sich viel mehr Fahrgäste in die Wagen gedrängt. Während der Fahrt galoppierte ein Reiter mit Warnflagge vor dem Zug her, während Stephenson im Führerstand mit einem Pfeifsignal die Schaulustigen von den Gleisen scheuchte. In Stockton begrüßten 40.000 Menschen und 21 Salutschüsse den Zug.

Zeit seines Lebens wehrte sich George Stephenson gegen die Behauptung, er allein habe die Lokomotive erfunden. Bescheiden und klug erklärte er stattdessen: »Die Lokomotive ist nicht die Erfindung eines einzelnen, sondern die einer ganzen Generation von Ingenieuren.«

In der Folge lieferte George Stephenson, der bereits 1823 eine eigene Lokomotivfabrik gegründet hatte, in der auch die »Locomotion« gefertigt worden war, Lokomotiven in alle Welt. Dabei unterstützten ihn sein Sohn Robert und sein Neffe George. Er starb am 12. August 1848.

Die »Locomotion«, eine Schöpfung von George und Robert Stephenson, 1825.

Pionier auf dem Festland

Unter der Leitung des Ingenieurs Marc Seguin entsteht die Bahnlinie Saint-Étienne–Lyon

In Frankreich begann 1827 der Bau der ersten mit Dampfkraft betriebenen Bahnstrecke für den Personenverkehr auf dem europäischen Festland.

So muss man sich den Betrieb zwischen Lyon und Saint-Etienne während der ersten Betriebsjahre vorstellen.

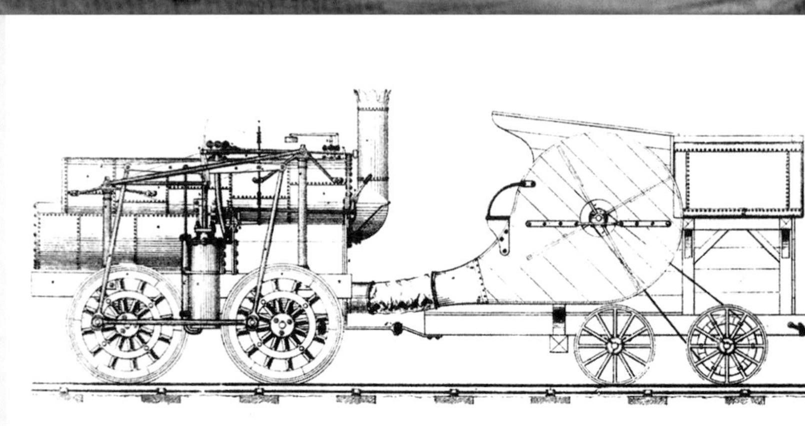

Die Lokomotivkonstruktion von Marc Seguin aus dem Jahr 1829.

Brücke über die Saône in La Moulatière, mit pferdebespanntem Kohlenzug, 1833

Die Bahnlinie von Saint-Étienne nach Lyon besitzt eine Länge von 58 Kilometern und wurde zwischen 1827 bis 1832 unter der Leitung des Ingenieurs Marc Seguin (siehe Kasten) gebaut, der gemeinsam mit Édouard Biot Teilhaber der Bahngesellschaft war. Die »Compagnie du chemin de fer de Saint-Étienne à Lyon« zum Bau und Betrieb der Strecke wurde bereits am 27. März 1826 gegründet. Das Genehmigungsverfahren nahm fast ein Jahr Zeit in Anspruch, doch nach seinem Abschluss konnten am 27. März 1827 schließlich die Bauarbeiten beginnen.

Die Bahnlinie von Saint-Étienne nach Lyon war die zweite konzessionierte Eisenbahnstrecke in Frankreich überhaupt und gleichzeitig auch die zweite in Saint-Étienne. Außerdem war sie die zweite auch dem Personenverkehr dienende Bahnstrecke auf dem europäischen Festland. In einem sehr wichtigen Punkt gilt sie aber bis heute als Pionbier: Sie war die erste auch mit Dampfkraft betriebene Bahnlinie für den Personenverkehr auf dem europäischen Festland. Oder mit anderen Worten: die erste richtige Eisenbahn.
Die Strecke entstand in drei Abschnitten, von denen der dritte der technisch schwierigste war. Zunächst ging am 28. Juni 1830 die Teilstrecke zwischen Givors und Rive-de-Gier in Betrieb. Bereits 1831 nahm man mit der Lokomotive »Seguin« der Dampfbetrieb auf, im selben Jahr begann auch der planmäßige Personenverkehr. Nichtsdestoweniger wurde die Bahn über viele Monate überwiegend als Pferdebahn betrieben. Dabei zogen die Pferde die beladenen Waggons bergauf und wurden bergab auf einem Viehwagen transportiert.

Der zweite Abschnitt von Givors nach Lyon wurde am 3. April 1832 eröffnet, allerdings zunächst nur für den Gütertransport. Dagegen nahm die dritte und letzte Teilstrecke von Rive-de-Gier nach Saint-Étienne am 1. Oktober 1832 zunächst nur den Personenverkehr auf. Rund ein halbes Jahr später rollten Personen- und Güterverkehr schließlich auf der ganzen Bahnlinie.
Die Fahrt auf gesamten dauerte 1836 sechs Stunden. Der Fahrzeugpark bestand aus zwölf in den Jahren 1829 bis 1834 beschafften Lokomotiven und 135 Waggons. Immer wieder passierten in diesen Jahren Unfälle, weil die Gleise noch nicht wirksam von Wanderern freigehalten wurden. Im Jahr 1844 hatte sich die Dampfkraft schließlich vollständig durchgesetzt, denn Pferde wurden nur noch im Rangierbetrieb eingesetzt. Dank leistungsfähigerer Lokomotiven hatte sich die Fahrzeit mittlerweile auf 2½ Stunden reduziert.
Der geniale Ingenieur Seguin hatte allerdings wenig Freude an seinem Werk: Bereits 1834 oder 1835 verließ die Gesellschaft wegen größerer Meinungsverschiedenheiten.

Der Universal-Ingenieur
Marc Seguin baute Brücken, Bahnlinien und Lokomotiven

Marc Seguin wurde 1786 in Annonay geboren und war der Neffe des berühmten Joseph Michel de Montgolfier (1740 – 1810), der sich seiner Erziehung in Paris annahm. Als der Älteste von vier Brüdern, mit denen er zusammen ein Industrieunternehmen gründete, bezeichnete man ihn oft als »Seguin Senior«.
Im Jahr 1825 baute er die erste französische Straßenbrücke, die statt an Ketten an Eisenseilen aufgehängt war, über die Rhône. Seguin gilt als Erfinder dieser Technik.
Weil Marc Seguin sich entschieden hatte, auf der Bahnstrecke zwischen Saint-Etienne und Lyon die »mechanische Traktion« einzuführen, besuchte er zum Studium dieser Technik im Dezember 1825 und 1826 England. Dort traf er auch George Stephenson, doch führte dieses Treffen zu keiner Zusammenarbeit. Seguin verhandelte daraufhin mit anderen Ingenieuren über Schiffsdampfmaschinen für den Einsatz auf der Rhône, denn er beabsichtigte, die neue Langkesseltechnik für die Dampfschiffe einzusetzen. Obwohl diese Konstruktionsart bei der Zulassnungsbehörde auf wenig Begeisterung stieß, wurde sie getestet und im Dezember 1827 als Patent angemeldet. In den ersten Monaten des Jahres 1828 wurden weitere Versuche mit dieser Kesselbauart unternommen. Seguin kaufte dazu bei der Firma Stephenson zwei Lokomotiven, um noch umfangreichere Versuche unternehmen zu können.
Etwas zur selben Zeit, als in der Nähe von Rainhill der Wettbewerb abgehalten wurde, um zu bestimmen, welche Lokomotive auf der Eisenbahnstrecke von London nach Liverpool eingesetzt werden sollte, kündigte Marc Seguin den Bau einer eigenen Lokomotive mit Langrohrkessel an. Die siegreiche »Rocket« von Rainhill war bereits mit einem Langkessel ausgestattet. Als Seguins Erprobungen dieser Technik schließlich erfolgreich abgeschlossen werden konnten, beabsichtigte er, seine Kesselkonstruktion für die Eisenbahn als Patent registrieren zu lassen, was Stephenson versäumt hatte.
Auch wenn die Erfindung Seguins des Öfteren abgewandelt werden musste, entstand bis 1838 ein Dutzend Lokomotivvarianten des Originaltyps. Marc Seguin verstarb im Jahr 1875.

Später Start einer rasanten Entwicklung

Die Entwicklung in Deutschland

»Mir ist nicht bange, dass Deutschland nicht eins werde; unsere guten Chauseen und künftigen Eisenbahnen werden schon das Ihrige tun.«

Mit diesen häufig wiedergegebenen Worte erwies sich der Dichter und Politiker Johann Wolfgang von Goethe (1749 – 1832) als wahrer Visionär. Als er diese Überzeugung 1828 gegenüber seinem Vertrauten und Sekretär Johann Peter Eckermann (1782 – 1854) aussprach, sollte es noch fünf Jahre dauern, bis der überzeugte Liberale Friedrich List (1789 – 1846) mit seiner Schrift »Über ein sächsisches Eisenbahn-System als Grundlage eines allgemeinen deutschen Eisenbahn-Systems und insbesondere über die Anlegung einer Eisenbahn von Leipzig nach Dresden« für eine einheitliche deutsche Nationalökonomie warb.

Der Unternehmer Friedrich Wilhelm Harkort (1793 – 1880) gründete 1819 die Mechanische Werkstätte Harkort & Co. und führte den englischen Maschinenbau in Deutschland ein. Bereits in den Jahren vor 1825 – dem Jahr, in dem zwischen Stockton und Darlington die erste öffentliche Eisenbahn Fahrgäste beförderte – beschäftigte sich Harkort mit einer Eisenbahnverbindung zwischen dem Rheinland und den Häfen an Ems und Weser. Nach Harkorts Ideen sollte die erste deutsche Eisenbahn von Minden zunächst nach Lippstadt führen. Im Jahr 1826 nahm Harkort eine kleine Dampfeisenbahn im Garten seines Hauses zu Elberfeld (heute ein Stadtteil von Wuppertal) in Betrieb, um Öffentlichkeit und Behörden von der Machbarkeit und Nützlichkeit der Züge auf Schienen zu überzeugen. Außerdem beantragte die Konzession zum Bau und Betrieb einer Eisenbahn von Elberfeld nach Essen-Steele. Doch die Genehmigung zu diesem visionären Unterfangen verweigerte ihm die preußische Bürokratie.
Einge Jahre später, 1833, verfasste der hartnäckige Harkort eine Denkschrift zu einer Eisenbahn von Minden nach Köln als Anfang eines westfälischen und schließlich deutschen Schienennetzes. Doch die Bürokraten im Königreich Preußen legten auch diese Schrift zu ihren Akten. Und so kam es, dass die erste deutsche Eisenbahn zwei Jahre später im Königreich Bayern von Nürnberg nach Fürth fuhr.

Der erste Zug von Nürnberg nach Fürth. Gemälde von E. Schilling und Prof. B. Goldschmitt im DB Museum Nürnberg.

In den 38 deutschen Staaten mit ihren 88 Eisenbahnen – nicht mitgezählt die kleinen Bahnen, die nach kurzer Zeit von den großen übernommen wurden, und die Teilbahnen der großen Staatseisenbahnen – war die zwischen 1837 und 1839 abschnittweise eröffnete Leipzig-Dresdner Eisenbahn (LDE) mit einer Länge von rund 115 Kilometern die erste deutsche Ferneisenbahn
.

Die ersten vier Loks der LDE kamen aus England, eine weitere wurde aus den USA importiert. Nach dem Vorbild der englischen Loks konstruierte 1838 Johann Andreas Schubert in seiner Aktien-Maschinenbau-Gesellschaft Übigau bei Dresden die »Saxonia«, die erste in Deutschland gebaute Lok der Spurweite 1435 mm.
Als 1840 eine amerikanische Norris-Lok, die auf den Berliner Strecken in Dienst war, zur Maschinenbauanstalt und Eisengie-

Der Wagen Nummer 8 des ersten deutschen Zugs im DB Museum Nürnberg.

Die Lok Borsig, 2´A1 n2, Baujahr 1841, begründete den Borsig-Lokomotivbau.

ßerei von August Borsig (1804 – 1854) in Berlin zur Reparatur kam, erkannte Borsig die Stärken dieser Maschine und wusste, welche Verbesserungen vonnöten waren. Er baute eine eigene Lok, die seinen Namen erhielt, und verkaufte sie 1841 an die Berlin-Anhaltische Eisenbahn-Gesellschaft.
Im Jahr 1841 baute auch Joseph Anton Ritter von Maffei (1790 – 1870), Besitzer eines Münchner Eisenwerks, seine erste Lokomotive. Diese Maschine namens »Der Münchner« wurde auf der Münchner-Augsburger Eisenbahn in Betrieb genommen, für die sich Maffei eingesetzt hatte.

Überall in Deutschland wurden Schienenwege und Lokomotiven gebaut. Einige Beispiele seien genannt. Die Düsseldorf-Elberfelder Eisenbahn nahm 1838 ihren Betrieb auf, im selben Jahr die Berlin-Potsdamer Eisenbahn, zwei Jahre später die Berlin-Sächsische Eisenbahn, auch die erste Teilstrecke der badischen Nord-Süd-Hauptlinie. Die Rheinische Eisenbahn wurde auf einer Teilstrecke von Köln nach Mungersdorf 1839 eröffnet, im selben Jahr wurde die erste Eisenbahn im Rhein-Main-Gebiet von Frankfurt nach Höchst und Hattersheim in Betrieb genommen.
Bahnlinien, die eine schnelle Rendite versprachen, wurden meist von Privatbahngesellschaften gebaut. Eisenbahnstrecken, die aus verkehrspolitischen und ökonomischen Gründen nötig schienen, aber keine schnellen Gewinne erwarten ließen, entstanden meist als Staatseisenbahnen. Zu den vielen Neugründungen dieser Jahre zählt auch die Hannoversche Staatseisenbahn, die 1843 ihre erste Strecke eröffnete. Das sich rasch ausbreitende Netz dieser Bahn war Anlass für Georg Egestorff (1802 – 1868), ab 1846 Lokomotiven in seiner Maschinenfabrik in Linden bei Hannover zu bauen. Aus dieser Fabrik entwickelte sich die Hanomag, Hannoversche Maschinenbau-Aktiengesellschaft.

Emil Heinrich Kessler (1813 – 1867) übernahm die Messnersche Werkstätte seines Lehrers in Karlsruhe, die seit 1842 als Maschinenfabrik von Emil Kessler firmierte. Seine erste Lokomotive war schon 1841 die »Badenia«. 1846 wurde die Maschinenfabrik Eßlingen im Nachbarland Württemberg gegründet, Kessler wurde ihr Direktor und baute weiterhin Lokomotiven.
Die Eisenbahn, bislang das wichtigste Transport- und Verkehrsmittel zu Lande, war nun auch in die Dienste des Vergnügens und des Fremdenverkehrs eingetreten. Die Lokomotivfabriken florierten, die Spekulation mit Eisenbahnaktien blühte. 1850, als die Westfälische Eisenbahn und die Saarbrücker Eisenbahn als preußische Staatsbahnen gegründet wurden, maß das deutsche Streckennetz eine Länge von 6.044 Kilometern.

Lustfahrt nach Darmstadt

»Am gestrigen Sonntage ging auf unserer Main-Neckar-Bahn die erste freie und größere Lustfahrt von hier direkt bis nach Darmstadt mit dem Kessler´schen Lokomotiv vor sich. In 8 geräumig und elegant gebauten Wagen, von welchen je einer 40, der andere 50 Personen fasst, besuchten mittels dieser veranstalteten Fahrt etwa 350 bis 400 Personen die nachbarfreundliche Residenzstadt, deren einladende Umgebungen, die nahen Waldungen, die sich anreihende reizende Bergstraße und der schöne Odenwald wohl in Zukunft lebhafte Anziehungspunkte für die vergnügungssüchtigen Frankfurter geben dürften. Die grandiose Ludwigssäule, welche hoch über den Straßen des neueren Teils der hessischen Residenzstadt hervorragt und schon von weithin auf der Eisenbahn sichtbar ist, war vielen Besuchern eine neue Erscheinung.«

Bericht »Frankfurter Journal« vom 28. Juni 1846 über eine Probefahrt auf der Main-Neckar-Bahn Frankfurt am Main – Darmstadt – Heidelberg

Später Start

Deutschlands erste Eisenbahn

Mit der Eröffnung der Strecke Nürnberg–Fürth am 7. Dezember 1835 begann in Deutschland das Zeitalter der Eisenbahn.

Die Eröffnung der ersten deutschen Eisenbahn in einer zeitgenössischen Darstellung.

Die Idee für die erste deutsche Eisenbahn stammte vom bayerischen Oberbergrat Josef von Baader (1763–1835). Dieser schlug bereits 1814 erstmals den Bau einer Eisenbahn zwischen Nürnberg und Fürth vor. Fünf Jahre später beschäftigte sich die Regierung des Königreichs Bayern abermals mit diesem Vorhaben, das jedoch kaum Unterstützung fand. König Ludwig I. (1786–1868) ließ einige Jahre später einen Kostenvoranschlag aufstellen, der 1827 der Ständeversammlung vorgelegt wurde. Doch diese schenkte dem Projekt kaum Interesse, da der geplante Main-Donau-Kanal für die Ständevertreter wichtiger war.

Erst der Nürnberger Kaufmann Johannes Scharrer (1875–1844), der seit 1834 zweiter Bürgermeister in Nürnberg war, brachte Bewegung in die Angelegenheit. Dank seines unermüdlichen Engagements konnte am 18. November 1833 die Aktiengesellschaft der Ludwigseisenbahn gegründet werden, zu deren stellvertretendem Direktor er drei Tage später berufen wurde. Am 19. Februar 1834 genehmigte die bayerische Regierung die Statuten der Gesellschaft und stellte ihr die »allerhöchste Conzession mit dem ausschließlichen Privilegium zur Errichtung einer Eisenbahn zwischen Nürnberg und Fürth für die nächstfolgenden 30 Jahre« aus. Kurze Zeit später begannen die Bauarbeiten.

Die Beschaffung der benötigten Fahrzeuge war jedoch mit einigen Problemen verbunden. Zunächst beabsichtige die Ludwigsbahn, die Lokomotiven und Wagen von deutschen Herstellern zu beziehen. Dazu verhandelte das Unternehmen mit der Firma Holmes & Rolandsen aus Unterkochen bei Aalen. Allerdings konnten sich beide Seiten nicht über den Preis einigen. Da es seitens der Ludwigsbahn außerdem Zweifel an der Qualität gab, musste ein anderer Lieferant gesucht werden. Im Mai 1835 trafen sich Vertreter der Ludwigsbahn in Brüssel mit George Stephenson (1803–1859), doch erst im Sommer 1835 erhielt die Firma Stephenson & Co. in Newcastle upon Tyne den Auftrag zum Bau der ersten Lokomotive für die Ludwigseisenbahn. Am 3. September 1835 wurde die Maschine in 19 Einzelteile zerlegt in Newcastle verschifft. Zehn Tage später traf die wertvolle Fracht in Rotterdam ein. Dort wurde die Ladung auf ein Binnenschiff verladen und nach Köln gebracht. Von dort ging es auf Pferdefuhrwerken weiter über Offenbach und Kitzingen nach Nürnberg, das am 26. Oktober 1835 erreicht wurde. Die Montage des »Adler« erfolgte im November 1835 in der Maschinenfabrik Späth. Am 16. November 1835 absolvierte der »Adler« schließlich seine erste Probefahrt auf der Ludwigseisenbahn. Nachdem diese ohne Komplikationen verliefen, lud das Direktorium zur offiziellen Eröffnung der Strecke Nürnberg–Fürth für den 7. Dezember 1835 ein.

Mit einer Ansprache des Nürnberger Bürgermeisters begannen um 8.30 Uhr die Feierlichkeiten. Mit Musik und Salutschüssen setzte sich der »Adler« mit dem aus neun Wagen bestehenden Eröffnungszug in Bewegung. Am Regler der Dampflok stand ein Engländer – William Wilson (1809–1862) war der erste Lokführer in Deutschland.

Die Ludwigseisenbahn erwies sich für ihre Aktionäre als ein glänzendes Geschäft. Bereits 1836 konnte das Unternehmen seinen Teilhabern eine Dividende in Höhe von 20 % auszahlen. Einen Teil der Gewinne investierte die Gesellschaft auch in neue Fahrzeuge, so stand ab 1836 mit der Lok »Pfeil« eine zweite Maschine zur Verfügung. In den ersten Betriebsjahren setzte die Ludwigseisenbahn auch noch Pferde in der Zugförderung ein. Der Pferdebetrieb wurde jedoch immer weiter eingeschränkt. Aufgrund des hohen Verkehrsaufkommens baute die Ludwigseisenbahn die Strecke Nürnberg–Fürth alsbald zweigleisig aus. In den Jahren 1870/71 mussten die Bahnhofsanlagen in Nürnberg umgebaut und erweitert werden.

Ende des 19. Jahrhunderts verlor die Ludwigseisenbahn aber zusehends an Bedeutung. Die Städte Nürnberg und Fürth wurden immer größer und mit ihnen die Ansprüche im öffentlichen Nahverkehr. Diese konnte die Ludwigseisenbahn, die nur zwei Zwischenstationen hatte, immer weniger erfüllen. Mit der Eröffnung der Pferdestraßenbahn im Jahr 1891 ging der Personenverkehr auf der Ludwigseisenbahn zunehmend zurück. Der noch immer beachtliche Güterverkehr sicherte aber weiterhin das Fortbestehen der Gesellschaft. Dies änderte sich 1904, als die Ludwigseisenbahn mit dem Städtischen Gaswerk den wichtigsten Kunden verlor. Während des Ersten Weltkrieges spitzte sich die finanzielle Situation des Unternehmens immer weiter zu. Am 31. Oktober 1922 wurde schließlich der Betrieb auf der ersten deutschen Eisenbahn eingestellt. Die noch vorhandenen Fahrzeuge sowie die Immobilien in Nürnberg und Fürth wurden verkauft, die Trasse hingegen an die Städtische Straßenbahn verpachtet. Fortan existierte die Ludwigseisenbahn nur noch als Vermögensverwaltung. Erst 1970 wurde das Unternehmen aus dem Handelsregister gestrichen.

Aus der Messestadt in die Residenz

Bürger bauen eine Eisenbahn

Die Bahnlinie von Leipzig nach Dresden ging als erste Ferneisenbahn Deutschlands in die Technikgeschichte ein.

Der heutige Dresdner Hauptbahnhof wurde 1898 nach mehrjähriger Bauzeit in Betrieb genommen.

Bereits 1830 schlug der Kramermeister Carl Gottlieb Tenner den Bau einer Eisenbahn von Leipzig zum Elbehafen in Strehla vor. Diese Idee fand jedoch zunächst nur wenig Unterstützung. Dies änderte sich, als der Nationalökonom Friedrich List (1789–1846) 1833 in Leipzig seine Schrift »Ueber ein sächsisches Eisenbahnsystem als Grundlage eines allgemeinen deutschen Eisenbahnsystems und insbesondere über die Anlegung einer Eisenbahn von Leipzig nach Dresden« vorlegte. List räumte dabei Leipzig die Rolle eines zentralen Eisenbahnknotens in Deutschland ein. Außerdem erläuterte er die Vorteile des neuen Verkehrsmittels. Die Eisenbahn ermöglichte einen billigen, schnellen und kontinuierlichen Transport. Sie förderte die Arbeitsteilung der Industrie und verbesserte die Absatzmöglichkeiten für die erzeugten Produkte.

Diese Argumente überzeugten das Leipziger Bürgertum. Nur wenige Wochen später konstituierte sich ein »Eisenbahn-Comité«, das in einer Petition an den sächsischen Landtag am 20. November 1833 den Bau einer Strecke von Leipzig nach Dresden forderte. Doch das Königreich Sachsen engagierte sich zunächst nicht im Eisenbahnwesen. Zwölf Leipziger Bürger gründeten schließlich Anfang 1835 die Leipzig-Dresdner Eisenbahn-Compagnie (LDE), an der sich unter anderem Albert Dufour-Féronce (1798–1861), Gustav Harkort (1795–1865), Carl Lampe (1804–1889) und Wilhelm Theodor Seyffarth (1807–1881) beteiligten. Am 14. Mai 1835 begann die Ausgabe der Aktien im Nennwert von 100 Talern, die nach nur 36 Stunden gezeichnet waren. Nachdem der LDE nun 1 Million Taler zur Verfügung standen, genehmigte die sächsische Staatsregie-

Erst nach der Fertigstellung der Elbe-Brücke bei Riesa konnte 1839 der Verkehr auf der LDE aufgenommen werden.

rung am 6. Mai 1835 den Bau und Betrieb der Strecke Leipzig–Dresden sowie die Ausgaben so genannter Kassenscheine im Wert von 500.000 Taler.
Bereits im Oktober 1835 hatten die englischen Ingenieure Walker und Hawkshaw die Entwürfe für die Trassenführung geprüft. Aufgrund der geringeren Kosten plädierten sie für die Strecke über Strehla. Dies scheiterte jedoch am Widerstand des Stadtrates, so dass die LDE schließlich in Riesa die Elbe überqueren musste. Mit dem Kauf der ersten Grundstücke zwischen Leipzig und Wurzen am 16. November 1835 begann die LDE mit dem Grunderwerb. Mit dem symbolischen ersten Spatenstich bei Machern begannen am 1. März 1836 offiziell die Bauarbeiten, die vom sächsischen Oberwasserbaudirektor Karl Theodor Kunz geleitet wurden.

Nur ein gutes Jahr später, am 24. April 1837, konnte die LDE mit dem 10,6 km langen Teilstück Leipzig–Althen den ersten Abschnitt in Betrieb nehmen. Am 12. November 1837 folgte das Streckenstück Althen–Gerichshein. 1838 machten die Bauarbeiten an der LDE erhebliche Fortschritte. Nach der Eröffnung der Teilstrecke Oschatz–Riesa am 21. November 1838 fehlte nur noch der 28,45 km lange Abschnitt Riesa–Oberau. Mit der Fertigstellung der Elbe-Brücke bei Riesa konnte die LDE schließlich am 7. April 1839 den durchgehenden Verkehr auf der rund 115 km langen der Strecke Leipzig–Dresden aufnehmen.

Die LDE entwickelte sich ganz im Sinne ihrer Aktionäre. Aufgrund des stetig wachsenden Verkehrsaufkommens musste bereits kurze Zeit später die Strecke zweigleisig ausgebaut werden. Bis 1884 herrschte auf der LDE Linksbetrieb.

Aufgrund ihrer ausgezeichneten wirtschaftlichen Lage konnte die LDE in den folgenden Jahren ihr Streckennetz systematisch erweitern. Dazu gehörte die am 1. Dezember 1860 eröffnete Zweigstrecke Coswig–Meißen. Am 14. Mai 1866 nahm die LDE den Abschnitt Borsdorf–Grimma in Betrieb. Die Strecke wurde über Leisnig (28.10.1867), Döbeln (02.06.1868), Nossen (25.10.1868) bis nach Meißen (22.12.1868) verlängert. Von Nossen aus baute die LDE eine Verbindung in Richtung Böhmen, deren erste Teilstrecke nach Freiberg am 15. Juli 1873 in Betrieb genommen wurde. Erst am 15. August 1876 hatte die Strecke die böhmische Grenze bei Moldau erreicht. Darüber hinaus gehörten der LDE die am 15. Oktober 1875 eröffnete Strecke Riesa–Elsterwerda, die Verbindungsbahn zum Bayerischen Bahnhof in Leipzig (1851–1878) und die Großenhainer Zweigbahn, die aber erst am 1. Juli 1869 in das Eigentum der LDE übergegangen war.

Schwerwiegende wirtschaftliche Folgen für die LDE hatte der Einsturz der Riesaer Elbe-Brücke am Abend des 19. Februar 1876. Von Beginn an war die Holzbrücke das Sorgenkind der LDE, da sie erhebliche Instandhaltungskosten verursachte. Schon in den Jahren 1872 bis 1875 mussten die Pfeiler verstärkt werden. Die hölzernen Bögen wurden 1874/75 durch eiserne Halbparabelträger ausgetauscht. Ein unterspülter Mittelpfeiler führte schließlich zum Einsturz der Brücke. Angesichts des nun notwendigen Neubaus beschlossen die Aktionäre der LDE am 29. März 1876 das Angebot des Königreichs Sachsen anzunehmen und die Gesellschaft an den Staat zu veräußern. Bereits ab 1. Juli 1876 waren die Königlich Sächsischen Staatseisenbahnen (K.Sächs.Sts.E.B.) für die Verwaltung und den Betrieb der Strecken der LDE verantwortlich.

Der Siegeszug der Eisenbahn

Die Dampflok erobert die Welt

Nachdem gelungenen Start in England entstanden nicht nur Eisenbahnen in Frankreich oder Deutschland. An vielen Orten der Welt zogen in den folgenden Jahrzehnten Dampflokomotiven Züge auf neu erbauten Schienenwegen.

Die erste transkontinentale Eisenbahnstrecke entstand von 1863 bis 1869 westlich der Flüsse Mississippi und Missouri, um die Pazifikküste nahe der San Francisco Bay mit dem vorhandenen US-Streckennetz bei Council Bluffs, Iowa, zu verbinden. Sie trug zunächst den Namen Pacific Railroad, wurde später Overland Route genannt und hatte eine Länge von 3.069 Kilometern. Die Strecke wurde am 10. Mai 1869 mit dem feierlichen Einschlag des letzten Nagels bei Promontory Summit eröffnet.

Es dauerte nur wenige Jahre, bis es die Dampflok über den Atlantik bis in die neue Welt schaffte. Bereits im Jahr 1829 – also nur vier Jahre nach der erfolgreichen Jungfernfahrt von Stephensons »Locomotion« – begann die wechselvolle Geschichte der Eisenbahn in den Vereinigten Staaten von Amerika.

Im Sommer 1828 erwarb Horatio Allen (1802 – 1889), »Chief Engineer« der »Delaware and Hudson Canal Company«, für eine Behelfsbahn zwischen Carbondale und Honesdale während eines Aufenthalts in England die erste von vier Lokomotiven. Sie erhielt bei ihrer Ankunft in den USA 1829 wie viele Maschinen nach ihr den Namen »Lion«; um Verwechslungen zu vermeiden ergänzte man noch den Zusatz »Stourbridge« nach ihrem Herkunftsort. Allen wechselte bereits 1829 zur »South Carolina Canal and Rail Road Company«, wo er abermals als Chief Engeneer tätig war. Diese Gesellschaft betrieb die damals die mit einer Länge von 218 Kilometern längste Eisenbahnstrecke der Welt, die Charles-

Der erste transkontinentale Zug Kanadas erreicht am 4. Juli 1886 Fernie (British Columbia). Die Strecke der Canadian Pacific Railway entstand zwischen 1881 und 1885.

ton mit Hamburg (Pennsylvania) verband. Bereits um die Mitte des 19. Jahrhunderts gab es in den Vereinigten Staaten von Amerika Bahnlinien mit einer Gesamtlänge von 14.400 Kilometern. Die meisten Bahngesellschaften waren im Osten zu Hause. Schon seit 1832 wurden in den USA Lokomotiven gebaut. Allein die Fabrik von Matthias W. Baldwin (1795 – 1865) produzierte etwa 62.000 Maschinen.

An der Erschließung der USA hatten die Eisenbahnen einen beträchtlichen Anteil. Der Bau der Bahnen wurde – oft rücksichtslos – vorangetrieben. Die Regierung unterstützte die Eisenbahngesellschaften manchmal mit Krediten. In der Regel verschenkte sie das Land längs der Schienenwege an die Gesellschaften, die es zur Finanzierung des Bahnbaus weiterverkaufen konnten. Dieses Land war nach Ansicht des Staates in seinem Besitz. Niemandem kam in den Sinn, dass es eigentlich Eigentum der Indianer war. Das Ergebnis war einfach und grausam: Die Ureinwohner des amerikanischen Kontinents wurden von ihrem Land vertrieben oder getötet. Wenn sie sich wie im Wilden Westen gegen den fortschreitenden Eisenbahnbau zur Wehr setzten – weil er durch ihre Jagdgründe führte oder Jäger ihre Büffelherden abschlachteten, um die Eisenbahnarbeiter mit Fleisch zu versorgen –, dann erhielten die Bahngesellschaften schnell Unterstützung des Militärs. Hilflos mussten die Indianer mitansehen, wie sich der eiserne Schienenstrang durch ihr Land fraß.

Die größte Herausforderung für den Eisenbahnbau in den USA war eine Verbindung zwischen Ost- und Westküste. Im Jahr 1862 unterschrieb Präsident Abraham Lincoln das Gesetz zum Bau der transkontinentalen Eisenbahn. In Sacramento, Kalifornien, begann die Central Pacific Railway daraufhin am 8. Januar 1863 mit dem Bau einer Bahnlinie nach Osten. Erst elf Monate später, am 2. Dezember 1863 startete die Union Pacific in Omaha, Nebraska, den Gleisbau gen Westen. Sieben Jahre nachdem der Präsident das Gesetz unterzeichnet hatte, trafen sich die beiden Gleisstränge am 10. Mai 1869 am Promontory Point, Utah. Den Abschluss bildete eine feierliche Zeremonie, bei der ein goldener Nagel in die letzte Schwelle geschlagen wurde. Wegen Diebstahlgefahr wurde dieses wertvolle Stück aber sogleich auch wieder entfernt und ins Museum gebracht.

Auch im nördlichen Nachbarland der USA bemühte man sich um den Bau einer Eisenbahn. In Kanada – damals noch kein eigener Staat, sondern verschiedene Kolonien Großbritanniens – gründete im Jahr 1832 eine Gruppe von Geschäftsleuten, angeführt von dem Brauereibesitzer John Molson (1763–1836) und dem Bankier Peter McGill (1789–1860), die »Champlain and St. Lawrence Railroad«. Ihre 26 Kilometer lange Strecke südöstlich von Montreal war die erste kanadische Eisenbahn nahm 1836 den Verkehrs auf. Ungewöhnlich war die Spurweite: Sie entstand in der britischen Kolonialspurweite von 1676 mm.

Einen Markstein bildet das Jahr 1852, in dem »Grand Trunk Railway of Canada« (GTR) gegründet wurde. Die baute in den folgenden abschnittweise eine Bahnstrecke zwischen Montreal und Toronto und übernahm gleichzeitig andere Bahngesellschaften. Beides machte sie mit großem Erfolg, denn bereits 1867 war die GTR mit einem 2000 Kilometer langen Streckennetz das größte Eisenbahnunternehmen der Welt. Im Jahr 1882 schloss sich die GTR schließlich mit der »Great Western Railway« zusammen, deren Gleisnetz eine Länge von 1371 Kilometern besaß.

Nachdem sich die kanadischen Kolonien 1867 zur Kanadischen Konföderation vereinigt hatten, wünschte sich die Regierung von der mächtigen GTR den Bau einer Bahnlinie nach British Columbia

Halt auf einem unbekannten Bahnhof der »Ferrocarril Central Mexicano« (etwa zwischen 1880 und 1897).

Die Eisenbahn in Tokio. Dreiteiliger Farbholzschnitt von Mosai Yoshitora, um 1872. Der Schienenweg führt zwei Züge aufeinander zu.

100 Jahre DSB Dänische Staatsbahn. Plakat von Aage Rasmussen, 1947.

im Westen. Die Industrie im Osten sollte eine direkte Verbindung zu den Rohstoffen im Westen erhalten und dort gleichzeitig neue Absatzmärkte finden. Doch aus wirtschaftlichen Gründen verweigerte die GTR sich diesem Infrastrukturprojekt. Im Jahr 1871 hatte die Regierung der Provinz British Columbia für den Beitritt zur Kanadischen Konföderation den Bau einer transkontinentalen Eisenbahn versprochen. Damit sollten die Pazifikküste und die östlichen Provinzen miteinander verbunden werden.
Den Zuschlag für dieses große Projekt erhielt 1872 erhielt die »Canada Pacific Railway Company«. Später kam heraus: Der konservative Premierminister Sir John Alexander Macdonald (1815–1891) und andere Politiker hatten sich für die Vergabe bestechen lassen. Eine neue Regierung unter dem liberalen Alexander Mackenzie (1822–1892) beschloss, die wichtige Strecke unter staatlicher Leitung weiterzubauen. Zu diesem Zweck wurde die »Canadian Pacific Railway Company« nochmals neu gegründet. Dieses Unternehmen setzte die Arbeiten mit tausenden Arbeitern, darunter vielen Chinesen, fort. Den letzten Nagel der neuen Bahnlinie schlug am 7. November 1885 Donald Smith, 1st Baron Strathcona and Mount Royal (1820–1914), ein. Der bedeutende Unternehmer war nicht nur Aktionär der CPR, sondern auch Eigentümer einiger Eisenbahnen. Damit war endlich auch Kanada durch eine transkontinentale Eisenbahn war erschlossen.

Im Süden der USA mussten die Menschen etwas länger auf die erste Eisenbahn warten. Erst im Jahr 1850 startet die »Ferrocarril Mexicano« den Bau einer Bahnlinie von Veracruz nach Mexico City, der mehr als zwei Jahrzehnte dauerte. Nach 470 Kilometern war 1873 die Hauptstadt erreicht. Im Jahr 1881 ging es nahc Norden: Die »Ferrocarril de Sonora« baute eine 422 Kilometer lange Strecke von Hermosillo nach Nogales an der Grenze zu den USA. Zwischen 1880 und 1884 errichtete die »Ferrocarril Central Mexicano« die 3515 Kilometer lange Bahnlinie von der Hauptstadt nach Ciudad Juárez. Die »Ferrocarril Nacional« eröffnete 1888 die 1715 Kilometer lange Verbindung von der Hauptstadt nach Nuevo Laredo. Damit gab es eine weitere Strecke an der US-Grenze. Das Jahr 1892 brachte abermals eine große Erweiterung: Die 1456 Kilometer lange Strecke zwischen Durango und Piedra Negras an der US-Grenze wurde durch die »Ferrocarril Internacional« und die 817 Kilometer lange Bahnlinie von Mexico City nach Veracruz durch die »Ferrocarril Interoceánico« in Betrieb genommen.

Im Jahr 1909 wurde schließlich die »Ferrocarriles Nacionales de Mexico« gegründet. In den folgenden Jahren wurden die Eisenbahnen verstaatlicht und die wenigen Schmalspurbahnen auf die Regelspur umgestellt.

Erst vergleichsweise spät kam die Eisenbahn nach Japan. Das überrascht, gilt Japan doch heute als ein wichtiges Eisenbahn-Land. Doch das Land öffnete sich nur zögernd für westliche Einflüsse. Erst 1870 begann der Bau der ersten japanischen Eisenbahn zwischen Tokio und Yokohama. Die Leitung hatte ein britischer Chefingenieur, den neben den japanischen Arbeitern einhundert ausländische Facharbeiter und Techniker unterstützten. Im Sommer 1872 wurde die erste Teilstrecke von Shinagawa, das damals noch nicht zu Tokio gehörte, nach Yokohama eröffnet. Im ersten Zug von Tokio nach Yokohama fuhr dann auch der Kaiser mit. Die Lokomotivführer waren zunächst Engländer, ab 1879 auch Japaner, aber nur für die Fahrten am Tag. Die Fahrpreise waren zu Anfang so hoch, dass einfache Menschen sich den Luxus einer Eisenbahnfahrt nicht leisten konnten. Sie bestaunten die Züge in den Bahnhöfen und auf den Drucken der Holzschnittkünstler.

Die Eisenbahn erobert Europa

Belgien

Eine der ersten Eisenbahnen auf dem europäischen Kontinent, auf der ein von einer Lokomotive gezogener Zug Passagiere und Güter beförderte, war die Teilstrecke von Mecheln nach Brüssel der Staatseisenbahn von Belgien, eröffnet am 5. Mai 1835. Schnell wurde das Streckennetz ausgebaut. Die Lokomotiven erwarb man zunächst in England, bevor der eigene Lokomotivbau startete.

Österreich

In Österreich gab es schon 1810 eine Eisenbahn: Die Wagen der Erzbahn bei Eisenerz in der Steiermark wurden mittels Pferde- und Menschenkraft bewegt. Förderer der Dampflokomotiven-Eisenbahn in der k. und k. Monarchie war die Bankiersfamilie Rothschild. Kaiser Ferdinand erteilte 1836 Rothschild das Privileg für den Bau einer Eisenbahn von Wien über Krakau bis zu den Kohlegruben von Bochnia. 1838 hatte Wien seinen ersten Eisenbahnanschluss.

Dänemark

Die erste Eisenbahn des Königreiches Dänemark führte von Altona – damals noch kein Stadtteil der Freien und Hansestadt Hamburg – über Elmshorn und Neumünster nach Kiel. Diese 106,1 Kilometer lange Strecke mit dem Namen »König-Christian-VIII.-Ostseebahn« wurde am 18. September 1844 eröffnet und stellte die Eisenbahnverbindung zwischen Nord- und Ostsee her, denn weite Teile des heutigen Bundeslandes Schleswig-Holstein gehörten damals zum Königreich Dänemark. Bismarck veranlasste 1864 den Krieg Preußens und Österreichs gegen Dänemark, das danach Schleswig und Holstein abtreten musste. Die zweite dänische Eisenbahn, heute immer noch auf dänischem Gebiet, wurde am 27. Juni 1847 als Danske Statsbaner zwischen Kopenhagen und Roskilde in Betrieb genommen. Diese Bahnlinie gilt den Dänen bis heute als die erste dänische Eisenbahn

Schweiz

Den knusprigen Brötchen, die im schweizerischen Baden gebacken wurden, verdankte die erste Eisenbahn der Schweiz ihren Namen, die am 7. August 1847 eröffnete Strecke zwischen Zürich und Baden. Der Legende nach ließen die wohlhabenden Zürcher die leckeren Brötchen nun per Eisenbahn kommen, die schnell den Namen »Spanisch-Brötli-Bahn« erhielt. Die Basler allerdings verweisen darauf, dass schon am 15. Juni 1844 der erste Zug in den Vorortbahnhof St. Johann eingefahren war. Basel lag am Endpunkt der französischen Eisenbahn von Straßburg aus; die 1.668 Meter Eisenbahn waren das Endstück der ausländischen Linie. Um der Gefahr einer feindlichen Eroberung vorzubeugen, erhielt die Stadtmauer von Basel ein eisernes Eisenbahntor, das verschlossen werden konnte.

Pläne für schweizerische Eisenbahnen hatte es schon lange gegeben, deren Verwirklichung war aber lange an den Rivalitäten der Kantone gescheitert und an der Frage, ob Eisenbahnen überhaupt nützlich oder schädlich wären. Nach anfänglichen Schwierigkeiten wurde 1835 eine neue Konzession für eine Nordbahn erteilt. Die ersten Lokomotiven wurden bei Kessler in Karlsruhe bestellt, wo der Schweizer Mechaniker Nikolaus Riggenbach (1817 – 1899) Betriebsleiter war.

Russland

Der Mechaniker Miron Jefimowitsch Tscherepanow baute gemeinsam mit seinem Vater Jefim Alexejewitsch im Werk Nishni Tagilsk im Jahr 1834 die erste russische Lokomotive, die, weil es im Russischen noch kein entsprechendes Wort gab, als »Land-Dampfschiff« bezeichnet wurde. Auf einer Strecke von 854 Metern fuhr dieses Fahrzeug vor- und rückwärts, zog Lasten. Doch es wurde nicht weiter beachtet.

Mit dem Bau der ersten offiziellen Eisenbahn in Russland wurde 1835 begonnen; die Strecke St. Petersburg–Zarskoje Selo war 23 Kilometer lang und hatte eine Spurweite von 1830 mm. Am 27. September 1836 wurde der Betrieb einer Pferdebahn aufgenommen, am 3. November zog eine Lokomotive die Züge. Die ersten Lokomotiven kamen aus England und Belgien.

Limmat

Die erste Dampflok der Schweiz

Verglichen mit den Nachbarländern begann das Eisenbahnzeitalter in der Schweiz relativ spät. Zu den Gründen zählten neben topographischen Schwierigkeiten, auch uneinige Kantone. Die erste Lok der Schweiz trug den Namen »Limmat« und kam aus Karlsruhe.

Da der Achsdruck der Limmat mit einer Treibachse zu hoch war, erhielten die nachfolgenden Loks der Nordbahn zwei Kuppelachsen. Dazu zählte auch die Rhein, die an die Schweizerische Nordostbahn gelangte, die am 1. Juli 1853 die Nordbahn übernahm (Zürich um 1867).

Die Schweizerische Nordbahn (SNB) eröffnete am 7. August 1847 die erste vollständig auf Schweizer Boden verlaufende Bahnlinie, die Zürich mit Baden verband. Die Strecke sollte eigentlich nach Basel und Aarau weitergeführt werden, dies unterblieb aber aus wirtschaftlichen Gründen. Die Bauzeit betrug nur 16 Monate, allerdings hatten zuvor langwierige Diskussionen, die im Wesentlichen die Trassenführung betrafen, das Projekt über mehrere Jahre aufgehalten.

Die SNB benötigte zur Betriebseröffnung vier Dampflokomotiven. Diese wurden bei der Maschinenbau-Gesellschaft Karlsruhe von Emil Kessler bestellt. Die beiden ersten Lokomotiven der Bauart D 1/3 mit Schlepptender besaßen eine angetriebene Achse. Es handelte sich dabei um die ersten für eine Schweizer Bahngesellschaft gebauten Lokomotiven. Ihre Konstruktion lehnte sich an den amerikanischen Lokomotivtyp »Norris« an. Der Kaufpreis pro Maschine betrug rund 35.000 Schweizer Franken. Da die Achslast dieser beiden Loks zu hoch war, änderte die SNB die Achsfolge der letzten beiden Lokomotiven auf den Typ 2/4 (= 2 Kuppel- und 2 Laufachsen) mit Schlepptender. Diese Maschinen entsprachen einer leicht modifizierten Version der Württembergischen III und kosteten jeweils 40.000 Franken. Alle vier Lokomotiven trugen die Namen von Schweizer Flüssen.

Am festlichen Eröffnungstag kündigten kurz nach 11:30 Uhr Böllerschüsse das Eintreffen des ersten offiziellen Zuges an. Er brachte die geladenen Gäste und Mitglieder der Aargauer Behörden von Baden nach Zürich. Für die 23 km lange Strecke benötigte Lok Nr. 1 »Limmat« nur 33 Minuten, was einer durchschnittlichen Geschwindigkeit von gut 42 km/h entsprach. Nach Festansprachen und Besichtigung der Bahnhofsinfrastruktur trat der Festzug mit den 140 Gästen um 13:00 Uhr wieder die Rückfahrt nach Baden an. Nun jedoch von Lokomotive Nr. 2 «Aare» gezogen. Der fahrplanmäßige Betrieb begann zwei Tage später. Es standen

Der Nachbau der Limmat von 1847 ist bei Dampffesten ein gern gesehener Gast

Erstmals zum Einsatz kam der Nachbau der Limmat bei den Jubiläumsfeiern 1947.

vier Dampflokomotiven, 31 Personen- und 9 Güterwagen zur Verfügung. Täglich gab es vier Fahrten in beiden Richtungen. Sonntags wurde ein zusätzliches Zugpaar eingefügt. Die Fahrzeit für die 23 km lange Strecke betrug 45 Minuten. Unterwegs hielten die Züge in Altstetten, Schlieren und Dietikon.
Die Lok D 1/3 1 »Limmat«, die immerhin den ersten Personenzug der Schweiz gezogen hatte, existierte nur bis 1882 – allerdings nicht mehr in ihrer ursprünglichen Form. Die anderen drei Lokomotiven der ersten Lieferung von Kessler wurden schon 1868 abgebrochen. Für das 100-Jahre-Jubiläum der schweizerischen Eisenbahnen schuf die SBB-Hauptwerkstätte Zürich im Jahr 1947 zusammen mit der SLM in Winterthur einen Nachbau der D 1/3 »Limmat«. Der voll betriebsfähige Nachbau ist im Besitz von SBB Historic. Normalerweise ist die Lokomotive im Verkehrshaus der Schweiz (VHS) in Luzern ausgestellt.

Der im Volksmund genannte »Spanisch-Brötli-Bahn-Zug« besitzt neben fünf ebenfalls rekonstruierten Personenwagen noch zwei Originalwagen aus den Jahren 1856 und 1857. Bis zum nächsten, großen Jubiläum 1997 (150 Jahre Schweizer Bahnen) stand die Lok nur selten im Einsatz, die meiste Zeit verbrachte sie im Luzerner Verkehrshaus. Im Jahr 2007 wurde sie zum Jubiläum »125 Jahre Gotthardbahn« wieder aus dem Verkehrshaus geholt und in Erstfeld unter Dampf gesetzt. Heute befindet sich der Zug wieder im Verkehrshaus, könnte aber bei Bedarf jederzeit wieder eingesetzt werden.

Anzahl:	4 (Originale) / 1 (Rekonstruktion)
Vmax:	40 km/h
Dienstgewicht:	35 t
Stundeleistung:	125 kW
Inbetriebsetzung:	1847 (Original) / 1946 (Rekonstruktion)
Ausrangierung:	1 – 4 (Originale)

Ein Name wird Legende

Es ist nicht zuverlässig überliefert, wie die erste Eisenbahn der Schweiz zu ihrem Spitznamen »Spanisch-Brötli-Bahn« kam und wie weit dieser zu seiner Zeit verbreitet war. Belegt ist allein, dass die Bezeichnung Bezug nimmt auf die Badener Spezialität »Spanisch Brötli«.

Es existieren verschiedene Legenden zur Entstehung. So wird berichtet, dass sich die Zürcher Herrschaften diese Spezialität durch ihre Bediensteten per Bahn ofenfrisch aus Baden bringen ließen. Diese Legende ist so populär wie umstritten. Allein schon der Fahrpreis spricht dagegen, kostete doch die Fahrt nach Baden in der dritten Klasse für einen Fahrgast 80 Rappen je Richtung, was etwa dem Tageslohn eines Bediensteten entsprach. Ob dies jedoch die wohlhabende Oberschicht abhielt, ihr Frühstück durch diese Spezialität zu bereichern, ist ebenfalls nicht überliefert. Es wäre auch möglich, dass die Brötchen mit dem Frühzug nach Zürich geliefert wurden, um dort von den Bediensteten »noch backwarm« in Empfang genommen zu werden.

Es gibt Hinweise auf eine eisenbahnpolitische Auseinandersetzung in den 1870er Jahren, zwischen der Zürcher Oberschicht mit ihrer »Herrenbahn« und den Winterthurer Demokraten mit ihrer »Volksbahn«. In diesem Zusammenhang wäre es möglich gewesen, dass die Winterthurer – in Kenntnis des Brötchentransports – den Namen »Spanisch-Brötli-Bahn« zum Spott verwendeten.
Dass die Bahn jedoch schon sehr früh mit diesen Spitznamen trug, belegt der »Züricher Kalender« von 1897 zum 50-Jahr-Jubiläum der Bahnlinie Zürich–Baden. Darin wird von der »oft bespöttelten Spanischbrödlibahn« berichtet.
Populär könnte dies auch durch die spätere Verstaatlichung der privaten Eisenbahnen und deren Übergang in die SBB geworden sein, lässt sich doch die Abkürzung für beide Namen verwenden.
Spätestens zur Feier »100 Jahre Schweizer Bahnen« 1947 wurde der liebevolle Kosename durch den Nachbau der SNB-Lok Nr. 1 »Limmat« landesweit bekannt.

3 Die Dampflokomotive

50 3501 des Dampflokwerks Meiningen ist mit einem Sonderzug unterwegs.

»Hier nun war eine Maschine, die buchstäblich Feuer in ihrem Bauch hatte. Sie donnerte den Schienenstrang entlang, ein großes lärmendes Ding mit lauter Glocke und Pfeife. Sie war schwergewichtig und schwerfällig, aber zugleich verlässlich: Sie rollte in einem fort, voller Selbstvertrauen und unerschrocken. Ihre einzigen schlechten Angewohnheiten waren Trinken und Rauchen. Es ist somit kein Wunder, dass Tausende von dem Charme und der Kraft einer Dampflokomotive verführt wurden.«

John H. White junior
1933; amerikanischer Historiker

Ein technisches Meisterwerk verändert die Welt

Die Dampflok beeindruckte viele Menschen. Noch heute – obwohl schon lange nicht mehr im Plandienst – hält ihre Faszination an und weckt nicht nur nostalgische Gefühle. Denn wie keine andere Erfindung steht sie für den technischen Fortschritt.

80 135 steht in Diensten der North Yorkshire Moors Railway und verlässt am 28. August 2006 die Station Grosmont.

»Challenger« 3991 gehörte zur zweiten Bauserie. ALCO lieferte die Maschine 1943 an die Union Pacific.

Die Dampflokomotive zählt zu wenigen Maschinen, die sowohl Empfindungen als auch Persönlichkeit besitzen. Von Anbeginn an machte sie einen nachhaltigen Eindruck auf zahllose Menschen und inspirierte Sie in vielfältiger Weise.
Einige Menschen waren der Dampflokomotive gegenüber feindselig eingestellt, andere voller Furcht, aber die meisten waren ihr wohl gesonnen. So überrascht es nicht, dass sie den liebevollen Spitzname »das eiserne Pferd« gleich am Anfang ihrer steilen Karriere erhielt. Bereits kurz nach ihren Anfängen in Großbritannien wurde die Eisenbahn ein internationales Anliegen, und während des 19. Jahrhunderts trugen Ingenieure und Erfinder in Europa und Amerika zu Verbesserungen bei. Die ersten Lokomotivingenieure waren in erster Linie Männer mit einer praktischen Begabung, aber einige waren gleichzeitig Visionäre. Sie mussten verschiedene Dinge gleichzeitig tun. Sie arbeiteten in einem neuen Bereich und mussten alte Techniken an neue Erfordernisse anpassen. Dabei entdeckten sie ständig neue Probleme und entwickelten passende Lösungen. Manchmal wurde dieselbe Erfindung oder Verbesserung nahezu zeitgleich auf beiden Seiten des Englischen Kanals oder des Atlantischen Ozeans gemacht. So arbeitete der Franzose Marc Séguin zur selben Zeit am Röhrenkessel, als der Engländer Henry Booth mit dieser Idee Robert Stephenson anregte. Ein anderer Franzose, Henri Giffard, erfand den dampfbetriebenen Injektor. Die Belgier Alfred Belpaire und Egide Walschaerts waren verantwortlich für die Verbesserung von Feuerbüchsen und ventilgesteuerten Geräten. Die amerikanischen Ingenieure John Jervis und Joseph Harrison sorgten für das Drehgestell, Meldeeinrichtungen und eine wirkungsvolle Federung. Und ein weiterer Amerikaner, George Westinghouse, löste das Problem, einen fahrenden Zug selbsttätig zum Bremsen zu bringen, mit dem besten Ergebnis. Der in Russland arbeitende Schotte James Urquhart war der erste, der mit einer ölbefeuerten Dampflokomotive Erfolg hatte. Der Deutsche Wilhelm Schmidt entwickelte den ersten tatsächlich funktionierenden Überhitzer. Schon Jahrzehnte zuvor hatte ein Engländer, die erste Dampfpfeife gebaut. Am Ende des 19. Jahrhunderts besaß jede neue Dampflokomotive, gleichgültig ob sie typisch britisch oder österreichisch oder amerikanisch aussehen mochte, zahlreiche Bauteile, die ihren Ursprung in anderen Ländern hatten.
Es gab fünf große Schulen in der Formgebung von Dampflokomotiven – die britische, die amerikanische, die französische, die deutsche und die russische. Einige Fachleute würden dieser Liste auch die außergewöhnlichen Lokomotiven, die in Österreich zwischen den 1880er- und den 1920er-Jahren gebaut wurden, oder die oftmals ganz charakteristischen Lokomotiven aus Belgien hinzufügen. Aber die zuerst genannten fünf Nationen besaßen bei Weitem den größten Einfluss, beherrschten die Gestaltung der Maschinen in zahlreichen anderen Ländern und bauten – mit Ausnahme der USA – alle bis in die 1950er Jahre neue Lokomotivtypen.

Stark war der russische Einfluss in China, dem letzten Erbauer und Nutzer der Dampfkraft in großem Stil. Viele Länder wie Spanien, Australien, die Tschechoslowakei, Südafrika und Japan übernahmen Gestaltungsprinzipien von verschiedenen dieser Bautraditionen. Zugleich passten sie jeweils einige konstruktive Details den örtlichen Anforderungen oder dem Geschmack und den Ideen des Konstrukteurs an.

Heute ist die Ära der Dampftraktion vorüber. Aber die Begeisterung für das »eiserne Pferd« hat in den meisten Ländern sichergestellt, dass einige Maschinen in Transportmuseen, bei Touristenbahnen und bei Vereinsfachleuten erhalten geblieben sind. Obgleich einige der schönsten Dampflokomotiven heute nur noch Erinnerung sind, die ausschließlich in diesem Buch wieder belebt werden kann, haben viele andere die Zeit bis heute überdauert und sind immer noch in der Lage, inmitten der Ära des Spaceshuttles die Menschen zu beeindrucken.

Die erste Lokomotive

Trevithicks Lokomotive

Lange Zeit war vergessen, dass es Richard Trevithick war, der die erste funktionierende Lokomotive baute. Doch weil sie gleich bei der Jungfernfahrt die Gleise zerstörte, war die bedeutende Maschine schnell wieder vergessen.

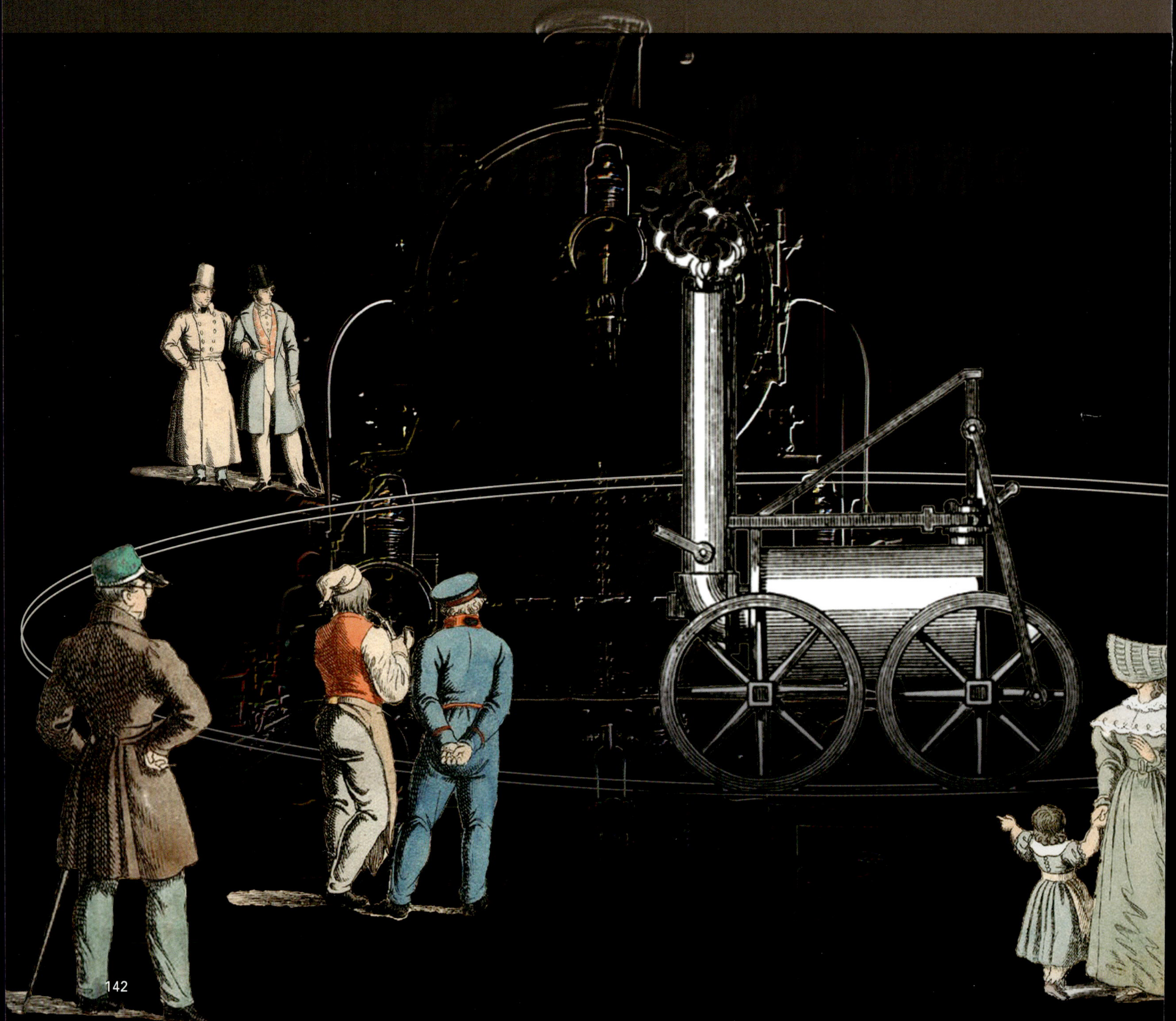

Aus heutiger Sicht ungewöhnlich: Für die Kraftübertragung wählte Trevithick eine aufwendige Zahnradkonstruktion.

Die erste Lokomotive überhaupt baute der 1771 in Cornouailles geborene englische Ingenieur Richard Trevithick. Er entwickelte im Jahr 1800 eine sich eigenständig fortbewegende Maschine, ein so genanntes dampfgetriebenes Lokomobil. Obwohl seinem Dampfwagen kein Erfolg vergönnt war, ließ sich Trevithick nicht entmutigen. Dank finanzieller Unterstützung konnte er schon bald seine erste richtige Dampflokomotive bauen.

Naturgemäß war Trevithicks Erfindung von vielen Menschen mit großem Misstrauen aufgenommen worden, so dass sogar eine Wette über die Erfolgschancen dieser Maschine abgeschlossen wurde. Zu den Unterstützern dieses Projekts gehörte der seinerzeit bedeutende Industrielle der Samuel Homfray (1762 – 1822), der 500 Guineen darauf setzte, dass Trevithiks Maschine zehn Tonnen auf den Gleisen der »Penydarren Tramroad«, die seine Hütten in Abercynon am Kanal von Glamorganshire verbanden, über eine Strecke von 15 Kilometern ziehen würde. Trevithik baute daraufhin seine Lokomotive und im Februar 1804 stand sie zum ersten Mal unter Dampf. Das Besondere an ihr war die sichere Kraftübertragung durch ein ausgeklügeltes Zahnradsystem. Sie wurde erfolgreich erprobt und bewies sogleich, dass sie schwere Lasten ziehen konnte. Am 21. Februar 1804 zog sie fünf mit Eisenerz beladene Kippwagen und beförderte außerdem noch 70 Personen, um zu zeigen, dass sie Lasten von mehr als zehn Tonnen ziehen konnte.

Homfray hatte damit seine Wette erfolgreich gewonnen, denn die Lokomotive zog die schwere Last mit einer Geschwindigkeit von 8 km/h.

Jedoch wurden die Schienen, die aus spröde Gusseisen bestanden, das für eine solche Belastung nicht ausgelegt war, von den Rädern der schweren Maschine zerbrochen und zermalmt. Die Penydarren Tramroad blieb daher für die folgenden drei Jahrzehnte bei der Beförderung der Lasten mittels Ponys. Trevithicks Maschine hatte den Weg aufgezeigt, aber sie gilt wegen ihres aufwendigen Zahnradantriebs nicht als der direkte Vorfahr der späteren Dampflokomotiven.

Trevithik jedoch konnte keine weitere Unterstützung für seine Erfindung finden. Im folgenden Jahr baute er dennoch eine zweite Lokomotive in Newcastle, und es gelang ihm sogar der Bau einer dritten Lokomotive. Diese wurde auf den Namen »Catch me who can« getauft und musste in einer Art Schienenzirkus in London unweit der Stelle, wo sich heute der Bahnhof Euston befindet, unter Dampf ihre Kreise ziehen. Dies geschah auf einer mit Brettern umzäunten engen Rundstrecke und Besucher mussten Eintrittsgeld bezahlen.

Ein Unfall setzte diesem Unternehmen ein Ende und der erschöpfte Trevithick wanderte nach Südamerika aus, wo Dampfmaschinen für Bergwerke baute. Als 1826 in Peru ein Bürgerkrieg ausbrach, flüchtete Trevithick quer durch Südamerika und kehrte zurück in seine Heimat. Völlig verarmt starb er am 22. April 1833 in Dartford.

Englischer Import

Deutschlands erste Dampflok – der »Adler«

Wie in vielen anderen europäischen Ländern auch, lieferte die erste deutsche Dampflokomotive die Fabrik des Eisenbahnpioniers George Stephenson in Newcastle upon Tyne

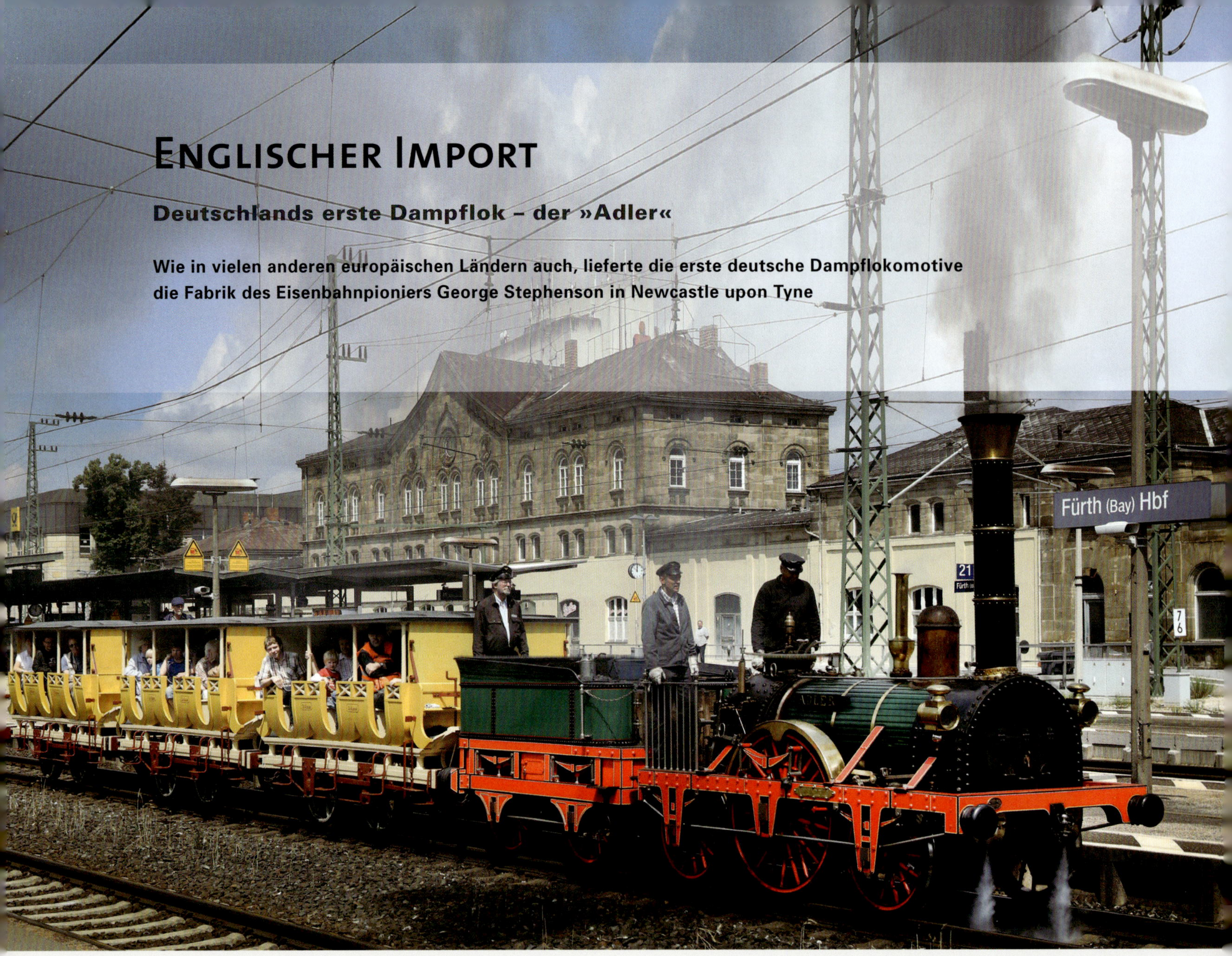

Fahrten mit dem Nachbau des »Adler« sind bei den Fahrgästen sehr beliebt. Nur über die originale Strecke kann er nicht mehr fahren, da sie nicht mehr existiert.

Die erste deutsche Eisenbahn wurde am 7. Dezember 1835 zwischen Nürnberg und Fürth eröffnet. Bereits Ende 1833 war die »Privilegierte Ludwigseisenbahn-Gesellschaft« gegründet worden. Gut drei Monate später, am 19. Februar 1834, erhielt das Unternehmen vom bayerischen König Ludwig I. die Konzession zum Bau und Betrieb der Strecke Nürnberg–Fürth. Da es in Bayern und in den anderen deutschen Staaten kein Unternehmen gab, das in der Lage war, betriebssichere Dampfloks zu bauen, beauftragte die Ludwigseisenbahn im Mai 1835 die Firma von George Stephenson in Newcastle upon Tyne in England mit der Fertigung eines so genannten »Dampfwagens«. Dieser traf am 26. Oktober 1835 nach einer rund zweimonatigen Reise per Schiff und auf Fuhrwerken in Einzelteilen zerlegt und in Kisten verpackt in Franken ein. Unter der Aufsicht des ebenfalls von der Firma Stephenson gestellten Lokführers William Wilson montierte man die als »Adler« bezeichnete Lokomotive in Nürnberg. Am 7. Dezember 1835 läutete Wilson dann auf dem Führerstand des »Adler« das Eisenbahn-Zeitalter in Deutschland ein. Bis 1857 stand die Maschine in Diensten der Ludwigseisenbahn, bevor der »Adler« ausgemustert und verschrottet wurde.

Anfang der 1930er-Jahre, als das 100-jährige Jubiläum der Eisenbahn in Deutschland vor der Tür stand, entschloss sich die Deutsche Reichsbahn-Gesellschaft (DRG) zu einem möglichst originalgetreuen Nachbau des ersten deutschen Eisenbahnzuges. Das Reichsbahnausbesserungswerk (RAW) Kaiserslautern übernahm dabei die Fertigung des »Adlers«. Da nur wenige Originalunterlagen erhalten geblieben waren und aufgrund anderer gesetzlicher Vorschriften konnte der »Adler« nicht exakt nachgebildet werden, was aber dem Gesamteindruck des Zuges nicht schadete.
Nach dem zweiten Weltkrieg entstand bei der Deutschen Bundesbahn noch ein zweiter Nachbau, den Lehrlinge 1952 fertigten. Er diente zunächst als Ausstellungsstück auf Messen.
Leider wurde der Nachbau von 1935 bei einem Depotbrand 2005 stark beschädigt. Das vom Dampflokwerk Meiningen restaurierte das Fahrzeug in den Jahren 2006 und 2007 und setzte dabei wichtige Erkenntnisse der Adler-Forschung um. Beispielsweise wurde der Schornstein jetzt nach der Originalumrisszeichnung konisch und nicht – wie 1935 geschehen – konkav ausgeführt. Außerdem wählte man die Farbgebung des Adlers im Vergleich zu 1935 dunkler.
Weiterhin sind der betriebsfähige »Adler« und die dazugehörigen Wagen Eigentum des DB-Museums Nürnberg. Der nicht betriebsfähige Nachbau von 1952 kann in den Ausstellungsräumen in Nürnberg besichtigt werden. Dagegen ist der Nachbau von 1935 fahrfähig und kann für Charterfahrten gebucht werden.

Die ersten Lokführer fuhren in Frack und Zylinder.

Bauart	1A1n2	
Länge über Puffer	mm	6.700
Höchstgeschwindigkeit v/r	km/h	ca. 65
Zylinderdurchmesser	mm	229
Kolbenhub	mm	406
Treibradmesser	mm	1372
Laufraddurchmesser v/h	mm	915
Kesselüberdruck	kp/cm^2	4,2
Rostfläche	m^2	0,48
Verdampfungsheizfläche	m^2	18,20
Leistung	PS	41
Dienstgewicht	t	14

Der Sohn der Pioniers

Robert Stephenson kam am 16. Oktober 1803 in Willington Quay als einziger Sohn von George Stephenson zur Welt. Viele Erfindungen, die oft George Stephenson allein zugeschrieben werden, entwickelten Vater und Sohn gemeinsam. Robert Stephenson, dessen Mutter und Schwester früh verstorben waren, wurde von seinem Vater allein erzogen, der unter einigen Entbehrungen für eine gute Ausbildung sorgte.
Vater und Sohn gründeten 1823 zusammen mit Edward Pease und Michael Longridge (Eigentümer der Bedlington Eisenwerke) ein Unternehmen, um Dampflokomotiven zu bauen. Diese Fabrik lieferte auch den Adler nach Deutschland. 1833 wurde Robert Stephenson zum Chefingenieur der London and Birmingham Railway ernannt, die nach ihrer Fertigstellung 1838 die erste Eisenbahnlinie Londons war.
Robert Stephenson spezialisierte sich in den folgenden Jahren auf den Brückenbau. Zu seinen bekannten Bauten gehören die Conwy Railway Bridge bei Conwy, die High Level Bridge in Newcastle, die Britannia Bridge über die Menai Strait und die Pont Victoria über den Sankt-Lorenz-Strom bei Montreal. Gleichzeitig war Robert Stephenson ein international gefragter Experte für Eisenbahnfragen. Beispielsweise beriet er seinen Freund, den französischen Ingenieur Paulin
Talabot, in den Jahren 1837 bis 1840 beim Bau der »Chemins de fer du Gard« von Beaucaire nach Alès, bereiste Spanien um beim Bau der Eisenbahn von der Biskaya nach Madrid zu beraten und besuchte die Eisenbahn Orléans–Tours. Er wurde 1846 auf Wunsch von Prosper Enfantin zusammen mit Talabot und Alois Negrelli Mitglied in der »Société d'Études du Canal de Suez«. Im Jahr 1849 wählte man ihn zum Mitglied der »American Academy of Arts and Sciences«. Im Herbst 1850 bereiste er im Auftrag des Schweizer Bundesrates die Schweiz und erstellte für das geplante Eisenbahnnetz eine Expertise und ein finanzielles Gutachten. Außerdem baute er von 1851 bis 1853 die Eisenbahn von Alexandria nach Kairo, die 1858 bis nach Sues verlängert wurde. Stephenson gehörte der Conservative Party an und war von 1847 bis zu seinem Tod Abgeordneter des Wahlbezirks Whitby im House of Commons. Trotzdem lehnte einen Adelstitel für seine Verdienste ab. Er starb am 12. Oktober 1859 in London und wurde in der Westminster Abbey in London beigesetzt.

Sachsens Glanz

Die »Saxonia«

Der sächsische Professor Johann Andreas Schubert (1808–1870) entwickelte die erste regelspurige Dampflok in Deutschland.

Bauart	B1n2	
Länge über Puffer	mm	5.400
Höchstgeschwindigkeit v/r	km/h	40/40
Zylinderdurchmesser	mm	279
Kolbenhub	mm	406
Treib- und Kuppelraddurchmesser	mm	1.524
Laufraddurchmesser h	mm	990
Kesselüberdruck	kp/cm^2	6
Rostfläche	m^2	0,56
Verdampfungsheizfläche	m^2	31
Brennstoffvorrat	t	?
Wasserkasteninhalt	m^3	?
Leistung	PS	ca. 150

Der Nachbau der »Saxonia« entstand 1987/88 im Raw Halle (Saale) anlässlich des 150-jährigen Jubiläums der ersten deutschen Fernbahn.

Einfache Technik: Pfeife und Manometer

In der DDR gedachte man des 150-Jubiläums 1989 mit einer eigenen Briefmarke.

Schuberts Konstruktion wurde 1838/39 beim Actien-Maschinenbau-Verein Uebigau bei Dresden unter der Regie von Schubert gefertigt. Dabei wurden ausschließlich Materialien aus heimischer Produktion verwendet. Obwohl die von Schubert geschaffene »Saxonia« im Vergleich zu den bisher bekannten englischen Dampfloks zahlreiche technische Neuerungen besaß, wie zum Beispiel einen Kipprost, einen Speisewasservorwärmer und eine Bandbremse, stand das Direktorium der Leipzig-Dresdener Eisenbahn (LDE) der Konstruktion des sächsischen Professors ablehnend gegenüber. Erst nach langwierigen Verhandlungen erwarb die LDE schließlich die »Saxonia«, die aber keinen der Eröffnungszüge der LDE 1839 bespannen durfte. Die Maschine fuhr allein hinter den Sonderzügen her und wurde dabei von ihrem Schöpfer selbst bedient. Bis 1856 stand die »Saxonia« erfolgreich in Diensten der LDE.

In Vorbereitung des 150-jährigen Jubiläums der ersten deutschen Fernbahn Leipzig–Dresden rief die Deutsche Reichsbahn (DR) im Herbst 1985 eine Arbeitsgruppe ins Leben, die mit dem Nachbau der »Saxonia« beauftragt wurde. Die Federführung dabei oblag dem Reichsbahnausbesserungswerk (Raw) Halle (Saale). An der Fertigung der Baugruppen waren verschiedene Dienststellen der DR beteiligt. Der Kessel für den Nachbau stammte hingegen vom VEB Dampfkesselbau Uebigau. Am 1. Oktober 1988 absolvierte die neue »Saxonia« ihre erste Fahrten in Halle. Die Abnahme erfolgte schließlich am 12. Januar 1989, und am 8. April 1989 eröffnete der Nachbau die große Fahrzeugparade im Bahnhof Riesa. Die Maschine gehört seither zum Bestand des Verkehrsmuseums Dresden und wird im ehemaligen Bahnbetriebswerk (Bw) Leipzig Hbf Süd betreut.

Andreas Schubert

erblickte am 19. März 1808 in Wernesgrün als Sohn eines Tagelöhners das Licht der Welt. Doch er wuchs bei Pflegeeltern in Leipzig – sein Pflegevater war Polizeipräsident der florierenden Handels- und Messestadt – auf. Er begann des seine Schulausbildung an der dortigen Thomasschule, die er nach dem Tod des Pflegevaters an der Garnisonsschule Festung Königstein und im Freimaurerinstitut Dresden-Friedrichstadt fortsetzte. Im Jahr 1824 wechselte er an die Bauschule der Akademie der bildenden Künste in Dresden, wo er das Fach Bauwesen belegte.
Gleichzeitig lernte er als Volontär in der Werkstatt des Ingenieurs und Inspektors des Mathematisch-Physikalischen Salons Rudolf Sigismund Blochmann die handwerkliche Seite des Maschinenbaus kennen.
Im Jahr 1828 – im Alter von nur 20 Jahren – erhielt er eine Anstellung als Lehrer für Buchhaltung und zweiter Lehrer für Mathematik an der gerade gegründeten »Königlich-Technischen Bildungsanstalt Dresden«, aus der die TU Dresden hervorging.
Schon 1832 wurde Schubert zum Professor berufen. Seine Lehrfächer waren nun auch der Maschinenbau und der Eisenbahnbau. Sein Wissen auf diesem Gebiet erweiterte insbesondere eine Englandreise 1834.
Im Jahr 1836 wurde die Maschinenbau-Anstalt Uebigau gegeründet, deren technischer Direktor und Vorsitzender des Direktoriums Schubert wurde. In den nächsten Jahren konstruierte Schubert auch einige Dampfschiffe.
Bei der Eröffnung der Bahnstrecke Leipzig – Dresden am 8. April 1839 durfte Schubert mit der Dampflokomotive »Saxonia« hinter dem offiziellen Zug herfahren, den von Loks aus England gezogen wurde. 1839 kündigte Schubert seinen Vertrag beim Actien-Maschinenbau-Verein und wurde wieder Hochschullehrer.
Von 1850 an vollzog Schubert einen Lehrgebietswechsel hin zum Bauingenieurwesen, namentlich zum Straßen-, Eisenbahn- und Brückenbau. 1851 wurde er Vorstand der Bauingenieurabteilung der Schule.
Besondere Verdienste erwarb sich Schubert beim Bau der Elstertal- und der Göltzschtalbrücke. Für Letztere war ein Wettbewerb ausgeschrieben worden, doch von den 81 eingegangenen Vorschlägen konnte keiner die statische Sicherheit nachweisen. Als Leiter der Prüfungskommission entwarf Schubert daraufhin unter selbst eine Lösungsmöglichkeit, deren Statik er – weltweit zum ersten Mal – gleichzeitig berechnete. Sie ist mit über 26 Millionen Ziegelsteinen die größte Ziegelsteinbrücke der Welt.
Im Jahr 1869 schied er aus dem Hochschuldienst aus und wurde zum Regierungsrat ernannt. Schubert starb am 6. Oktober 1870 verstarb in Dresden und wurde auf dem Inneren Matthäusfriedhof beigesetzt.

Die »Cramptons«

Lokomotiven für Geschwindigkeitsrekorde

Zu den bekanntesten Loks des 19. Jahrhunderts gehören zweifellos die Cramptons. Sie errangen die ersten Geschwindigkeitsrekorde und hießen mit Recht »Windhund der Schiene«.

Die Crampton-Lok Nr. 79 baute die Jean-François Cail für französische Ostbahn.

Thomas Russel Crampton löste die Nachteile der von Stephenson entwickelten Langkessel-Bauart auf seine Weise. Die Kessel ragten bei diesen Loks vorne und hinten über die Radsätze hinaus und neigten damit bei hohen Geschwindigkeiten zum Nicken. Dies konnte die Loks zum Entgleisen bringen. Crampton verlagerte deshalb konstruktiv den Schwerpunkt. 1843 erhielt er ein Patent für seine neue Konstruktion.
Um Platz für den großen Kessel zu schaffen, verlegte er den Treibradsatz hinter den Stehkessel und ließ den Langkessel mit seiner Hauptlast auf den Laufradsätzen ruhen. Somit besaßen die Maschinen die Radsatzfolge 2A oder auch 3A, im Einzelfall auch 2'A mit Drehgestell. Als weiteres wichtiges Element kam eine möglichst tiefe Kessellage dazu, mit deren Hilfe ein möglichst tiefer Schwerpunkt erreicht werden sollte.
Dieser tiefe Schwerpunkt ließ sich natürlich nur durch Verschieben des großen Treibrades erreichen, das dem Kessel im Wege war. Daher rückte es hinter den Stehkessel und meistens unter den Führerstand. Als Gesamtbild ergab sich so eine Dampflok, deren tiefliegender Kessel ein riesiges Treibrad hinter sich herschleppte. Ein Fortschritt des Lokomotivbaus war die einfache glatte Stehkesseldecke durch Verlängerung des Langkessels. Die Zylinder lagen zwischen den Laufradsätzen am Außenrahmen und der Rahmen diente als Kraftträger. Die dritte Neuerung bildeten die kurzen, wenig gekrümmten Dampfleitungen mit großem Querschnitt, um die Drosselverluste gering zu halten. Die günstig bemessenen Dampfleitungen trugen neben dem großen Treibraddurchmesser wesentlich dazu bei, dass die Crampton-Loks deutlich höhere Geschwindigkeiten erreichen konnten als andere

Zwischen Paris und Straßburg verkehrte diese Crampton-Lokomotive der französischen Ostbahn.

Lok Nr. 80 »Le Continent« der Compagnie du Chemin de fer de Paris à Strasbourg, gebaut 1852 ebenfalls von Jean-François Cail, steht heute im Eisenbahnmuseum Mulhouse.

zeitgenössische Konstruktionen. Das auffälligste Merkmal fast aller Cramptons bildeten die Außenzylinder, denn nur konstruktiv aufwändig hätte die tiefe Kessellage Innenzylinder zugelassen.
1845 bestellte die belgische Namur-Lüttich-Bahn als erste Gesellschaft drei Exemplare der patentierten Konstruktion. Sie erhielt 2,13 m große Treibräder und einen Rost mit 1,35 m². Eine der Maschinen testete 1847 die London and North Western Railway (L&NWR), die daraufhin selbst eine »Crampton« in Crewe in Auftrag gab. Noch zwei Exemplare dieses Typs stellte die L&NWR in Dienst, darunter eine 3A-Riesen-Crampton, gebaut in Liverpool von Bury, Curtis and Kennedy in 1848. Sie besaß bei einer Dienstlast von 36 t eine Heizfläche von 195 m², eine 2 m² große Rostfläche sowie einen Treibraddurchmesser von 2.438 mm. Mit 127 km/h errang sie schon bald einen neuen Rekord.
Erstmals war es mit der Crampton-Maschine möglich, einen Schnellverkehr anzubieten, da sie eine ausgesprochene Schnellläuferin war. Schnellzüge konnten auf einmal mit einer Durchschnittsgeschwindigkeit von 60 km/h befördert werden. Doch die Cramptons waren eine reine Flachlandmaschinen. Außerdem waren sie ungeeignete für schwere Lasten, weil der schwache Radsatzdruck den Treibrädern beim Anfahren nicht genügend Reibung verlieh. In England hatten die Maschinen keinen großen Erfolg, doch auf dem europäischen Festland liefen über 300 Exemplare.

Am erfolgreichsten waren die Loks in Frankreich, vor allem auf den Strecken der »Chemins de fer de l´Est« und der »Chemins de fer du Nord«. Bei Letztere durften sie ab 1853 dank eines neuen Bremssystems planmäßig mit bis zu 120 km/h verkehren. Die mit einigen Modifikationen versehene Nr. 604 »la Belgique« erreichte am 20. Juni 1890 zwischen Champigny-sur-Yonne und Pont-sur-Yonne sogar die sagenhafte Rekordgeschwindigkeit von 144 km/h. So schnell sie plötzlich auftauchten, so schnell verschwanden die Cramptons auch wieder: Nach 1864 gab es beispielsweise in Deutschland keinen Neubau mehr. Die Ursache bildete die Erhöhung der Zuglasten und die dadurch erforderliche Steigerung der Zylinderzugkraft, wiederum verbunden mit der allgemeinen Erhöhung des Dampfdrucks auf 8 kp/cm². Zeigte bei den Loks der weit nach hinten geschobene Treibradsatz an sich schon Probleme, so reichte ihre Zugkraft bei schwereren Zügen bald nicht mehr aus, was sich in dauerndem Schleudern zeigte. Die französischen Crampton-Lokomotiven blieben für über 25 Jahre im Dienst, doch langsam aber sicher setzte sich schließlich die zweifach gekuppelte Dampflok durch, die das 19. Jahrhundert überdauern sollte.

Thomas Russell Crampton

Der englische Maschinenbauer und Ingenieur Thomas Russell Crampton wurde am 6. August 1816 in Broadstairs, England, geboren.
Schon mit 18 Jahren entwarf Crampton eine dampfgetriebene Fahrmaschine. Von 1839 bis 1844 war er Assistent von Isambard Kingdom Brunel und Sir Daniel Gooch bei der britischen »Great Western Railway«. Im Jahr 1843 erhielt Crampton das Patent für seine Lokomotivkonstruktion. Thomas Crampton beschränkte sich aber nicht auf den Lokomotivbau: 1851 wurde unter Cramptons Leitung das erste funktionierende Untersee-Telegrafenkabel von Dover nach Calais verlegt. 1852 übernahm er zusammen mit seinem Partner Sir Charles Fox die Wasserversorgung der preußischen Hauptstadt Berlin. Dazu gründete er die Aktiengesellschaft »Berliner-Waterworks-Company« und erhielt die Konzession für den Bau einer Wasserleitung und die Anlage eines Pumpwerkes.
Napoléon III. würdigte 1855 Cramptons Verdienste mit der Ernennung zum Offizier der Ehrenlegion. In Großbritannien schlug ihn Queen Victoria 1885 zum Ritter.
Sir Thomas Crampton starb am 19. April 1888 im Alter von 71 Jahren in Westminster, London und wurde in Kensal Green beigesetzt.

Österreichs Schienenstar

Die Reihe 310 (ÖBB-Baureihe 16)

Die neue Schnellzuglok der kaiserlich-königlichen österreichischen Staatsbahnen (kkStB) sollte nicht nur leistungsfähig und schnell, sondern auch leicht sein und sich mit schlechter Kohle begnügen. Der geniale Konstrukteur Karl Gölsdorf fand eine brillante Lösung.

Ein historisches Werksfoto 310.83 im Hof der Böhmisch-Mährischen Maschinenfabrik (in Prag).

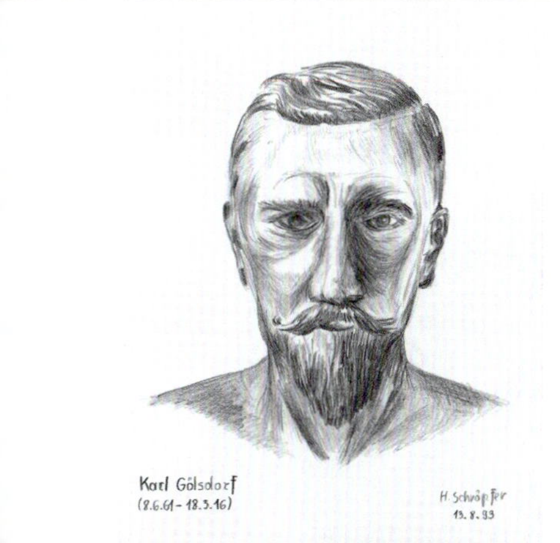

Dr. Ing. h.c. Karl Gölsdorf (1861-1916)

In Österreich war die Reihe 310 eine der wichtigsten Schnellzuglokomotiven. Um 1914 ist eine »Adriatic« mit einem Schnellzug auf der Franz-Josefs-Bahn unterwegs.

Anfang des 20. Jahrhunderts benötigten die kaiserlich-königlichen österreichischen Staatsbahnen (kkStB) dringend eine neue, leistungsfähige Schnellzug-Dampflok. Diese musste in der Lage sein, einen 400 t schweren Schnellzug in der Ebene mit einer Geschwindigkeit von etwa 100 km/h zu befördern. Auf einer Steigung von 10 Promille waren 60 km/h gefordert. Dies entsprach einer Maschinenleistung von etwa 1.800 PS. Allerdings waren dem Chefkonstrukteur der kkStB, Karl Gölsdorf (1861–1916), bei der Entwicklung der neuen Type enge Grenzen gesetzt. Zum einen durfte die Achsfahrmasse nicht mehr als 14,5 t betragen. Zum anderen musste die Maschine für die Verfeuerung minderwertiger, einheimischer Kohle ausgelegt sein. Dies erforderte einen großzügig ausgelegten Rost. In Anbetracht dieser Prämissen konnte Gölsdorf die seit 1907 in Europa für Schnellzugloks verwendete Achsfolge 2´C1´nicht übernehmen. Gölsdorf machte jedoch aus der Not eine Tugend und verwendete für die neue Schnellzuglok der kkStB die Achsfolge 1´C2´. Die vordere Laufachse wurde als Krauss-Helmholtz-Gestell ausgeführt, was den notwendigen ruhigen lauf ermöglichte. Die beiden hinteren Laufachsen wurden hingegen als Bissel-Gestell ausgeführt und nahmen das Gewicht des Stehkessels mit dem großen Rost auf. Das Triebwerk wurde als Vierzylinder-Verbundtriebwerk ausgelegt. 1908 stellten die kkStB schließlich die elf Exemplare der 1´C2´n4v-Schnellzuglok in Dienst. Achsfolge 1´C2´ blieb einmalig für Schlepptenderloks und wurde später als »Adriatic« bezeichnet.

Die als Reihe 210 bezeichneten Maschinen überzeugten durch ihre Leistung und ihre hervorragenden Laufeigenschaften. Die kkStB setzten die eleganten Schnellzugloks bevorzugt auf der Franz-Josefs-Bahn von Wien nach Prag und auf der Nordbahn von Wien nach Krakau ein.
Nur wenige Jahre später überarbeitete Karl Gölsdorf seine »Adriatic«. Diese wurden nun mit einem Überhitzer der Bauart Schmidt ausgerüstet. Die ersten Maschinen der nun als Reihe 310 bezeichneten Type wurden 1911 in Dienst gestellt. Bis 1916 beschafften die kkStB insgesamt 90 Exemplare der Reihe 310, die fortan das Rückgrat im Schnellzugdienst in Österreich-Ungarn bildete. Gölsdorfs »Adriatic« wurde so zum Inbegriff der österreichischen Schnellzuglok. In der Fachwelt fand die Maschine große Aufmerksamkeit. Die amerikanische Fachzeitung »Railway Age« lobte die Reihe 310 als »suberb«. Andere Zeitgenossen bezeichneten die »Adriatic« aufgrund ihres glatten Kessel und ihrer schlangen Form als eine der formvollendetsten Dampflokomotiven.

Nach dem Ersten Weltkrieg verblieben in Österreich lediglich 43 Maschinen der Reihe 310. Die anderen wurden zwischen Polen und der Tschechoslowakei aufgeteilt. Die Österreichischen Bundesbahnen (BBÖ) setzten die Reihe 310 nun bevorzugt auf der West- und der Südbahn ein. Die Deutsche Reichsbahn (DRB) zeichnete 1938 noch 40 »Adriatics« zur Baureihe 16 um. Ab 1944 wurde die Baureihe 16 aufgrund ihres wartungsintensiven Verbundtriebwerks nach und nach abgestellt. Bis 1952 schrumpfte der Betriebspark der ehemaligen Reihe 310 auf fünf Maschinen zusammen, von denen die letzten drei in den Zugförderungsleitungen Wien Süd und Mürzzuschlag für den Personenzugdienst vorgehalten wurden. In Villach endete schließlich 1957 der Einsatz der »Adriatic«. Die 310.23 blieb in Österreich als betriebsfähige Museumslok erhalten.

Nach ihrer Instandsetzung im Ausbesserungswerk Ceské Velenice ging die 310.23 im Oktober 1999 auf eine große Sonderfahrt. Am 10. Oktober 1999 stand die Lok im Bahnhof Semmering.

Zum Aufgabengebiet der Reihe 310 gehörte auch die Bespannung des Orient-Express. Das Aquarell von Heribert Schröpfer zeigt eine 310 mit dem bekannten Luxuszug bei Melk an der Donau.

Bauart	**1´C2´h2v**	
Länge über Puffer (Tender Reihe 86)	mm	21.404
Höchstgeschwindigkeit v/r	km/h	100/50
Zylinderdurchmesser HD/ND	mm	390/660
Kolbenhub	mm	720
Treib- und Kuppelraddurchmesser	mm	2.140
Laufraddurchmesser v/h	mm	1.034/1.034
Kesselüberdruck	kp/cm^2	15[1]
Rostfläche	m^2	4,62
Verdampfungsheizfläche	m^2	195,55
Brennstoffvorrat	t	8,72
Wasserkasteninhalt	m^3	21,0
Leistung	PS	1.800

Anmerkungen:
1 später auf 16 kp/cm^2 angehoben

Seit ihrer betriebsfähigen Aufarbeitung ist die 310.23 der Star zahlreicher Sonderfahrten und Lokausstellungen. Dabei gastierte die Maschine nicht nur in Österreich, sondern auch in den angrenzenden Ländern. Am 8. Juli 1999 bespannte die 310.23 einen Sonderzug in Brünn.

Konstrukteur für Gebirgsloks

Der österreichischer Ingenieur und Lokomotiv-Konstrukteur Karl Gölsdorf kam am 8. Juni 1861 in Wien zur Welt. Schon der Vater Louis Adolf Gölsdorf, dem damaligen Maschinendirektor der k.u.k. Südbahn, machten seinen Sohn als Schüler mit der Lokomotivkonstruktion. Von 1880 bis 1884 besuchte Karl Gölsdorf die Technische Hochschule in Wien und schloss sein Diplom mit Auszeichnung ab. 1885 trat er in die Wiener Maschinenfabrik zunächst als Konstrukteur ein und wurde dort 1889 Montageleiter in der Lokomotivfertigung. Zum 1. November 1891 wechselte er als Ingenieur-Adjunkt in das Konstruktionsbüro der Österreichischen Staatseisenbahn. Damit begann seine eigentliche Karriere:
Schon 1893 entwickelte er eine leistungsfähige Anfahrvorrichtung für Verbunddampflokomotiven, da die bisher gebräuchlichen Vorrichtungen in Österreich mit seinen teilweise schwierigen Streckenverläufen einen Zug nicht zuverlässig genug anfahren ließen. Er erbrachte außerdem den praktischen Nachweis, dass die hohe Kessellage bei Dampflokomotiven keine Nachteile verursacht. Eine Studienreise nach England im Jahr 1899 beeinflusste seine weiteren Konstruktionen maßgeblich.

Bekannt machte Gölsdorf seine Erfindung der seitenverschiebbaren Kuppelachsen für Dampflokomotiven, die so genannte Gölsdorf-Achse. Die erste damit ausgerüstete Maschine war eine vierfach gekuppelte Dampflok im Jahr 1897, die Baureihe 170, von der 800 Stück gebaut wurden.

Bereits seit 1893 war Karl Gölsdorf Chefkonstrukteur der k.k. österreichischen Staatsbahnen (kkStB). In dieser Zeit entwickelte er 25 Grundtypen von Dampfloks (in 47 Varianten), bei denen er stets die technischen Möglichkeiten seiner Zeit nutzte. Im Jahr 1913 wurde er zum Sektionschef im Eisenbahnministerium bestellt. Karl Gölsdorf war aktives Mitglied im Verein Deutscher Eisenbahnverwaltungen und Mitherausgeber der Zeitschrift »Eisenbahntechnik der Gegenwart« ein.

Karl Gölsdorf starb überraschend am 18. März 1916 im Wolfsbergkogel am Semmering an einem akuten Halsleiden und wurde in einem Ehrengrab auf dem Hietzinger Friedhof bestattet.

Markstein

Die Heißdampftechnik revolutioniert den Lokomotivbau

Die Überhitzung des Dampfes sorgte für eine starke Leistungssteigerung der Dampflok und machte sie sogleich wirtschaftlicher. Die Idee dazu hatte der deutsche Ingenieur Wilhelm Schmidt.

Die bayrische G ¾ H war eine Heißdampflok, die auf Basis einer bewährten Nassdampf-Konstruktion entstand. Dank der Heißdampftechnik war sie erheblich leistungsfähiger.

Die Einführung des Heißdampfes im Lokomotivbau ist untrennbar mit den Namen Wilhelm Schmidt (1858–1924) und Robert Garbe (1847–1932) verbunden. Nach einer Schlosserlehre und einem Ingenieursstudium gründete Wilhelm Schmidt 1883 in Braunschweig sein eigenes Ingenieurbüro, das er aber nur wenige Wochen später nach Kassel verlegte. Dort suchte er nach Möglichkeiten, die Leistungsfähigkeit und den Wirkungsgrad der Dampfmaschine zu verbessern. In diesem Zusammenhang entwickelte er die Heißluftmaschine. Die Patente dafür erwarb die Werft Blohm & Voss, die damit den Dampfer »Alida« ausrüstete. Während der Arbeiten an der Heißluftmaschine gewann er die Erkenntnis, dass durch die Überhitzung des Dampfes der Dampfverbrauch gesenkt werden konnte. Bereits 1891 fanden bei der Firma Beck & Henkel in Kassel die ersten Versuche mit Heißdampf statt. 1894 hatte schließlich die von Wilhelm Schmidt konstruierte stationäre Heißdampf-Verbundmaschine mit Kondensation die Serienreife erreicht. Diese sorgte aufgrund ihres geringen Verbrauchs von 4,5 kg/PSeh – das entsprach etwa der Hälfte der bisher üblichen Werte – für Aufsehen in der Fachwelt.

Auch Robert Garbe verfolgte Schmidts Entwicklungen mit großem Interesse. Garbe begann seine Laufbahn bei der Oberschlesischen Eisenbahn, wo er 1867 die Prüfung zum Lokomotivführer bestand. Nach seinem Studium arbeitete er als Konstrukteur bei der Oberschlesischen Eisenbahn. Ab 1873 war er Werkstätten-Vorsteher in Frankfurt (Oder), bevor er vier Jahre später die Leitung der Hauptwerkstätte in Berlin-Markgrafendamm übernahm. 1895 wurde er als Eisenbahndirektor zur Königlichen Eisenbahn-Direktion (KED)

Auch die bayrische P 3/5 H wurde auf Grundlage einer Nassdampflok konstruiert.

In Benneckenstein steht ein Gedenkstein für Wilhelm Schmidt.

Berlin versetzt, wo er das Dezernat für Lokomotivkonstruktion und -beschaffung übernahm. Garbe erkannte die Möglichkeiten, die die Heißdampftechnik bot. Doch bevor sie ihren Siegeszug im Lokomotivbau antreten konnte, galt es zahlreiche Probleme zu lösen. Zunächst musste ein Überhitzer entwickelt werden, mit dem die Lokkessel ohne große Änderungen an der bisherigen Konstruktion ausgerüstet werden konnten. Dies war schließlich mit dem so genannten Schmidtschen Rauchrohrüberhitzer der Fall. Dazu wurde in der Rauchkammer ein Dampfsammelkasten eingebaut, der in eine Nass- und eine Heißdampfkammer unterteilt war. Vom Dampfsammelkasten führten Überhitzerelemente in die größeren Rauchrohre. Der Nassdampf wurde weiterhin aus dem Dampfdom entnommen und nun dem Dampfsammelkasten zugeführt. Von dort strömte er in die Überhitzerelemente und dann über den Heißdampfteil und die Einströmrohre zu den Zylindern. Der bis zu 350° C heiße Dampf machte aber erhebliche Änderungen an der Dampfmaschine notwendig. Die bisher üblichen Flachschieber mussten durch Kolbenschieber ersetzt werden. Außerdem galt es, u.a. neue Stopfbuchsen, Druckausgleicher und Luftsaugeventile zu entwickeln. Die höheren Dampftemperaturen machten auch den Einsatz neuer Werkstoffe und Schmieröle notwendig. Diese Mehrkosten stießen natürlich auf Vorbehalte in einigen Dezernaten der Preußischen Staatsbahn. Gleichwohl konnte Robert Garbe mit Unterstützung des Werkstätten-Dezernenten Carl Müller den Bau zweier Versuchsmaschinen durchsetzen. Mit Genehmigung des Ministeriums der öffentlichen Arbeiten (MdöA) wurden eine Schnellzuglok der Gattung S 4 und eine Personenzug-Maschine der Gattung P 4 mit einem Überhitzer ausgerüstet und 1898 in Dienst gestellt. Zwar überzeugten die Loks durch ihre höhere Leistung und ihren geringeren Verbrauch, doch die neue Technik erwies sich als sehr störanfällig. Garbe ließ sich jedoch davon nicht entmutigen. Die gewonnenen Erfahrungen flossen bereits wenig später in den Bau der beiden Versuchsmaschinen der Gattung S 4 und T 5 ein. Diese besaßen erstmals Kolbenschieber und den verbesserten Rauchkammerüberhitzer. Bei den folgenden Versuchsfahrten stellten die Maschinen eindrucksvoll ihre Vorteile unter Beweis.

In der Zwischenzeit hatte Robert Garbe einen Typenplan für zu beschaffende Heißdampfloks aufgestellt. Er umfasste zunächst sieben Typen. Das MdöA genehmigte jedoch lediglich die Beschaffung der Gattungen S 4, P 4.2, P 6, G 8 und T 12. Die Entwürfe für die P 6 (DRG-Baureihe 37.0–1) und G 8 (DRG-Baureihe 56.16–22) lagen 1901 vor. Mit der Indienststellung der ersten Exemplare beider Gattungen 1902 begann der Siegeszug der Heißdampf-Lokomotive in Deutschland.

Glaube und Schöpfung

Der deutsche Ingenieur und Erfinder. Wilhelm Schmidt wurde am 18. Februar 1858 in Wegeleben geboren. Nach der Volksschule erlernte Wilhelm Schmidt das Schlosserhandwerk. Während der Wanderjahre kam er u.a. nach Hamburg, München und Dresden. In der sächsischen Landeshauptstadt lernte er den an der Kunstakademie tätigen Professor Erhardt kennen, der die außergewöhnliche Begabung Schmidts erkannte und ihm einen Studienplatz an der Technischen Hochschule verschaffte. Nach dem Studium arbeitete Schmidt bei der Maschinenfabrik Ehrhardt in Wolfenbüttel und bei der Sächsischen Maschinenfabrik, vormals Richard Hartmann, in Chemnitz. 1883 ließ er sich als Zivilingenieur zunächst in Braunschweig und dann in Kassel nieder, wo er die Heißdampftechnik zur Praxisreife entwickelte. Das brachte ihm den Beinamen »Heißdampf-Schmidt«. 1908 verlagerte er Wohn- und Firmensitz nach Benneckenstein (Harz).

Am 16. Juli 1910 gründete Wilhelm Schmidt unter Beteiligung von Direktor Gustav Henkel die Schmidt´sche Heissdampf-Gesellschaft m.b.H. in Kassel-Wilhelmshöhe. Viele Detailerfindungen von Wilhelm Schmidt, wie zum Beispiel der Schmidt-Überhitzer (um 1890) oder der Kolbenschieber, den er zusammen mit Robert Garbe, verbesserten die Technik der Heißdampfmaschine nachhaltig. 1916 wurde er mit der Grashof-Denkmünze des Vereins Deutscher Ingenieure ausgezeichnet.

In späteren Jahren sah Schmidt seine Erfindungen angesichts der »drohenden Verlorenheit der Welt« nicht als bedeutend an. Der sehr religiös gestimmte Schmidt verteilte von Bethel aus »Mahnrufe an das Volk«. Freundschaftliche Verbindungen bestanden zu Friedrich von Bodelschwingh.

Wilhelm Schmidt starb am 16. Februar 1924 in Gadderbaum-Bethel (heute Bielefeld).

Preussens Gloria

Die Baureihe 38^{10-40}

Als meist gebaute deutsche Personenzuglok ging die preußische P 8, die Baureihe 38^{10-40}, in die Eisenbahn-Geschichte ein.

Bevor eine Werkaufnahme entstand, erhielt die Lok einen matt-grauen Lack. Dadurch kamen alle Details der Maschine zum Vorschein, wie bei der 1922 von Schichau gelieferten HANNOVER 2629 (ab 1925: 38 3992).

Bereits 1905 benötigte die Preußische Staatsbahn für den schweren Reisezugdienst eine zugstarke, dreifachgekuppelte Maschine. Der zuständige Dezernent Robert Garbe (1847–1932) entwarf eine 2´Ch2-Lok mit 1.750 mm großen Kuppelrädern. Die Berliner Maschinenbau AG (BMAG), vormals Louis Schwartzkopff, lieferte 1906 die ersten zehn Baumuster. Garbes Hoffnung, die Loks könnten für 110 km/h zugelassen werden, erfüllten sich nicht. Zwar erwies sich die neue Lok bei den Versuchsfahrten als eine sehr leistungsfähige und sparsame Lok, doch die Laufeigenschaften waren im oberen Geschwindigkeitsbereich unbefriedigend. Die Ursache dafür war schnell gefunden: Die großen hin- und hergehenden Massen erzeugten starke Zuckbewegungen. Garbe verbesserte zwar den Massenausgleich, doch die Höchstgeschwindigkeit blieb auf 100 km/h begrenzt. Außerdem waren die Treibstangenlager für die Zugkräfte zu klein, sodass die Unterhaltungskosten stiegen. Eine Verringerung des Zylinderdurchmessers löste das Problem. Trotz dieser kleineren Mängel erwies sich die P 8 als ausgezeichnete Konstruktion, von der die Preußische Staatsbahn nun größere Stückzahlen beschaffte.

Im Laufe der Zeit erfuhren die Maschinen aber immer wieder konstruktive Änderungen. So entfielen ab 1909 die Windschneiden-Führerhäuser. 1913 wurde die Steuerung geändert: Die Hängeeisen-Steuerung wurde durch eine Kuhnsche Schleife ersetzt. Ein Jahr später wurde die P 8 serienmäßig mit einem Oberflächenvorwärmer der Bauart Knorr mit Kolbenspeisepumpe ausgerüstet. Außerdem erhielten die vorderen Laufachsen eine Bremse.

Zu den ältesten Maschinen ihrer Baureihe gehörte die 1908 von Borsig gebaute 38 1016.

Erst die DRG rüstete die P8 mit Windleitblechen aus, hier die Museumslok 38 1182 (Halberstadt 1993).

Bauart	2'Ch2	
Betriebsgattung		P 35.17
Länge über Puffer (Tender pr 2'2'T 21,5)	mm	18.585
Höchstgeschwindigkeit v/r	km/h	100/50
Zylinderdurchmesser	mm	575
Kolbenhub	mm	630
Treib- und Kuppelraddurchmesser	mm	1.750
Laufraddurchmesser v	mm	1.000
Kesselüberdruck	kp/cm²	12
Rostfläche	m²	2,64
Verdampfungsheizfläche	m²	143,9
Brennstoffvorrat	t	7
Wasserkasteninhalt	m³	21,5
Leistung	PS	1.180

Bis zum Ende des Ersten Weltkrieges stellte die Preußische Staatsbahn rund 2.350 Exemplare in Dienst. Durch die Bestimmungen des Versailler Vertrages mussten 628 Maschinen an die Siegermächte abgegeben werden. Die meisten Loks gingen an Belgien (168), Frankreich (162) und Polen (190). Die Preußische Staatsbahn und die 1920 gegründete Deutsche Reichsbahn schlossen diese Lücken jedoch durch zahlreiche Nachbauten. Erst 1923 nahm die Reichsbahn mit der 38 4051 die letzte P 8 ab. Aber auch andere Bahnverwaltungen beschafften die als robust, zuverlässig und sparsam bekannte P 8. Neben Oldenburg (5) und Mecklenburg (13) wurde die P 8 auch in Baden (40) angeschafft. Weitere Exemplare rollten fabrikneu unter anderem nach Polen und Rumänien. Insgesamt wurden rund 3.500 Maschinen gebaut. Bei der Deutschen Reichsbahn-Gesellschaft (DRG) war die Baureihe 3810–40 die Personenzuglok schlechthin. Aber auch im Schnellzugdienst und vor Güterzügen enttäuschte die P 8 nicht. So wurde sie zum »Mädchen für Alles« auf den deutschen Schienen. Der Zweite Weltkrieg riss große Lücken in den Bestand. Der Deutschen Bundesbahn (DB) verblieben rund 1.200 und der Deutschen Reichsbahn (DR) in der DDR rund 750 Loks. In Ost und West bildeten sie noch bis in die 1960er-Jahre das Rückgrat im Personenzugdienst. Erst die Beschaffung moderner Diesel-loks läutete das Ende der P 8 ein. Die DR schob ihre Maschinen ab 1967 auf das Abstellgleis. Als letzte wurde 1973 die 38 2267 ausgemustert.

Zu diesem Zeitpunkt trennte sich auch die DB von ihren letzten P 8. 1974 standen nur noch drei Maschinen beim Bw Tübingen unter Dampf. Als letzte P 8 in Deutschland wurde im Dezember 1974 die 38 1772 abgestellt.

Die 1914 gebaute 38 1574 wurde im Bw Schwerin in Dienst gestellt. Gut 20 Jahre später wurde sie im Bw Güstrow abgelichtet.

Preußens leitender Konstrukteur

Maßgeblichen Einfluss auf die Fahrzeug-Entwicklungen der Preußischen Staatsbahn hatte Robert Garbe, der am 9. Januar 1847 im oberschlesischen Oppeln geboren wurde. Nach dem Besuch der Bauschule in Breslau fing er bei der Oberschlesischen Eisenbahn an, wo er 1867 seine Lokführerprüfung ablegte. Anschließend ging er zur Provinzial-Gewerbeschule in Brie, um sich dann an der Königlichen Gewerbeakademie in Berlin einzuschreiben. Ab 1872 arbeitete er als Konstrukteur bei der Oberschlesischen Eisenbahn. Nach Tätigkeiten bei der Niederschlesisch-Märkischen Eisenbahn sowie in den Eisenbahn-Werkstätten in Frankfurt/Oder und Berlin-Markgrafendamm wurde er 1895 Dezernent in der Königlichen Eisenbahn-Direktion (KED) Berlin. Besondere Verdienste erwarb sich Robert Garbe bei der Einführung des Heißdampfes im Lokomotivbetrieb, mit dem die Leistung der Maschinen erhöht und der Verbrauch gesenkt wurde. Ab 1. April 1907 gehörte Robert Garbe dem preußischen Eisenbahn-Zentralamt an. Am 1. April 1912 trat er in den Ruhestand, den er noch 20 Jahre genießen konnte. Robert Garbe verstarb am 3. Mai 1932 in Berlin.

Wirtschaftliche Vernunft

Die Einheitslokomotiven ersetzen die Typenvielfalt

Die Deutsche Reichsbahn entwickelte ein weltweit beachtetest Baukastensystem für den Lokbau. Die imposanten Schnellzuglokomotiven der Baureihen 01 und 03 mit ihren großen Windleitblechen, die eleganten Universallokomotiven der Baureihe 41, die Lastenschlepper der Baureihe 44 oder die einst allgegenwärtigen Maschinen der Baureihe 50 sind für viele Eisenbahnfreunde der Inbegriff der Dampflokzeit. Ohne die Deutsche Reichsbahn hätte es diese Typen nicht gegeben.

Vor dem Lokschuppen des Bw Hannover Ost gaben sich 1928 acht Maschinen der Baureihe 01 ein Stelldichein. In der Zugförderung spielten die Einheitsloks Ende der 1920er-Jahre nur im Schnell- und Nebenbahndienst eine Rolle. Ansonsten bestimmten noch Länderbahn-Maschinen das Bild.

Mit den Einheitsdampfloks setzte die Deutsche Reichsbahn-Gesellschaft (DRG) die Typisierung und Normierung im Lokomotivbau und in der Fahrzeugunterhaltung durch. Die Grundlagen dafür waren bereits während des Ersten Weltkrieges geschaffen worden. Damals hatte sich bei dringend notwendigen Reparaturen gezeigt, dass ein freizügiger Austausch von Teilen zwischen den Loks – selbst zwischen Fahrzeugen einer Type – nicht möglich war, weil einheitliche Normen fehlten. Dieses Problem beschränkte sich nicht nur auf die Eisenbahn, sondern trat auch in andere Bereiche der deutschen Industrie auf. Erst der am 18. Mai 1917 geschaffene »Normalienausschuß für den allgemeinen Maschinenbau« löste das Problem, indem er die »Deutschen Industrie-Normen« (DIN) aufstellte, die bis heute gelten.

Doch die einheitliche Umsetzung für das deutsche Eisenbahnwesen gestaltete sich schwierig. Die Länderbahnen einigten sich 1916 lediglich auf die Entwicklung und den Bau einer schweren 1´Eh3-Güterzugmaschine, die spätere Baureihe 58. Gleichwohl war nun die Grundlage für die Normierung und Typisierung in der deutschen Lokomotiv-Industrie und bei Länderbahnen geschaffen. Unter dem Vorsitz des Direktors der Hannoverschen Maschi-

Richard Paul Wagner gilt als Vater der Einheitsloks.

Die Baureihe 23 war eine der gelungensten Entwicklungen der DRG. Im Frühjahr 1941 pausiert 23 001 in Berlin-Grunewald.

Die Baureihe 01 war der Urahn aller Einheitsloks der DRG (01 001 am 20. September 1932).

nenbau-AG (Hanomag), Erich Metzeltin (1871–1948), konstituierte sich am 13. Februar 1918 der »Lokomotiv-Normen-Ausschuß«. Den ersten Schritt in Richtung genormter Fahrzeuge für die Reichsbahn machte das Reichsverkehrsministerium (RVM) 1921. Im Zuge eines Treffens des »Ausschusses für Lokomotiven« gründete das RVM den »Engeren Ausschuss für Lokomotiven zur Vereinheitlichung der Lokomotiven«. Dem dem umgangssprachlich Lokausschuss genannten Gremium gehörten neben Vertretern des »Ausschusses für Lokomotiven« auch Mitarbeiter des Eisenbahn-Zentralamtes (EZA) an.

In den folgenden Jahren beschäftigte sich das neue Gremium maßgeblich mit der Schaffung einheitlicher Loktypen. Zahlreiche Entwürfe entstanden in dieser Zeit, wobei in den Diskussionen immer wieder Differenzen zwischen den nord- und süddeutschen Vertretern auftraten.

Prägend für die technische Gestaltung der Einheitsloks der neuen Einheitsloks wurde schließlich der neue Bauart-Dezernent Richard Paul Wagner (1882–1953), der am 1. Juli 1923 offiziell sein neues Amt antrat.

Der erster Typenplan enthielt zunächst nur die schweren Hauptbahnloks (20 t Achsfahrmasse) und die Rangiermaschinen (17,5 t Achsfahrmasse). 1925 folgte mit den Nebenbahnmaschinen (15 t Achsfahrmasse) noch eine dritte Fahrzeugreihe. Priorität besaß zunächst die Entwicklung sowohl einer schweren Schnellzugals auch einer schweren Güterzuglok. Hier war jedoch die Frage des Triebwerks umstritten. Daher beschloss die DRG zunächst jeweils nur zehn Maschinen der Baureihen 01, 02, 43 und 44 zu beschaffen und ausführlich zu testen. Anschließend wollte man die Triebwerksfrage entscheiden.

Die Konstruktion der Einheitsloks übernahm das Vereinheitlichungsbüro (VB) der Deutschen Lokomotivindustrie, das am 1. Oktober 1922 seine Arbeit aufnahm.

Die Entwicklung der Einheitsloks wurde maßgeblich von drei Männern geprägt: Neben dem zuvor erwähnten Bauart-Dezernenten Richard Paul Wagner waren dies der Leiter des VB, August Meister (1873–1939), sowie der Versuchs-Dezernent Hans Nordmann (1879–1957).

In der Fachwelt sorgten die ab Herbst 1925 in Dienst gestellten Einheitsloks der Baureihen 01 und 02 für Aufsehen. Ihnen folgten die schweren Güterzugloks der Baureihen 43 und 44 sowie die Rangiermaschinen der Baureihen 80, 81 und 87. 1928 wurden die ersten Nebenbahnloks der Baureihen 24, 64 und 86 in Dienst gestellt. Alle Gattungen erfüllten die Erwartungen hinsichtlich Leistung und Zugkraft.

Durch die Typisierung und die Verwendung genormter Baugruppen konnte die DRG zwar die Entwicklungs- und Baukosten erheblich senken. Aber wegen der engen finanziellen Spielräume der DRG konnte die Hauptverwaltung nur die wichtigsten Typen in Serie beschaffen. Dazu zählten in erster Linie die Baureihe 01, von der bis 1931 insgesamt 101 Maschinen in Dienst gestellt wurden. Die imposanten Maschinen mit ihren großen Windleitblechen bildeten nun das Rückgrat im schweren Schnellzugverkehr und wurden so zum Inbegriff der Einheitsloks. Diese spielten jedoch im Fahrzeugpark der DRG eher eine untergeordnete Rolle. Von den 1931 im Betriebspark erfassten 22.194 Maschinen waren lediglich 520 Einheitsloks. Gleichwohl waren diese ein wirtschaftlicher Erfolg, denn den Unterhaltungskosten waren sie deutlich günstiger.

Die Einheitsloks prägten seit Ende der 1920er-Jahre auch das Bild auf vielen Nebenbahnen. Für diese Strecken hatte die DRG bis 1930 genau 63 Exemplare der Baureihe 24, 234 Loks der Baureihe 64 und 16 Maschinen der Baureihe 86 beschafft.

Im Personenzug-, Güterzug- und Rangierdienst waren moderne Einheitsloks hingegen die Ausnahme. Die parallel zur Baureihe

Nebenbahnromantik: 64 273 rangiert 1933 im Hafen von Barth am Barther Bodden (Ostseeküste).

62 entwickelte 2´Ch2-Maschine der Baureihe 20 kam über die Projektphase nie hinaus. Von der Baureihe 62 stellte die Firma Henschel zwar 1928 insgesamt 15 Maschinen her, doch die DRG nahm aus finanziellen Gründen vorerst nur zwei Exemplare der gelungenen Konstruktion ab. Die anderen 13 Loks standen bis 1931 auf dem Firmengelände in Kassel. Von den Baureihen 43 und 44 verließen insgesamt 35 bzw. 10 Maschinen die Werkhallen. Auch bei den Rangierloks sah es nicht viel besser aus. Von der Baureihe 80 übernahm die DRG 1927/28 insgesamt 37 Maschinen. Dazu kamen noch zehn Exemplare der Baureihe 81. Seine Bewährungsprobe bestand das Einheitslokprogramm mit der Baureihe 87, die eigens für den Verschub im Hamburger Hafen konstruiert wurde. Unter Verwendung von Komponenten der Baureihen 80, 81 und 86 entstand der mit Luttermöller-Endachsen ausgerüstete Fünfkuppler, von dem Orenstein & Koppel (O & K) 16 Maschinen produzierte.

Aber auch für die Schmalspurbahnen der DRG entstanden neue Typen. Die Baureihe 9973–76 für die 750 mm-Strecken der Reichsbahndirektion (RBD) Dresden war nahezu eine Neukonstruktion. Für die meterspurige Baureihe 9922 konnten hingegen Teile regelspuriger Typen verwendet werden.

Anfang der 1930er-Jahre beschaffte die DR erhebliche Stückzahlen von der Baureihe 03, einer eigentlich nicht geplanten Gattung. Da sich der Ausbau der Hauptstrecken auf eine Achsfahrmasse von 20 t verzögerte, wurde der Typenplan um eine leichte Schnellzuglok ergänzt. Aufbauend auf den Erfahrungen mit der Baureihe 01 entstand die Baureihe 03, deren Erprobungsmuster 1930 zur Verfügung standen.

Zwei Jahre später bewies das Einheitslokprogramm abermals seine Flexibilität. Aus dem Fahrwerk der Baureihe 44 und dem Kessel der Baureihe 62 entstand die schwere 1´E1´h2t-Maschine der Baureihe 85 für die Höllentalbahn. In den 1930er-Jahren beschäftigte sich die DRG u.a. mit der Verwendung höherer Kesseldrücke und dem Einsatz von windschnittigen Fahrzeugverkleidungen. Während die so genannten »Mitteldruckloks« der Baureihen 021, 24 und 44 nur Versuchsmuster blieben, erlangten die Stromlinienverkleidungen zuerst bei den Baureihen 05 und 61 ihre Serienreife. Allerdings spielten die Stromlinienloks kaum eine Rolle in der Zugförderung. Gleiches galt auch für die in den 1930er-Jahren entwickelten Baureihen 71, 84 und 890.

Mit dem Aufbau eines engmaschigen Schnellzugverkehrs benötigte die DRG ab Mitte der 1930er-Jahre neue, schnelle Güterzugmaschinen. Zusätzlich bestand Bedarf an einer Schnellzuglok für den Einsatz auf steigungsreichen Strecken. Der erweiterte Typenplan umfasste eine 1´E1´h3-Güterzuglok und eine 2´D2´h3-Schnellzugmaschine. Außerdem war noch eine 1´D1´h2-Maschine für Eil- und Durchgangsgüterzüge vorgesehen. Auch diese drei Typen besaßen viele gemeinsame Bauteile. Bereits 1936 standen jeweils zwei Erprobungsmuster der Baureihen 41 und 45 zur Verfügung. Während sich die Baureihe 41 als eine ausgezeichnete Konstruktion erwies und sich zu einer Universalmaschine entwickelte, blieb die Baureihe 45 weit hinter den Erwartungen zurück. Der von Richard Paul Wagner favorisierte Langrohrkessel hatte bei der Baureihe 45 die Grenze des Möglichen erreicht. Zwar war die Zughakenleistung der Baureihe 45 um etwa 25 % höher als jene der Baureihe 44, doch die Instandhaltungskosten, vor allem für den Kessel, stiegen erheblich. Auch bei der 1939 ausgelieferten Baureihe 06 war der Kessel die Achilles-Ferse der Konstruktion. Zu diesem Zeitpunkt machten die Einheitsloks gerade einmal 6 % des Gesamtbestandes aus.

Gelungene Konstruktionen waren hingegen die Baureihen 23 und 50, die in der zweiten Hälfte der 1930er-Jahre entstanden und als letzte Einheitsloks in die Technik-Geschichte eingingen. Beide Gattungen sollten für die Verfeuerung minderwertiger Kohle geeignet sein. Die daraus resultierende größere Rostfläche führte zu einer höheren Strahlungsheizfläche. Dadurch verbesserte sich das Verhältnis zwischen Strahlungs- und Rohrheizfläche, was der Leistungsfähigkeit des Kessels zugutekam. Doch bei der Entwicklung beider Gattungen zeichnete sich bereits das Ende der Ära Wagner ab. Die Konstruktionsprinzipien des Bauart-Dezernenten stießen immer mehr auf Widerstand. Vor allem Friedrich Witte (1900–1977), der ab 1934 dem Lokausschuss angehörte und 1942 das Bauart-Dezernat leitete, forderte die Nutzung neuer Baugruppen, insbesondere der Verbrennungskammer.

Im Jahr 1939 stellte das RVM ein umfassendes Investitionsprogramm für neue Fahrzeuge vor. Für die Reichsbahn sollten zwischen 1940 und 1943 insgesamt 5.520 Einheitsloks aus 13 Baureihen beschafft werden. Doch der Zweite Weltkrieg vereitelte das Vorhaben. Ab 1941 benötigte die Reichsbahn nur noch Güterzugloks. Lediglich die bereits begonnenen Maschinen der Baureihen 0110, 0310, 24, 41 und 64 wurden fertig gestellt. Alle anderen Aufträge stornierte die Reichsbahn zu Gunsten der Baureihen 44, 50 und 86. Diese wurden ab dem Frühjahr 1942 schrittweise vereinfacht. Schließlich endete die Fertigung der Einheitsloks zu Gunsten der Kriegsloks der Baureihen 42 und 52. Deren Konstruktion und Produktion wäre ohne die Erfahrungen mit den Einheitsloks nicht möglich gewesen. Erst durch die Massenfertigung der Baureihen 42 und 52 konnte die Reichsbahn ihren Triebfahrzeugbestand deutlich verjüngen. Bei Kriegsende 1945 machten die rund 14.500 Einheits- und Kriegsloks etwa ein Drittel des Gesamtbestandes aus.

24 030 ist mit P 3054 bei Talhausen (Neckar) auf der Gäubahn in Württemberg unterwegs.

Vater der Einheitslokomotiven

Richard Paul Wagner gilt als der »Vater der Einheitslokomotiven«. Er wurde am 25. August 1882 in Berlin geboren. Nach dem Studium an der TH Charlottenburg legte er im Frühjahr 1909 als Jahrgangsbester die Staatsprüfung zum Regierungsbaumeister ab und trat in die Preußische Staatsbahn ein. 1920 übernahm er die Leitung der LVA Grunewald, bevor er 1922 in das spätere RZA versetzt wurde. Dort leitete er ab April 1923 das »Dezernat für die Bauart der Dampf- und Öllokomotiven«. In dieser Funktion prägte er nun für fast zwei Jahrzehnte Technik und Gestaltung der Einheitslokomotiven. In der zweiten Hälfte der 1930er-Jahre verlor jedoch die Reichsbahn den Anschluss an die technische Entwicklung, da Wagner die Einführung neuer Baugrundsätze, wie z.B. der Verbrennungskammer, kategorisch ablehnte. Auch die Vereinfachungen der Einheitsloks während des Zweiten Weltkrieges stießen bei Wagner auf Widerspruch, der schließlich um seine Versetzung in den Ruhestand (zum 01.10.1942) bat. Sein Nachfolger wurde Friedrich Witte. Am 14. Februar 1953 verstarb Wagner in Velburg (Oberpfalz).

Immer schneller! Die Chapelon Pacifc

Champion der Geschwindigkeit

André Chapelon galt als ein Genie der Thermodynamik und war ein unbestrittener Spezialist für die Technik der Dampftraktion. Das bewies er bereits 1926 mit seinem ersten Lokumbau.

Die Lokomotive 3708 der PO gehörte zu den von André Chapelon umgebauten Maschinen.

Der junge und ehrgeizige Ingenieur André Chapelon wollte die Dampftraktion in Wirtschaftlichkeit und Leistung verbessern. Deshalb schlug er der französischen Eisenbahngesellschaft PLM vor, eine ihrer Lokomotiven nach seinen Plänen umzubauen. Diese erteilte ihm jedoch eine Absage, stattdessen wechselte Chapelon zur Gesellschaft Paris-Orléans (PO). Dort nahm er am 12. Januar 1925 bei der Paris-Orleans-Eisenbahn (PO) seine Tätigkeit als Maschinenbau- und Lokomotiv-Ingenieur auf. In der dortigen Entwicklungsabteilung befasste er sich intensiv mit Themen der Thermodynamik, erarbeitete Verbesserungen an den dampfgeführten Leitungen sowie an der Saugzuganlage. Die nach Chapelon´s Vorgaben umgebaute Pazifik 2'C1'h4 Nr. 3566 verließ im November 1929 die PO-Werkstätten in Tours und unternahm am 19. dieses Monats ihre ersten Messfahrten.

Das Ergebnis galt als Sensation. Alle Berechnungen Chapelons hatten sich bestätigt und die Umbaulok erbrachte bei einer Geschwindigkeit von 120 bis 130 km/h eine Leistung von ganzen 3.000 Psi, während ihr Energieverbrauch um 25% sank.

Dieser unglaubliche Erfolg Chapelon international fast über Nacht bekannt.

Gedenkstein für André Chapelon in Château des Bruneaux

Bei Pont-de-Briques, nahe bei Boulogne (Pas de Calais), ist eine 231E mit dem »Flèche d'Or« nach Paris unterwegs (1963).

Die französische Nordbahn war von diesem Resultat so beeindruckt, dass sie 20 ehemalige PO Lokomotiven nach Chapelons Vorgaben umbauen ließ. Diese Maschinen erregten erhebliches Aufsehen, als eine von ihnen im September 1935 einen Zug mit 400 Tonnen zog und dabei die Geschwindigkeit von 175 km/h erreichte.
Auf Grund dieser sensationellen Leistung beschloss die Nordbahn, eine Serie von neuen Maschinen zu bauen, von denen ab 1936 insgesamt 28 Lokomotiven ihren Dienst antraten. Es wurden nur einige Detailverbesserungen vorgenommen, ansonsten waren diese Lokomotiven baugleich mit den zuvor von Chapelon umgebauten Loks.

Diese schönen Maschinen wurden als »Chapelon Pacifics« bezeichnet und zogen die noblen Züge der französischen Nordbahn, wie den »Flèche d'Or« oder den »Etoile du Nord«. Als die französischen Eisenbahngesellschaften verstaatlicht wurden, übernahm die SNCF diese Lokomotiven und gab ihnen die Bezeichnung 231 E. Die Chapelon Lokomotiven waren bis 1967 auf den Strecken im Norden Frankreichs im Einsatz.

Die zweite Schnellzuglokomotive, die unter der Regie von André Chapelon modifiziert und enorm leistungsgesteigert wurde, entstand aus einer älteren 2'C1'h4v der Serie 4.500 eine neue 2'Dh4v mit der Nummer 4521. Diese Lokomotive war genauso konsequent berechnet und konstruktiv überlegt ausgeführt worden wie der erste Umbau von A. Chapelon, so dass sie auf Anhieb zur leistungsstärksten Dampflokomotive Europas aufstieg. Bei einer Geschwindigkeit von 112,7 km/h wurden genau 4.000 PSi ermittelt, und dies als Dauerleistung.

Am 21. März 1935 nahm auch Prof. Dr.-Ing. e.h. Hans Nordmann, der Versuchsdezernent der Deutschen Reichsbahngesellschaft (DRG), an einer Fahrt mit dieser Lokomotivbaureihe 240 P geführtem Schnellzug teil. Die Fahrt mit Lokomotive 240.710 ging von Paris, Bahnhof St. Lazare, über Caen nach Cherbourg und zurück. Im mitgeführten Meßwagen konnte Prof. Nordmann die Leistungsdaten dieser Lokomotive miterleben und war erstaunt darüber, daß diese 2'Dh4v Maschine rund 3.000 PS als Dauerleistung am Zughaken erbrachte.

Meister der Dampftraktion

Der französische Maschinenbauingenieur André Chapelon kam am 26. Oktober 1892 in Saint-Paul en Cornillon, Loire, zur Welt. Bis heute Chapelon gilt als einer der genialsten Konstrukteure der Dampflokhistorie. Der junge Ingenieur begann seine berufliche Karriere als »Ingénieur des Arts et Manufactures« in der ersten Hälfte der 1920er Jahre bei der »Compagnie Paris-Lyon-Méditerranée« (P.L.M.). Nachdem er sich bei der P.L.M. mit seinen Ideen zur Modernisierung vorhandener Maschinen nicht durchsetzten konnte, wechselte er 1925 in die Forschungs- und Entwicklungsabteilung der Bahngesellschaft »Compagnie du chemin de fer de Paris à Orléans« (P.O.).
Bedingt durch die wirtschaftlich schlechte Lage der Zwischenkriegszeit musste sich Chapelon bei der finanziell schwachen P.O. vor allem mit der Verbesserung vorhandener Maschinen beschäftigen. Abweichend vom im Dampflokomotivbau üblichen konstruktiven Vorgehen nach Faustregeln und Erfahrungswerten ging er mit wissenschaftlicher Akribie auf die technischen Details der Konstruktionen ein. Hierin ist der Erfolg seiner Entwürfe wesentlich begründet. André Chapelon starb am 22. Juli 1978 in Paris

Der Dampflokbau in Deutschland

Von der Kopie zum Original

Der Dampflokbau begann erst spät, doch dafür entstanden namhafte Hersteller, die weltweit erfolgreich waren.

Gemeinschaftsarbeit: Alle deutschen Lokfabriken bauten während des Zweiten Weltkriegs Exemplare der Kriegsloks der Baureihe 52.

Bereits 1815 begann der Lokomotivbau in Deutschland – allerdings mit einem Plagiat. Nichtsdestoweniger bewegte sich diese erste Dampflok aus eigener Kraft und zog sogar Lasten. Ein Jahr zuvor hatte die Königliche Eisengießerei in Berlin ihren Hütteninspektor Johann Friedrich Krigar nach England geschickt, um Näheres über die englischen Dampfwagen auf Schienen in Erfahrung zu bringen. Dabei handelte es sich um die erste kommerziell erfolgreiche »Zahnrad«-Dampflokomotive von John Blenkinsop und Matthew Murray, von der Krigar sogar Konstruktionszeichnungen mit zurück ins heimatliche Preußen brachte. Anschließend entstand unter Krigars Leitung in der Königlichen Eisengießerei eine Kopie dieser Lok der Bauart Blenkinsop. Wie ihr englisches Vorbild besaß sie auf einer Seite ein großes Zahnrad, welches zwischen die an den Außenkanten der Schienen befestigten Köpfe starker Nägel eingriff. Diese Konstruktion diente schlicht und ergreifend zur Erhöhung der Zugkraft der Lok und war die logische Folge aus der noch relativ geringen Leistung am Radumfang, dem geringen Gewicht dieser ersten Lok und

Stromlinienzug der DRG 1935: Henschel baute 61 001 für die von der Waggonfabrik Wegmann gefertigten Wagen.

Krauss & Comp. lieferte 1923 drei Schmalspurloks der Baureihe 99.10 an die DRG.

damit dem Fehlen einer hohen Reibungskraft. Auch musste das Gewicht der Maschinen möglichst gering sein, da die damaligen Schienen nur geringe Belastungen aushielten und sonst unter dem Gewicht der Lokomotiven zerbrochen wären.

Immerhin sorgte dieses Ereignis für einiges Aufsehen und so berichtete am 20. Juni 1816 die Spenersche Zeitung: »Der Dampfwagen, den wir seit mehreren Tagen in der hiesigen Königlichen Eisengießerei in Gang sehen, ist eine Frucht der Reise, welche unser verdienter Hütteninspektor Krigar vor kurzem nach England gemacht hat ... Der Dampfwagen zieht oder stößt eine Last von 50 Centnern, durchläuft mit derselben einen Raum von 50 Schritten in einer Minute und consumiert täglich 1½ Bergscheffel Kohlen und 16 Eimer Wasser.« Nach ersten Probefahrten transportierte man die Maschine zur Königshütte in Oberschlesien in ein Kohlenbergwerk, wo sie zum Einsatz kommen sollte. Bei der Ankunft der zerlegten Maschine am 23. Oktober 1816 in Gleiwitz stellt sich jedoch heraus, dass ihre Spurweite gegenüber dem verlegten Gleis zu klein bemessen war. In der Folge konnte das gute Stück nur stationär in Betrieb genommen werden und so blieb der ersten deutschen Dampflok ein richtiger Erfolg versagt. Es dauerte eine Vierteljahrhundert, bis diese Entwicklung wieder aufgenommen wurde. Im Jahr 1840 waren in Deutschland erst 540 km Bahnstrecke fertiggestellt. Zum Vergleich: in Großbritannien waren es zu selben Zeit schon 2.300 km und in den USA bereits über 4.400 km. Nichtsdestoweniger begannen in dieser Zeit einige deutsche Unternehmer mit dem Bau von Dampflokomotiven. So hatte auch August Borsig, ursprünglich ein gelernter Zimmermann, 1837 in Berlin eine Maschinenfabrik gegründet. Zunächst bestand seine Aufgabe in der technischen Wartung der ausnahmslos ausländischen Loks, die auf der dritten deutschen Bahnlinie von Berlin nach Potsdam verkehrten. Bei der Gewährleistung ihrer stetigen Einsatzbereitschaft entdeckte er bald ihre Schwachstellen. Seine erste, 1841 fertiggestellte 2A1-Dampfloks »Borsig« wies daher entscheidende Verbesserungen auf. Vom Amerikaner William Norris übernommen waren Kessel, Rahmen, Außentriebwerk und vorderes Laufraddrehgestell, während Stephenson die Gabelsteuerung beisteuerte. Zur Verbesserung der Fahreigenschaften fügte Borsig jedoch noch einen Laufradsatz hinter dem stehenden Kessel hinzu. Am 24. Juli 1841 gewann seine »Borsig« eine Wettfahrt gegen amerikanische und englische Loks, und alsbald folgten viele Bestellungen deutscher Bahngesellschaften. Doch auch die weiteren Borsig-Maschinen glichen zunächst ihren amerikanischen und englischen Vorbildern. Erst langsam begann sich eine eigenständige Entwicklung anzubahnen.

Im Königreich Bayern führte Josef Anton v. Maffei 1837 eine Eisenfabrik mit Hammerwerk in der Hirschau bei München. Er erkannte die Zeichen der Zeit, modernisierte seinen Betrieb und lieferte ebenfalls 1841 seine erste 1A1-Dampflok »Der Münchner« an die München-Augsburger Eisenbahn. Sie bildete eine teilweise verbesserte Ausführung der Stephenson-Bauart. Kreatives Schaffen sicherte ihm nach einigen Jahren einen spektakulären Erfolg, denn seine eigens hierfür konstruierte »Bavaria« gewann 200.000 Dukaten bei einer 12-t-Zugwettfahrt auf den Steigungen der österreichischen Semmeringbahn.

1836 übernahm Emil Kessler zusammen mit Theodor Martiensen die von Jakob Friedrich Messmer 1833 gegründete mechanische Werkstätte im badischen Karlsruhe, welche vor allem mathema-

Schichau stellte 1920 die spätere 58 1848 als MÜNSTER 5595 fertig. Die Lok verblieb nach 1945 bei der DR, wo sie bis zum Frühjahr 1969 im Einsatz war.

tische und physikalische Instrumente herstellte. Ein Jahr später gründeten die Beiden die »Maschinenfabrik von Emil Kessler & Theodor Martiensen«, die im Dezember 1841 kurz nach der Eröffnung der ersten badischen Eisenbahnstrecke ihre erste Lokomotive »Badenia« an die Badische Staatsbahn lieferte. Auch sie konnte die Anleihen an Stephensonsche Konstruktionen nicht verleugnen.

Wenige Jahre später begannen mit dem Dampflokbau die Maschinenfabrik & Eisengießerei Georg Egestorff (1846, später HANOMAG) in Hannover sowie die Werkstatt von Richard Hartmann im sächsischen Chemnitz. 1848 baute Karl Arthur Henschel in Kassel für die Kurfürst-Friedrich-Wilhelms-Nordbahn seine erste 2B-Lokomotive »Drache«. Sie wirkte für die damaligen Begriffe schon recht modern, erinnerte aber nicht nur wegen des vorderen Laufdrehgestells an amerikanische Dampfloks. Das nun rasant anwachsende deutsche Eisenbahnnetz benötigte bald einen enormen Bedarf an Lokomotiven. Daher nahmen in den Folgenjahren mehrere bereits in anderen Sparten arbeitende Werke den Lokbau auf. In Ostpreußen kamen die schon im Schiffsbau tätigen Union-Gießerei (1855), Vulcan-Werft (1859) und Schichau (1860) hinzu. 1867 produzierte die spätere Berliner Maschinenbau AG (BMAG, vormals Louis Schwartzkopff) ihre erste Dampflok, aber auch sie besaß schon seit 1860 Erfahrung im Bau von Eisenbahnausstattungen. In München trat Krauss 1867 als »Neuling« auf die Bildfläche, reagiert allerdings überaus schnell auf den jetzt auch deutlich steigenden Bedarf an Lokomotiven für Gruben- und Werksbahnen.

Es sollten noch einige Jahre ins Land gehen, bis die deutschen Lokomotivkonstruktionen endlich ihre eigenen Wege gefunden hatten. Wegen des steigenden Bedarfs waren die deutschen Bahnen aber auch weiterhin gezwungen, hauptsächlich amerikanische und englische Dampfloks zu importieren. Mit einer letzten Lieferung von rund 150 ausländischen Maschinen war aber nach der 1871 erfolgten Gründung des Deutschen Reichs Schluss. Es erfolgte nun ein beispielloser industrieller Aufstieg und nach den ersten hundert Produktionsjahren im Dampflokbau waren in Deutschland rund 125.000 Maschinen, in Großbritannien hingegen nur etwa 70.000 Exemplare entstanden.

Die wichtigsten deutschen Dampflokbauer

BMAG – Berliner Maschinenbau-Actien-Gesellschaft, vormals L. Schwartzkopff, Berlin
Am 3. Oktober 1852 gründete Louis Victor Robert Schwartzkopff die »Eisengießerei und Maschinen-Fabrik von L. Schwartzkopff«. Ab dem 1. Juli 1870 wird das Unternehmen in die »Berliner Maschinenbau-Actien-Gesellschaft BMAG, vormals L. Schwartzkopff« umbenannt. Im Jahr 1900 konnte die neue Produktionsstätte in Wildau bei Berlin ihren Betrieb aufnehmen. 1906 errichtete die BMAG gemeinsam mit Maffei ein weiteres Werk in der Nähe. Dieses Werk überlebte allerdings die Wirtschaftskrise Ende der 1920er Jahre nicht. Das Ende des Zweiten Weltkriegs brachte auch das Ende des Lokomotivbaus bei der BMAG, die zwischen 1867 und 1945 über 12.000 Loks fertigte.

August Borsig Lokomotiv-Werke, Berlin
Am 20. Dezember 1836 gründete August Borsig 1836 in Berlin-Tempelhof eine Eisengießerei. Borsig übernahm schon 1839 erste Lokreparaturen, eigne Lokomotiven produzierte er ab 1841. Das Jahr 1926 sah die Umfirmierung in eine GmbH. Im Zug der Weltwirtschaftskrise wurde Borsig 1931 von der AEG übernommen, die den Lokomotivbau zum AEG-Werk in Hennigsdorf bei Berlin verlagerte. Die »Borsig Lokomotiv-Werke GmbH« arbeiteten dort bis 1944 und stellten insgesamt knapp 13.300 Lokomotiven her.

Christian Hagans, Erfurt, ab 1915 R. Wolf AG, Magdeburg-Buckau
Christian Hagans gründete am 1. Juli 1857 beim Erfurter Pförtchentor eine Eisengießerei und Maschinenfabrik. Der Bau von Dampfloks begann im Juni 1872. Anfang 1903 entstand unter Leitung von Hermann Hagans ein neues Werk in Ilversgehofen. Am 30. Juni 1915 verkauften die Söhne von Christian Hagans das Werk an die »R. Wolf AG« in Mageburg-Buckau, die das Erfurter Werk zur »Abteilung Lokomotivfabrik Hagans« machte. 1928 endete die Lokomotivproduktion nach 1.147 Exemplaren.

Hannoversche Maschinenbau AG HANOMAG, vormals Georg Egestorff, Hannover-Linden
Zu den ersten Lokfabriken Deutschlands zählte die 1835 von Georg Egestorff gegründete »Maschinenfabrik & Eisengießerei Georg Egestorff« in Hannover-Linden, die am 15. Juni 1846 ihre erste Lokomotive auslieferte. Ab 1871 firmierte das Unternehmen als »HANOMAG Hannoversche Maschinenbau AG vormals Georg Egestorff«. Bis in die 1920er Jahre hinein wurden ausschließlich Dampfloks gebaut. Die Wirtschaftskrise Ende der 1920er Jahre läuteten schließlich das Ende des Lokomotivbaus ein. Nach knapp 10.600 gebauten Loks verließ am 31. Juli 1931 die letzte Maschine das Werk.

AG Sächsische Maschinenfabrik vormals Richard Hartmann, Chemnitz
Richard Hartmann übernahm mit seinem Kompagnon F.C. Illing 1837 eine eigene Werkstatt in Chemnitz, welche zunächst Baumwollspinnmaschinen und ab 1840 auch Dampfmaschinen produzierte. Seine erste Lokomotive präsentierte Hartmann am 5. Januar 1848. Zum 1. April 1870 wurde das Werk in eine Aktiengesellschaft umgewandelt. Zwei Jahre nach dem Tod des Firmengründers am 16. November 1878 wurde das Unternehmens in »Sächsische Maschinenfabrik vormals Richard Hartmann AG Chemnitz« umbenannt. Gustav Hartmann expandierte nach Russland und gründete dort am 3. Mai 1896 als Zweigwerk die »Russische Maschinenbaugesellschaft Hartmann« in Lugansk in der Ukraine, das im Ersten Weltkrieg verloren ging. Als Lugansker (ab 1935 Woroschilowgrader) Werk »Oktoberrevolution« blieb es jedoch dem Lokomotivbau bis heute treu.
In Chemnitz gab die Sächsische Maschinenfabrik den Lokbau nach etwas über 4.600 Maschinen am 26. Juni 1929 auf.

Henschel & Sohn, Kassel; Rheinstahl Henschel AG, Kassel; Thyssen Henschel AG, Kassel; ABB Henschel AG, Kassel; Bombardier Transportation
Schon im Jahr 1810 gründete Georg Christian Carl Henschel die Henschel-Werke in Kassel. Ein zweites Werk am Holländischen Platz in Kassel wurde 1837 von seinem Sohn Carl Anton Henschel aufgebaut, wo die erste Henschel-Dampflok 1848 entstand. Zu Beginn des 20. Jahrhunderts gehörte das Werk in Kassel zu einem der größten Lokomotivproduzenten Deutschlands.

Nach fast vollständiger Zerstörung des Werks im Zweiten Weltkrieg wurden erst 1948 wieder Lokomotiven gebaut. Der Dampflokbau endete 1955, Henschel konzentrierte sich auf elektrische Lokomotiven sowie Dieselloks. Mit der Übernahme durch die Rheinischen Stahlwerke im Jahr 1964 änderte sich Bezeichnung in »Rheinstahl Henschel AG«. Als 1976 die Rheinstahl AG von der August Thyssen-Hütte AG übernommen wird, firmierte das Werk in Kassel als »Thyssen Henschel AG«. 1990 erfolgte der Zusammenschluss mit ABB (vormals BBC in Mannheim) zur »ABB Henschel AG« mit Sitz in Mannheim. 1995 wurde schließlich die »ABB Daimler Benz Transportation Adtranz« gegründet, mit der ABB und die Daimler-Benz AG die »Verkehrstechnik« zusammenfassten. 2001 wurde ADtranz an Bombardier Transportation verkauft. Immer noch werden am Standort in Kassel Lokomotiven gebaut. Damit ist das ehemalige Henschel-Werk heute die älteste Lokomotivfabrik in Deutschland mit bis heute etwa 34.000 fertiggestellten Maschinen.

Aktiengesellschaft für Lokomotivbau Hohenzollern, Düsseldorf

Die »Aktiengesellschaft für Lokomotivbau Hohenzollern« wurde am 8. Juni 1872 in Düsseldorf-Grafenberg von mehreren Industriellen gegründet. Erst 1874 wurde die erste Dampflok ausgeliefert. Es entstanden Maschinen unterschiedlichster Spurweiten für viele Werks- und Privatbahnen. Im August 1929 stellte das Düsseldorfer Werk nach knapp 4.700 gebauten Exemplaren den Lokbau ein.

Jung & Staimer OHG, Kirchen a.d. Sieg; Arnold Jung Lokomotivfabrik GmbH, Jungenthal, Kirchen a.d. Sieg

Am 13. Februar 1885 gründeten Arnold Jung und Christian Staimer die »Jung & Staimer OHG«. Nach dem Tod Arnold Jungs 1911 firmierte das Unternehmen ab 1913 als »Arnold Jung Lokomotivfabrik GmbH, Jungenthal«. Ab den 1920er Jahren folgten Loks für die DRG. Für die DB entstand bei Jung nach dem Zweiten Weltkrieg die letzte DB-Neubaudampflok. Der Strukturwandel brachte die Produktion von Dieselloks. Im Mai 1987 endete der Lokomotivbau bei Jung nach mehr als 12.800 Maschinen.

J.A. Maffei, München

Seit 1837 war Josef Anton Ritter von Maffei Besitzer der Lindauerschen Eisenfabrik mit Hammerwerk in der Hirschau bei München. Schon bald erkannte er die Zeichen der neuen Eisenbahnzeit, modernisierte seinen Betrieb und lieferte schon 1841 seine erste 1A1-Dampflok »Der Münchner« an die München-Augsburger Eisenbahn. 1907 gründete Maffei zusammen mit den Schwartzkopff-Werken (BMAG) in Berlin die Maffei-Schwartzkopff-Werke GmbH (MSW), wo ab 1910 auch Elloks gebaut wurden. Ab 1909 entstanden in Zusammenarbeit mit Siemens in München ebenfalls Elektrolokomotiven. Als Folge der Wirtschaftskrise war 1931 nach etwa 5.500 gebauten Loks Schluss. Krauss übernahm seinen Konkurrenten und firmierte fortan als »Lokomotivfabrik Krauss & Comp. – J.A. Maffei AG«.

Krauss & Comp., München; Krauss-Maffei AG, München-Allach; Siemens Krauss-Maffei Lokomotiven GmbH

Georg Krauss rief am 17. Juli 1866 seine »Locomotivfabrik Krauss & Comp.« auf dem Marsfeld beim Münchner Hauptbahnhof ins Leben. 1872 erfolgte die Grundsteinlegung für ein Zweigwerk in Sendling bei München. Zur Umgehung des Zolls auf Maschinenimporte kam ab dem 1. September 1880 eine Filialfabrik in Linz an der Donau hinzu. Ab 1909 wurden sogar Elloks produziert. 1931 übernahm Krauss die traditionsreiche Münchner J.A. Maffei AG verlagerte bis 1937 nach Allach bei München. Der Lokbau im Werk Linz endete bereits 1930 aufgegeben. Ab 1940 firmiert das Unternehmen als »Krauss-Maffei AG«. Seit 1956 konzentrierte sich dir ganze Produktion auf Elektro- und Dieselloks. Am 1. Januar 1999 erhöhte der Siemens-Konzern seine Aktienbeteiligung von 25 % auf 75 %. Das Unternehmen wurde ab 2001 vollkommen in die Siemens AG integriert.

Friedrich Krupp AG, Essen

Schon 1811 hatte Friedrich Krupp eine Gussstahlfabrik in Essen gegründet, die sich nach fortschreitendem Ausbau der Eisenbahn in Deutschland bald zu einem wichtigen Zulieferer für Lokomotiv- und Wagenteile entwickelt. So erhielt Krupp 1852 das Patent für nahtlose Radreifen, seit 1875 das Firmensymbol. Der Lokomotivbau begann erst nach dem Ersten Weltkrieg. Die erste Lok verließ am 10. Dezember 1919 die Werkshallen.

Am 1. April 1992 wurde aus dem Konzern die Krupp Verkehrstechnik GmbH ausgegliedert und in dieses Unternehmen die MaK-Werke in Kiel und Moers überführt. Ab 1994 gehörte die Krupp Verkehrstechnik GmbH zur Siemens Schienenfahrzeugtechnik. Am 3. Mai 1997 endete die Triebfahrzeugproduktion in Essen nach 5.300 Lokomotiven.

Linke-Hofmann-Werke Breslau (LHW)

Den Anfang eines späteren Großkonzerns bildete die 1839 vom Stellmacher Gottfried Linke gegründete »Waggonfabrik von Gottfried Linke«. Die expandierende Firma wurde zum 28. Februar 1871 in die »Breslauer Aktiengesellschaft für Eisenbahnwagen« umgewandelt. Weitere Zuwächse erfolgten, so entstand die »Linke-Hofmann-Werke AG«. 1928 gab es die letzte Namensänderung in »Linke-Hofmann-Busch Werke AG«.
Die Wirtschaftskrise Ende der 1920er Jahre zwang 1929 zur Aufgabe des Lokomotivbaus nach rund 3.100 Maschinen. Auf dem Eisenbahnsektor konzentrierte man sich auf Waggons und Triebwagen.

Maschinenbau-Gesellschaft Karlsruhe AG; vormals Maschinenfabrik Emil Kessler & Theodor Martiensen, Karlsruhe

Emil Kessler und Theodor Martiensen übernahmen 1836 die von Jakob Friedrich Messmer 1833 gegründete mechanische Werkstätte in Karlsruhe, die zur »Maschinenfabrik von Emil Kessler & Theodor Martiensen« wurde. Im Dezember wurde 1841 die erste Lokomotive fertiggestellt. 1842 ging das Werk in den alleinigen Besitz Kesslers über und am 13. März 1846 gründete er ein weiteres Werk in Esslingen. Mit dem Konkurs des Bankhauses Haber Ende 1847 – dem Geldgeber Kesslers – ging das Werk für den Unternehmer verloren. Es wurde am 30. Oktober 1851 liquidiert und 1852 von der badischen Regierung erworben. Das Karlsruher Werk nahm unter dem Namen »Maschinenbau-Gesellschaft Karlsruhe AG« die Lokproduktion wieder auf. In der Wirtschaftskrise Ende der 1920er Jahre stellte die Maschinenbau-Gesellschaft 1929 nach etwa 2.400 Maschinen die Produktion ein.

Maschinenfabrik Esslingen (ME)

Am 13. März 1846 schloss Emil Kessler mit dem Königreich Württemberg einen Vertrag zur Lieferung von Lokomotiven ab. Schon am 8. Oktober 1847 rollte
aus dem neuen Werk in Esslingen die erste Lok. 1913 verlagerte man Triebfahrzeugbau in das neue Werk bei Esslingen-Mettingen. In den 1960er Jahren stellte die ME den Bau von Schienenfahrzeugen ein. Nach knapp 4.500 gebauten Lokomotiven verließ am 21. Oktober 1966 die letzte Maschine das Werk, das die Daimler-Benz AG für den Automobilbau übernahm.

Maschinenbau-Gesellschaft Heilbronn (MGH)

1854 erfolgte die Gründung der Maschinenbau-Gesellschaft Heilbronn (MGH). 1861 begann man mit dem Bau von Feldbahndampfloks. Zugunsten kriegswichtiger Güter wurde der Lokomotivbau im Ersten Weltkrieg aufgegeben und nach Kriegsende nicht wiederaufgenommen. So blieb es bei insgesamt 605 in Heilbronn gebauten Lokomotiven.

Orenstein & Koppel OHG, Märkische Lokomotivfabrik / Arthur Koppel AG, Orenstein & Koppel AG, Lokomotivbau Karl Marx / O&K, Werk Dortmund

Am 1. April 1876 hoben Benno Orenstein und Arthur Koppel die »Orenstein & Koppel OHG« in Berlin-Schlachtensee aus der Taufe. Schon 1885 gingen Orenstein und Koppel getrennte Wege. Nach dem Tod von Arthur Koppel 1908 führte man die »Arthur Koppel AG« in das Gesamtunternehmen zurück.

Nach Zwangsenteignung in der Nazizeit wurde die Orenstein & Koppel AG unter treuhänderische Verwaltung gestellt und ab dem 1. April 1940 als »Maschinenbau und Bahnbedarfs AG MBA, vormals Orenstein & Koppel« berzeichnet. Bis Kriegsende entstanden bei O&K in Schlachtensee und Babelsberg insgesamt 13.300 Dampfloks und knapp 1.600 Dieselloks.

Nach Demontage durch die sowjetischen Besatzer wurde erst 1946 die Produktion von Lokomotivkesseln im Werk Babelsberg wieder aufgenommen. Am 30. April 1947 folgte die Lieferung der ersten Nachkriegs-Lokomotive. Am 18. März 1948 erfolgte die Umbenennung in »LOWA Lokomotivbau Karl Marx, Babelsberg« (LKM). Die Dampflokproduktion endete 1960, Dieselloks wurden bis 1976 geliefert. In den 30 Produktionsjahren entstanden bei LKM in Babelsberg rund 7.760 Lokomotiven.

Maschinenbauanstalt F. Schichau, Elbing/Westpreußen

1837 gründete Ferdinand Schichau die »Maschinenbauanstalt F. Schichau« im westpreußischen Elbing, begann mit dem Bau von Dampfmaschinen und errichtete 1852 eine eigene Schiffswerft. 1859 begann Schichau auch mit dem Lokomotivbau.
In Folge des verlorenen Ersten Weltkriegs stand das Unternehmen ab 1925 vor dem Konkurs. Doch das größte Schiffbauunternehmen im Osten blieb erhalten, denn die Schichau-Werke wurden per Reichstagsbeschluss staatlich saniert. Im Zweiten Weltkrieg verlagerte Borsig zum Teil auch Aufträge nach Elbing. Noch im Januar 1945, wurden die letzten Maschinen ausgeliefert. Bis Kriegsende 1945 hatte Schichau rund 4.300 Lokomotiven produziert, die Werksanlagen demontierte die sowjetische Besatzung.

Union-Gießerei, Lokomotivfabrik & Schiffswerft, Königsberg

Gegründet wurde die spätere Union-Gießerei am 1. Mai 1828 in Königsberg unter der Bezeichnung »Alte Eisengießerei«. Erstmals 1845 tauchte die Bezeichnung »Union-Gießerei« auf. Die erste Dampflok lieferte die Firma 1855. Bis zum Beginn des Ersten Weltkriegs verlagerte das Unternehmen seine Produktionsstätte ein Gelände am unteren Pregel, vier Kilometer von Königsberg entfernt. Nach Kriegsende geriet die Union Gießerei in wirtschaftliche Schwierigkeiten. Nach rund 2.800 gebauten Maschinen war mit der im August 1929 Schluss. Nach dem Konkurs der Union Gießerei wurde das Werk 1931 von Schichau übernommen.

Stettiner Maschinenbau-AG Vulcan, Stettin-Bredow

Die Hamburger Ingenieure Früchtenicht und Brock gründeten 1851 in dem kleinen Ort Bredow bei Stettin die Schiffswerft und Maschinenfabrik Früchtenicht & Brock. Nach wirtschaftlichen Schwierigkeiten begann das Unternehmen, das ab 1857 als »Stettiner Maschinenbau Actien-Gesellschaft Vulcan« firmierte, 1859 mit dem Lokbau. Eine weitere Werft entstand 1905 in Hamburg. Ab 1913 änderte sich die Schreibweise in »Vulkan« statt »Vulcan«. Nach dem Ersten Weltkrieg konnte Vulkan weder beim Lok- noch beim Schiffsbau an die Erfolge der Vorkriegszeit anknüpfen. Zwischen 1926 bis 1928 wurden die Vulkan-Werke von der Deutschen Schiff- und Maschinenbau AG (Deschimag) übernommen.1928 endete nach 4.002 gebauten Exemplaren die Lokomotivproduktion.

Kohle, Feuer und Wasser

Mehr braucht die Dampflok nicht zum Fahren

Ohne Feuer auf dem Rost setzt sich keine Dampflok in Bewegung. Doch bedarf es noch weiterer Vorrichtungen und Vorkehrungen, bevor die Maschine losfährt.

Faszination Dampf: Die Museumslokomotive 01 150 und die Dampflok 01 180 bei einer Sonderfahrt.

Die klassisch konstruierte Dampflokomotive setzt sich im Wesentlichen aus folgenden Baugruppen zusammen:

- dem Dampfkessel mit eingebauter Feuerbüchse,
- einer Kolbendampfmaschine,
- dem Fahrgestell mit Rahmen und Radsätzen,
- einem Führerstand, von dem aus die Maschine bedient wird, sowie
- dem nummerierten Rahmen, der als Identitätsträger jeder Lok gilt.

Die Brennstoff- und Wasservorräte führt die Lok entweder selber mit – dann spricht man von einer Tenderlokomotive – oder in einem mit fester Kupplung verbundenen Wagen, dem Tender. Dann spricht man von einer Schlepptenderlokomotive.

Eine zentrale Rolle kommt dem Lokomotivrahmen zu, denn auf oder an ihm sind der Dampfkessel mit der Feuerbüchse, die Dampfmaschine und der Führerstand montiert. Den Rahmen tragen:

- der Treibradsatz,
- die über Kuppelstangen verbundenen Kuppelradsätzen sowie
- in vielen Fällen antriebslose Laufräder (vorn und/oder hinten).

Die Kolbendampfmaschine besitzt entweder zwei, drei oder vier Zylinder. Diese sind entweder seitlich außen an den und/oder innerhalb der Rahmenwangen befestigt. Die Bewegungen der Kolbenstangen werden mittels der Treibstangen auf die Kurbelzapfen der Radsätze übertragen und so in eine Drehbewegung umgewandelt.

Die Dampferzeugung ist nichts anderes als eine Umwandlung von Energie, die Dampflokomotive wandelt thermische in kinetische Energie um. Überwiegend handelt es sich dabei um ein offenes System, d. h. der Dampf wird nach der Arbeitsleistung in den Dampfzylindern als Abdampf an die Umwelt abgegeben. Zuvor wird er noch zur Feueranfachung durch ein Blasrohr geleitet. Anders bei Kondensationslokomotiven: Bei diesen wird der Abdampf in einen Kondenstender geleitet, wo gekühlt wird und bald wieder als Kesselspeisewasser genutzt werden kann.

Ihre Primärenergie gewinnt die Dampflokomotive aus dem Verbrennen von Brennstoffen. Dies sind meist Kohle oder Schweröl, es können aber auch Holz, Kohlenstaub, Torf oder Mineralöl sein. Durch die Verbrennung in der Feuerbüchse erzeugt der beheizte Kessel aus dem Wasser den Dampf für die Dampfmaschine. Kohle- oder holzgefeuerte Dampflokomotiven haben eine Rostfeuerung mit flachem Feuerbett, dagegen brauchen Kohlenstaub, Schwer- oder Mineralöl keine Rostanlage. Diese Brennstoffe werden in einem speziellen Feuerkasten mit geeigneten Brennern verheizt. Schweröl wird mit Wärmetauschern vorgewärmt und anschließend im Brenner mit einem Heißdampfstrahl zerstäubt und verbrannt. Kohlenstaub dagegen wird entweder mit Druckluft in den Feuerkasten geblasen oder durch den entstandenen Unterdruck eingesaugt.

Eine ausreichende Zufuhr von Frischluft für die Verbrennung gewährleisten regelbare Luftklappen am Aschkasten.

Zur Anfachung des Feuers und vollständigen Verbrennung ist das in der Rauchkammer angebrachte Blasrohr notwendig. Dieses wichtige Bauteil hatte bereits Richard Trevithick Anfang des 19. Jahrhunderts entwickelt. Der Abdampf wird durch den Blasrohrkopf, einer Düse, in den Schornstein geleitet. Der Strahl des Abdampfs füllt dabei den Querschnitt des Schornsteins vollständig aus und reißt nach dem Injektorprinzip Rauch- und Pyrolysegase mit. Dies erzeugt in der Rauchkammer einen Unterdruck, der sich

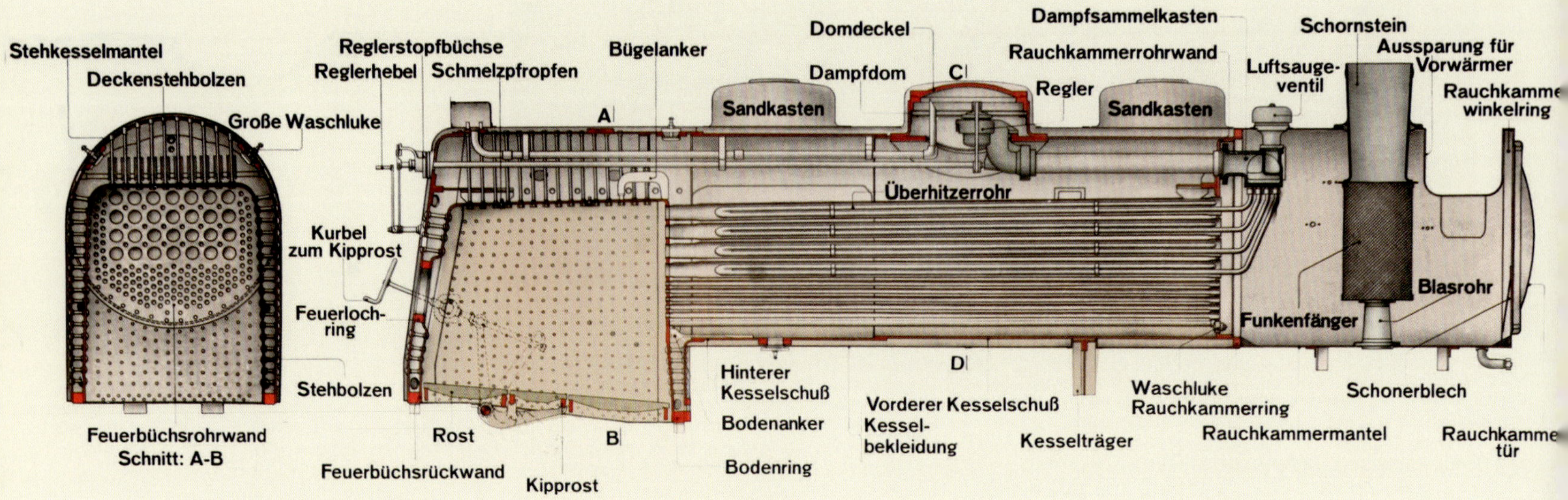

Der Aufbau des Dampflokkessels

durch die Rauch- und Heizrohre bis in die Feuerbüchse fortsetzt. Dieser Unterdruck sorgt dafür, dass durch den Aschkasten und die Rostlage Frischluft gezogen wird, die das Feuer weiter anfacht. Wird bei höherem Dampfverbrauch mehr Abdampf ausgeblasen, entsteht damit auch ein höherer Unterdruck, so dass das Feuer immer ausreichend Sauerstoff erhält. Da dies nur während der Fahrt funktioniert, ist für die Feueranfachung bei Halt oder Leerlauf zusätzlich ein Hilfsbläser eingebaut. Dieser besteht aus einem zentrisch um den Blasrohrkopf gelegten Rohrring mit feinen Bohrungen, der direkt aus dem Kessel mit Nassdampf versorgt wird. Voraussetzung für eine optimale Anfachung des Feuers und vollständige Verbrennung muss die Rauchkammer absolut luftdicht. Ebenso ist eine dichte Durchführungen der Rohre notwendig.

Damit bei voller Fahrt keine größeren Glutteile oder Verbrennungsrückstände durch den Schornstein ins Freie geschleudert werden, besitzt die Rauchkammer einen Funkenfänger. Dieser besteht aus einem Drahtgeflecht, das das in die Rauchkammer ragende Schornsteinunterteil und den Blasrohrkopf vollständig umschließt. Das zur Rohrwand hin pendelnd aufgehängte Prallblech dient der Selbstreinigung des Funkenfängers.

Schließlich erzeugt der Dampfkessel den erforderlichen Wasserdampf. Der klassische Dampflokomotivkessel besteht aus dem Stehkessel mit der vollständig von einem Wassermantel umgebenen Feuerbüchse, dem meist aus mehreren Kesselschüssen bestehenden Langkessel und der Rauchkammer mit eingebauter Saugzuganlage sowie dem Schornstein zur Feueranfachung. Bei diesem Konstruktionsprinzip handelt es sich um den so genannten Stephensonschen Röhrenkessel.
In der Feuerbüchse wird die bei der Verbrennung erzeugte Wärme direkt an die Feuerbüchswände und das dahinter umlaufende Kesselwasser abgegeben. Dies ist die so genannte Strahlungsheizfläche. Die heißen Rauchgase durchströmen die im Langkessel eingebauten Heizrohre und geben dabei die Wärme an die Rohrwandungen ab. Die Summe der Fläche der Rohrwandungen bildet wiederum die so genannte Rohrheizfläche. Heißdampflokomotiven besitzen zusätzlich zu den Heizrohren noch Rauchrohre mit wesentlich größerem Durchmesser, in die Überhitzerelemente eingeschoben sind. Darin wird der im Kessel erzeugte Dampf getrocknet und weiter erhitzt. Der auf bis zu 400 Grad Celsius erhitzte Heißdampf bewirkt wegen seines besseren Kondensations- und Expansionsverhaltens einen höheren Wirkungsgrad der Dampfmaschine.

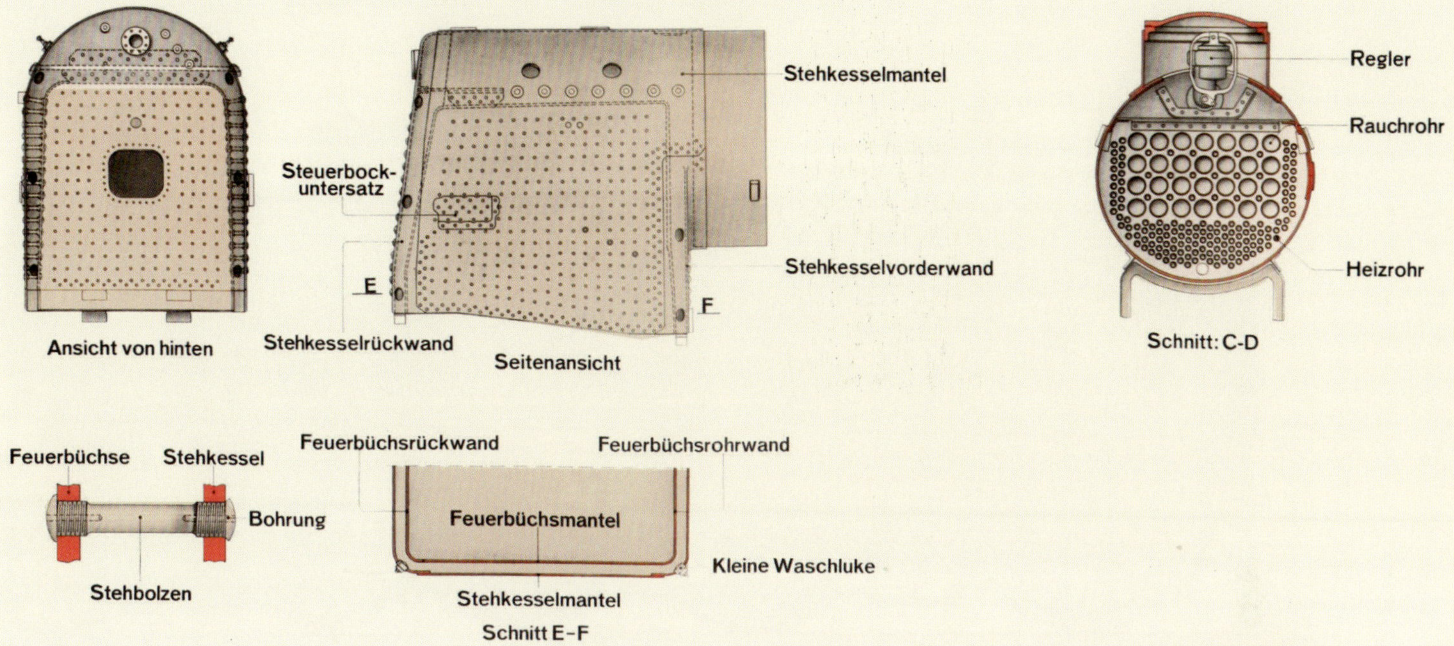

Anstrengende Arbeit: Die Asche aus der Rauchkammer muss regelmäßig entfernt werden, wie hier bei einer Lok im DB Museum Halle.

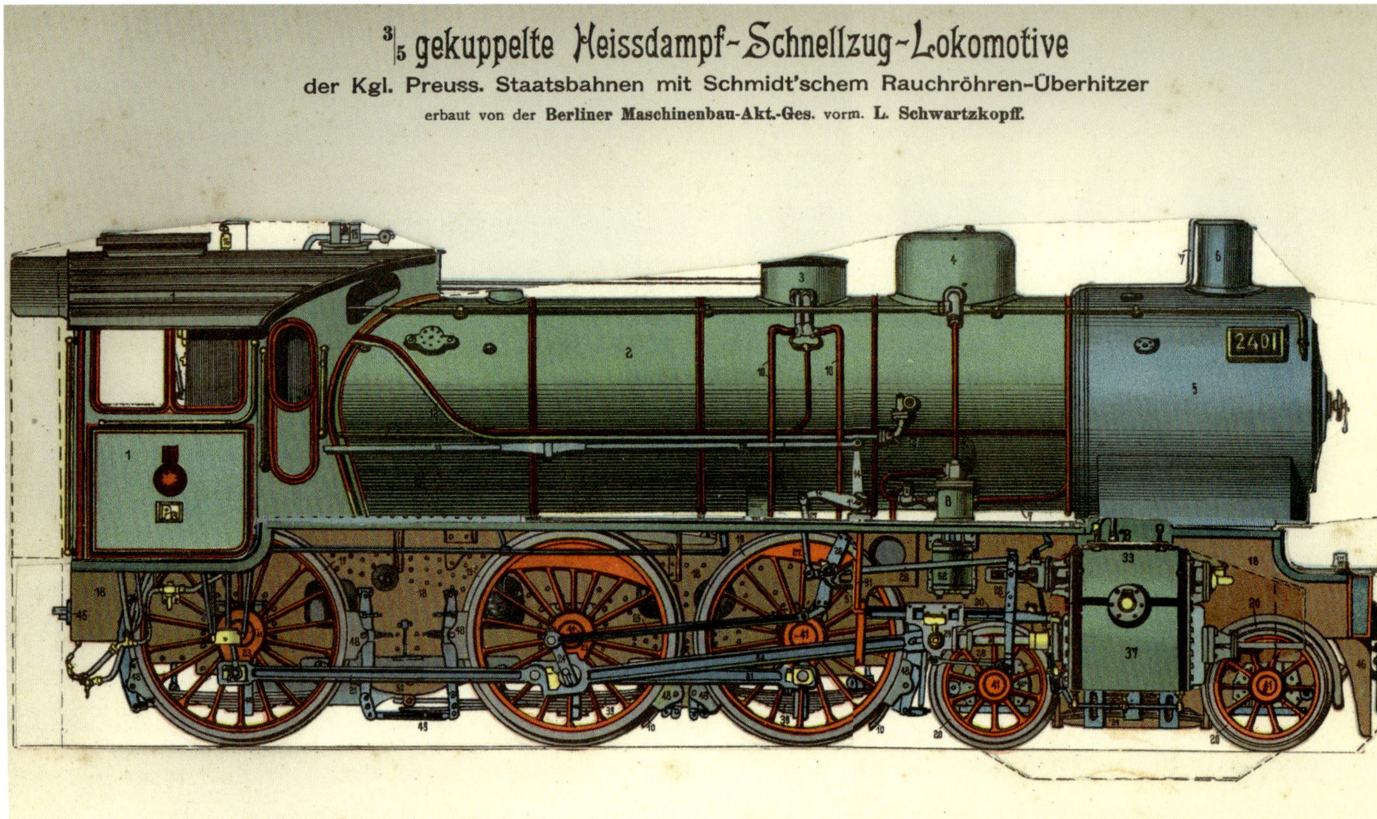

Auf dem Scheitel des Langkessels befinden sich meist ein oder zwei Dampfdome, in denen sich der Dampf sammelt. Der in einem Dampfdom eingebaute Regler reguliert die Dampfzufuhr in die Zylinder der Maschine.
Dampflokomotiven arbeiten in der Regel mit einem Kesseldruck von 12 bis 16 bar. Über den Kesseldruck wachen mindestens zwei Kesselsicherheitsventile verschiedener Bauformen, die bei Überschreiten des zulässigen Maximaldruckes kontrolliert Dampf abblasen.
Bei Lokomotiven mit Nassdampfregler passiert der im Dampfdom entnommene Dampf zunächst das Reglerventil und gelangt in die Nassdampfkammer des Dampfsammelkastens in der Rauchkammer. Von hier wird er in die Überhitzerrohre geleitet, wo er auf Temperaturen von etwa 370 Grad Celsius erhitzt wird. Der überhitzte Dampf strömt in die Heißdampfkammer des Dampfsammelkastens und von dort in das Haupteinströmrohr der Dampfmaschine. Wird anstelle des Nassdampfreglers ein Heißdampfregler verwendet, strömt der überhitzte Dampf von der Heißdampfkammer des Dampfsammelkastens über das Heißdampfreglerventil zum Haupteinströmrohr der Dampfmaschine.

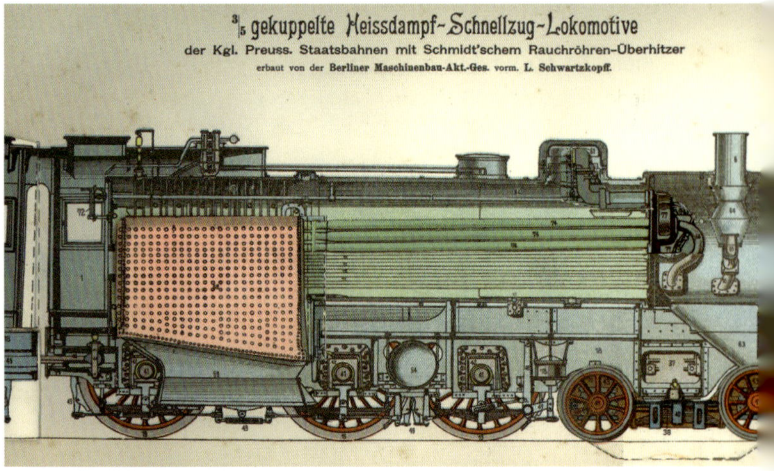

Eine P8 der Preußischen Staatsbahn in der Außenansicht und als Schnittzeichnung (historische Darstellung aus: Die Praxis des modernen Maschinenbaus. Modell-Atlas. Berlin 1910).

In den Zylindern der Kolbendampfmaschine dehnt sich der Dampf aus und bewegt dabei die Kolben. Mit anderen Worten: Erst im Zylinder wandelt sich die im Dampf gespeicherte Wärmeenergie in mechanische Energie um.
Die Dampfmaschine einer Lok ist wegen der Umsteuerbarkeit für Vorwärts- und Rückwärtsfahrt und weil eine Lokomotive aus je-

der Stellung anfahren können muss, doppeltwirkend. Die Kolben in den Zylindern der Dampfmaschine werden abwechselnd von vorn und von hinten mit Dampf versorgt. Die hin- und hergehenden Kolben wirken über die Treibstangen auf die Treibräder, die diese Bewegung in eine rotierende Bewegung umwandeln.
Damit die Dampflok auch bei Totpunktlage einer Kurbelstellung anfahren kann, sind die Kurbelzapfen der gegenüberliegenden Räder einer Achse gegeneinander versetzt. Der Versatzwinkel beträgt bei Zwei- und Vierzylindermaschinen eine Vierteldrehung bzw. 90°, bei Dreizylindermaschinen in der Regel eine Dritteldrehung bzw. 120°.

Das Steuersystem besteht aus Schwinge, Gegenkurbel, Schieberschubstange, Voreilhebel, Kreuzkopf, Steuerzylinder mit Kolbenschieber, Dampfzylinder und Steuerstange.
Die Leistung und damit der Dampfverbrauch wird an die wechselnden Betriebsbedingungen mit einer zusätzlichen Steuerung angepasst. Deren Hauptbestandteile sind die an den Arbeitszylinder angesetzten Schieberzylinder mit Schieberkolben. Sie steuern die Seite und die Menge des Dampfeintritts in den Arbeitszylinder. Kolbenschieber-Steuerungen haben im Gegensatz zu Flachschieber- Steuerungen eine innere Einströmung.
Im Betrieb eilen die Steuerschieber der Bewegung des Arbeitskolbens jeweils wechselnd voraus. Der Schieber öffnet den Zylinder, Dampf strömt ein. Nach etwa einem Drittel des Kolbenweges sperrt der Schieber den Einstrom ab. Die im Dampf vorhandene Energie treibt den Kolben durch Expansion weiter bis zu seinem Totpunkt. Die fortlaufende, wechselnde Schieberbewegung wird durch ein Steuergestänge bewirkt, das an das Antriebsgestänge angeschlossen ist. Durch variables Einstellen der Steuerung lässt sich z.B. eine hohe Anfahrzugkraft durch lange Dampffüllung über den Kolbenweg erreichen. Durch Verminderung der Füllzeiten bei hoher Geschwindigkeit verringert sich der Dampfverbrauch pro Kolbenhub.
Der Lokführer stellt die Steuerung vom Führerstand aus mit einer Handkurbel oder mit einem Steuerungshebel, der in der jeweiligen Stellung einrastet. Auf diese Weise wird an der Schwinge der Angelpunkt des Steuerungsgestänges und damit der Arbeitsweg des Schiebers verstellt. Das zweite Steuerelement neben dem Schieber ist das Reglerventil auf dem Führerstand, das den Dampfdruck zu den Zylindern einstellt.

Die Steuerung besitzt zwei extreme Einstellmöglichkeiten. Zum einen die voll ausgelegte Steuerung mit starkem Dampfdruck, der beim Anfahren benötigt wird. Zum anderen die minimal ausgelegte Steuerung mit vollem Dampfdruck, um mit der maximal möglichen Expansion in den Zylindern möglichst dampfsparend unterwegs zu sein. Zwischen beiden Extremen liegen unterschiedliche Betriebszustände. Dabei entscheiden die Erfahrung und das Können des Lokführers darüber, ob die Steuerung so eingestellt ist, das der Dampf optimal genutzt wird.
Die Fahrtrichtung wechselt die Dampflok, indem der Lokführer die Füllreihenfolge umkehrt. Diese Verfahren kann im Gefahrenfall auch als Gegendampfbremse genutzt werden. Auf diese Weise konnten schon schwere Unfälle verhindert werden. Da Triebwerk kann allerdings ernsthaft Schaden nehmen.

Die Linke-Hofmann-Werke gaben den Lokomotivbau zu Gunsten der Waggonfertigung Ende der 1920er-Jahre auf. Zu den letzten Loks von Linke-Hofmann gehörte die 24 033.

Typenkunde Dampflok

Die »Muldenthal«

Die Bockwaer Eisenbahn beauftragte am 10. Dezember 1860 die Firma Richard Hartmann in Chemnitz mit dem Bau von zwei 1B-Tenderloks zum Preis von 15.425 Talern je Stück. Während die erste Lok, die »Bockwa«, noch 1860 in Dienst gestellt wurde, erfolgte die Abnahme der »Muldenthal« erst einige Monate später am 7. September 1861. Beide Maschinen entsprachen dem damaligen Stand der Technik. 1913 übernahm der Erzgebirgische Steinkohlen-Actienverein zu Zwickau die beiden Maschinen. Nach der Ausmusterung der »Bockwa« war die »Muldenthal« ab Ende der 1920er Jahre die älteste in Deutschland eingesetzte Dampflok. Obwohl die Schadanfälligkeit der Maschine erheblich zunahm, konnte der Erzgebirgische Steinkohlen-Actienverein auch in den folgenden Jahrzehnten nicht auf die »Muldenthal« verzichten. Im Herbst 1946 erhielt die »Muldenthal« ihre letzte Hauptuntersuchung und wurde im Frühjahr 1952 abgestellt. 1953 übernahm die DR die Maschine und ließ sie 1955 im Raw Engelsdorf als Museumsstück aufarbeiten. Im Juni 1956 wurde die »Muldenthal« schließlich im Verkehrsmuseum Dresden aufgestellt.

Bauart 1Bn2t

Technische Daten		
Bauart		1Bn2t
Länge über Puffer	mm	8.980
Höchstgeschwindigkeit v/r	km/h	50/50
Treib- und Kuppelraddurchmesser	mm	1.400
Kesselüberdruck	kp/cm^2	8,5
Brennstoffvorrat	t	0,75
Wasserkasteninhalt	m^3	3,0

Reihe 580 (ÖBB-Baureihe 258)

Für den Verkehr auf Ihren Gebirgsstrecken beschaffte die Südbahn-Gesellschaft (SB) 1912 die 1´Eh2-Gebirgsschnellzuglok der Reihe 580. Mit ihrem mächtigen Kessel – Innendurchmesser 1.800 mm – gehörten sie damals zu den größten österreichischen Dampfloks. Entgegen den ursprünglichen Planungen wurden die Maschinen nicht am Brenner sondern am Semmering eingesetzt. Sie zogen mühelos einen 310 t schweren Schnellzug mit 30 km/h über die 25-Promille-Rampen des Semmerings. Bis 1917 beschaffte die SB insgesamt 27 Exemplare der Reihe 580, von denen nach dem Ersten Weltkrieg nur 18 Exemplare der Reihe 580 bei den Österreichischen Bundesbahnen (BBÖ) verblieben, die aber zwischen 1920 und 1922 weitere Exemplare nachbeschaffte. So stieg der Bestand wieder auf 27 Maschinen an. Nach dem Zweiten Weltkrieg waren in der Alpenrepublik noch 23 Maschinen vorhanden, die ab 1953 als Baureihe 258 bezeichnet wurden. Als letztes Exemplar schied 1964 die 258.02 aus. Sie blieb als Schaustück für das Eisenbahnmuseum in Wien erhalten.

Bauart 1´Eh2

Technische Daten		
Länge über Puffer	mm	18.102
Höchstgeschwindigkeit v/r	km/h	70/50
Treib- und Kuppelraddurchmesser	mm	1.450
Laufraddurchmesser v	mm	880
Kesselüberdruck	kp/cm^2	14
Brennstoffvorrat	t	6,6
Wasserkasteninhalt	m^3	17

Baureihe 15⁰ (ex bayerische S 2/6)

Die Bayerische Staatsbahn beauftragte die Firma Maffei 1905 mit der Entwicklung und dem Bau einer Dampflok für hohe Geschwindigkeiten. Binnen weniger Monate fertige die Firma Maffei das Einzelstück, das am 3. Mai 1906 abgeliefert wurde. Die als S 2/6 eingereihte Maschine trug die Betriebsnummer 3201 und besaß zur Verringerung des Luftwiderstandes ein Führerhaus, Rauchkammertür sowie die Dom- und Zylinderverkleidung so genannte Windschneiden.

Die Bayerische Staatsbahn setzte die Lok ab Juli 1907 zu Versuchsfahrten auf der Hauptbahn München–Augsburg ein. Dabei erreichte sie mit einem 150 t schweren Zug die Rekord-Geschwindigkeit von 154,5 km/h. Im Herbst 1910 versetzte die Bayerische Staatsbahn die Maschine nach Ludwigshafen, wo sie Schnellzüge auf den Strecken nach Bingerbrück und Straßburg bespannte. 1922 kehrte die Lok nach Bayern zurück, bevor sie Mitte der 1920er Jahre den Dienst quittierte. Die von der Deutschen Reichsbahn-Gesellschaft (DRG) vorgesehene Betriebsnummer 15 001 erhielt sie nicht mehr, da die Ausmusterung bereits beschlossen war. Anschließen wurde sie als Schaustück dem Verkehrsmuseum Nürnberg übereignet.

Bauart 1´B2´h4v

Technische Daten		
Betriebsgattung		S 26.16
Länge über Puffer (Tender bay 2´2 T 26)	mm	21.182
Höchstgeschwindigkeit v/r	km/h	150/50
Treib- und Kuppelraddurchmesser	mm	2.200
Laufraddurchmesser v/h	mm	1.006/1.006
Kesselüberdruck	kp/cm²	14
Brennstoffvorrat	t	8
Wasserkasteninhalt	m³	26

Dänemarks Schönste – die Reihe P (Dänemark)

Die Einführung schwerer, vierachsiger Reisezugwagen um 1900 überforderte die Loks der DSB. Sie veranlasste daher die Entwicklung einer leistungsfähigen 2'B1'-Schnellzuglok. Die Reihe P erhielt als erste europäische Schnellzuglok ein Vierzylinder-Verbundtriebwerk. Die Lieferung der Reihe P erfolgte 1907-10 in zwei Serien durch die »Hannoversche Maschinenbau-Aktien-Gesellschaft vorm. Egestorff in Hannover-Linden« (Hanomag) und die »Berliner Maschinenbau-AG, vormals L. Schwartzkopff« (BMAG). Beide Serien unterschieden sich in der Dimensionierung der Zylinder und wurden als P I (P 901-919) und P II (P 920-933) geführt. Die Maschinen überzeugten durch gute Laufeigenschaften und erreichten versuchsweise eine Spitzengeschwindigkeit von 130 km/h. Ab 1910 waren die Loks landesweit mit Schnellzügen unterwegs. In den 1930er Jahren kamen neue Aufgaben im Kopenhagener Nahverkehr und vor leichten Eilgüterzügen hinzu. Ihr Einsatz endete Anfang der 1960er Jahre. Im Danmarks Jernbanemuseum werden P 917 (Serie I) und P 931 (Serie II) für die Nachwelt erhalten.

Bauart 2' B 1' h4v

Technische Daten			
Länge ü. Puffer (Tender Bauart 4)	mm	18.515	18.515
Höchstgeschwindigkeit v/r	km/h	110	110
Treib- und Kuppelraddurchmesser	mm	1.984	1.984
Laufraddurchmesser v/h	mm	1.054	1.054
Kesselüberdruck	kp/cm²	15	15
Rostfläche	m2	3,2	3,2
Brennstoffvorrat	t	6,0	6,0
Wasserkasteninhalt	m³	22,0	22,0

Die Serie 12 (Belgien)

Die Nationale Gesellschaft der belgischen Eisenbahn (SNCB) entwickelte in Zusammenarbeit mit der Firma Cockerill in Seraing eine schwere, stromlinienverkleidete 2´B1´h2-Schlepptenderlok, von der 1939 insgesamt sechs Exemplare geliefert wurden. Die als Serie 12 bezeichneten Maschinen bestachen durch ihren sehr leistungsfähigen und für einen Druck von 18 kp/cm2 zugelassenen Kessel, der mit einem Doppelblasrohr der Bauart Kylchap ausgerüstet war. Im Hinblick auf geringe Zuckbewegungen und ein gleichförmigeres Drehmoment erhielt die Serie 12 das für die SNCB typische Vierzylinder-Triebwerk. Die SNCB ließ vier Maschinen der Serie 12 mit einer herkömmlichen Heusinger-Steuerung sowie jeweils eine Lok mit Ventilsteuerungen der Bauarten Caprotti und Dabeg ausrüsten. Vor leichten Eil- und Schnellzügen war die Serie 12 bis in die 1960er Jahre hinein bei der SNCB im Einsatz.

Bauart 2´B1´h4

Technische Daten		
Länge über Puffer	mm	20.058
Zylinderdurchmesser	mm	480
Kesselüberdruck	kp/cm²	18
Verdampfungsheizfläche	m²	161,0
Rostfläche	m²	3,7
Brennstoffvorrat	t	8,0
Wasserkasteninhalt	m²	24

Die Class 4000 der Union Pacific (»Big Boy«)

In den 1930er Jahren benötigten viele Güterzüge der Union Pacific (UP) in den Rocky Mountains noch immer Vorspann- oder Nachschiebelokomotiven. Die Leitung der UP forderte deshalb Ende der 1930er Jahre von ihrem »Department of Research and Mechanical Standards« eine Lok, die in der Lage sein sollte, einen rund 3.300 t schweren Zug ohne Hilfe über die langgezogene 1,14%-Steigung am Wasatch zu befördern.

Die Antwort der Ingenieure bestand in einer Gelenklokomotive der Class 4000 mit der Achsfolge (2'D)D'2 und einfacher Dampfdehnung. Die American Locomotive Company (ALCO) lieferte 20 Exemplare der neuen Baureihe im Jahr 1941 und 1944 noch einmal fünf Maschinen. Bei Volllast verbrauchte der »Big Boy« rund 25 t Kohle pro Stunde. Dies ermöglichte bei 48 km/h eine Dauerleistung von rund 6.300 PS. Das Gesamtgewicht der Loks betrug über 548 t. Die Maschinen erfüllten die Anforderungen der UP und beförderten im Alltagsbetrieb bis zu 6.000 t schwere Züge durch die Rocky Mountains.

Bereits 1959 endet der planmäßige Einsatz der »Big Boys«. Acht Maschinen sind erhalten, keine davon ist jedoch betriebsfähig.

Bauart (2'D)D2'h4

Technische Daten		
Länge ü. Kupplung (Tender Centipede)	mm	40.5000
Höchstgeschwindigkeit v/r	km/h	112
Treib- und Kuppelraddurchmesser	mm	1.727,2
Laufraddurchmesser v/h	mm	914,4/1.066,8
Kesselüberdruck	kp/cm²	21
Brennstoffvorrat	t	25,4
Wasserkasteninhalt	m³	94,6
Leistung	PS	6.300

Die Reihe Pm 36 (Polen)

Die Polnischen Staatsbahnen (PKP) beauftragte 1936 die Lokomotivfabrik Chrzanow mit dem Bau einer Stromlinienlok. Bereits ein Jahr später stellten die PKP die beiden Baumuster als Pm 36-1 und Pm 36-2 in Dienst. Allerdings besaß die Pm 36-2 keine Stromlinienverkleidung. Die Pm 36-1 wurde ein Jahr später auf der Weltausstellung in Paris der Öffentlichkeit präsentiert, wo sie eine Goldmedaille errang.
Nach dem Einmarsch der Deutschen Wehrmacht in Polen 1939 gehörte die Pm 36-2 zur Generaldirektion der Ostbahnen (Gedob). Der Verbleib der stromlinienverkleideten Pm 36-1 ist hingegen bis heute ungeklärt. Nach Kriegsende gelangte die Pm 36-2 wieder zu den PKP, die die Maschine 1947 im Ausbesserungswerk Bydgoszcz instandsetzen ließen. Danach wurde sie von den Depots Gdynia, Torun, Ostrow Wlkp und Poznan im Schnellzugdienst eingesetzt. Nach ihrem Ausscheiden aus dem Plandienst blieb die Pm 36-2 als Museumslok der PKP erhalten.

Bauart 2´C1´h2

Technische Daten		
Länge über Puffer (Tender Reihe 32 D 36)	mm	24.843
Höchstgeschwindigkeit v/r	km/h	140/50
Treib- und Kuppelraddurchmesser	mm	2.000
Laufraddurchmesser v/h	mm	950/1.150
Kesselüberdruck	kp/cm^2	18
Brennstoffvorrat	t	9
Wasserkasteninhalt	m^3	32
Leistung	PS	1.800

Ein Gelenk für die Dampflok

Die Gelenkloks der Bauart Meyer sind Spezialisten für enge Radien. Noch heute verkehren nach diesem Prinzip konstruierte Loks im Freistaat Sachsen.

Die K.Sächs.Sts.E.B. beschafften von 1910 bis 1914 insgesamt 18 regelspurige Meyer-Maschinen der Gattung I TV. Die letzten Exemplare der von der DRG als Baureihe 98.0 bezeichneten Type hatten erst 1966 ausgedient. Gut zu erkennen sind die innen liegenden Zylinder.

Typisch für die IV K sind die beiden Drehgestelle und der lange, schmale Kessel. 99 1568-7 (ex 99 568) gehört der IG Preßnitztalbahn e.V. Auch sie zeigt den typischen Aufbau einer Meyerlok (Bahnhof Jöhstadt, 10. Juni 2000).

Der elsässische Ingenieur Jean Jacques Meyer erwarb 1861 das österreichische Patent für eine Gelenklok. Die als »Wiener Neustadt« bezeichnete Maschine hatte der Österreicher Wenzel Günther 1851 für die Semmering-Bahn entwickelt. Meyer verbesserte gemeinsam mit seinem Sohn Adolph die Technik und ließ sie sich ebenfalls im Jahr 1861 erneut patentieren. Doch erst 1868 wurde für die Charante-Bahn in Luxemburg die erste Gelenk-Lokomotive der Bauart Meyer in Dienst gestellt. Typisch für die Meyer-Loks waren die beiden beweglichen Drehgestelle, deren Zylinder sich in der Fahrzeugmitte befanden. Dadurch waren sehr kurze Dampf führende Leitungen möglich.

Im Gegensatz zur »Wiener Neustadt« von 1851 nutzen die Meyer-Lokomotiven das Verbundprinzip, sie verfügen also über Hoch- und Niederdruckzylinder. Letztere sind aus Platzgründen meistens im vorderen Drehgestell angeordnet. Gegensatz zur Bauart Mallet sind jedoch beide Fahrwerke schwenkbar. Deshalb müssen die Dampfleitungen beweglich sein.

Die kurzen Verbindungsleitungen zwischen den kurzen Hoch- und Niederdruckzylindern, die auf der Innenseite der Drehgestelle angeordnet sind, haben Kugelgelenke aus gegossenen Halbschalen, in deren Gelenken Graphitschnüre für die Dichtheit sorgen.

99 1590-1 der IG Preßnitztalbahn e.V. nimmt am 25. Mai 2001 in Steinbach Wasser. Gut zu erkennen sind die beiden beweglichen Triebwerke.

Das hintere Hochdrucktriebwerk der IV K hat einen Außenrahmen. Das Drehmoment wird deshalb mit Hilfe so genannter »Hall´scher Kurbeln« auf die Räder übertragen.

Das vordere Niederdrucktriebwerk der IV K hat hingegen einen Innenrahmen. Die Kreuzköpfe beider Triebwerke werden doppelschienig geführt.

Allerdings neigten Meyer-Maschinen bei höheren Geschwindigkeiten zum Schlingern. In Deutschland blieben Meyer-Loks daher eine Seltenheit. Lediglich die K.Sächs.Sts.E. beschafften mit der IV K eine größere Serie und von der Gattung I TV eine kleinere Anzahl dieser Gelenk-Maschinen.
Zu den bekannten Vertreterinnen gehören ebenfalls die beiden selbstfahrenden Dampfschneeschleudern BB R 1051 und 1052 der Berninabahn. Die beiden nach dem Meyer-Prinzip konstruierten Fahrzeuge gelangten nach der Übernahme in den Bestand der Rhätischen Bahn, die sie als Xrotd 9213 und 9214 bezeichnete. Die 9213 blieb bis heute in Pontresina, ist immer noch betriebsfähig und wird für spezielle Anlässe und Fotofahrten am Bernina eingesetzt. Sie ist eine der ganz wenigen betriebsfähigen Dampfschneeschleudern weltweit.

Jean Jacques Meyer

Der Ingenieur Jean Jacques Meyer wurde 1804 in Mühlhausen (Elsass) geboren. Nach dem Studium arbeitete er zunächst als Konstrukteur, bevor er ab 1840 eine eigene Lokomotivfabik in Mühlhausen leitete.

Allerdings musste er die Firma 1843 aufgeben und in eine Aktiengesellschaft umwandeln, zu deren Vorstand er berufen wurde. Zwei Jahre später schied er aus dem Unternehmen aus und ließ sich als selbstständiger Ingenieur in Paris. Dort verstarb Jean Jacques Meyer im Jahr 1877.

Leistung fürs Gebirge

Eine erfolgreiche Technik für enge Radien wird erdacht

Anatole Mallets sorgte für leistungsstarke Loks auf Schmalspurbahnen. In Nordamerika wurde seine Idee weiterentwickelt. Noch heute sind Lokomotiven nach seiner Konstruktionsidee im Einsatz.

99 5901 und 99 5902 gehören zu den ältesten betriebsfähigen Dampfloks in Deutschland. Die beiden Mallet-Maschinen standen am 3. April 2005 in Wernigerode.

Die Zahl der regelspurigen Mallet-Maschinen blieb in Deutschland verhältnismäßig klein. Die Bayerische Staatsbahn stellte zwischen 1913 und 1923 insgesamt 25 Exemplare der Gattung Gt 2 x 4/4 in Dienst, die die DRG als Baureihe 96.0 in ihren Fahrzeugpark einreihte. Die Baureihe 96.0 ging als größte deutsche Tenderlok in die Technik-Geschichte ein.

Der Schweizer Ingenieur Jules T. Anatole Mallet befasste sich erst einige Jahre nach dem Abschluss seines Studiums erstmals mit der Konstruktion von Dampfmaschinen. Dies tat er mit Erfolg, denn im Jahre 1867 entwickelte er sogleich die Idee einer Verbundmaschine. Er versuchte außerdem, dieses Prinzip auch auf Dampflokomotiven anzuwenden. Im selben Jahr erhielt er das Patent für eine Anfahrvorrichtung, die es ermöglichte, Frischdampf in die Niederdruckzylinder der Verbunddampfmaschine einzuleiten und so den Anfahrvorgang einer Lokomotive zu beschleunigen. Neun Jahre erregte Mallet einiges Aufsehen, als für die Eisenbahn Bayonne–Biarritz zwei Tenderlokomotiven mit einer Zweizylinder-Verbundtriebwerk konstruierte. Im Prinzip funktionierten die Lokomotiven, hatten jedoch bei höheren Geschwindigkeiten einen unruhigen Lauf, weil die Leistungsunterschiede zwischen Hochdruck- und Niederdruckzylinder nicht völlig ausgeglichen werden konnten. Mit seiner Konstruktion konnte Mallet damals die Bahngesellschaften nicht vom Verbundprinzip überzeugen.
Als immer mehr Schmalspurbahnen gebaut wurden, fand Mallet mit einer neuen Idee ein neues Betätigungsfeld. Für den Verkehr auf kurvenreichen Gebirgsstrecken benötigten diese Bahnen stärkere Lokomotiven. Deren Konstruktion erwies sich aufgrund der engen Radien als äußerst schwierig.

Die einzige Lösung schienen damals Lokomotiven mit schwenkbaren Fahrwerken zu bieten. Deshalb waren Loks der Bauarten von Fairlie und Meyer weit verbreitet. Beide Konstruktionen verwendeten schwenkbare Maschineneinheiten, die jeweils einzeln mit Dampf über flexible Verbindungen gespeist wurden. Diese Verbindungen hatte sich jedoch als

99 5901

Schwachpunkt der Maschinen erwiesen. Mallet hatte stattdessen eine einfache, aber geniale Lösung für dieses Problem: er entwickelte eine Bauart mit zwei Fahrwerken, von denen nur das vordere unter der Rauchkammer schwenkbar gelagert war. Auf diese Weise ruhte der Kessel fest auf dem hinteren Fahrwerk und die Zahl der flexiblen Verbindungen reduzierte sich um die Hälfte.

Der wesentliche Unterschied der Konstruktion von Mallet im Vergleich zu den Bauarten Fairlie und Meyer war aber, wie das Verbundtriebwerk angewendet wird. Der Frischdampf wird zunächst zu den Hochdruckzylindern des fest gelagerten Fahrwerks geleitet und nach dem Auslass in die Niederdruckzylinder des vorderen beweglichen Fahrwerks. Die dorthin führende bewegliche Dampfleitung funktionierte wegen des geringeren Drucks besser als eine reine Frischdampfleitung.

Für seine konstruktive Erfindung erhielt Mallet 1884 das Patent. Die erste Malletlokomotive wurde 1888 in Belgien für Paul Decauvilles 600-mm-Schmalspurbahn auf der Pariser Ausstellung 1889 vorgestellt, wo sie über sechs Millionen Besucher transportierte. Es folgten weitere nach diesem Prinzip gebaute Schmalspur-Lokomotiven, zumeist mit der Achsfolge B'B.

Nach Nordamerika brachte Mallets Konstruktion im Jahre 1904 die Baltimore & Ohio Railroad, als sie einer C'C-Loktype bei der American Locomotive Company orderte. 1911 rollten auf den Gleisen in den USA bereits mehr als 500 Mallets.
Bei späteren, größeren Lokomotiven, die auch weiterhin Mallets genannt wurden, wurde auf das Verbundprinzip der getrennten Fahrwerke verzichtet und beide Fahrwerke mit Frischdampf versorgt. Die Bauart Mallet brachte in den USA die größten jemals gebauten Dampflokomotiven hervor.

In Deutschland kann man heute die Dampflokomotiven der Bauart Mallet noch auf den Gleisen der Harzer Schmalspurbahn täglich erleben.

Der Meister der Verbundtechnik

Der Schweizer Ingenieur Jules T. Anatole Mallet wurde am 23. Mai 1837 in Lancy im Schweizer Kanton Bern geboren. Nach dem Abschluss seines Ingenieurstudiums an der Pariser »Ecole Centrale des Arts et Manufactures« arbeitete Mallet zunächst an der Projektierung des Suezkanals mit und entwarf Hafenanlagen in Italien.

Erst ab 1867 beschäftigte sich Mallet mit der Entwicklung von Dampfmaschinen. Er suchte dabei nach einer Möglichkeit, das seit 1830 im Schiffbau verwendete Verbund-Prinzip auch für den Lokomotivbau nutzbar zu machen. Er entwickelte schließlich die erste Verbund-Dampflok, die er sich 1874 patentieren ließ.

1876 stellte die französische Bayonne-Biaritzer Eisenbahn die ersten Verbund-Maschinen in Dienst. Das Patent für seine bekannteste Erfindung – die nach ihm benannte Gelenk-Lokomotive – erhielt er 1884. Charakteristisch für Mallet-Maschinen sind das hintere, fest im Rahmen gelagerte Hochdrucktriebwerk und das vordere, bewegliche Niederdrucktriebwerk. Die ersten Mallet-Maschinen wurden 1889 gebaut und auf der Pariser Weltausstellung gezeigt. Mallet starb am 10. Oktober 1919 in Paris.

Die beiden betriebsfähigen Mallet-Loks der Harzer Schmalspurbahnen GmbH befinden sich stets in einem tadellosen Zustand. 99 5901 glänzte am 30. Mai 2003 in Wernigerode in der tiefstehenden Abendsonne.

Rekordverdächtig

Die S1 der Pennsylvania Railroad

Auf der »New York World´s Fair 1939« bestaunten die Besucher die größte Schnellzug-Dampflok der Welt. Doch die Lok war einfach zu schwer.

Die neue S1 6100 der PRR präsentiert sich in Altoona/ Pennsylvania als die größte Schnellzug-dampflok der Welt.

Bauart	S1
Achsfolge	3'BB3'
Kesseldruck	21,2 bar
Dienstgewicht o. Tender	275,9 t
Dienstgewicht mit Tender	487,5 t
Reibungsgewicht	127,7 t
Länge über Puffer	42.700 mm
Durchmesser Treib- und Kuppelräder	2.134 mm
Höchstgeschwindigkeit	120 mph (193,1 km/h)
Leistung am Zughaken	7.000 PSe
Indizierte Leistung	8.200 PSi

Die Stromlinie bestimmte das Bild der S1 6100.

Im Verkehrsbereich der New Yorker Weltausstellung 1939/40 stand damals nicht nur die größte, sondern auch die weltweit leistungsfähigste Schnellzug-Dampflok. Bei diesem außergewöhnlichen Ausstellungsstück handelte es sich um die 1938/39 gebaute Duplex-Vierzylindermaschine der Pennsylvania Railroad (PRR). Die Lok der Baureihe S1 besaß extravagante Radsatzfolge 3'BB3' und ein stromlinienförmiges Design, das der bedeutende französisch-amerikanische Designer Raymond Loewy (1893 – 1986) – damals Chefdesigner der PRR – entwickelt hatte.

Die S1 sollte in der Lage sein, schwere Expresszüge mit mindestens 100 mph (161 km/h) über große Distanzen befördern. Speziell die PRR setzte in der letzten Epoche des zu Ende gehenden Dampflokbaus auf die Duplex-Bauart, weil nach Meinung ihrer Ingenieure die konventionelle Hochleistungs-Einrahmenmaschinen mit Dampfdrücken um 20 bar für den steigenden Leistungsbedarf nicht mehr ausreichten. Die heftigen Kolbendrücke bei den schweren Triebwerksanlagen der riesigen Zwillingsmaschinen, die mittlerweile eingesetzt wurden, wirkten sich trotz hochwertiger Legierungen schlecht auf die Laufeigenschaften und den Oberbau aus. Deshalb erschien es den Konstrukteuren sinnvoll, die Kräfte auf vier Zylinder im gleichen Rahmen aufzuteilen, um auf diese Weise die Einrahmen-Dampflok noch einmal weiterentwickeln.
Der Entwurf und die Konstruktion stammten von den Werkstätten der PRR in Altoona/Pennsylvania. Diese superstarke Lok mit der Nr. 6100 erreichte auf dem PRR-Prüfstand eine Leistung von 8.200 PSi. Allein der größte bis dahin von der General Steel Castings Corporation gegossene Rahmen wog 44,5 Tonnen. Sie besaß mit 2.134 mm Durchmesser die größten jemals an einer Lok mit mehr als drei Kuppelradsätzen verwendeten Treib- und Kuppelräder, wobei der erste und dritte Kuppelradsatz jeweils um 57,2 mm seitenverschiebbar waren. Ihr Tender wies acht Radsätze auf und fasste 23,6 t Kohle und 91,7 m³ Wasser. Er war mit einer Wasserschöpfvorrichtung ausgerüstet. Die S1 zog in der Ebene 1.600 t dauerhaft mit 120 mph (193,1 km/h).
Ab Dezember 1940 lief die S1 auf der Strecke Chicago – Pittsburgh im schweren Schnellzugdienst, u.a. vor den Prestigezügen »The General« und »The Trailblazer«. Doch in einer engen Kurve kurz vor dem Bahnhof in Pittsburgh entgleiste die Lok mehrmals. Deshalb entschieden die Verantwortlichen der PRR, sie nur noch auf dem »Rennbahn«-Abschnitt Chicago – Crestline/Ohio einzusetzen. Das entsprach etwa zwei Drittel der Strecke nach Pittsburgh. Die S1 ausgezeichnete Schnellläuferin befriedigte aber im Betrieb nicht, denn sie neigte zum Schleudern und lief schlecht durch enge Kurven.

Technisch war in der Lage, auch Geschwindigkeiten von deutlich über 200 km/h zu erreichen, und damit den Rekord der »Mallard« von 1938 zu übertreffen. Ein Artikel im populären Magazin »Riding the Gargantua of the Rails« vom Dezember 1941 schrieb der S1 eine Geschwindigkeit von 133,4 mph (214,7 km/h) zu. Verschiedene Berichte beschreiben Fahrten, auf denen sie mehr als 140 mph (225 km/h) schnell gewesen sein soll. Sogar von einer Rekordfahrt der S1 ist die Rede, bei der mitfahrende Angestellte der Bahn eine Geschwindigkeit von 141 mph (227 km/h) gemessen haben soll. Doch die S1 bewies ihre Leistung nie vor einem Messwagen. Auch sonst hatte sie keinen großen Erfolg. Schon Mitte 1946 wanderte sie aufs Abstellgleis und wurde bereits 1949, zehn Jahre nach ihrem New Yorker Messerdebüt, verschrottet. Die PRR versuchte sich zwar weiter mit der Duplex-Bauart und entwickelte die etwas kleineren Schnellzugloks der Baureihe T1 (2'BB2'), aber auch ihnen war nur ein begrenzter Erfolg beschieden.

Deutschlands Rekord-Dampflok

Die Baureihe 05 errang einen Weltrekord

Mit der Baureihe 05 schufen die Ingenieure eine eindrucksvolle Stromlinienlok, die mehr als 200 km/h erreichen sollte.

05 001 wird vom DB Museums Nürnberg für die Nachwelt erhalten.

Auch ohne Stromlinienverkleidung boten die Maschinen der Baureihe 05 einen imposanten Anblick. Das Bw Hamm setzte die Loks bis zu ihrer Ausmusterung 1958 vor leichten Fernschnellzügen ein.

Bauart		**05 001, 05 002 2´C 2´h3**	**05 003 2´C 2´h3**
Betriebsgattung		S 37.19	S 37.19
Länge über Puffer (Tender 2´3 T 37 St)	mm	26.265	26.765[2]
Höchstgeschwindigkeit v/r	km/h	175/50	175/50
Zylinderdurchmesser	mm	450	450
Kolbenhub	mm	660	660
Treib- und Kuppelraddurchmesser	mm	2.300	2.300
Laufraddurchmesser v/h	mm	1.100/1.100	1.100/1.100
Kesselüberdruck	kp/cm^2	16[1]	16[1]
Rostfläche	m^2	4,71	4,40
Verdampfungsheizfläche	m^2	255,52	226,52
Brennstoffvorrat	t	10	12
Wasserkasteninhalt	m^3	37	38,5
Leistung	PS	2.360	2.400

Anmerkungen:
1 ursprünglich 20 kp/cm^2; später 16 kp/cm^2
2 mit Tender 2´3 T 38,5 St

Die Deutsche Reichsbahn-Gesellschaft (DRG) benötigte Anfang der 1930er-Jahre für die Erprobung neuer Reisezugwagen bei 150 km/h eine spezielle Schnellfahrmaschine. Da Erfahrungen mit Dampfloks in diesem Geschwindigkeitsbereich fehlten, schrieb die DRG die Entwicklung dieser Fahrzeuge aus. Die Vorstellungen der DRG und der Lokomotivfabriken über Schnellfahr-Dampfloks gingen aber weit auseinander. Lediglich die Firma Borsig baute konsequent auf der konventionellen Dampflok-Technik auf und entwickelte diese weiter. Dabei leisteten die Borsig-Ingenieure Pionierarbeit. Die DRG beauftragte schließlich 1933 die Firma Borsig mit der Konstruktion und dem Bau der beiden vorgeschlagenen 2´C2´h3-Maschinen. Bahnbrechend an der als Baureihe 05 bezeichneten Type war die neu entwickelte Stromlinienverkleidung, mit der im oberen Geschwindigkeitsbereich eine deutlich höhere Leistung erzielt werden konnte. Anhand von Modellen hatten die Ingenieure von Borsig und der DRG im Windkanal der Technischen Hochschule Berlin-Charlottenburg und der Universität Göttingen die optimale Form der Stromlinienverkleidung ermittelt. Am 8. März 1935 übergab die Firma Borsig schließlich die weinrot lackiere 05 001 an die Reichsbahn. Kurze Zeit später folgte die 05 002. Die Lokomotiv-Versuchsabateilung (LVA) Grunewald absolvierte mit beiden Maschinen ein umfangreiches Testprogramm, bei denen die Loks bis zu 180 km/h erreichten. Neben Leistungs- und Fahrversuchen wurde auch die Bremstechnik der Baureihe 05 ausgiebig untersucht.

Ein Jahr später sorgten die außergewöhnlichen Dampfloks für Aufsehen in der Öffentlichkeit und in der Fachwelt: Bei einer Demonstrationsfahrt stellte die 05 002 am 11. Mai 1936 den bis heute bestehenden Geschwindigkeitsrekord für deutsche Dampfloks auf. Auf der Fahrt von Hamburg nach Berlin erreichte die Maschinen vor einem 197 t schweren Zug stolze 200,4 km/h – das war zu diesem Zeitpunkt Weltrekord, der erst zwei Jahre später durch die britische »Mallard« überboten werden sollte.

Im Plandienst setzte die Reichsbahn die Baureihe 05 auf der Strecke Berlin–Hamburg ein. Das Bahnbetriebswerk (Bw) Altona bespannte mit den Maschinen planmäßig das Fernschnellzugpaar (FD) 22/23 zwischen der Hansestadt und der Spreemetropole.

Zu diesem Zeitpunkt liefen bereits die Vorarbeiten für eine dritte Maschine, die sich jedoch erheblich von den beiden anderen unterschied. Aus Sicherheitsgründen forderte die Reichsbahn eine Schnellfahrlok mit Frontführerstand. Deren Entwicklung übernahm der Chefkonstrukteur der Firma Borsig, Adolf H. Wolff (1894–1964). Neu an der ebenfalls stromlinienverkleideten Lok waren der Verbrennungskammer-Kessel und die Kohlenstaubfeuerung. Die 1937 als 05 003 in Dienst gestelle Maschinen wurde zunächst von der LVA Grunewald untersucht. Der später verfeuerte Steinkohlenstaub verursachte aber erhebliche Probleme, sodass die Lok umgebaut werden musste. Die Arbeiten dazu konnten erst im März 1945 abgeschlossen werden.

Nach dem Zweiten Weltkrieg verblieben alle drei Loks bei der Deutschen Bundesbahn (DB). Diese ließ die Einzelgänger erst 1950/51 instandsetzen. 05 001 und 05 002 verloren dabei ihre Stromlinienverkleidung. Danach setzte das Bw Hamm die Baureihe 05 bevorzugt im leichten Schnellzugdienst ein. Bereits acht Jahre später hatten die Maschinen ausgedient. Der 05 001 blieb aber der Weg zum Schrottplatz erspart. Die DB ließ die Lok mit einer halbseitigen Stromlinienverkleidung ausrüsten. Seither kann die Maschine im Verkehrsmuseums Nürnberg bewundert werden.

Grossbritanniens Rekordlok – die Class A4

Die Class A4 errang das blaue Band der Schiene

Mit der Konstruktion seine Class A4 holte Nigel Gresley den Weltrekord für Dampfloks auf die Insel. Er besteht bis heute.

Die Loks der Class A4 gehören zweifellos zu den formschönsten Maschinen des englischen Lokbaus. A4 »Bittern« gastierte am 16. September 2014 auf der Museumsbahn von Torbay nach Kingswear.

Der gut geputzte Führerstand der »Mallard« im Eisenbahnmuseum in York.

Ein seltenes Zusammentreffen der wieder in Ursprungsausführung befindlichen A4 »Bittern« und »Mallard« in Barrow Hill am 13. April 2012.

Bauart 2'C1' h3		
Höchstgeschwindigkeit v/r	km/h	201,2 km/h (Weltrekord)
Zylinderdurchmesser	mm	470 mm
Kolbenhub	mm	660 mm
Treib- und Kuppelraddurchmesser	mm	2.032
Laufraddurchmesser v/h	mm	965 / 1.118
Kesselüberdruck	kp/cm^2	17,6
Rostfläche	m^2	3,83
Verdampfungsheizfläche	m^2	239,3
Brennstoffvorrat	t	9
Wasserkasteninhalt	m^3	22,7
Leistung	PS	über 2.700

Die Schnellzugloks der Class A4 sind die berühmteste Baureihe der britischen Bahngesellschaft London and North Eastern Railway (LNER): Am 3. Juli 1938 stellte A4 4468 »Mallard« mit 125 mph (201,2 km/h) – einige Quellen sprechen auch von 126 mph (202,8 km/h) – den bis heute gültigen offiziellen Geschwindigkeitsweltrekord für Dampflokomotiven auf. Konstrukteur der Pacific-Schnellzugdampflok war der langjährige Chief Mechanical Engineer (CME) der LNER, Sir Herbert Nigel Gresley (1876–1941). Der britische Dampflokkonstrukteur entwarf die 2'C1'-Maschine als Zuglok für den neuen Schnellzug »Silver Jubilee«, mit dem die LNER 1935 anlässlich des 25. Thronjubiläums von König Georg V. eine neue Schnellverbindung zwischen London und Newcastle einrichtete.

Die neue Dreizylinder-Heißdampflok basierte konstruktiv auf der Class A3. Sie besaß einen Kessel mit Verbrennungskammer und war mit der sogenannten Gresley-Steuerung ausgestattet, die das Steuerungsgestänge für den mittleren Zylinder einsparte. Der Nachteil: Bei höheren Geschwindigkeiten lief das höher belastete mittlere Treibstangenlager der A4 leicht heiß.

Die LNER beschaffte zunächst vier Exemplare der stromlinienförmig verkleideten A4 mit silberfarbener Lackierung: 2509 »Silver Link«, 2510 »Quicksilver«, 2511 »Silver King« und 2512 »Silver Fox«. Die neuen Lokomotiven bewährten sich von Beginn an. Der »Silver Jubilee« hatte einen solchen Erfolg, dass weitere Schnellverbindungen eröffnet wurden. Dafür beschaffte die LNER in den Jahren 1936 bis 1938 weitere 31 Exemplare der Class A4.

Nach der Gründung von British Railways im Jahr 1948 behielten die A4 ihre Verkleidung, mit Ausnahme der Abdeckung des Triebwerks und der Treibräder. Mit einer schwarz-grünen Lackierung waren sie bis in die 1960er-Jahre im Einsatz. Am 14. September 1966 rollte zwischen Aberdeen und Glasgow der letzte Planzug, den eine A4 bespannte. Sechs Maschinen, darunter auch die Rekordlok, sind erhalten geblieben.

Letzte Glanz

Die Schnellzuglokomotive 241 P der Französischen Staatsbahn (SNCF)

Die letzte Dampflok-Konstruktion konnte André Chapelons in puncto Leistung nicht mehr ganz an die Vorkriegserfolge anknüpfen. Das hatte Gründe.

2'D1'h4v-Schnellzuglokomotive 241 P 17 im Depot Le Mans. Diese optisch eindrucksvolle Maschine gehört zu den 35 letzten Dampflokomotiven, die in Frankreich konstruiert und gebaut wurden. Ohne Tender betrug das Dienstgewicht dieses Giganten ca. 131,4, mit Tender 212,2 t.

Die SNCF-Lokomotive Nr. 242 A1 wurde 1946 in Dienst gestellt und war mit 5500 PS die stärkste Dampflokomotive außerhalb Nordamerikas.

Für die Realisierung der Neubaulokomotive 241 P wählte die SNCF die Baureihe 241 C der PLM als Vorbild. Chapelon konnte in seiner damaligen Verantwortung nur noch die Dimensionierung der Dampfleitungen und Zylinder beeinflussen. Der von der 241 C übernommene, aber zu schwach konstruierte Lokomotivrahmen mit rund 280 mm Wandstärke konnte prinzipiell nicht verändert, sondern nur durch eingesetzte Stahlguß-Querverstrebungen zusätzlich versteift werden. Wie in anderen westeuropäischen Ländern auch, kamen die in den Jahren 1948 bis 1952 in Betrieb genommenen 35 Schnellzuglokomotiven für die vorgesehene Aufgabe zu spät. Längst hatte die elektrische Traktion die ursprünglich für die Baureihe 241 P vorgesehenen Hauptstrecken übernommen.
Trotz ihres guten Aussehens und ihrer Leistung waren die Lokomotiven der Baureihe 241 P mit den Umbauten von Chapelon nicht zu vergleichen, der sich hier stärker nach den Vorgaben der Leitung der SNCF richten musste. Bei seinen vorhergehenden Umbauten hatte freie Hand gehabt.
Die 35 neuen Lokomotiven der Baureihe 241 P wurden an die noch nicht elektrifizierten Strecken der Regionen West, Ost und Nord gegeben und versahen dort zuverlässig ihren Dienst.
Der Rahmen mit 280 mm Plattenstärke neigte zum Biegen und bewirkte öfters warm- oder ausgelaufene Lager. Die Zughakenleistung Ne bewegte sich zwischen 2.500 und 2.800 PS und erreichte nie die Werte der 240 P. Hinzu kamen die höheren Beschaffungs- und Unterhaltungskosten.
Trotz ihres eindrucksvollen Aussehens und hoher Anerkennung beim Publikum blieb die Baureihe 241 P ein Stiefkind des Betriebsmaschinendienst. Sie wurde bereits 1970, somit schon nach nur 18 bis 22 Jahren Einsatz, für immer abgestellt.

Am Ende haben diese letzten Vierzylinder-Verbundlokomotiven der SNCF weder die Leistung noch die Wirtschaftlichkeit der Chapelon´schen Umbaulokomotiven erreicht sowie die für die hohen Beschaffungskosten erforderlichen Einnahmen eingefahren.

Die Schnellzuglokomotive 241 P 17 wird betriebsfähig erhalten und wurde vom Herstellerwerk Schneider in Le Creusot im Jahre 2003 ausgebessert. Sie gilt heute als leistungsstärkste Dampflokomotive Europas und steht für Sonderfahrten zur Verfügung (www.241P17.com).

Bahnverwaltung SNCF **Bauart 241P**	
Feuerung	Kohle
Baujahr (ab)	1947
Achsfolge/Bauart	2'D1'h4v
Laufrad-Ø (mm)	1.000/1.330
Treibrad-Ø (mm)	2.000
Zylinder-Ø (mm)	446/674
Zylinderhub (mm)	650/700
Höchstgeschw. (km/h)	120
Achslast max. (to)	20,4
Kesseldruck (atü)	20
Rostfläche (m^2)	5,052
Zulässige Kesselbelastung (kg/m^2h)	85
Max. indizierte Leistung (PSi)	~3.780
Dienstgewicht (to) (ohne Tender)	131,42

Schwanengesang

Die letzte Schnellzugdampflok der Deutschen Bundesbahn

»Schwarzer Schwan« – so hießen die eleganten Maschinen der Baureihe 10. Mit ihnen endete bei der Deutschen Bundesbahn eine Ära.

Die windschnittige Verkleidung der Baureihe 10 hatte eher gestalterischen als technischen Wert. Mit geöffneter Frontverkleidung zeigte sich am 13. Mai 1957 die 10 001 im BZA Minden.

Als die Deutsche Bundesbahn (DB) Ende der 1940er-Jahre einen Typenplan für neue Dampflokomotiven aufstellte, war auch die Beschaffung einer modernen Schnellzug-Maschine vorgesehen. Nach den ersten Planungen sollte dies eine 1´C1´-Maschine für den Einsatz vor leichten Fernschnell-Zügen sein. Dieses Konzept fand jedoch nicht die Zustimmung der Hauptverwaltung der Bundesbahn, wo man sich für eine schwere 2´C1´-Maschine als Ersatz für die Baureihen 01.10 und 03.10 aussprach. Die notwendigen Konstruktionsarbeiten übernahm schließlich das Bundesbahn-Zentralamt (BZA) Minden unter der Federführung des Bauart-Dezernenten Friedrich Witte. Nach schier endlosen Diskussionen und mehreren Entwürfen, die auch verschiedene Studien zur Lackierung der Loks umfassten erhielt Krupp den Auftrag zum Bau der beiden Prototypen. Krupp lieferte die zwei 2´C1´h3-Maschinen der Baureihe 10 schließlich 1956/57 an die DB. Mit ihrem lang gestreckten, glatten Kessel, der eleganten Teilverkleidung des Triebwerks, der kegeligen Rauchkammertür, dem Kylchap-Doppelschornstein und dem großen Tender besaß

Aufgrund der hohen Achsfahrmasse von 22 t war das Einsatzgebiet der Baureihe 10 recht eingeschränkt. Mit dem D 167 verließ die Lok in den 1960er Jahren den Bahnhof Bad Hersfeld.

die Baureihe 10 ein unverwechselbares Aussehen. Während die 10 001 eine Kohlefeuerung mit Ölzusatzfeuerung besaß, verfügte die 10 002 bereits bei ihrer Indienststellung über eine Ölhauptfeuerung. Erst 1959 rüstete das Ausbesserungswerk Braunschweig die 10 001 ebenfalls mit einer Ölhauptfeuerung aus. Doch bereits bei ihrer Endabnahme waren die Lokomotiven eigentlich schon überflüssig, denn die DB hatte mit ihrem Beschluss zur Elektrifizierung der wichtigsten Hauptstrecken bereits den Traktionswechsel eingeleitet. Die Beschaffung weiterer Exemplare der Baureihe 10 war damit hinfällig. Außerdem konnten die beiden Maschinen aufgrund ihrer für damalige Verhältnisse sehr hohen Achsfahrmasse von 22 t nicht freizügig eingesetzt werden. Zudem erwiesen sich die Loks als recht wartungsintensiv. So sollte sich die DB nach nur wenigen Jahren Einsatzzeit von den beiden Maschinen wieder trennen, die zunächst im Bw Bebra stationiert waren. Anschließend übernahm das Bw Kassel die Baureihe 10 und setzte sie auf den Strecken nach Münster und Gießen ein. Als erste schied die 10 002 nach einem Triebwerksschaden 1967 aus dem Plandienst aus und diente anschließend als Wärmespender in Ludwigshafen. Die 10 001 quittierte am 21. Juni 1968 den Dienst. Sie blieb als Ausstellungsstück im Deutschen Dampflok-Museum (DDM) in Neuenmarkt-Wirsberg erhalten.

Bauart 2´C1´h3		
Betriebsgattung		S 36.22
Länge ü. Puffer (Tender 2´2´ T 40)	mm	26.503
Höchstgeschwindigkeit v/r	km/h	140/90
Zylinderdurchmesser	mm	480
Kolbenhub	mm	720
Treib- und Kuppelraddurchmesser	mm	2.000
Laufraddurchmesser v/h	mm	1.000/1.000
Kesselüberdruck	kp/cm^2	18
Rostfläche	m^2	3,96
Verdampfungsheizfläche	m^2	216,4
Dienstmasse (2/3 Vorräte)	t	207,67
Brennstoffvorrat	t	12,51
Wasserkasteninhalt	m^3	40
indizierte Leistung	PSi	2.500
indizierte Zugkraft (0,8)	Mp	17,9

Anmerkung:
1 12,5 m^3 Heizöl

Der »Fortschritt« kommt im Doppelpack

Letzter Dampf am Jingpeng-Pass

Die Innere Mongolei galt selbst in China bis vor wenigen Jahren als tiefste Provinz – doch das hat sich gründlich geändert. Mitte der 1990er Jahre wurde die autonome Provinz zwischen der Volksrepublik China und Russland für Dampflokfans aus aller Welt fast zu einem Wallfahrtsort. Der Grund: Güterverkehr mit Dampf.

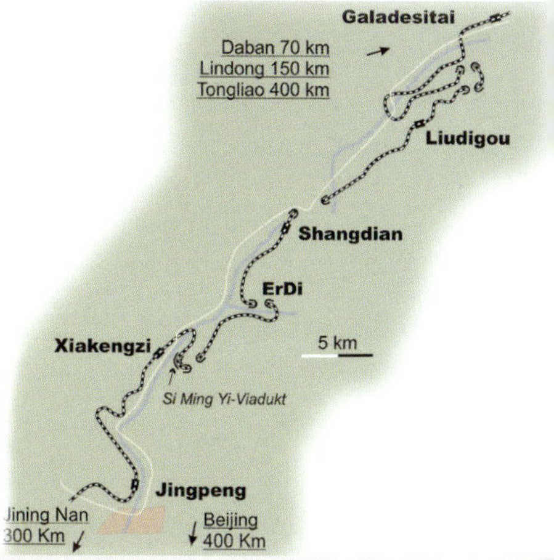

Wahrscheinlich eine der meistfotografierten Eisenbahnbrücken der Welt: der Si Ming Yi-Viadukt bei Reshui. Im Februar 2((004 ziehen zwei Maschinen der Reihe QJ mit voller Kraftanstrengung ihren Güterzug ostwärts.

Güterverkehr »en gros« und »en detail« im Jahr 2004: Während sich zwei Maschinen der Reihe QJ mächtig anstrengen müssen, um ihre 2.300 Tonnen auf die Passhöhe bei Shangdian zu bringen, dürfte das motorisierte Dreirad mit seiner großvolumigen, aber nicht ganz so schweren Ladung weniger Mühe haben.

Aus bis zu 55 Waggons bestehen die Güterzüge auf der Jitong-Linie – mehr lassen die Längen der Ausweichgleise auf den Zwischen-stationen nicht zu. Am 17. November 2((004 leistet QJ 6891 einer Schwestermaschine Vorspann vor einem gemischten Güterzug. In der kargen Landschaft bei Chaganhada dampft der Zug am Fotografen vorbei.

Das plötzlich stark gewachsene Interesse der Eisenbahnfreunde galt der am 1. Dezember 1995 auf voller Länge eröffnete Eisenbahnstrecke von Jining Nan nach Tongliao. Die Jitong-Linie, so benannt nach ihren beiden Endpunkten, ist 945 Kilometer lang und dient vor allem dazu, die Wirtschaft des entlegenen Landstrichs anzukurbeln. Deshalb verkehren auf der eingleisigen Strecke hauptsächlich Güterzüge, die in West-Ost-Richtung überwiegend Kohle und Stahl, in der Gegenrichtung Holz befördern.

Doch nicht die Eisenbahn an sich zog die Eisenbahnfreunde so magisch an – es war ihr Betrieb: Auf der Jitong-Linie, obwohl erst 1995 in Betrieb genommen, wurden vor allen Zügen ausschließlich schwere Dampflokomotiven eingesetzt. Sie dürfte damit vermutlich die letzte Neubaustrecke der Welt gewesen sein, auf der die schwarzen Riesen den Gesamtbetrieb bewältigten. Seit Ende 2005 ist der Dampfbetrieb auf der steigungsreichen Strecke allerdings Geschichte. Trotz der zukunftsweisenden Baureihenbezeichnung QJ, d.h. Fortschritt, mussten die fünffach gekuppelten Schlepptendermaschinen der Dieseltraktion weichen, denn China unternimmt enorme Anstrengungen, das Image einer rückständigen Nation abzustreifen und eine mittlerweile über 170-jährige Technik passt zweifellos nicht zu einer modernen Industrienation des 21. Jahrhunderts. Immerhin: Mehr als zehn Jahre konnten die robusten Maschinen, deren letzte Exemplare erst 1988 die Werkhallen der Lokomotivfabrik Datong verließen, am Jingpeng-Pass zeigen, welche Leistung aus Feuer, Wasser und Kohle herauszuholen ist – und das meist im Doppelpack, denn für die Züge mit bis zu 50 Wagen waren auf den langen Rampen oft zwei Maschinen erforderlich – und auch die heutigen Dieselloks schaffen es häufig nicht allein.

Gemeinsam mit einer Schwestermaschine verlässt QJ 7((009 im November 2((004 den Tunnel bei ErDi auf der Fahrt zum Scheitelbahnhof Shangdian.

Die Innere Mongolei

Die Innere Mongolei ist ein autonomes Gebiet in der Volksrepublik China. Mit rund 1,2 Mio. km² Fläche ist die Provinz fast viermal so groß wie die Bundesrepublik. Mit nur rund 20 Einwohnern je km² ist sie jedoch extrem dünn besiedelt. Zum Vergleich: In Deutschland leben 231 Einwohner je km². Bis heute gibt es in der Mongolei keinen internationalen Flughafen, und auch die großen Handelsrouten umgehen das Gebiet.

Um die bis dahin überwiegend ländlich strukturierte Wirtschaft anzukurbeln und die Verkehrsverbindungen nachhaltig zu verbessern, wurde Anfang der 1990er-Jahre mit dem Neubau einer normalspurigen Eisenbahnlinie begonnen. Sie sollte die Innere Mongolei auf einer Länge von knapp 1.000 Kilometern in west-östlicher Richtung mit dem Netz der Chinesischen Eisenbahn verbinden. Im Westen wurde die Strecke im Bahnhof von Jining Nan an der Strecke (Beijing –) Datong – Erenhot (und weiter nach Ulan Ude) an die Staatsbahn angeschlossen. Im Osten erfolgte dieser Anschluss in Tongliao. Wie in China üblich, leitet sich der Name der Bahnlinie aus den beiden Endpunkten ab.

Die Jitong-Linie

Die neue Stecke entstand als Gemeinschaftsprojekt des Chinesischen Eisenbahnministeriums und der Autonomen Regierung der Inneren Mongolei zwischen 1990 und 1995. Mit einer Gesamtlänge von 945 Kilometern ist sie die längste Eisenbahnlinie, die in China in Form eines »joint-ventures« gebaut wurde. Auf ihrem Weg von West nach Ost durchquert sie die Kernlande der Inneren Mongolei und verbindet die drei nördlichen Regionen Chinas (Nordwestchina, Nordchina und Nordostchina) miteinander. Die Strecke ist als eingleisige Hauptbahn angelegt, die zentrale Verkehrsbedeutung liegt im Güterverkehr. Ursprünglich sollten die Züge vor allem Kohle von West nach Ost und Holz von Ost nach West befördern. Tatsächlich transportieren die zahlreichen Güterzüge allerdings alle Arten von Gütern in beiden Richtungen. Die Innere Mongolei ist überaus reich an Bodenschätzen und die Jitong-Linie stellt eine wesentliche Voraussetzung für deren Ausbeutung dar. Entlang der Linie ruhen beispielsweise geschätzte 47 Billionen Tonnen Kohle, 150 Mio. Tonnen Erz, 2,3 Mio. Tonnen Blei und Zink sowie Erdölreserven. Zudem ist die Eisenbahn im Verteidigungsfall von strategischer Bedeutung.

Abschied vom Dampf: Noch einmal ein (letzter) Blick auf den Si Ming Yi-Viadukt bei Reshui. Der weltweit letzte Hauptbahndampf ist seit Dezember 2005 Geschichte – aber die eindrucksvollen Bilder aus der inneren Mongolei werden im Gedächtnis der Eisenbahnfreunde haften bleiben.

Faszination Bahnbetriebswerk: Einer der letzten »echten« Einsatzstellen für Hauptbahndampfloks auf der Welt dürfte das Depiot Daban gewesen sein. Von dort gingen die Maschinen der Reihe QJ bis Ende 2((005 auf die Reise über den Jingpeng-Pass.

Die Strecke

Von West nach Ost fällt die Strecke von 1.431 m ü. NN in Jining Nan auf nur noch 183 m ü. NN in Tongliao. Ihren höchsten Punkt erreicht die Bahn bereits nach 95 Kilometern im Bahnhof DeYi mit 1.513 m. ü. NN. Mit mäßigem Gefälle führt die Strecke bis zum Bahnhof Jingpeng (km 468). Hier beginnt der spektakulärste Abschnitt der gesamten Strecke, die Überquerung des Da-Xinggan-Gebirges, nach der nahe gelegenen Stadt »Jingpeng-Pass« genannt. In zahlreichen Kehren windet sich das Gleis bis zum Scheitelpunkt bei Shangdian (km 493) in 1.273 m Höhe hinauf. Der Jingpeng-Pass liegt fast genau in der Mitte der Strecke, danach geht es nur noch abwärts, zunächst durch die Provinz Linxi bis Chabuga (km 755, 413 m ü. NN) und anschließend durch die Ebene von Liaohe bis zum Endpunkt Tongliao (km 945, 183 m ü. NN).

Das Überqueren des Passes stellte die Bahnbauer vor erhebliche Herausforderungen, die topographisch gar nicht zwingend nötig waren. Viel einfacher wäre der Bau einer Bahnlinie entlang des Xi La Muluen He-Flusses gewesen, eine Überquerung des Gebirges hätte so vermieden werden können. Dann hätte die Strecke aber die Städte Tianshan, Daban, Lindong und Linxi umgangen, also entschieden sich die Ingenieure für die aufwändigere Route über den Pass.
Obwohl die Bahn von Anfang an für reinen Dampflokbetrieb vorgesehen war, ist die Jitong-Linie keineswegs eine Nostalgiebahn, sondern weist alle Merkmale moderner Neubaustrecken auf. Die Gleise liegen auf Betonschwellen, nur auf den Brücken und in den Weichenstraßen wurden Holzschwellen verwendet. Als eingleisige Hauptbahn »erster Klasse« – so die Einstufung der Strecke nach den chinesischen Eisenbahn-Standards – liegt die maximale Steigung bei 12 ‰. Dieser Höchstwert wird nur zwischen Menggentala und Linxi, also im Bereich rund um den Jingpeng-Pass erreicht. Ansonsten beträgt die Steigung maximal 6 ‰. Zum Vergleich: die berühmte »Geislinger Steige« zwischen Stuttgart und Ulm hat eine Steigung von 22,5 ‰. Der kleinste Kurvenradius ist mit 800 m festgelegt, wird aber insbesondere auf der Passstrecke zum teil erheblich unterschritten. Am Jingpeng-Pass liegt er teilweise unter 350 Metern. Auch hier ein Vergleich: In Deutschland schreibt die »Eisenbahnbau- und Betriebsordnung (EBO) vor, dass auf Hauptbahnen ein Bogenhalbmesser von 300 m nicht unterschritten werden darf, auf Nebenbahnen 180 m. Die ICE-tauglichen Schnellfahrstrecken haben hingegen Bögen mit Halbmessern von 7.000 m. Bis Dezember 2005 wurden die ursprünglich 700 m langen Ausweichgleise in den Unterwegsstationen der Jitong-Linie auf eine nutzbare Länge von 850 m gebracht – ein Tribut an das steigende Verkehrsaufkommen mit längeren Zügen. Bis auf wenige Ausnahmen ist die gesamte Strecke mit Lichtsignalen gesichert – von der »klassischen« Dampfbahn-Romantik aus Großvaters Zeiten war auf der Jitong-Linie also von Anfang an wenig zu finden. Mittlerweile ist sie ganz verschwunden, denn die Dampflok hat auch in der Inneren Mongolei seit Anfang Dezember 2005 ausgedient.

Die Jitong-Linie in Zahlen	
Strecke	Jining Jan – Tongliao
Eröffnung	1. Dezember 1995
Streckenlänge	944,7 km
Max. Steigung	12 ‰
Kunstbauten	
Tunnel	7 (Gesamtlänge 2.566 m)
Viadukte	30 (Gesamtlänge 6.480 m)
Brücken	91 (Gesamtlänge 4.209 m)
Bahnübergänge	252
Höchster Punkt	1.513 m ü. NN (DeYi, km 95)

Der Betrieb

Dass eine normalspurige Neubaustrecke im ausgehenden 20. Jahrhundert bei ihrer Eröffnung ausschließlich mit schweren Dampflokomotiven betrieben wird, dürfte der Jitong-Linie einen dauerhaften Ehrenplatz in der Eisenbahngeschichte sichern. Nirgendwo sonst auf der Welt gab es zu diesem Zeitpunkt noch regelmäßige Dampflokeinsätze in solchem Umfang. Die jüngsten der zwischen Jining Nan und Tongliao eingesetzten Maschinen waren 1995, als die Strecke in Betrieb ging, gerade einmal sieben Jahre alt. Was auf den ersten Blick wie ein Anachronismus aussieht, beruht allerdings bei näherem Hinsehen auf durchaus nachvollziehbaren Motiven. So waren die in der Lokomotivfabrik Datong gebauten Maschinen zum großen Teil noch so gut wie neu. Betriebsstoffe, insbesondere Kohle, sind bis heute in Fülle vorhanden und entsprechend günstig. Überdies gab der personalintensive Betrieb und Unterhalt der Stahlkolosse zahllosen Arbeitern ein sicheres Auskommen, wenn auch auf bescheidenem Niveau – zumindest im Vergleich mit der westlichen Welt.
Schließlich konnte die Jitong-Bahn durch die Übernahme gebrauchter Dampflokomotiven von der Staatsbahn eine Menge Geld sparen. Weil die Chinesische Staatsbahn bestrebt war, ihre

Dampflokomotiven durch die moderne Traktion abzulösen, gab sie Dampflokomotiven vergleichsweise günstig ab, auch wenn die Maschinen teilweise jünger als die Dieselloks waren. So begann die Jitong-Linie am 1. Dezember 1995 ihren Betrieb als vermutlich letzte normalspurige Eisenbahn der Welt mit einem Bestand von über einhundert Dampflokomotiven.

Von Anfang an waren die Maschinen kräftig gefordert. Für Güterzüge galt zunächst ein maximales Zuggewicht von 2.300 Tonnen auf der gesamten Strecke. Auf einzelnen Abschnitten und unter bestimmten Witterungsbedingungen wurde dieses Zuggewicht im Lauf der Zeit erhöht. Bei Zügen in Richtung Osten waren unter guten Bedingungen im Abschnitt Daban – Zhelimu beispielsweise bis zu 3.000 Tonnen erlaubt. In der Gegenrichtung durften dagegen nur 2.500 t bergwärts geschleppt werden. Unabhängig vom Gewicht der Züge begrenzen die Ausweichgleise deren Länge. Deshalb bestehen die Güterzüge aus maximal 55 meist vierachsigen Wagen. Für den Streckenabschnitt über den Jingpeng-Pass blieb es zu Dampfzeiten allerdings bei den 2.300 Tonnen. Für Züge Richtung Osten war im Abschnitt Jingpeng – Shangdian, für westwärts fahrende Züge im Abschnitt Daban – Haoluku jeweils eine zweite Lokomotive vorgeschrieben. Weil die meisten Güterzüge die zulässigen Höchstlasten erreichten, war die Bespannung mit Zug- und Vorspannmaschine am Jingpeng-Pass die Regel.

Mit der schrittweisen Verdieselung der Strecke stiegen die zulässigen Gewichte, weil die modernen Maschinen leistungsfähiger als die Dampfloks sind. So befördern z. B. im Abschnitt Daban – Haoluku zwei Dieselmaschinen bis zu 3.500 Tonnen über den Berg. Angesichts steigender Transportraten ein wichtiger Faktor, kann doch die Anzahl der Züge auf der eingleisigen Strecke nicht beliebig gesteigert werden.

Bei der Eröffnung war die Strecke für jährlich rund 7 Mio. Tonnen Fracht ausgelegt. Allerdings wurde schon damals ein Anwachsen des Frachtaufkommens auf bis zu 17 Mio. Tonnen prognostiziert. 1996, im ersten vollen Betriebsjahr, beförderten die Züge rund 5 Mio. Tonnen Güter. Schon ein Jahr später waren die ursprünglich veranschlagten 7 Mio. Tonnen erreicht und im Jahr 2003 überstieg das Frachtaufkommen erstmals die 10-Mio.-Tonnen-Grenze. In den wenigen Reisezügen, die auf der Strecke unterwegs sind, reisen jährlich nur rund 500.000 Fahrgäste. Diese Zahl verdeutlicht, dass die Jitong-Linie in erster Linie dem Güterverkehr dient.

Die gesamte Infrastruktur der Strecke war zum Eröffnungszeitpunkt so ausgelegt, dass das geplante Betriebsprogramm erfüllt

Bei Kilometer 693 (von Jining Jan aus gerechnet) liegt der Bahnhof Lindong. Bis Dezember 2004 hielten in Lindong alle Züge in beide Richtungen, um die Wasservorräte zu ergänzen. Am 18. November 2004 rollt ein Güterzug mit QJ 6917 und QJ 7037 in den Bahnhof, um sich der obligaten Prozedur zu unterziehen, während der links sichtbare Zug bereits abfahrbereit ist.

werden konnte. 17 Zugpaare täglich ließ die eingleisige Strecke zu, im Jahre 1998, gut zwei Jahre nach der Betriebseröffnung, konnten die Züge an mehr als 55 Bahnhöfen kreuzen. In regelmäßigen Abständen waren Versorgungseinrichtungen für die Dampflokomotiven vorhanden, insbesondere Wasserkräne. Im Endausbau sollen insgesamt 101 Bahnhöfe die Streckenkapazität auf täglich 34 Zugpaare erhöhen. Solange sie ausschließlich mit Dampf unterwegs waren, betrug die Durchschnittsgeschwindigkeit der Güterzüge 28 km/h. Ein durchgehender Güterzug benötigte also rund anderthalb Tage für die Gesamtstrecke. Erst mit der Verdieselung gelang es, die Fahrzeit spürbar zu verkürzen.

Beheimatet waren die Lokomotiven der Jitong-Linie in den Betriebswerken Baiqi (km 217) und Daban (km 601). Bis 2001 waren in den beiden Werken stets rund 90 Dampflokomotiven der Baureihe QJ betriebsbereit, weitere Maschinen befanden sich in den Werkstätten. Im August 2000 tauchten im Depot Baiqi die ersten beiden Diesellokomotiven der Reihe DF4D auf, weitere vier Maschinen folgten Anfang 2001. Am Bestand der Dampfloks änderte dies einstweilen noch nichts. Erst die Übernahme der Zugförderung im Abschnitt Tongliao – Chabuga durch Staatsbahn-Dieselloks der Reihen DF4B und DF4C im Frühjahr 2004 führte zu einem ersten Einbruch, noch verstärkt durch die Lieferung von 14 gebrauchten DF4B an das Depot Daban für den

Mit Diesel über den Pass: Mit den Dieselloks aus der DF 4-Familie wurde das Ende der Dampflokherrlichkeit am Jingpeng-Pass eingeläutet. Am 22. November 2004 ziehen DF4 D 0392 und eine Schwestermaschine gemeinsam einen gemischten Güterzug bei Liudigou am Jingpeng-Pass bergwärts.

Nicht alle Züge benötigten zwei Lokomotiven: Für die regulär 2.300 t schweren Züge waren am Pass zwei Maschinen vorgeschrieben, für nur zwei Waggons hingegen reichte auch eine Lok. Im Februar 2004 rollt eine Maschine der Reihe QJ im letzten Abendlicht talwärts.

Einsatz auf der Passstrecke im Herbst desselben Jahres. Schon im Dezember 2004 waren von Baiqi aus nur noch zehn Dampfloks täglich im Einsatz. Daban benötigte zum selben Zeitpunkt immerhin noch rund 35 Maschinen täglich für den Einsatz über den Pass und nach Chabuga. Nachdem weitere zehn Dieselloks auf die Strecke gekommen waren, beendete das Depot Baiqi den Dampfeinsatz im April 2005. Von Daban aus liefen die letzten Maschinen nur noch über die Passstrecke bis Haoluku. Die übrige Strecke war komplett auf Dieselbetrieb umgestellt. Am 10. Dezember 2005 brachten zwei Maschinen der Reihe QJ noch einmal einen Güterzug über den Pass bis nach Jingpeng. Die Maschinen kehrten leer zurück – und beendeten so recht unspektakulär eine kurze, aber umso eindrucksvollere Eisenbahnepoche tief im fernen Osten.

Die Lokomotiven

Obwohl die mächtigen Schlepptender-Dampflokomotiven der Reihe QJ mittlerweile als das Sinnbild der chinesischen Dampflok schlechthin gelten, hat die Maschine doch internationale Ursprünge. Letztlich geht die Bauart auf eine amerikanische Konstruktion aus dem Jahr 1931 zurück, als die Lokomotivfabriken Alco und Baldwin je eine fünffach gekuppelte Bauart an die Sowjetunion lieferten. Die Sowjetunion entwickelte aus diesen Maschinen eigene Modelle, die als Reihe FD20 (1931) bzw. FD21 (1940) auf die russischen Gleise kamen. Unter der Bezeichnung LV entstand schließlich in der Lokomotivfabrik Lugansk zwischen 1954 und 1956 eine erneut weiterentwickelte Variante in insgesamt 522 Exemplaren – das direkte Vorbild der QJ. In den 1950er-Jahren erhielt China die Zeichnungen der LV und erwarb rund 1.000 Exemplare der Reihe FD21, die in der Sowjetunion überflüssig geworden waren.

Ab 1956 begann China mit der Konstruktion einer eigenen fünffach gekuppelten Güterzugdampflok auf Basis der sowjetischen Konstruktionen, die ihrerseits wiederum zahlreiche amerikanische Merkmale trug. Ab 1959 entstand die nun als QJ bezeichnete Baureihe in der Lokomotivfabrik Datong. Viele Merkmale der neuen Baureihe ließen ihren Ursprung erkennen, eine völlige Neukonstruktion war allerdings der Kessel. Die Bezeichnung QJ ist die Abkürzung des chinesischen Wortes Qianjin, zu deutsch »Fortschritt« – zum Zeitpunkt der Entwicklung sicher ein passendes Attribut für eine Dampflokomotive.

Die Maschinen waren für den schweren Güterzugdienst mit einer Höchstgeschwindigkeit von 80 km/h vorgesehen, liefen aber auch vielfach vor Reisezügen. Mit ihren 1.500 mm großen Kuppelrädern wäre die QJ grundsätzlich auch in der Lage gewesen, höhere Geschwindigkeiten zu fahren, allerdings ließ der Massenausgleich dies nicht zu. Über einen Zeitraum von fast 30 Jahren entstanden in Datong beinahe 4.700 Exemplare. Die QJ war schließlich auf dem gesamten Streckennetz Chinas unterwegs. Auch wenn die Grundkonstruktion robust war, hatte die QJ einige Mängel. Insbesondere der schlechte Masseausgleich und die knapp dimensionierten Achsen und Federn führten immer wieder zu Schäden und losen Bauteilen.

Ursprünglich war die Baureihe QJ mit einer mechanischen Feuerrostbeschickung, dem so genannten »Stoker« ausgerüstet. Dieser sollte dem Heizer die Arbeit erleichtern, indem die Kohle maschinell vom Tender in die Feuerbüchse befördert wurde, der Heizer regulierte lediglich die Zufuhr. Die Maschinen der Jitong-Linie wurden allerdings manuell gefeuert und demonstrierten dadurch überdeutlich die Schattenseiten der Dampflok-Romantik. Die überschweren Züge machten die Loks auf den langen Rampen zu wahren Kohlefressern, sodass zur Feuerung stets zwei Mann gebraucht wurden. Sie mussten nicht nur ununterbrochen feuern, sondern auch während der Fahrt auf den Tender klettern und die oft festgefrorene Kohle nach vorne ziehen.

Obwohl die letzten QJ erst 1988 die Hallen von Datong verließen, sind sie bis auf wenige Exemplare in China mittlerweile verschwunden. Diesellokomotiven, die zuweilen sogar deutlich älter sind, haben ihre Nachfolge angetreten. Zwei Exemplare der QJ hat es nach dem Ende des Plandienstes in die USA verschlagen, wo sie betriebsfähig erhalten sind. Und im Technikmuseum in Speyer verdeutlicht eine QJ als Museumsexponat dem Besucher die eindrucksvollen Dimensionen des chinesischen Kraftpakets.

Die Baureihe QJ Technische Daten	
Achsfolge	1'E1'
Spurweite (mm)	1.435
Höchstgeschwindigkeit (km/h)	80
Leistung (PSi)	2.980
Gewicht Lok und Tender (t)	221,4/252,8
Länge ü. Kupplung (mm)	26.023/29.181
Kesseldruck (bar)	15
Verdampfungsheizfläche (m^2)	269
Zylinderdurchmesser (mm)	650
Treib-/Kuppelraddurchmesser (mm)	1.500
Brennstoffvorrat (t)	14,5/21,5
Wasservorrat (m3)	39,5/50
Baujahr	1959-1988
gebaute Stückzahl	4.689

Der Traktionswechsel

Nicht nur am Jingpeng-Pass, sondern in ganz China wurden viele QJ durch Diesellokomotiven der Reihe DF 4 abgelöst. Hinter der Bezeichnung DF 4 verbirgt sich eine ganze Lokomotivfamilie, deren einzelne Mitglieder sich nicht nur äußerlich, sondern vor allem im Antriebsaggregat unterscheiden und durch nachgestellte Großbuchstaben gekennzeichnet sind.
Der Ausgangspunkt der Familie ist die Gattung DF 4, erstmals 1969 in Dalian gebaut. Der Antrieb der sechsachsigen Maschine (Achsfolge Co'Co') erfolgt dieselelektrisch, das heißt, ein Dieselmotor treibt einen Generator an, der Energie für die elektrischen Fahrmotoren liefert. Die Maschinen leisten 2.430 kW und sind je nach Ausführung 120 km/h (Personenzüge) bzw. 100 km/h (Güterzüge) schnell. Die Varianten DF 4A bzw. DF 4B haben modifizierte Maschinenanlagen.

Eine Weiterentwicklung der DF 4B ist die DF 4C, die vor allem eine höhere Leistung auf die Schiene bringt. Rund 1.050 Exemplare dieser ab 1985 in den Fabriken Dalian, Datong, Sifang und Ziyang gebauten Maschinen rollen über Chinas Gleise.

Seit 1996 verlässt mit der DF 4D die derzeit jüngste Generation dieser Bauart die Fabrikhallen von Dalian. In unterschiedlichen Ausführungen sind die Maschinen für den Güter- wie den Reisezugverkehr geeignet. Die Leistung beträgt nun 2.940 kW, bis Ende 2005 waren rund 1.000 Exemplare gebaut und ausgeliefert. Mit den leistungsfähigen Großdiesellokomotiven gelang es der Jitong-Eisenbahn binnen kürzester Zeit, die Dampflokomotive komplett abzulösen. Der Eisenbahn-Liebhaber mag dies bedauern. Aber angesichts des unglaublich schweren Dienstes auf den Führerständen, häufig bei Temperaturen um -30 °C und bei beißendem Wind dürften viele Eisenbahner in der Inneren Mongolei dem »Eisernen Drachen« nur verhalten nachtrauern.

Die Baureihe DF 4 Technische Daten			
	DF 4A	DF 4C	DF 4D
Achsfolge	Co'Co'	Co'Co'	Co'Co'
Leistung (kW)	2.430	2.647	2.940
Gewicht (t)	138	138	138
Antrieb	d-e	d-e	d-e
erstes Baujahr	1969	1985	1996
Stückzahl	~3.800	~1.050	~1.000

4 Auf dem Überholgleis: Der elektrische Antrieb

»Der Dynamo wird den Grundstein einer großen technischen Umwälzung bilden.«

Werner von Siemens
(1816 – 1892; deutscher Erfinder, Begründer der Elektrotechnik und Industrieller)

fährt an die Spitze

Die französische Weltrekordlok CC 7107 steht im Eisenbahnmuseum Mulhouse.

ELEKTRISCHE ENERIGIEQUELLE

Seit rund 140 Jahren fahren Lokomotiven, die von Elektromotoren angetrieben werden. Gut 50 Jahre nachdem der Siegeszug der Eisenbahn begann, drehte die erste E-Lok am 31. Mai 1879 auf der Berliner Gewerbeausstellung ihre Runden.

Die ersten Elektrolokomotiven wurden zunächst entwickelt, um Dampflokomotiven in für sie ungeeigneten Einsatzgebieten, wie im Bergbau abzulösen. Die Maschinen hatten keinen eigentlichen Lokkasten und bezogen ihre elektrische Energie über kleine Laufkatzen aus an den Decken montierten Stromschienen.

Auf der Schweizer Strecke von Seebach nach Wettingen bewies die E-Lok »Eva« (1905) die Tauglichkeit des einphasigen Wechselstroms für den Schienenverkehr.

Frühzeitig gewann die Elektrizität als Energiequelle für Eisenbahnfahrzeuge die Aufmerksamkeit von Eisenbahn-Ingenieuren. Schon im Jahre 1835 unternahmen in Groningen die niederländischen Erfinder Strattingh und Becker einen Versuch, ein batteriebetriebenes zweiachsiges Fahrzeug zu bauen. Im selben Jahr betrieb Thomas Davenport (1802 – 1851) eine elektrische Lokomotive auf einer kurzen Miniaturgleis-Strecke im Staat Vermont in den USA auf einem Schienenkreis von vier Fuß Durchmesse (ca. 120 cm). Am 25. Februar 1937 erhielt Davenport sogar das weltweit erste Patent für einen Elektromotor. Im Jahr 1834 war Davenports eingereichter Patentantrag für »Improvement in propelling machinery by magnetism and electromagnetism« noch abgelehnt worden. Schließlich wurde 1842 auf den Gleisen der Edinburgh & Glasgow Railway in Schottland ein normalspuriges batteriebetriebenes Fahrzeug von Robert Davidson (1804 – 1994) getestet.

Was all diesen frühen Pionieren der elektrisch betriebenen Eisenbahn fehlte, war elektrische Energie in ausreichender Menge. Diese stand erst zur Verfügung, als Italiener Antonio Pacinotti (1841 – 1912) im Jahr 1860 den ersten Generator konstruierte. Schließlich formulierte deutsche Ingenieur Werner von Siemens (1816 – 1892) im Jahr 1866 das dynamoelektrische Prinzip. Dieses bildete die Basis für den Bau von Generatoren zur Stromerzeugung aber auch zur Entwicklung von Elektromotoren.

Erst die Möglichkeit, den elektrischen Antrieb extern mit Energie zu versorgen, etwa mittels einer dritten Schiene oder einer Oberleitung, ermöglichte den Bau und Einsatz leistungsstarke elektrische Motoren. 1879 baute Werner von Siemens eine kleine zweiachsige Elektro-Lokomotive mit einem kurzen Zug, die er erfolgreich auf der Gewerbe- und Industrieausstellung in Berlin präsentierte.

Die elektrische Traktion war sauber, effizient und leise. Doch nicht nur der Bau elektrische Lokomotiven war sehr teuer, sondern auch die benötigte Infrastruktur, denn für den sicheren Betrieb benötigten sie eine Oberleitung oder eine dritte Schiene. Häufig war auch der Bau eines Kraftwerks notwendig, dass den benötigten Strom lieferte.

Diese zusätzlichen Kosten konnten oder wollten viele Eisenbahn-Gesellschaften und sogar Staatsbahnen nicht aufbringen. Deshalb waren die ersten elektrischen Züge meist für einen besonderen Einsatzzweck vorgesehen, wie den Einsatz in langen

München, Donnersbergerbrücke: In der Vorstellgruppe Süd macht sich eine ÖBB-Ellok der Baureihe 1216 (Taurus) bereit für die Fahrt über den Brenner (20. März 2015).

Instandhaltung von E-Loks macht das Werk Dessau der DB Fahrzeuginstandhaltung GmbH.

Tunneln oder auf Steilstrecken, für den sich Dampfloks gar nicht oder nur bedingt eigneten.
Zunächst kamen elektrische Triebwagen häufig auf Untergrund-Bahnen zum Einsatz. Die erste elektrische Bahn dieser Art war die City & South London von 1890, die über eine dritte Schiene mit Energie versorgt wurde. Ihr folgte 1894/95 die Baltimore & Ohio, die für ihre Fahrzeuge eine Stromversorgung per Oberleitung vorsah. Die Kombination aus kraftvoller Traktion und rascher Beschleunigung machte die Elektrolokomotive gerade für Eisenbahnen interessant, die verkehrsreiche Vorort-Schienennetze betrieben. Allerdings war das erste einsatzfähige Fahrzeug für diese Aufgabe eine elektrische Straßenbahn, die gleich mehrere Vorort-Eisenbahnen überflüssig machte. Dies führte zum zeitweiligen Monopol der elektrischen Traktion beim schienengebundenen Stadtverkehr.
Elektrizität konnte in unterschiedlichen Formen geliefert werden. Allerdings obwohl wurde zuerst nur Gleichstrom verwendet, erst ab 1899 wurde Wechselstrom zuerst bei der Schweizer Bergstrecke von Burgdorf nach Thun eingeführt. Anfangs wurde Drehstrom genutzt, der aber zwei oder drei Kontaktleitungen erforderte – waren nur zwei Leitungen vorhanden, dienten die Laufschienen als dritter Leiter. Die Stromabnahme war unhandlich, aber trotzdem erreichten die von Siemens und der AEG zu Versuchszwecken gebaute Triebwagen im Jahre 1903 mehr als 200 km/h. Ein bedeutender Schritt nach vorn gelang mit dem Einphasen-Wechselstrom, der 1905 erstmals von der Schweizer Maschinenfabrik Oerlikon auf der SBB-Strecke Seebach–Wettingen eingesetzt wurde und nur eine Oberleitung benötigte.
1918 wurden bereits mehrere elektrifizierte Strecken in Europa und den Vereinigten Staaten betrieben, darunter Verbindungen über größere Entfernungen wie die Bahn von New York nach New Haven und die erste Erzbahn in Nordschweden.

Nach dem Ende des Zweiten Weltkriegs gelang der Elektrotraktion, die ständig verbessert wurde, der weltweite Durchbruch. Die notwendige Energie lieferten Wasser-, Atom- oder Kohlekraftwerke.
Gleich eine ganze Reihe unterschiedlicher Spannungen und Frequenzen wurden angewandt, die ab 1918 mehr und mehr standardisiert wurden, wenngleich oftmals nur auf nationaler Ebene. Frankreich, Großbritannien und die Niederlande verwendeten 1500 V Gleichstrom. Deutschland, Österreich und die Schweiz sowie die meisten skandinavischen Länder verwendeten Einphasen-Wechselstrom mit 15 kV bei einer Frequenz von 16 ²/₃ Hz. Die einzige Ausnahme bildet Dänemark, das sich erst relativ für Einphasen-Wechselstrom mit 25 kV und einer Frequenz von 50 Hz entschied (eine Ausnahme bildet die S-Bahn Kopenhagen, die mit 1500 V Gleichstrom betrieben wird).
Belgien, Italien, Russland und Spanien wählten 3000 V Gleichstrom. Die Stromversorgung übernahmen hauptsächliche spezielle Kraftwerke. In den 1920er-Jahren arbeitete der ungarische Ingenieur Kalmán Kandó an einem Versorgungssystem für Einphasen-Wechselstrom mit einer Frequenz von 50 Hz. Das war der Standard-Strom für industrielle Zwecke und erforderte keine spezielle Ausstattung für die Erzeugung oder Transformations-Stationen.
In den 1970er Jahren wurde dies mit einer Spannung von 25 kV zur Standardenergieversorgung der Eisenbahnen in England, Frankreich, der Türkei und Indien sowie auf zahlreichen japanischen Strecken geworden. Andere Länder jedoch, vor allem Deutschland und Schweden, setzten weiterhin Wechselstrom mit einer Spannung von 15 kV bei 16 ²/₃ Hz ein und Italien benutzte weiterhin 3000 V Gleichstrom. Daraus resultierte die Entwicklung von Elektro-Lokomotiven und mehrteiligen Triebzügen, die in der Lage sind, den Strom aus drei oder vier verschiedenen Versorgungssystemen zu beziehen.

Die erste elektrische Lokomotive

Siemens & Halske

Im Jahr 1879 beförderte erstmals eine winzige elektrische Lokomotive die Besucher der Gewerbe- und Industrieausstellung in Berlin auf kleinen Wagen über das Ausstellungsgelände.

Mit dieser kleinen Lok erregte Werner von Siemens 1879 auf der Gewerbeausstellung in Berlin die Aufmerksamkeit der Bevölkerung. Die Lok zog auf der Ausstellung mehrere offene Wagen, auf denen das Publikum mitfahren konnte.

Im Eisenbahnmuseum von Nürnberg steht dieser Nachbau der ersten elektrisch angetriebenen deutschen Lokomotive von Siemens & Halske.

Werner von Siemens

Der Ausstellungszug im Einsatz auf Berliner Gewerbe- und Industrieausstellung 1879.

Dieser kleine Zug, entwickelt von den Ingenieuren Werner von Siemens (1816–1892) und Johann Georg Halske (1814–1890), markierte den Anfang einer neuen Traktionsart, die vor allem nach dem Ersten Weltkrieg wesentlich weiterentwickelt wurde.

Diese erste elektrische Lokomotive war von einfachster Bauart, denn sie war als Grubenlokomotive konzipiert worden. Sie entwickelte eine Leistung ca. 2,2 kW (3 PS), wog 240 Kilogramm und nahm den Strom über eine Mittelschiene auf. Sie konnte drei angehängte Wagen mit je sechs Rücken an Rücken sitzenden Personen ziehen. Diese kleine Schmalspur-Ausstellungsbahn erreichte eine maximale Geschwindigkeit von 7 km/h.

Heute würde man das Bähnlein als Parkeisenbahn bezeichnen. Der Lokführer saß rittlings auf der kleinen Lokomotive, die drei Wagen über einen 300 Meter langen Rundkurs zog. Auf den Wagen konnten jeweils sechs Leute Platz nehmen, die Rücken an Rücken quer zur Fahrtrichtung saßen. Was heute nur wenig Begeisterung hervorrufen würde, faszinierte seinerzeit die Besucher. Von der ersten Fahrt an war der elektrische Zug sehr erfolgreich. Während der viermonatigen Ausstellung soll er 86.000 Fahrgäste befördert haben. Eine Zahl, die neben dem enormen Publikumsinteresse vor allem die Zuverlässigkeit der kleinen Lok unterstreicht.

In späteren Jahren fuhr sie als Ausstellungsbahn in verschiedenen europäischen Städten, wie Düsseldorf, Brüssel, Paris, London, Kopenhagen (1881) und St. Petersburg (1882).

Der kleine Zug, der heute im Deutschen Museum in München ausgestellt wird und als direkter Vorfahr der modernen Elektrolokomotiven gilt, warb damals überzeugend für die elektrische Traktion, für die sich zahlreiche Ingenieure begeistert interessierten. Werner von Siemens schlug sogleich die Entwicklung einer elektrischen Hochbahn für die Stadt Berlin vor. Es sollte jedoch noch einige Jahre dauern, bis dieses Projekt im Jahr 1902 umgesetzt wurde. Die Technik wurde kontinuierlich bis zum heutigen hohen Entwicklungsstand verbessert.

Die technischen Schwierigkeiten der Stromversorgung über eine Schiene oder eine Oberleitung verzögerten anfänglich die Entwicklung vieler Projekte, doch die Effizienz der elektrischen Traktion musste nicht mehr unter Beweis gestellt werden und hat heutzutage in Form der Hochgeschwindigkeitszüge eine anhaltende Konjunktur.

ERBAUER EINER INSTITUTION

FULGENCE BIENVENÜE VERHALF DER PARISER METRO ZUM DURCHBRUCH

Ein Zug der Metrolinie 5 fährt bei St Marcel in den Pariser Untergrund.

Die Bauarbeiten für die Erweiterung der Metro zwischen 1902 und 1910 waren aufwendig.

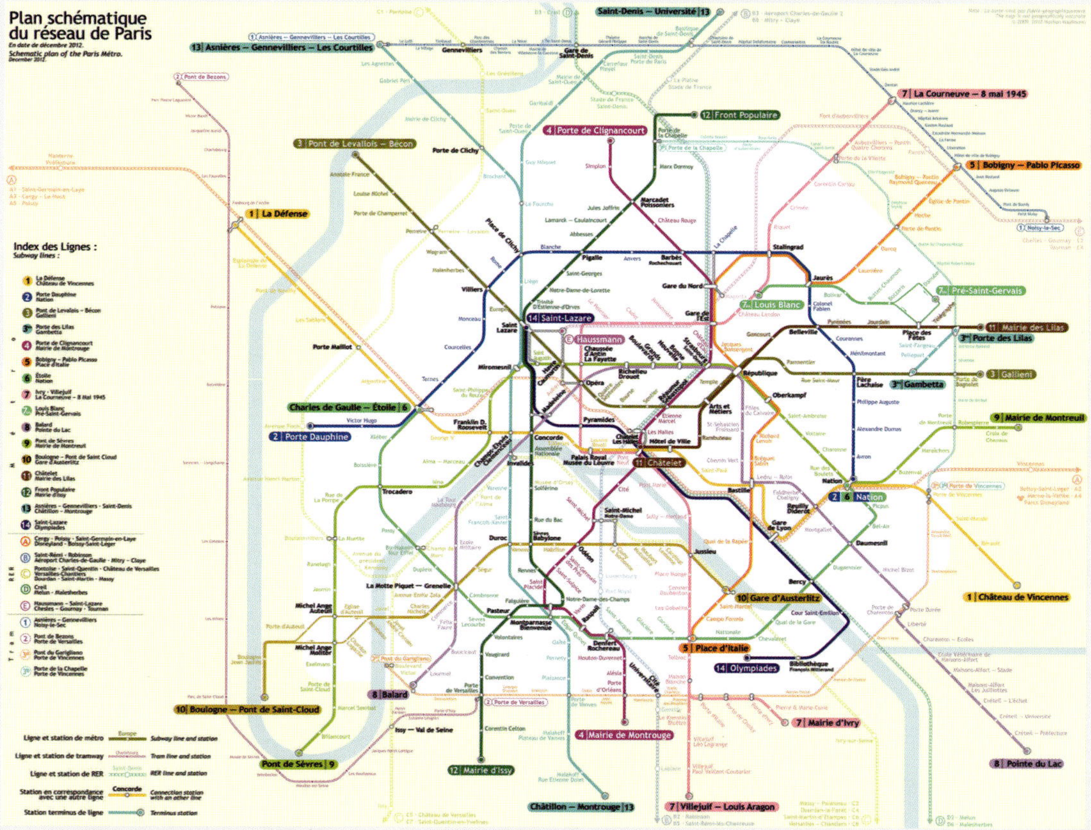

Linienplan der Metro von 2012

Fulgence Bienvenüe erblickte am 27. Januar 1852 in Uzel, Bretagne, das Licht er Welt. Er gilt als der »Vater« der Pariser Metro. Im Jahr 1870 wurde der junge Bretone in das Polytechnikum aufgenommen.

Nach Abschluss dieser Schule wurde er zum Chef d'Arrondissement in der Normandie ernannt. Er wurde beauftragt, den Bau von zwei Eisenbahnlinien zu leiten: die Linien Fougères–Vire und Domfront–Alençon. Tragischer Weise verlor er seinen linken Arm bei einem Unfall am 25. Februar 1881 auf der Trasse der Linie Pré-en-Pail–Mayenne, der während eines turbulent verlaufenden Besuchs anlässlich einer Enteignung geschah. Von 1881 bis 1883 war Fulgence Bienvenüe Chefingenieur für den Bau des Aquädukts von Avre.

1884 wurde er nach Paris versetzt. Zwei Jahre später, 1886, trat er in den Dienst der Pariser Stadtverwaltung in der 8. Sektion des Amtes für Straßenbau, wo man ihn sogleich mit wich-

Einen typischen Metroeingang besitzt die Station Abbesses.

Fulgence Bienvenue

Stadtbildprägend: Linie 6 verkehrt am Quai de la Gare oberirdisch.

tigen Aufgaben, wie der Planung neuer Straßenachsen und der Trinkwasserversorgung der Hauptstadt, betraute. Er war auch am Bau der Standseilbahn von Belleville beteiligt, die im September 1890 eingeweiht wurde. Bienvenüe wirkte außerdem am Ausbau des Parc des Buttes-Chaumont und dem Durchbruch der Avenue de la Republique mit. Diese Projekte brachten ihm Anerkennung und Förderung ein.

Im Alter von 43 Jahren erhielt Bienvenüe deshalb den anspruchsvollen Auftrag zum Bau der ersten städtischen Metro in Paris, die aus sechs Strecken bestehen sollte.

1895 legte er einen Vorentwurf für die Metro vor, angeregt durch Studien von Jean-Baptiste Berlier (1841 – 1911). Einige Zeit später präsentierte er einen endgültigen Plan, den der Stadtrat am 9. Juli 1897 annahm. Das Projekt erhielt am 30. März 1898 als Gesetz den Status der Gemeinnützigkeit. Die Arbeiten begannen am 4. Oktober desselben Jahres, um vor der Weltausstellung 1900 fertig zu sein.
Die erste Linie von Porte de Vincennes nach Porte Maillot wurde am 19. Juli 1900 durch Bienvenüe eingeweiht. Im gleichen Jahr wurde er zum Offizier der Ehrenlegion ernannt. 1911 wurde er Chef vom Amt für Straßen, Beleuchtung und Stadtreinigung von Paris, aber er beschäftigte sich weiter mit dem Ausbau der Pariser Metro.

Als der Erste Weltkrieg ausbrach, beantragte er im Alter von 62 Jahren seine Einberufung zum Militär, was angesichts seiner Kompetenzen und seiner Bedeutung für die Hauptstadt abgelehnt wurde. 1917 wurde er Direktor des Hafens von Paris. Er erneuerte den Canal de l'Ourcq und den Canal Saint-Denis.

Er zog sich erst 1932 im Alter von 80 Jahren vom aktiven Arbeitsleben zurück, nachdem er den Bau der unterirdischen Bahn in Paris ununterbrochen geleitet hatte. Fulgence Bienvenüe starb am 3. August 1936 und wurde auf dem Friedhof Père-Lachaise beigesetzt.

Im Jahr 1910 nutzten mehr als 318 Millionen Fahrgäste das Streckennetz. Heute fahren Durchschnittlich etwa 4,2 Millionen Menschen pro Tag mit der Pariser Métro, im Jahr 2014 waren es insgesamt 1,526 Milliarden Fahrgäste.

Mit 200 km/h durch die Mark Brandenburg

Dank Drehstrom zum Rekord

Die »Studiengesellschaft für elektrische Schnellbahnen« dachte bereits 1899 über einen Hochgeschwindigkeitsverkehr bei der Eisenbahn nach und ging im Berliner Umland auf Rekordjagd.

Der AEG-Triebwagen stellte am 28. Oktober 1903 mit 210,2 km/h einen Weltrekord für Schienenfahrzeuge auf.

Der österreichische Maschinenbauingenieur und Konstrukteur Alois Riedler (1850 – 1936), seines Zeichens Professor an der Technischen Hochschule Berlin-Charlottenburg und zeitweilig auch deren Rektor, gab den unmittelbaren Zeitgeist wieder, als er im Jahr 1899 erklärte: »Die Verwendung hoher Geschwindigkeiten ist nicht bloß das Kennzeichen unseres Verkehrs [...], sondern alles technischen Schaffens der Gegenwart überhaupt.«

Somit überrascht es nicht, dass am 10. Oktober desselben Jahres ebenfalls in Berlin die »Studiengesellschaft für elektrische Schnellbahnen« gegründet wurde. Die Liste der Gesellschafter liest sich wie ein zeitgeössisches »Who's who« der deutschen Industrie und des Bankenwesens: Neben den führenden Elektrokonzernen Allgemeine Elektricitäts-Gesellschaft (AEG) und Siemens & Halske fanden sich die Bankhäuser Delbrück Leo & Co., Deutsche Bank, Nationalbank für Deutschland und Jacob S. H. Stern sowie den Firmen A. Borsig, Philipp Holzmann & Co., Fried. Krupp und van der Zypen & Charlier. Mit einem Anteil von 20 Prozent führte die Deutsche Bank das Konsortium an, es folgten AEG, Krupp und Siemens mit jeweils rund 13 Prozent. Das erklärte Ziel der Studiengesellschaft war es zunächst einmal, praktische Erfahrungen mit der elektrischen Traktion zu sammeln. Gleichzeitig wollte man klären, ob eine Oberleitung die Stromzuführung bei hoher Geschwindigkeit erlaubt.

Für die Testfahrten wählte die Studiengesellschaft den 23 km langen Abschnitt zwischen Marienfelde und Zossen der Königlich Preußischen Militäreisenbahn von Berlin-Schönefeld nach Jüterbog. Im Frühjahr 1901 begannen die vorbereitenden Arbeiten an der Strecke für den Versuchsbetrieb. Vor allem Oberbau musste wegen des hohen Gewichts der Versuchswagen verstärkt werden. Gleichzeitig wurden besonderen Oberleistungsmasten aufgestellt, an denen seitlich drei Leitungen aufgehängt waren, denn die Triebwagen sollten mit dreiphasigem Wechselstrom – also eigentlich Drehstrom – verkehren. Die hölzernen, mit einem Abstand von rund 35 m voneinander aufgestellten Leitungsmasten wiesen einen Abstand von rund 2,25 m von der Gleismitte auf. Die der Fahrleitungen verliefen seitlich vom Bahnkörper übereinander, ihr Abstand untereinander betrug rund einen Meter.

Die beiden Schnelltriebwagen fertigte die Kölner Firma van der Zypen & Charlier, ihre elektrische Ausrüstung lieferten jeweils AEG und Siemens & Halske. Die Fahrzeuge ruhten auf zwei dreiachsigen Drehgestellen. Jeweils die äußeren Radsätze eines Drehgestells trieb ein Drehstrom-Synchronmotor an. Jedes Fahrzeug bot Platz für 50 Fahrgäste. Siemens & Halske lieferte außerdem noch eine vierachsige Drehgestell-Ellok für die Testfahrten, die aber nur für eine Höchstgeschwindigkeit von 125 km/h ausgelegt war.

Die ersten Versuchsfahrten begannen im Jahr 1901 und verliefen zunächst ernüchternd: es wurden nur Geschwindigkeiten von 100 bis 130 km/h erreicht. Erst als die Ingenieure die Stromspannung von 6.000 auf 10.000 Volt und die Stromfrequenz von 25 auf 48 Perioden pro Sekunde erhöhten, konnte die Geschwindigkeit auf respektable

Der Siemens-Schnelltriebwagen nach seiner Rekordfahrt am 23. Oktober 1903 mit allen Fahrgästen.

Der AEG-Triebwagen bei seiner Ablieferung. Wegen ihres Gewichts hatten beide Versuchsfahrzeuge sechsachsige Drehgestelle.

160 km/h gesteigert werden. Allerdings zeigten die Schienen bereits jetzt nicht unbeträchtliche Ausbiegungen, so dass das Gleis für höhere Fahrgeschwindigkeiten keine genügende Festigkeit aufwies. Deshalb wechselte eine Eisenbahn-Brigade die Schienen gegen schwerere mit größerer Stabilität aus. Außerdem erhöhte man die Anzahl der unterlegten Schwellen und ersetzte die zuvor verwendete Kiesbettung durch Basaltschotter. Zusätzlich wurden noch innenliegende Spurschienen montiert, um einer eventuellen Entgleisung der Schnellbahnwagen vorzubeugen. An den den Fahrzeugen gab es ebenfalls eine wichtige Änderung: Die Ingenieure vergrößerten den Radstand der Drehgestelle von 3,80 auf 5 Meter, um einen ruhigeren und sicheren Lauf zu gewährleisten.
Erst Mitte September 1903 konnten die Versuche fortgesetzt werden, brachten jetzt aber den gewünschten Erfolg: Am 2. Oktober 1903 erreichte der Siemens-Wagen eine Geschwindigkeit von 201 km/h, am 23. Oktober sogar 206,7 km/h. Den absoluten Weltrekord stellte schließlich der AEG-Wagen am 28. Oktober mit 210,2 km/h (58,4 m/s) auf. Die Differenz von knapp 4 km/h führten die Elektrotechniker auf eine etwas höhere Periodenzahl des gelieferten Drehstroms als bei den vorangegangen Testfahrten zurück.
Die Ergebnisse dieser Fahrten sorgten in vielen Ländern für Aufsehen. Sie bestätigten, dass mit Fahrzeugen fast herkömmlicher Bauart weitaus höhere Geschwindigkeiten sicher zu erreichen waren, als sie die damalige Betriebsordnung für Hauptbahnen vorsah. Ferner lieferten sie wertvolle Erkenntnisse für die Weiterentwicklung des elektrischen Betriebs von Eisenbahnen, obwohl es noch Jahrzehnte dauerte sollte, bis die Drehstromtechnik serienreif wurde. Nachdem die Studiengesellschaft ihren Zweck erfüllt hatte, sie im Dezember 1905 aufgelöst. Bereits im Jahr 1920 legte man die Militärbahn still und baute sie bald darauf ab. Lediglich eine Plakette am S-Bahnhof Marienfelde erinnert heute noch an diese herausragende Pionierleistung von 1903.

»Höllisches Inferno«

Der Bericht eines Journalisten in einer Berliner Zeitung zeigt, wie sher die Zeitgenossen die hohen Geschwindigkeiten beeindruckten:

»Der Leser möge sich vorstellen, wie er vergnügt und guter Dinge auf einem Wege neben der Bahnstrecke sich in der würzigen Herbstluft ergeht. Plötzlich schreckt ihn fernes Grollen aus seinen angenehmen Träumen. Unsicher bleibt er stehen und schaut sich um, aus welcher Richtung solch ungewohntes Geräusch ertönen mag. Noch erblickt er nichts, aber das Grollen wird stärker und kommt näher. Es vermischt sich mit einem durchdringenden Heultone, einem Tone, wie er ihn bis dato noch niemals zu Ohr bekam. Das mögen Geräusche sein, wie sie die arme Seele auf ihrem Fluge zur Hölle begleiten. Schließlich erkennt der geängstigte Wanderer am Horizont des schnurgerade verlaufenden Schienenstranges einen schwarzen Punkt, der sich rasch vergrößert und nähert. Kaum hat er Zeit, sich über das Wesen der unbekannten Erscheinung klar zu werden, da braust es auch bereits heran. Das Rauschen und Heulen steigert sich zu einem höllischen Inferno, es ist, als nahe die Apokalypse, als bräche das Jüngste Gericht über den armen, hilflosen Sünder herein. Das Toben steigert sich zum Orkan, ein Blitz zuckt auf, das menschliche Auge ist nicht fähig, den Ablauf der Dinge bei dieser ungeheuren Geschwindigkeit aufzunehmen. Ehe dem Wanderer überhaupt zum Bewusstsein kommt, was er erlebt, kündet nur noch ein sich schnell entfernendes Rollen von dem Vorbeiflug eines der neuen Schnellbahnwagen. Ja, Vorbeiflug muss man das nennen, denn es gibt wohl keinen Vogel, der mit einer derartigen Geschwindigkeit durch den Äther schießt. So, wie es rastlosem menschlichen Geiste gelungen ist, Flüsse zu überbrücken, Berge zu durchstoßen, Täler zu überwinden, getreu dem Gebote ‚Macht euch die Erde untertan', so ist dem Menschen nunmehr auch der Vorstoß in die Zeit gelungen. Die künftigen Schnellbahnen werden uns in wenigen Stunden über Kontinente befördern, und die Entfernungen werden einstmals auf unserer Erde gegenstandslos werden.«

Goliath gegen Zwerg

Eine folgenreiche Wettfahrt

Geschwindigkeit ist nicht alles. Das beweist dieser Bericht über ein symbolträchtiges Rennen zweier ungleicher Gegner, das Anfang des 20. Jahrhunderts stattfand.

Ohne Verkleidung gelangte »Altona 561« schließlich in den Betriebseinsatz.

Der Wettstreit zwischen den Traktionsarten Dampf und Strom führte manchmal zu Ereignissen, die aus heutiger Sicht fast bizarr anmuten. Dazu zählt zweifelsohne eine Wettfahrt zwischen einer Dampf- und einer Elektrolok im Jahr 1904. Was aus der Sicht des 21. Jahrhunderts keines Rennens bedurft hätte, weil das Ergebnis doch eigentlich sowieso schon feststand, schien damals noch unentschieden. Aus Sicht vieler Zeitgenossen hatte die Dampftraktion damals noch eine reelle Chance gegen die neumodische, mit Hilfe elektrischem Strom vorangetriebene Traktionsart.
Die Geschichte dieser denkwürdigen Wettfahrt erzählt der bekannte Eisenbahnautor Karl-Ernst Maedel (1919–2004) in seiner unvergleichlichen Art in seinem Klassiker »Giganten der Schiene«, der erstmals im Jahr 1962 bei der Franckh'sche Verlagshandlung in Stuttgart erschien, auf den Seiten 23 bis 42.
Die Protagonisten dieser historischen Wettfahrt sind uns – zumindest was die Fahrzeuge betrifft – aus dem vorhergehenden Abschnitt dieses Buch bereits bekannt. Ebenso der Ort. Einige Zeit nachdem die elektrischen Schnelltriebwagen auf Strecke Marienfelde – Zossen ihre bemerkenswerten Rekordfahrten unternommen hatten, stand die Bahnlinie im Juli des Jahres 1904 erneut im Mittelpunkt des Interesses der Eisenbahntechniker.
Zu dieser Zeit unternahm die S 9 »Altona 561« Schnellfahrversuche auf dem Abschnitt der Königlich Preußischen Militäreisenbahn. Sie erreichte dabei mit einem 109 Tonnen schweren Zug eine Geschwindigkeit von 137 km/h. Das war weniger als man erwartet hatte, aber immerhin mehr als die 125 km/h, die die vierachsige Ellok der Firma Siemens & Halske mit ihrem Messzug erreicht hatte. So fühlten sich die Konstrukteure der Schnellzugdampflok stark genug, mit ihrer mächtigen Maschine gegen die vergleichsweise zierliche Elektrolok anzutreten.
Beide Loks erhielten an diesem Sommertag jeweils zwei vierachsige D-Zugwagen preußischer Bauart als Anhängelast. Bei der

Die windschnittige S9 »Altona 561« vor einem Messzug auf der Militärbahn Jüterbog – Zossen.

Die Drehstrom-Elektrolok von Siemens & Halske brachte es auf eine Höchstgeschwindigkeit von 150 km/h und fuhr der schnelleren Dampflok bei ihrer Wettfahrt davon.

windschnittigen »Altona 561« handelte es sich bei einem dieser Wagen um einen Messwagen.

Der meisterliche Erzähler Maedel lässt als wichtigsten Protagonisten den Wirklichen Geheimen Oberbaurat Gustav Wittfeld (1855–1923) auftreten, der für die Entwicklung der elektrischen Zugförderung in Deutschland eine so entscheidende Rolle spielte. Interessanter Weise tritt Witte – quasi als Wandler zwischen den Welten – zunächst auf Seiten der Dampfkraft auf, aus gutem Grund: Witte hatte maßgeblich an der Konstruktion der beiden Versuchslokomotiven »Altona 561« und »Altona 562«, die sich mehr oder minder als Fehlschlag erweisen sollten, mitgearbeitet. Nichtsdestoweniger blieb Witte ein Visionär, der sich über die nicht zu unterschätzende Bedeutung der Elektrizität für die Zugförderung voll auf im Klaren war. Bereits 1902 hatte er bei Eisenbahnverwaltung und AEG gemeinsame Versuche angeregt, im Eisenbahnverkehr den damals noch ganz neuen Einphasenwechselstrom statt des zu dieser Zeit gebräuchlichen Drehstroms und Gleichstroms für den Antrieb von Lokomotiven und Triebwagen zu nutzen. Für diesen Versuchsbetrieb, der erst 1906 endete, nutzte man die 4,1 km langen Vorortstrecke Niederschöneweide-Spindlersfeld (bei Berlin) und verwendete Einphasenwechselstrom mit 6 kV und 25 Hz.

So überrascht es auch nicht, das Gustav Wittfeld kurze Zeit nach der bemerkenswerten Wettfahrt die neu im preußischen Ministerium für öffentliche Arbeiten (Eisenbahnabteilung) geschaffene Stelle eines Vortragenden Rates für Elektrische Einrichtungen erhielt. In dieser Funktion sorgte er auch dafür, dass die im Januar 1908 abgeschlossene Elektrisierung der Hamburg-Altonaer Stadt- und Vorortbahn, ebenfalls mit Einphasenwechselstrom erfolgte.

Wittfelds vielleicht größte Tat war die Mitwirkung am Staatsvertrag zwischen Preußen, Bayern und Baden, der im Jahre 1912 zum Abschluss kam und in welchem ein für alle Mal Wechselstrom von 15.000 Volt und 16 ²/₃ Hertz als Bahnstrom festgesetzt wurde. Es ist das Stromsystem, unter welchem heute Deutschland, Österreich und die Schweiz sowie Norwegen und Schweden fahren.

Doch zurück zur Wettfahrt. Eine tragende Nebenrolle spielt der an der Konstruktion beteiligte Oberingenieur, der bei Maedel den Namen Kühne trug, aber wohl in Wirklichkeit Kuhn hieß. Er steht am Regler der »Altona 561«.

Der Rest der Geschichte ist schnell erzählt, denn es kommt natürlich wie es kommen muss: Unter großem Getöse setzt sich »Altona 561« mit viele Rauch und Dampf in Bewegung und nimmt – das ist von Schnellzugdampfloks mit 2.200 mm großen Treibrädern auch nicht anders zu erwarten – nur langsam Fahrt auf. Bedächtig wandert die Tachonadel immer höher. Der Autor Maedel schildert dies anschaulich in Form des beobachtenden Ingenieurs, der die 5-km/h-Schritte im Messwagen ausruft.

Während sich also die Dampflok, gefeuert von zwei Heizern und mit Oberingenieur Kuhn am Regler – moralisch unterstützt von einem preußischen Oberlokführer aus altem Schrot und Korn – mächtig ins Zeug legt, ist die Ellok schon längst uneinholbar enteilt. Dank ihrer erheblich besseren Beschleunigung hat sie deutlich früher ihre Höchstgeschwindigkeit – und schließlich auch das Ziel der Wettfahrt – erreicht, obwohl diese mehr als 10 km/h geringer ist als die der Dampflok. Die zukunftsweisende Elektrotechnik verweist also die überkommene Dampftechnik auf die Plätze. Zurück bleibt ein vielsagend lächelnder Gustav Wittfeld. Trotzdem sollte es in Deutschland noch mehr als acht Jahrzehnte dauern, bis die letzte Normalspurdampflok aus dem Plandienst ausschied.

Französische Rekorde

Schnellfahrversuche der SNCF in den 1950er Jahren

In der Nachkriegszeit sanierte die SNCF vor allem ihr Streckennetz. Aber die französische Staatsbahn wollte auch wieder schnelle Züge betreiben.

Im Jahre 1949 begann die SNCF, einen Schnellverkehr zwischen Paris und Strasbourg zu entwickeln. Dafür wurden drei Sondergarnituren beschafft, die mit Michelin-Reifen bestückt waren. Als Bespannung wurden umgebaute und leicht verkleidete Dampflokomotiven der Baureihe 230 K gewählt. Die Versuche wurden mit Kursen nach Basel ausgeweitet, aber sie konnten nicht befriedigen. Der Versuchsbetrieb wurde 1952 nach einem schweren Unfall wieder eingestellt.

Um möglichst schnell von der Dampftraktion Abstand nehmen zu können, forcierte die SNCF die Elektrifizierung, unter anderem mit dem Ziel, die Geschwindigkeit von 120 km/h auf 140 km/h zu erhöhen. Zu diesem Zweck wurde beschlossen, die Hauptstrecke zwischen Paris und Lyon zu elektrifizieren. Von der nationalen Industrie wurden in den Jahren 1950 und 1951 35 Elektrolokomotiven der Baureihe 2D2 9100 an die SNCF geliefert. Diese Maschinen waren für eine Höchstgeschwindigkeit von 140 km/h ausgelegt. Ab 1952 wurden sie im Schnellzugverkehr von Lokomotiven der Baureihe CC 7100 unterstützt, die mit einer Geschwindigkeit von 150 km/h fahren konnten. Insgesamt verfügte die SNCF über 60 CC-Lokomotiven.

Ein Schnellzug aus Strasbourg mit einer Dampflok der Baureihe 230 K an der Spitze hat im September 1949 Paris Est erreicht. Die sechs Wagen sind mit Michelin-Reifen bestückt.

Auf Hochglanz steht die Weltrekordlok BB-9004 von 1955 heute imEisenbahnmuseum Mulhouse.

Da die SNCF nur wenig Erfahrung mit höheren Geschwindigkeiten hatte, wurden etliche Testfahrten in Angriff genommen. In Februar 1954 wurde von der Ellok CC 7121 zwischen Baune und Dijon – auf der Strecke Paris–Lyon – eine Geschwindigkeit von 243 km/h erreicht. Der Weg für weitere Rekordfahrten war geebnet, die SNCF gründete dafür eine besondere Abteilung. Sie wählte die Strecke Bordeaux–Irun aus, um auf der gradlinigen Teilstrecke Lamothe–Morcenx im Rahmen der Versuchsfahrten vor allem die Oberleitung und die Gleise zu testen.
Am 28. März 1955 fand die Weltrekordfahrt von 331 km/h im südfranzösischen »Landes« statt. Diese gradlinige und flache Strecke war bestens für diese Rekordfahrt geeignet. Zwei Loks wurden gewählt: die CC 7107, gebaut von Alsthom und die BB 9004, gebaut von Schneider, die eine spezielle Garnitur mit drei leicht modifizierten Personenwagen zogen.

Die Rekordlokomotive CC 7107 blieb nach der Ausmusterung erhalten. Sie wird oft bei Veranstaltungen gezeigt, wie hier im Betriebswerk von Villeneuve-St. Georges bei einem »Tag der offenen Tür« im Februar 1999.

Eine Plakette erinnert an der BB-9004 an den Weltrekord.

Der Erfolg der Weltrekordfahrt wurde von vielen Geheimnissen begleitet. Lange wurden der Öffentlichkeit die von der Rekordfahrt verursachten Schäden am Gleis und an der Oberleitung vorenthalten. Trotzdem, diese Fahrt war damals ein echtes Abenteuer. Zu erwähnen ist, dass die Rekordgeschwindigkeit nur von der BB 9004 erreicht wurde. Die SNCF entschloss sich aber, auch der CC 7107 den Ruhm der Rekordfahrt zu verleihen, denn man wollte die Firma Alsthom nicht verärgern.

Diese Rekordfahrt hatte verschiedene Forschungen zur Folge, z. B. wurde später ein neuer Pantograph von dem Hersteller Faiveley entwickelt. 1961 fuhr eine Standard-Elektrolok zwischen Strasbourg und Colmar mit 225 km/h. Dieser Erfolg öffnete das Tor für erhöhte Geschwindigkeiten im täglichen Betrieb.

UNTER STROM

Die Elektrolok benötigt eine gute Infrastruktur

Die elektrische Traktion ist der Dampflok bei Leistung und Effizienz klar überlegen. Aber ohne Oberleitung geht fast nichts.

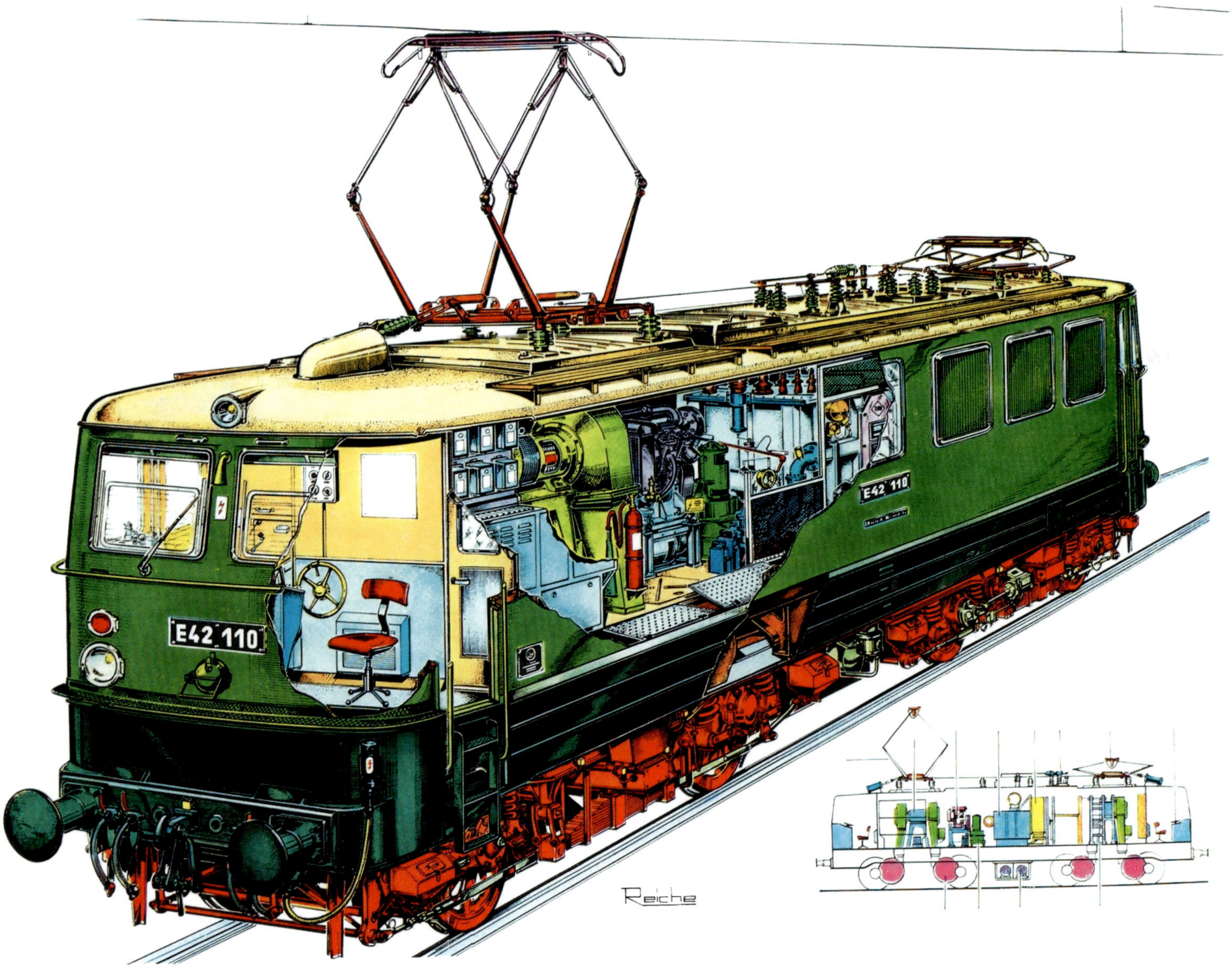

Zeichnung einer E-Lok der Baureihe E 42 der DR

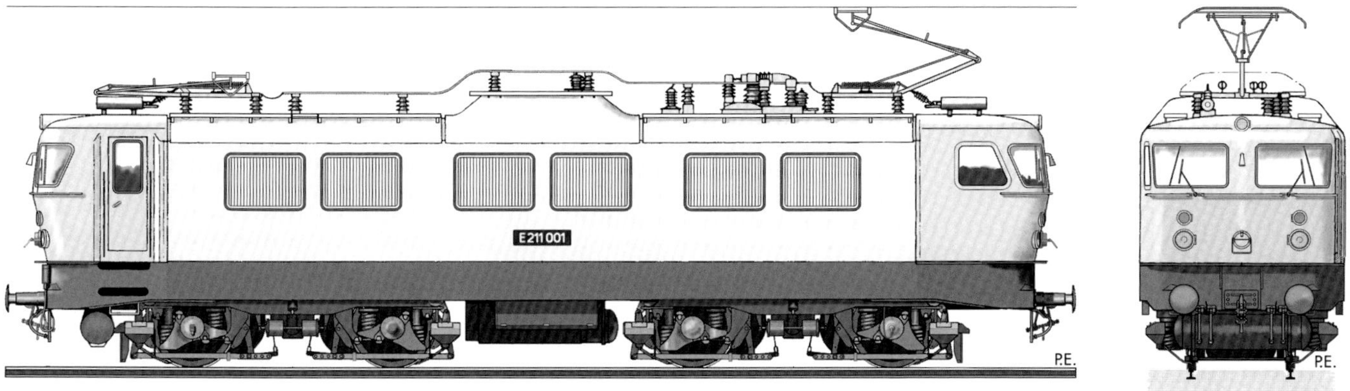

Bei der E 211 handelte es sich um einen Prototypen.

Bei der Elektrolokomotive unterscheiden die Ingenieure zwischen dem mechanischen Teil und dem elektrischen Teil. Diese Unterscheidung zeigte sich früher auch beim Produktionsprozess. Zumindest in Deutschland kam eine E-Lok bis zu Beginn der 1990er Jahre meist vom Hersteller der elektrischen Ausrüstung und vom Hersteller des mechanischen Teils, der auch in der Regel für die Endmontage zuständig war.

Der Aufbau ist heute bei den meisten E-Loks ähnlich: Auf zwei Drehgestellen, die meist je zwei- oder dreiachsig sind, ruht der Lokomotivkasten. Genauer: Auf einem Ober- oder Brückenrahmen befinden sich die Lokomotivaufbauten, die elektrische Ausrüstung und in der Regel an den Enden zwei Führerstände. Rangierloks werden häufig mit einem Zentralführerstand gebaut. Bei der Konstruktion des Lokomotivkastens sind zwei Aspekte wesentlich: das Gewicht und die Größe. Zu Beginn des E-Lok-Baus war vor allem das Gewicht eine große Herausforderung. Sämtliche elektrische Bauteile waren groß und vor allem schwer. Die Leistungsfähigkeit der frühen Bahn-Elektromotoren konnte fast nur durch Vergrößerung gesteigert werden. Die kräftigsten Lokomotiven wurden dadurch sehr groß und die enorme Masse musste auf zahlreiche Achsen abgestützt werden. Darunter waren meist mehrere nicht angetriebene Laufachsen bzw. Laufdrehgestelle, die nicht an der Traktion beteiligt waren, sondern lediglich Gewicht trugen und für bessere Laufeigenschaften sorgten.

In Mitteleuropa sind Achslasten knapp über 20 Tonnen je Achse auf Hauptstrecken üblich, in Nordamerika 30 Tonnen nicht ungewöhnlich. Das Gewicht vierachsiger Hauptbahn-Lokomotiven in Mitteleuropa bewegt sich meist in der Nähe der maximalen Achslast von etwas über 80 Tonnen, da man versucht, für die maximale Zugkraft ein möglichst hohes Reibungsgewicht auf die Schienen zu bringen. Etwa die Hälfte des Gewichts verteilt sich dabei auf die elektrische Ausrüstung, die andere Hälfte des Gewichts entfällt auf den so mechanischen Teil.

Der Brückenrahmen ist in der Regel eine stabile aus Blechen geschweißte Konstruktion. Bis in die Mitte des 20. Jahrhunderts wurden Lokomotivkästen teilweise noch genietet. Die beiden kastenförmigen Längsträger des Brückenrahmens weisen an den Enden die Kopfstücke auf, die auch die Zug- und Stoßvorrichtungen tragen.

Neben klassischem Stahlbau haben längst auch Leichtmetalle, vor allem Aluminium sowie moderne Kohlefaser- beziehungsweise Glasfaserverstärkte-Kunststoffe (CfK beziehungsweise GfK), im modernen Lokomotivbau Einzug gehalten.

Der Rahmen sollte einen leichteren Aufprall ohne Schäden überstehen können. Vergleichsweise neu ist eine gezielte verbesserte Sicherheit der Lokomotiv-Führerstände im Falle eines Unfalls. Moderne Führerstände werden für den Fall eines Frontalzusammenstoßes mit Knautschzonen versehen und verbessern so die Überlebenschance des Lokführers.

Der Fahrzeugkasten ist in der Regel in zwei Bereiche aufgeteilt: die Führerstände und den Maschinenraum. Bei E-Loks für den Einsatz mit Höchstgeschwindigkeiten von mehr als 130 km/h spielt die aerodynamische Form des Lokkastens und die Berücksichtigung des Luftwiderstandes eine bedeutende Rolle.

Bei der Konstruktion wird außerdem auf eine gleichmäßige Gewichtsverteilung geachtet. Das schwerste elektrische Bauteil, der Transformator, ist deshalb meist in der Fahrzeugmitte aufgestellt oder hängt bei modernen Typen unter dem Rahmen zwischen den Drehgestellen.

Fahrwerk

Zum Fahrwerk zählen alle Teile, mit denen das Fahrzeug auf den Schienen fährt und geführt wird. Auf ihm ruht der Kasten und es überträgt Antriebs- und Bremskräfte.

Ein Radsatz besteht aus zwei über eine Achse verbundenen Rädern. Die Räder können Vollscheibenräder sein, früher wurden auch leichtere Speichenräder genutzt.

Lokomotivachsen werden in Achslagern geführt. Früher waren die Lagerschalen waren mit Bronze, Rotguss oder einer anderen Lager-Metalllegierung ausgegossen (Gleitlager). Zwischen der Achse und den Lagerschalen war stets ein Öl-Schmierfilm, der konstant aus einem Reservoir nachgefüllt wurde.

Die Federung des Radsatzes im Drehgestell nennt man Primärfederung. Bei Drehgestell-Lokomotiven gibt es zusätzlich eine Sekundärfederung zwischen Drehgestell und Lokkasten. Der ungefederten Teil einer Lokomotive soll möglichst leicht sein und sich weitgehend auf die auf den Schienen rollenden Radsätze beschränken.

Drehgestell-Lokomotiven besitzen eine deutlich bessere, gleisschonendere Kurvengängigkeit als vergleichbare Starrrahmenlokomotiven.

Der Drehgestellrahmen dient der Aufnahme der Radsätze, der Fahrmotoren und der Achsfederung. Auf den Drehgestellrahmen wiederum stützt sich der gesamte Lokkasten ab. Der geschweißte Drehgestellrahmen hat in der Regel die Form eines Kastens mit zwei Längs- und zwei Endquerträgern.

Unter dem Triebwerk einer E-Lok versteht man die mechanische Verbindung vom Fahrmotor zum angetriebenen Radsatz, also die Übertragung des Drehmoments der rotierenden Elektromotoren auf die angetriebenen Achsen.

Seit den frühen Elektroloks aus dem ersten Drittel des 20. Jahrhunderts bis zu den heutigen modernen Drehstrom-Lokomotiven hat sich der E-Lokbau fundamental gewandelt. Das gilt vor allem auch für die Triebwerke der Loks, bei denen man zwischen verschiedenen Antriebsformen unterscheidet.

Beim Stangenantrieb treiben ein oder zwei langsamlaufende Elektromotoren eine Vorgelegewelle an, die im Maschinenraum etwa auf Höhe der Motorwelle gelagert wird. Auf der Vorgelegewelle ist exzentrisch die Treibstange befestigt, die ebenso exzen-

Die Achse einer E-Lok der Baureihe 120 zeigt einige Details des Gummigelenk-Kardan-Hohlwellenantrieb von BBC: Links auf der Achse ist das Ritzel mit Pfeilverzahnung zu sehen, auf der anderen Achsseite sind die Gelenkhebelkupplungen und der Gabelstern zu erkennen.

trisch auf eine Blindwelle wirkt, die so heißt, weil sie nicht direkt mit einem Radsatz verbunden ist, und die in einer Ebene mit den angetriebenen Radsätzen liegt. Am Blindwellenkurbelzapfen sind die Kuppelstangen befestigt, die die Radsätze mitnehmen.

Seit Mitte der 1920er Jahre ging die Lokomotiventwicklung in Richtung Einzelachsantrieb. Die mechanischen Probleme beim Stangenantrieb waren zu groß und der technologische Fortschritt erlaubte es, leistungsfähigere, schnelllaufende Motoren zu bauen, die ein wesentlich kleineres Einbaumaß hatten.

Bei den Einzelachsantrieben entwickelten sich folgende Konstruktionen:

- »Gearless«-Antrieb

Beim einfachsten Antrieb ist die Antriebsachse auch gleich Läuferachse des E-Motors. Ende des 19. Jahrhunderts wurden Versuche damit unternommen. Allerdings hatten diese Fahrzeuge, die Siemens für die Londoner U-Bahn baute, wenig Erfolg. Der Antrieb ist völlig ungefedert.

- Bipolar-Antrieb

In den USA entwickelte General Electric schon im Jahr 1903 den Bipolar-Antrieb. Auch diese Entwicklung war eine Sackgasse: Der magnetische Fluß war nicht konstant, die Bedeckung des Läufers mit Polen völlig unzureichend und auch die Kommutierung lief nicht einwandfrei.

- Tatzlager-Antrieb

Eine der ältesten, bis heute gebräuchlichen Antriebsformen ist der Tatzlager-Antrieb: Der Fahrmotor ist quer zur Fahrtrichtung zwischen den Rädern eingebaut, auf seiner Läuferwelle befindet sich das Ritzelzahnrad, beziehungsweise die -räder. Auf der Triebradsatzwelle sind ein oder zwei Großzahnräder aufgepresst.

Das Tatzlagertriebwerk ist wegen seiner Einfachheit sehr erfolgreich. Bei E-Loks, die nur Höchstgeschwindigkeiten bis ungefähr 140 km/h erreichen müssen, wird diese einfache und preisgünstige Form der Motoraufhängung in weiterentwickelter Form auch heutzutage noch genutzt.

- Hohlwellen-Tatzlagerantrieb (Gummiringfederantrieb)

Die einfache Idee des Tatzlagerantriebs wollten die Ingenieure nicht gleich aufgeben. Siemens verhalf mit dem Gummiringfederantrieb dem Tatzlagermotor zu anhaltend großem Erfolg. Der Aufbau ist ähnlich dem konventionellen Tatzlagertriebwerk, allerdings stützt sich der Motor nicht mehr direkt auf der Radsatzachse ab, sondern auf eine diese umhüllende Hohlwelle, auf der das oder die Großräder sitzen. Bei der DB war dieser Antrieb der Standardantrieb der Einheitselektrolokomotiven der Reihen E 10, 40, 41 und 50.

- Buchli-Antrieb

Äußerlich ist dieser nach seinem Erfinder benannte, aus der Schweiz stammende Antrieb unverwechselbar. Buchli-Loks sind typischerweise unsymmetrisch. Beim Buchli-Antrieb sind die Fahrmotoren im gefederten Maschinenraum der Lokomotive eingebaut. Die Motorwelle reicht einseitig oberhalb des Treibradsatzes über ihn hinaus. Das am Ende befindliche Ritzel treibt das außen liegende Großzahnrad an. Der große Nachteil des Buchli-Antriebs ist seine Wartungsintensität.

Das aufgeschnittene Schaumodell eines E16-Buchli-Antriebs verdeutlicht dessen Funktion: Das Großrad (1) ist weitestgehend hohl und so können zwei Zapfen (6), die im Treibrad eingepresst sind, in die Ebene des Großrades hineinragen. Dort sind ebenfalls zwei Getriebezapfen (3) eingepresst, auf denen sich doppelarmige Hebel (5) bewegen. Auf der Innenseite sind diese Hebel mit Zahnsegmenten (4) versehen, die miteinander kämmen und außen wiederum als Zapfen ausgebildet sind. Von diesen Zapfen gehen zwei Hebel beziehungsweise Kuppelstangen zu den Zapfen des Treibrades. So wird das Drehmoment des Fahrmotors auf die angetriebenen Radsätze übertragen.

- Federtopf-Antrieb (AEG-Kleinow-Antrieb)

Der Federtopfantrieb, wie er etwa in den deutschen Baureihen E 04, 17, 18 und 19 zum Einsatz kam, weist wie der Buchli-Antrieb einen im Lokrahmen gelagerten Motor auf. An den Enden einer Hohlwelle sind die Großzahnräder befestigt. Sie werden von den Motorritzeln angetrieben. In der Hohlwelle verläuft die Achswelle. Vom Großrad greifen mehrere Ausleger in die Radscheibenebene der Speichenräder des angetriebenen Radsatzes. Über zwischengeschaltete Federtöpfe wird das Motordrehmoment nun auf die Speichen elastisch übertragen.

- Alsthom-Antrieb

Der Alsthom-Antrieb, in Frankreich sehr verbreitet, besitzt ebenfalls Großzahnräder am Ende einer Hohlwelle in der die Achswelle läuft. Der Fahrmotor umgreift die Hohlwelle. Für die Federung sorgt der so genannte »Tanzende Ring«: Vom Großrad greifen zwei einander gegenüberliegende Zapfen in das Speichenrad, zwei Mitnehmerzapfen sind im Rad montiert. Die vier Zapfen sind über Lenker und einen frei beweglichen Lenkerring (»Tanzender Ring«), der die Achse ringförmig umgibt, verbunden. Dieser Ring sorgt nun für die nötige Elastizität, indem er die drehenden und senkrechten Bewegungen des Rades mitmacht und ausgleicht.

- Kardan-Gummi-Ring/Gummigelenk-Antrieb

Ein kardanischer Antrieb ist für schnelle E-Loks eine gute Wahl. Heutiger Stand der Technik sind Gummi-Ring-/Gummigelenk-Kardan-Hohlwellenantrieb.

- Monomoteur-Antriebe

In Frankreich waren Antriebe populär, bei denen ein Motor im Drehgestell mehrere Achsen über ein Getriebe antreibt. Der Vorteil eines solchen Triebwerkskonzeptes liegt in der Minderung der Schleudergefahr beim Anfahren durch Achsentlastung. Die Nachteile derartiger Monomoteur-Antriebe sind der zusätzliche Wartungsaufwand für das Getriebe sowie höhere Anschaffungs- und Betriebskosten.

Der Strom nimmt von der Fahrleitung bis zum Traktionsmotor folgenden Weg: Für die elektrische Verbindung zwischen der iso-

Das Schaltwerk einer Lok der Baureihe 143 wird im Werk Dessau einer Überholung unterzogen.

lierten und gegen Erde unter Spannung stehenden Fahrleitung sowie der Lok sorgt der Stromabnehmer. Dieser schleift entlang des Fahrdrahtes. Vom Stromabnehmer führt der Weg zum Hauptschalter, der für das schnelle und sichere Trennen der Lokomotive von der Fahrdrahtspannung zuständig ist. Nach dem Hauptschalter unterscheiden sich Lokomotiven, je nachdem, ob es sich um Gleich- oder Wechselstromfahrzeuge handelt. Gleichstromloks haben einen einfacheren Aufbau als ihre Wechselstrompendants. Beiden ist jedoch gemeinsam, dass nach dem Hauptschalter die Spannungssteuerung erfolgt. An die Spannungssteuerung schließen sich die Fahrmotoren an. Von den Fahrmotoren wird der Strom über die Räder und die Schienen zurück zum Kraftwerk geleitet.
Während frühe Stromabnehmer primitive Schleifkontakte waren, die mitgezogen wurden, sind heutige Stromabnehmer ausgereifte High-Tech-Produkte, die auch bei Geschwindigkeiten von über 300 km/h für eine sichere elektrische Verbindung sorgen.
Um diese Anforderungen erfüllen zu können, muss die Trägheit des Stromabnehmers, also seine Masse gering sein, damit er jederzeit schnell Höhenschwankungen ausgleichen kann. Denn der Fahrdraht variiert in der Höhe um bis zu 1,5 Meter.
Weiter muss der Stromabnehmer auch den Jahreszeiten trotzen, bei starkem Wind, Regen, Schnee und Eis in der Lage sein, einen konstanten Stromfluss zu gewährleisten.

Vor allem der Einfluss des Fahrtwindes auf das Verhalten des Stromabnehmers ist beträchtlich. Gerade Stromabnehmer für Hochgeschwindigkeitsfahrzeuge müssen hohe aerodynamische Anforderungen erfüllen.
Als Standardstromabnehmer hat sich längst der Scherenstromabnehmer, auch Pantograph genannt, mit doppelter oder heute meist mit einfacher, weil leichterer Schere (Einholmstromabnehmer) durchgesetzt. Dabei kann das Stromabnehmergelenk in Fahrtrichtung zeigen (Kniegang) oder entgegen (Spießgang).
Das Grundprinzip ist bei beinahe allen Abnehmern gleich: Auf Isolatoren auf dem Dach sitzt das Stromabnehmergerüst. Darauf sind die gefederte Schere sowie der Stromabnehmerantrieb montiert. Am Ende der Schere befindet sich die bewegliche Stromabnehmerwippe mit den Schleifleisten. Alle Bauteile stehen unter Spannung, deshalb ist die Isolierung gegen das Dach unverzichtbar.
Der Lokführer hebt und senkt den Stromabnehmer elektropneumatisch, das heißt mit Druckluft vom Führerstand aus.
Die Fahrleitung verläuft von Oberleitungsmast zu Oberleitungsmast nicht parallel zu den Schienen, sondern in einem Zickzack, damit in den Schleifstücken der Stromabnehmer keine Furchen entstehen. Die Schleifstücke bestehen je nach Stromsystem aus Kohle, Aluminium oder Kupfer und selten auch aus Stahl.
Eines der bedeutendsten Bauteile einer E-Lok ist der Hauptschalter. Er ist das wichtigste Lastschaltteil und muss hohe Ströme und Spannungen stets schnell und zuverlässig schalten können. Der Hauptschalter trennt im Betrieb die Lokomotive vom Fahrleitungsnetz. Seine Schaltleistung ist in der Regel um einiges überdimensioniert gegenüber der Standardfahrdrahtspannung. Der Hauptschalter muss in der Lage sein, den größtmöglichen Kurzschlussstrom, den ein Unterwerk liefern könnte, sicher und selbsttätig in kürzester Zeit abzuschalten. Überdies sollte der Hauptschalter wartungsarm und zuverlässig sein, denn in einem Betriebsjahr finden bei einer E-Lok (16 Hz-System) rund 25.000 Ein- und Ausschaltvorgänge statt. Man unterscheidet zwischen:

- Ölschalter
- Expansionsschalter
- Druckluftschalter
- Vakuumhauptschalter

Hauptschalter für Gleichstromfahrzeuge arbeiten dagegen anders: Im Gleichstromfall sind deutlich höhere Ströme bei geringeren Spannungen zu Löschen. Es gibt keinen Strom-, beziehungsweise Spannungsnulldurchgang, der für eine selbsttätige Löschung sorgt oder zumindest das Löschen erleichtert.
Nur Wechselstromtriebfahrzeugen besitzen einen Transformator.

Der Trafo ist immer noch ein schweres und voluminöses Bauteil einer E-Lok, auch wenn moderne Modelle deutlich abspeckten, im Vergleich zu jenen früherer E-Loks.
Das Transformatorgewicht konnte bei älteren Lokomotiven bis zu 20 Prozent des Gesamtlokgewichts betragen. Außerdem hat der Transformator einen großen Platzbedarf. Nach Möglichkeit wird er zentral eingebaut, um eine symmetrische Massenverteilung zu erzielen. Bei modernen E-Loks ist der Trafo häufig unterflur zwischen den Drehgestellen aufgehängt.
Die Leistung des Transformators muss so dimensioniert sein, dass die Fahrmotoren jederzeit Höchstleistung bringen können und gleichzeitig genug Leistung für die Hilfsbetriebe und eventuell für die Versorgung einer Reisezugheizung beziehungsweise Klimaanlage zur Verfügung steht. Die Fahrdrahtspannung, die meist zwischen 10 und 25 kV liegt, muss auf die maximalen Motorspannungen zwischen 300 und 1000 Volt herabtransformiert werden.
Die Ansprüche, die an Elektromotoren für den Bahneinsatz gestellt werden, sind hoch. Sie müssen äußerst zuverlässig und robust sein. Laufleistungen von mehreren 100.000 Kilometern im Laufe des 30-, 40- oder gar 50-jährigen Lebens einer E-Lok sind die Regel. Häufig sind Drehgestellmotoren beinahe unmittelbar der Witterung ausgesetzt. Fahrten durch Regen und Schnee dürfen ihnen ebenso wenig anhaben wie große Hitze oder arktische Kälte.
Das Arbeitsspektrum moderner Universal-E-Loks reicht vom Hochgeschwindigkeitsverkehr mit Geschwindigkeiten weit über 200 km/h über das Anfahren schwerster Güterzüge bis zum Einsatz im S-Bahn-Verkehr mit stetigem Wechsel zwischen maximaler Beschleunigung und Bremsbetrieb. Bei den Motoren unterscheidet man zwischen:

- Kommutatormotor

Alle E-Motoren haben einen ähnlichen Grundaufbau. Im Gehäuse (Stator) befinden sich die Pole in Form von (Magnet-)Feldwicklungen.
Der Stator sorgt auch für den magnetischen Rückschluss. Polschuhe leiten den magnetischen Fluss in den im Stator sich drehenden Anker (Rotor). Die Motorwelle trägt das Ankerblechpaket aus isolierten Dynamoblechen. In speziellen Nuten befinden sich die Läuferwicklungen. Die Wicklungsenden sind an ihren Enden mit dem Kommutator verlötet. Den Läuferwicklungen wird der Strom über Kohlebürsten zugeführt.
Kommutator-Bahnmotoren werden in Regel als Reihenschlussmotoren ausgelegt, bei denen Anker und Feld in Serie geschalten sind, das heißt nacheinander vom selben Strom durchflossen werden.

Die Haube der aktuellen Taurus-Führerstände ist aus GfK-Kunststoff.

- Gleichstrommotor

Der Ständer einer Gleichstrommaschine war früher meist nicht geblecht. Neuere Gleichstrommaschinen sind häufig geblecht. Im Stator befinden sich zunächst die Erregerwicklungen, mindestens zwei, aber in der Regel vier und mehr, für einen runderen Lauf des Motors. Daneben findet man immer Wendepol- und häufig auch Kompensationswicklungen.

- Wechselstrommotor

Grundsätzlich ist der Aufbau eines Wechselstrommotors dem Gleichstrommotor sehr ähnlich. Ständer, Anker, Erreger-, Kompensations- und Wendepolwicklung kommen ebenfalls zum Einsatz. Trotzdem würde ein reiner Gleichstrommotor mit Wechselstrom betrieben nur sehr schlecht funktionieren. Beim Wechselstrommotor ändert das Erregerfeld mit der Frequenz des eingespeisten Stromes seine Richtung und induziert in den Läuferwicklungen die so genannte EMK der Transformation (EMKT), ebenfalls eine Spannung. Diese ist frequenzabhängig und ihr Wert nimmt mit der Frequenz der Erregerspannung zu.
Insgesamt ist der Wechselstrommotor größer, schwerer und komplizierter, der Unterhalt dementsprechend aufwendiger und teurer. Dennoch hat er sich in vielen Ländern bewährt und dort über Jahrzehnte den Bahnbetrieb dominiert.

- Mischstrommotor

Der Einzug der Halbleiter-Leistungselektronik im Lokomotivbau sorgte auch für eine Neuorientierung im Motorenbau. Seit den 1960er-Jahren ist es vergleichsweise einfach auch unter einer Wechselstromfahrleitung möglich, mit Gleichstrom zu fahren.
Der Mischstrommotor ist ein Zwitter aus Gleich- und Wechselstrommotor. Er ist ebenso geblecht wie das AC-Modell, hat aber deutlich weniger Pole und ist deshalb kleiner bei gleicher Leistungsfähigkeit. Der Mischstrommotor hat auch Vorteile ge-

genüber dem gewöhnlichen ungeblechten DC-Motor und wurde häufig auch im gewöhnlichen Gleichstrombetrieb eingesetzt.

- Drehstrom-Fahrmotoren

Nahezu alle E-Loks, die in den letzten beiden Jahrzehnten das Reißbrett verließen, nutzen Drehstrom-Fahrmotoren. Es kommen dabei zwei Motortypen zum Einsatz, der Asynchron- und der Synchronmotor. Allen Drehstrommotoren ist gleich, dass in den Statorwicklungen durch die drei Phasen des eingesetzten Drehstromes ein Drehfeld erzeugt wird. Früher wurden die drei Phasen über die Fahrleitung zugeführt, heutzutage wird der Drehstrom erst durch Wechselrichter, elektronische Halbleiter-Bauteile, auf der Lok erzeugt. Die geringere Größe der Drehstrommotoren im Vergleich zu AC-/DC-Motoren macht es einfacher, die Motoren im Drehgestell unterzubringen. Der fehlende Kommutator macht den Motor unkomplizierter und wartungsfreundlicher.

- Synchronmotor

Der Synchronmotor spielt eine geringere Rolle unter den Drehstrommotoren für den Schienenverkehr. Allerdings kommt er in älteren französischen TGV-Zügen zum Einsatz. Die Bezeichnung Synchronmotor stammt von der mit der speisenden Spannungsfrequenz synchronen Rotationsgeschwindigkeit des Motors.

- Asynchronmotor

Wesentlich verbreiteter im Lokomotivbau ist der Asynchronmotor. Es gibt Schätzungen, dass zwei Drittel aller elektrischen Maschinen insgesamt Asynchronmaschinen und vor allem -motoren sind. Der Asynchronmotor existiert in zwei Formen als so genannter Käfigläufer- und als Schleifringläufermotor. Wie der Name sagt, sind Läuferrotation und Speise- beziehungsweise Drehfeldfrequenz nicht synchron. Der Stator des Asynchronmotors gleicht dem Stator des Synchronmotors. Durch Auswechseln der Rotoren sind die Motoren theoretisch tauschbar.

Alle Arten von Elektromotoren stellen sich bei einer festen Spannung und einer bestimmten Belastung auf eine charakteristische Drehzahl ein. Der Betrieb einer E-Lok verlangt jedoch unterschiedliche Geschwindigkeiten beziehungsweise Motordrehzahlen. Um dies zu erreichen, wird durch die Lokomotivsteuerung hauptsächlich die Spannung an den Motorklemmen verändert. Bewährt hat sich über Jahrzehnte die Stufensteuerung:

- Steuerung der Gleichstromtriebfahrzeuge

Dem Gleichstromfahrmotor wird ein regelbarer (Anfahr-)Widerstand vorgeschaltet und so kann durch den Spannungsabfall am Widerstand die Spannung am Fahrmotor variiert werden. Diese Form der Steuerung wird auch prinzipiell angewendet, hat aber einen gravierenden Nachteil: Sie ist energetisch und somit wirtschaftlich höchst ineffizient, da an den Widerständen der Spannungsabfall auf Kosten ungenutzter Wärme entsteht.
Aus wirtschaftlichen Gründen werden Gleichstromfahrzeuge noch mit einem zweiten Steuerungssystem ausgestattet: Die Fahrmotoren werden umgruppiert und entweder in Reihe oder parallel geschaltet.

- Steuerung der Wechselstromtriebfahrzeuge

Die Stufensteuerung bei Wechselstromfahrzeugen wird über am Transformator-Anzapfungen mit unterschiedlichen Windungszahlen ermöglicht. Wird nun bei einer solchen Steuerung auf eine höhere Fahrstufe aufgeschaltet, dann steigt die Spannung an den Fahrmotorklemmen. Der Motor nimmt einen dieser Spannung entsprechenden Strom auf und gibt ein bestimmtes Drehmoment ab. Beschleunigt die Lok nun, drehen die Fahrmotorläufer schneller und der Strom nimmt ab, weil in den Läufern eine induzierte Gegenspannung entsteht. Je mehr Stufen, desto betriebssicherer ist die Steuerung. Dem steht jedoch ein steigender konstruktiver Aufwand beim Schaltwerksbau entgegen.

Auch hier darf es beim Überschalten der Fahrstufen nicht zu Stromunterbrechungen kommen, damit eine Zugkraftunterbrechung vermieden wird. Deshalb wird beim Fahrstufenwechsel zunächst die neue Fahrstufe zugeschaltet, bevor die alte abgeschaltet wird. Kurzfristig leiten zwei Anzapfungen den Strom. Die beiden Anzapfungen sind über eine Überschaltdrossel oder einen -widerstand mit Mittelpunktanschluss verbunden, da sonst Trafo-Wicklungen kurzgeschlossen würden.

Für die Schaltung der Fahrstufen wurden im Lauf der Zeit verschiedene mechanische Schaltwerke entwickelt, die vor allem auch in der Lage sein müssen, beträchtliche Ströme zu schalten. Der wichtigste Regler für den Lokführer ist der Fahrschalter, mit dem er die Fahrstufen wählt. Bei den meisten heute im Einsatz stehenden Lokomotiven werden Steuerbefehle und Überwachungssignale noch analog übertragen. Die erforderlichen Bauteile sind elektrische Schalter, Relais oder. Zur Überwachung werden so genannte Wächter eingesetzt.
Bei der Niederspannungssteuerung entspricht häufig die Sekundärwindungszahl der Anzahl der Fahrstufen. Der große Vorteil der Niederspannungssteuerung ist der unkomplizierte Aufbau. Allerdings sind die zu schaltenden Ströme bis zu mehreren 1000 Ampère sehr hoch und erfordern ein massives und robustes

Schaltwerk. Bei Stundenleistungen von mehr als 2500 kW erachtete die DB in den 1950er-Jahren eine Niederspannungssteuerung als nicht mehr wirtschaftlich.
Die niedrigeren Ströme und die Möglichkeit, mehr Fahrstufen zur Verfügung stellen zu können, verhalfen der Hochspannungssteuerung zum Durchbruch, auch wenn der Transformator insgesamt komplizierter ist und genau betrachtet aus zwei Transformatoren besteht.

- Steuerung der Drehstrommotoren

Um überhaupt mehrere Arbeitspunkte bei einer konstanten Drehstromfrequenz zu haben, waren spezielle Schaltungen nötig: Es wurden Motoren entwickelt, bei denen die Anzahl der Polpaare variabel ist. Außerdem wurden bei Drehstromlokomotiven stets mindestens zwei Motoren eingebaut. So konnte eine Kaskadenschaltung genutzt werden, bei der die Statorwicklung des zweiten Motors von den Schleifringen des ersten gespeist wird. Dadurch halbiert sich die Drehzahl bei vollem Drehmoment. Mit diesen Schaltungskniffen gelang es, etwa vier Dauerfahrstufen/-geschwindigkeiten zu ermöglichen.

- Stufenlose Halbleitersteuerungen (Stromrichtersteuerungen)

Seit in den 1960er-Jahren Halbleiterbauelemente wie Dioden und Thyristoren zur Verfügung standen, boten sich im Lokomotivbau neue Möglichkeiten der Spannungssteuerung. Der Thyristor ermöglichte nun auch bei Gleichstromfahrzeugen eine Verbesserung der Steuerung. Beim Gleichstromsteller (Chopper) wird durch periodisches Ein- und Ausschalten mittels Thyristoren der Mittelwert der Ausgangsspannung eingestellt. Man nennt dies Pulsweitenmodulationsverfahren. Je nach dem Zeitpunkt des Einschaltens, genauer je nach Verhältnis von stromführender Periode zu gesperrter Periode, kann die Fahrmotorspannung stufenlos variiert werden.
Auch bei den Wechselstromtriebfahrzeugen ermöglichte erst die Verwendung des Thyristors die wirtschaftliche stufenlose Steuerung der Fahrmotorspannung. Die Steuerung der Wechselstromtriebfahrzeuge mit Thyristoren erfolgt über die so genannte Phasenanschnittsteuerung.

- Drehstromtriebfahrzeuge

Die potenziellen Vorteile des Drehstromantriebs waren früh bekannt. Der Einsatz des Drehstrommotors auf elektrischen Triebfahrzeugen konnte sich aber nur durchsetzen, wenn es gelänge, den Drehstrom auf einfache Weise auf dem Triebfahrzeug zu erzeugen und dort die Spannung und vor allem die Frequenz variieren zu können.

Anfang der 1970er-Jahre begann der endgültige Siegeszug der Drehstromantriebstechnik. In Deutschland war es die dieselelektrische Baureihe DE 2500 (DB-Baureihe 202) von Henschel und BBC, die dieser Technologie, die inzwischen den Standard bei allen E-Loks darstellt, den Weg bereitete. Im Berliner Museum für Verkehr und Technik ist heute eine der drei gebauten DE 2500 ausgestellt.

Die Stromführung zeitgenössischer Drehstrom-E-Loks ist dreigeteilt:

1. Ein netzseitiger Teil, der vom Landesstromsystem abhängig ist.
2. Daran schließt sich stets der so genannte Zwischenkreis an. Der Zwischenkreis dient als Energiespeicher. Die Gleichspannung des Zwischenkreises liegt in der Regel zwischen 1100 und 2800 Volt.
3. Motorseitig arbeitet ein Wechselrichter, der aus der Gleichspannung des Zwischenkreises den nötigen Drehstrom erzeugt.

Das Einzelstück

Die Elektrolok des Typs E 211

Trotz aller Werbung wurde die Baumusterlok E 211 001 des VEB Lokomotivbau-Elektrotechnische Werke »Hans Beimler« Hennigsdorf kein wirtschaftlicher Erfolg.

Drehgestell

Seit einem halben Jahrhundert werden in Hennigsdorf bei Berlin Lokomotiven und Antriebsausrüstungen für Schienenfahrzeuge hergestellt. Kleine Grubenlokomotiven mit und ohne Schlagwetterschutz, schwere und schwerste Industrielokomotiven für verschiedene Fahrdrahtspannungen, verschiedene Spurweiten und unterschiedlichste geographische und klimatische Bedingungen, und vor allem moderne Vollbahnlokomotiven gehören neben elektrischen Ausrüstungen zum traditionellen Produktionsprogramm des Werkes. So haben in den letzten 17 Jahren über 2500 moderne Lokomotiven mit einer Eigenmasse von über 60 t neben einer großen Zahl kleinerer Lokomotiven das Werk verlassen und im In- und Ausland Zeugnis von der Leistungsfähigkeit des VEB Lokomotivbau-Elektrotechnische Werke „Hans Beimler" (LEW) Hennigsdorf, abgelegt.

DIE 50-Hz-TRAKTION – EIN VORTEILHAFTES SYSTEM DER ZUGFÖRDERUNG

Die Entwicklung der Technik führte auch im Traktionswesen und im Produktionsgeschehen des Werkes zu entscheidenden Veränderungen. Lag das Schwergewicht in den Jahren bis 1960 bei den Gleichstromtriebfahrzeugen, so gewinnt seit dieser Zeit die Fertigung und der Einsatz von Wechselstromlokomotiven immer mehr Raum. Bei Neu- und Weiterelektrifizierungen findet insbesondere die 50-Hz-Traktion die steigende Beachtung der Bahnverwaltungen der verschiedensten Länder. Sie vereinigt durch die Gleichrichtertriebfahrzeuge in vorteilhafter Weise die besonderen Vorzüge des Gleichstrom-

Weil der Hersteller auf einen großen Erfolg hoffte, bewarb er die E 211 in einem aufwendig gestalteten Prospekt.

In den 1950er Jahren baute der LEW Hennigsdorf in erster Linie Elektroloks mit Gleichstromantrieb. Diese waren sowohl auf Grubenbahnen als auch auf Hauptbahnen, u.a. bei den Polnischen Staatsbahnen (PKP), im Einsatz.

Ende der 1950er Jahre verschob sich dieses Produktionsprofil jedoch. Die Deutsche Reichsbahn (DR) der DDR gab in Hennigsdorf die Entwicklung neuer Elektroloks (Baureihen E 11 und E 42) für Wechselstrom mit einer Frequenz von 16⅔ Hertz in Auftrag. Dieses Stromsystem setzte sich jedoch in den anderen sozialistischen Ländern nicht durch. Dort ging die Entwicklung hin zur Elektrifizierung mit 50 Hertz. Da der LEW Hennigsdorf die Entwicklung nicht verpassen wollte und sich von den geplanten Elektrifizierungen in den sozialistischen Ländern ein gutes Geschäft versprach, fiel die Entscheidung zum Bau eine Gleichrichterlok der Bauart Bo´Bo´ für 50 Hertz. Dabei griffen die Hennigsdorfer Ingenieure auf die Erfahrungen beim Bau der 15 für die Rübelandbahn Blankenburg (Harz)–Königshütte bestimmten Elektroloks der DR-Baureihe E 251 zurück.

Im Hinblick auf verschiedene Einsatz- und Erprobungszwecke wurde der als E 211 001 bezeichnete Prototyp für verschiedene Reibungslasten und Spurweiten konzipiert. Außerdem war der Einbau unterschiedlicher Kupplungssysteme und Getriebeübersetzungen vorgesehen. Schließlich fertigten die Hennigsdorfer 1966 die E 211 001 mit der Fabrik-Nummer 11.348 in ihren Werkhallen.

Die Maschine war für eine Höchstgeschwindigkeit von 160 km/h ausgelegt und entwickelte eine Leistung von 3.360 kW. Die zunächst weinrot lackierte Lok wurde auf der Leipziger Frühjahrsmesse 1967 erstmals der Öffentlichkeit vorgestellt. Ein Jahr später trug sie auf der Messe eine hellblaue Lackierung. 1969 erhielt die Maschine abermals eine neue Lackierung. Der Rahmen, die Drehstelle und die Radsätze wurden schwarz lackiert. Der Lokkasten und die Führerhäuser waren nun grau. Die Seitenwände zierte in Höhe des Lokschildes ein blauer Streifen. Nach einigen Erprobungsfahrten auf der Versuchsstrecke Hennigsdorf–Wustermark wurde die Lok zwischen August und Dezember 1970 zeitweise auf der Rübelandbahn vor Reisezügen eingesetzt. Doch die Hoffnungen des LEW Hennigsdorf, die E 211 001 würde ein Exportschlager, erfüllten sich nicht. Die moderne Maschine fand kein Interesse im Ausland. Lediglich als Erprobungsträger für ein neues Thyristor-Hochspannungsschaltwerk der späteren Baureihe 250 (ab 01.01.192: 155) fand die E 211 001 im Sommer 1971 Verwendung. Mit der entsprechenden Technik nachgerüstet wurde sie von Juli bis September 1971 ein weiteres Mal auf der Rübelandbahn eingesetzt, bevor sie Ende November 1971 nach Hennigsdorf zurückkehrte. Die letzten Testfahrten mit der E 211 001 und einem weiteren Hochspannungsschaltwerk erfolgten im Sommer 1973. Danach verlor auch der LEW Hennigsdorf das Interesse an der Maschine. In den folgenden Jahren wurden die noch brauchbaren Teile und Komponenten der E 211 001 ausgebaut, bevor die Maschine schließlich 1982 verschrottet wurde.

Schweizer Kraftprotze

Die SBB erhält 1939 die stärkste Lok der Welt

Als die Güterzüge am Gotthard immer schwer wurden, beschaffte die SBB riesige Doppellokomotiven, die weltweit Furore machten.

Lokparade der SBB in Erstfeld

Der Kraftprotz Ae 8/14 11801 kommt in der Schweiz immer wieder vor Extrazügen zum Einsatz.

Das Design der Ae 8/14 11852 war seiner Zeit weit voraus.

Rangierlokomotive Ce 4/4 13501 wartet 1940 mit Ae 8/14 11851 im Depot Erstfeld auf neue Aufgaben.

Um den nach dem ersten Weltkrieg steigenden Gütertransitverkehr von Deutschland nach Italien via die Gotthardstrecke zu bewältigen, bestellte die SBB bei der SLM 1931 und 1932 zwei elektrische Doppellokomotiven des Typs Ae 8/14 (im Prinzip 2 Ae 4/7), welche die Nummern 11801 und 11851 erhielten. Der Ausbruch des zweiten Weltkrieges verhinderte wohl eine Serienbeschaffung der Maschinen.

1939 kam aber noch eine dritte Ae 8/14 hinzu. Bereits 1938 hatte die SBB der SLM und MFO den Auftrag für eine dritte Doppellokomotive erteilt, obwohl damals schon fest stand, dass es keine Serienlieferung geben werde. Die neue Lok war eine Weiterentwicklung der 11851, allerdings mit einem für die damalige Zeit schon sehr futuristischem Design. 1939 stand sie dann als viel bewundertes Prunkstück an der Landesausstellung in Zürich, was ihr den Namen »Landi-Lok« eingebracht hat. In Betrieb genommen wurde sie allerdings erst 1940. Auf der Gotthardlinie war sie im schweren Güterzugdienst natürlich eine willkommene Ergänzung zu den beiden bereits existierenden Doppellokomotiven Ae 8/14 11801 und 11851. Mit ihren 11.100 PS (publizistisch wurde sogar auf 12.000 PS aufgerundet), durfte sie sich lange Zeit stärkste Lok der Welt nennen. Die 11852 stand über 30 Jahre im Güter- und Personenzugeinsatz am Gotthard, ehe ein schwerer Brand in der zweiten Fahrzeughälfte die Lokomotive stark beschädigte. Da die Reparaturkosten auf ungefähr 1 Million Franken geschätzt worden waren, kam eine Wiederinbetriebnahme nicht mehr in Frage. Schließlich wurde beschlossen, das Fahrzeug als Museumslokomotive zu erhalten. Nach einer Pinselrevision und einigen Standortverschiebungen ist das Kraftpaket heute im Luzerner Verkehrshaus zu bewundern und befindet sich im Besitz der SBB Historic.

Etwas anders verlief die Geschichte von 11801 und 11851. Sie kamen auf der Gotthardstrecke nur bis 1945 zum Einsatz und waren hauptsächlich im Depot Erstfeld stationiert. Danach wurden sie der Reserve zugeteilt und hauptsächlich dort eingesetzt, wo man die Kraftprotze gut brauchen konnte. 1970 erhielt die 11801 in der Hauptwerkstätte Bellinzona eine gründliche Revision und wurde etwas modernisiert. 1984 wurde sie offiziell zur historischen Lokomotive des Depots Erstfeld erklärt und wird auch heute noch gelegentlich als viel bestaunter Riese der SBB Historic eingesetzt.

Aber auch vor Extrazügen ist die 11801 immer wieder mal zu sehen. Die 11851 erhielt im Jahre 1961 Führerstände analog der Ae 6/6. Jedoch 1977 schlug für die 11851 die letzte Stunde: aufgrund ihres schlechten technisches Zustandes und abgefahrener Bandagen wurde die Lok leider ausrangiert und in Biasca verschrottet.

Bezeichnung:	Ae 8/14 11801, 11851	Ae 8/14 11852
Anzahl:	2	1
Vmax:	100 km/h	110 km/h
Dienstgewicht:	240t / 244t	236 t
Stundenleistung:	5200 kW / 6064 kW	8158 kW
Inbetriebsetzung:	1931 / 1931	1940
Ausrangierung:	11851	11852
Anstrich:	grün	grün / hellgrün

Die Federtöpfe

Die E-Lok-Baureihen E 04, E 17, E 18 und E 19

Gleich vier Baureihen ihrer Elektrolokomotiven ließ die Deutsche Reichsbahn-Gesellschaft mit einem neuen Antrieb ausrüsten, der höhere Geschwindigkeiten für den Schnellzugverkehr ermöglichte

Mit den eleganten Schnellzuglokomotiven der Baureihen E 18 und E 19 erreichte die Deutsche Reichsbahn vor dem Zweiten Weltkrieg den Höhepunkt bei der Entwicklung elektrischer Lokomotiven mit Federtopfantrieb. E 18 047 wird von der DB als Museumslok erhalten (31. Mai 2008, München-Pasing.

Bereits Mitte der 1920er Jahre erkannten die Ingenieure der Deutschen Reichsbahn-Gesellschaft (DRG), dass Elektrolokomotiven mit Stangenantrieb aufgrund ihrer großen langsam laufenden Motoren und den sich bewegenden Massen höhere Geschwindigkeiten nicht besonders geeignet waren. Eine Alternative bot der Einzelachsantrieb mit kleinen, schnelllaufenden Motoren, die ihr Drehmoment über Vorgelege auf die Radsätze übertragen.
Um den Einzelachsantrieb zu erproben, beschaffte die DRG insgesamt fünf Lokomotiven mit unterschiedlichen Antriebskonzepten, die alle in der zweiten Hälfte der 1920er Jahre geliefert wurden. Bei den ausgiebigen Tests bewährte sich der von AEG aus dem Westinghouse-Antrieb weiterentwickelte Kleinow-Federtopfantrieb am besten, so dass ihn die Verantwortlichen der DRG als Antrieb für gleich vier Baureihen auswählten. Außerdem musste die beste Variante der Aufhängung der Vorlaufradsätze gefunden werden, denn die neuen Loks sollten ja Geschwindigkeiten von weit über 100 km/h fahren. Hier erwies sich die Bauart »Krauss-Helmholtz« als am besten geeignet.

Nach dem Ende der Versuche bestellte die DRG 1927 zunächst 33 Elektrolokomotiven für den mittelschweren Schnellzugdienst. Bei der Nummerierung wurde entsprechend der elektrischen Netze der DRG nach bayerischen (E 17 01 bis 13) und mitteldeutschen Loks (E 17 101 bis 112) sowie nach Loks für den schlesischen Raum (E 17 113 bis 120) unterschieden. 1930 folgten die E 17 14 bis E 17 18, die wie die anderen bayerischen Maschinen zum Bw München Hbf kamen. E 17 101 bis 106 und 112 wurden an das Bw Leipzig-West geliefert, während E 17 107 bis 111 wieder nach München gingen. Erst im Dezember 1929 gab das Bw München sie nach Leipzig ab. Die mitteldeutschen Loks wurden 1933 nach Stuttgart und Ulm abgegeben und durch Maschinen

Seitensicht der E 18 01 in der Ursprungsausführung der Deutschen Reichsbahn mit grauem Kasten.

Seitensicht der E 18 19 in Ausführung der Deutschen Reichsbahn der DDR mit grünem Kasten.

der Baureihe E 04 ersetzt. Von den für Schlesien vorgesehenen Fahrzeugen kam E 17 120 zunächst nach München.
E 17 15 bis 18 wurden zwischen 1931 und 1935 nach Schlesien umgesetzt und erhielten dort die neuen Nummern E 17 123, 124, 121 und 122. Kurz vor dem Ende des Zweiten Weltkriegs wurden die meisten E 17 nach Westen abgefahren, nur E 17 117 und 119 blieben wegen Kriegsschäden dort. E 17 123 und 124 kamen zusammen mit den im RAW Dessau weilenden E 17 10 und 101 in die sowjetisch besetzte Zone. Die beiden Loks aus Dessau wurden ausgemustert, die beiden anderen wieder aufgearbeitet und 1958 bzw. 1959 wieder in Betrieb genommen. Dabei tauschten sie allerdings ihre Loknummern. Doch bereits am 23. Januar 1968 stellte die DR der DDR die beiden E 17 außer Dienst und ließ sie verschrotten.

Ein Teil der bei der DB verbliebenen Loks wurde 1960/61 modernisiert und für den weiteren Einsatz vorbereitet. Im Sommer 1971 waren die 26 Lokomotiven in Augsburg beheimatet und im Eil- und Personenzugdienst auf den Strecken nach München, Nürnberg und Ulm zu finden. Mitte der 1970er-Jahre begann die Ausmusterung. Als letzte wurde 117 106 am 24. April 1980 außer Dienst gestellt. Nur die E 17 113 blieb erhalten. Sie gehört der Deutschen Gesellschaft für Eisenbahngeschichte und ist im Museum in Neustadt an der Weinstraße zu besichtigen.
Für den elektrischen Betrieb auf den Strecken Stuttgart – Augsburg und Stuttgart – Karlsruhe benötigte die DRG in den 1930er-Jahren weitere Elloks. Man wollte auf die bewährte E 17 zurückgreifen, denn inzwischen hatten Untersuchungen ergeben, dass die E 17 auf den mitteldeutschen Flachlandstrecken nicht ausgelastet war und mit ihren Leistungsreserven auf den bergigeren Strecken Süddeutschlands bestens geeignet war. Als Ersatz für die mitteldeutschen Einsatzgebiete orderte die DRG bei der AEG 10 Exemplare einer Maschine mit nur drei angetriebenen Radsätzen. Im Dezember 1932 wurden die E 04 01 und E 04 02 in Dienst gestellt, denen 1933 die E 04 03 bis E 04 10 folgten. Als Nachfolger der aus Leipzig abgezogenen E 17 dienten E 04 01 bis 08. Nur E 04 09 und 10 wurden in München beheimatet.
Die erste Serie der Baureihe E 04 war noch für 110 km/h zugelassen. Bei Testfahrten erreichte die E 04 09 am 28. Juni 1933 eine Geschwindigkeit von 151,5 km/h. Anschließend erhöhte man die zulässige Höchstgeschwindigkeit der E 04 09 und E 04 10 auf 130 km/h. Diese Geschwindigkeit setzte die DRG auch für die in den Jahren 1934 und 1936 ausgelieferten Maschinen fest. Die zuletzt gelieferte E 04 23 wurde 1939 für den Wendezugbetrieb ausgerüstet und bis 1945 auf den Münchener Vorortbahnen erprobt.

Nach dem Zweiten Weltkrieg verblieben 17 Exemplare der Baureihe E 04 auf dem Gebiet der Sowjetischen Besatzungszone, davon waren zehn beschädigt. Schließlich musste die DR als Reparationsleistung E 04 01 bis E 04 16 sowie E 04 23 an die Besatzungsmacht abgeben. Allerdings waren E 04 04 und E 04 13 so schwer beschädigt, dass man sie bereits ausgemustert hatte und nur Teile in die UdSSR geschickt wurden. Nachdem die Mehrzahl der Loks 1952 wieder in die DDR zurückgekehrt war, ließ die DR bis 1957 zwölf Exemplare in Stand setzen. Sie waren hauptsächlich im Reisezugdienst zwischen Halle und Magdeburg anzutreffen. Später rollten sie auf nahezu allen elektrifizierten Strecken in der DDR. Mit Einführung EDV-gerechter Nummern im Jahr 1970 erhielten die Loks die Baureihenbezeichnung 204, bevor Mitte der 1970er-Jahre die Ausmusterung begann. Im Rahmen der Planwirtschaft wurden die Loks aber nicht verschrottet, sondern als Transformator-Stationen weiter verwendet.

Mit dem Flair vergangener Tage ist E 18 047 des DB Museums Nürnberg mit einem Sonderzug aus grünen 26,4 m langen Reisezugwagen in Bayern unterwegs.

Die Schnellzugloks der Baureihe E 04 mit drei angetriebenen Radsätzen wurden in den 1930er-Jahren für den Einsatz in Mitteldeutschland beschafft. Die Museumslok E 04 20 befördert im Rahmen der 150-Jahr-Feier der Deutschen Eisenbahnen 1985 den »Orient-Express«.

Bei der DB verblieben nach Kriegswende die E 04 17 bis 22. Sie waren zunächst in Nürnberg, später in München beheimatet. Zum Sommerfahrplan 1968 setzte die DB die nun als Baureihe 104 bezeichneten Maschinen nach Osnabrück um. Im Jahr 1977 begann mit der 104 020 die Ausmusterung der Baureihe, 1982 verabschiedete sich mit 104 018 die letzte Maschine dieser Baureihe von den Gleisen der DB.

Aber nicht alle Loks wurden verschrottet. Die DR ließ E 04 01 aufarbeiten, die DB übernahm E 04 20 in den Bestand ihrer Museumsloks. E 04 07 wird von den Eisenbahnfreunden in Staßfurt betreut, E 04 11 ist heute in Weimar beheimatet.

Bereits während der Lieferung der Baureihe E 04 stellte die DRG fest, dass eine Höchstgeschwindigkeit von 130 km/h im schweren Schnellzugdienst nicht mehr ausreichte. 1933 erhielt die AEG von der DRG den Auftrag zur Entwicklung einer Elektrolok für den schweren Schnellzugdienst mit einer Höchstgeschwindigkeit mehr als 130 km/h. Sie sollte fahrzeugtechnisch auf der E 17 und elektrisch auf der E 04 aufbauen. 1935 begann die Auslieferung der Baureihe E 18. Ursprünglich waren 92 Lokomotiven geplant, doch die Auslieferung endete wegen des Kriegsbeginns 1940 mit der E 18 053.

Auffälligster Unterschied zu den Vorgängern waren die fehlenden Vorbauten. Um dem Personal eine bessere Streckensicht zu ermöglichen, hatte man die Führerstände ganz an den Enden platziert. Die aerodynamisch runde Kopfform und Frontschürzen unter den Puffern verliehen den Loks ein elegantes Aussehen.

Ursprünglich war die Baureihe E 18 für den Fernverkehr von München nach Berlin vorgesehen. Die Lokomotiven wurden in München, Nürnberg und Leipzig beheimatet sowie in Stuttgart, Augsburg und Hirschberg in Schlesien. Später folgten immer wieder Umbeheimatungen, sodass die Loks zeitweise auch in den Betriebswerken Saalfeld und Regensburg zu Hause waren.

Ab November 1942 war die gesamte Strecke zwischen München und Leipzig durchgehend elektrifiziert. Für schweren Schnellzugdienst auf dieser Relation tauschte die DR süddeutsche E 04 mit den stärkeren E 18 aus Mitteldeutschland. Gegen Ende des Kriegs verbrachte man auch die schlesischen E 18 nach Süddeutschland.

Acht Lokomotiven mussten als Kriegverluste abgeschrieben werden. Nach dem Krieg blieben acht Lokomotiven in der SBZ, zwei weitere in Österreich und der Rest in Westdeutschland.

Wie viele andere Elloks wurden die E 18 der DR in die Sowjetunion gebracht und kehrten in desolatem Zustand Anfang der 1950er Jahre nach Deutschland zurück. Fünf E 18 wurden im Tausch gegen Dampfloks und Dampflok-Ersatzteile an die DB abgeben. Die DR baute E 18 19, 31 und 40 unter Verwendung der Ersatzteilspender E 18 04 und 23 wieder auf. Dabei kam es zu einem Nummerntausch zwischen E 18 40 und 43.

Ende der 1960er Jahre veranlasste die Versuchs- und Entwicklungsstelle Maschinenwirtschaft in Halle (VES-M Halle) einen Getriebeumbau. Die nun 180 km/h schnellen Loks wurden eingesetzt, um in der DDR neu entwickelte Schienenfahrzeuge zu testen. Während die E 18 40 schon 1972 abgestellt wurde, blieb die E 18 31 (ab 1970: 218 031) bis 1988 im Bestand. Die 218 019 schied erst 1992 aus dem Betriebspark aus. Beide Maschinen blieben bis heute als Museumsloks erhalten: E 18 19 gehört ei-

nem privaten Eigentümer und steht bei der IG 58 3047 im ehemaligen Bw Glauchau; E 18 31 ist im Besitz des Verkehrsmuseums Dresden und ist in Halle P. beheimatet.
Zusätzlich zu den 39 Lokomotiven, die nach dem Krieg in Westdeutschland verblieben, lies die DB 1955 noch die E 18 054 und 055 bauen, sodass sich ihr Bestand zusammen mit den Tauschloks aus Ostdeutschland auf 41 Maschinen erhöhte. Sie waren ausschließlich in Bayern und Stuttgart beheimatet und wurden im hochwertigen Schnellzugdienst eingesetzt. Mitte der 1970er-Jahre zog die DB alle Loks in Würzburg zusammen und musterte sie nach und nach aus. Im Juli 1984 wurden die Loks mit einem großen Fest verabschiedet.

Die blaue E 18 03 kann heute im DB Museum in Koblenz-Lützel bestaunt werden. E 18 08 hat eine grüngraue DRG-Lackierung und steht im Bahnpark Augsburg. E 18 24 ist grün lackiert und wird vom Thüringer Eisenbahnverein e.V. in Weimar betreut. Die betriebsfähige E 18 047 ist in Halle beheimatet und immer wieder vor Sonderzügen und auf Ausstellungen anzutreffen.

Die österreichischen Bundesbahnen BBÖ bestellten 1937 acht nahezu baugleiche Lokomotiven. Für den Betrieb auf den steigungsreichen Strecken Österreichs wurde die deutsche E 18 geringfügig verändert: Man baute verstärkte Transformatoren und die stärkeren Fahrmotoren der E 19 ein. Außerdem erhielt die Maschinen ein kürzer übersetztes Getriebe, das die Höchstgeschwindigkeit auf 130 km/h begrenzte, aber die Anfahrzugkraft und die Dauerleistung deutlich erhöhte. Die als Reihe 1018 bezeichneten Maschinen waren damit die stärksten Fahrzeuge ihrer Bauart. Die BBÖ-Lokomotiven wurden nach dem sogenannten Anschluss Österreichs an das Deutsche Reich im März 1938 schließlich im Jahr 1939 an die DRG ausgeliefert, die sie als E 18 201 bis 208 in ihren Bestand einreihte. Zusammen mit der E 18 42 und der E 18 046 waren also zehn E 18 in Österreich.
Nach dem Ende des Zweiten Weltkriegs bezeichneten die österreichischen Bundesbahnen ÖBB die acht Lokomotiven wieder als Reihe 1018. Die E 18 42 wurde zur 1118.01 und die E 18 046 zur 1018.101. Bei den ÖBB durchliefen die 1018 eine Reihe von Umbauten, so bekamen sie zwei gummigefasste Windschutzscheiben und neue Stirnlampen. Ihr Einsatz endete in den 1990er-Jahren.

Bei der Reichsbahn war mit der E 18 die Entwicklung der elektrischen Schnellzuglokomotiven noch nicht abgeschlossen. Für die Strecke Berlin – München und weiter nach Rom war als stärkere und schnellere Lokbaureihe die E 19 vorgesehen. Äußerlich unterschieden sie sich kaum von den E 18, nur der rote Anstrich deutete darauf hin, dass die Loks mit einer Höchstgeschwindigkeit von 180 km/h besonders schnell waren.

1940 lieferten AEG und Henschel/SSW je zwei Probelokomotiven, die sich von außen an den Dachaufbauten unterschieden.
Nach dem Krieg blieben alle vier Loks bei der DB, die sie zusammen mit den E 18 einsetzte. Statt des roten Anstrichs erhielten die Lokkästen der vier Schnellfahrloks eine Lackierung im klassischen Blau oder Grün der DB. 1968 bekamen die vier Loks Bezeichnung 119. Sie wurden alle nach Hagen unbeheimatet, wo sie aber beim Personal nicht besonders beliebt waren. Ende 1970 kamen sie zurück nach Nürnberg, wo sie in der zweiten Hälfte der 1970er-Jahre ausgemustert wurden.
Als Vertreterin der AEG-Maschinen blieb die nun wieder rot lackierte E 19 01 erhalten. Sie steht im Deutschen Technik-Museum Berlin. Die ebenfalls rote E 19 12 gehört zu den Henschel/SSW-Loks. Sie steht im Verkehrsmuseum Nürnberg.

Baureihe		**E 04**	**E 17**	**E 18**	**E 19**
Länge über Puffer	mm	15.120	15.950	16.920	16.920
Treibraddurchmesser	mm	1.600	1.600	1.600	1.600
Laufraddurchmesser	mm	1.000	1.000	1.000	1.100
Radsatzstand gesamt	mm	11.600	12.300	12.800	12.800
Achsanordnung		1'Co1'	1'Do1'	1'Do1'	1'Do1'
Gewicht	t	92	111,7	108,5	113c/110,7d
Höchstgeschwindigkeit	km/h	110a/130b	120	150	180
Leistung	kW	2.190	2.800	3.040	4.000c/4.080d
Anfahrzugkraft	kN	177a/152b	235	206	220c/208d
Erste Indienststellung		1932	1928	1935	1940

Starke Reptilien der Bergwelt

Mit dem Krokodil über die Alpen

Schon bald nach der Eröffnung vieler Alpentransversalen erwies sich deren Betrieb mit Dampflokomotiven als unwirtschaftlich. Ein sinnvoller Betrieb war daher nur mit Elektrolokomotiven möglich, denn die Dieseltechnik steckte zu dieser Zeit noch in den Kinderschuhen.

Die 1020.47 ist betriebsfähige Museumslokomotive der ÖBB und wurde mit viel Liebe in den Ursprungszustand zurück versetzt. Hier schiebt sie einen schweren Kohlezug über die Semmeringbahn, Europas erste Gebirgsbahn.

Die Ce 6/8III 13253 ist betriebsfähige Museumslok von SBB Historic und in Erstfeld stationiert. Von Zeit zu Zeit wird der Veteran vor Regionalgüterzügen auf der Gotthardbahn eingesetzt.

Am Ende ihrer Einsatzzeit liefen die »Krokodile« meist nur noch in untergeordneten Diensten vor Dienst- oder leichten Güterzügen. So machte sich auch dieses Reptil vor einem Arbeitszug im Mittelland nützlich.

Schwere Züge brauchen starke Lokomotiven, vor allem dann, wenn es bergauf geht. So verwundert es nicht, dass der Güterverkehr über die Alpenbahnen in Österreich und in der Schweiz schon bald zu speziellen Lokomotivkonstruktionen führte, denn hier waren die Anforderungen oft besonders hoch. Einerseits nämlich herrschte nach Eröffnung der großen Alpenbahnen am Gotthard (Schweiz) oder am Arlberg (Österreich) praktisch von Beginn an ein enormer Güterverkehr, folgten die Bahnstrecken doch den seit Jahrhunderten frequentierten Handelswegen. Andererseits brachte es die Topographie mit sich, dass die Eisenbahn mit engen Kurvenradien und großen Steigungen zurechtkommen musste sowie in kilometerlangen Tunnels das Gebirge unterquerte.
Die Dampftraktion stieß unter solchen Bedingungen schon bald an die Grenzen der Leistungsfähigkeit von Mensch und Maschine. Doch auch die elektrische Traktion hatte seinerzeit ihre Tücken: Je stärker die Lokomotiven waren, desto mehr Platz brauchten Motoren und Antrieb, die Maschinen fielen also ziemlich schwer und groß aus und bekamen dadurch schnell Probleme mit den engen Kurvenradien der Gebirgsbahnen.

Mit der Erfindung der charakteristischen Gelenklokomotiven konnte dieses Problem elegant gelöst werden. Und dank ihres markanten Aussehens hatten die lang gestreckten Kraftpakete bald ihren Spitznamen weg: Die »Krokodile« waren geboren. Bis heute sind die urwüchsigen Lokomotiven aus der Frühzeit der Elektrotraktion ungeheuer populär, obwohl sie schon seit Jahren von modernen Fahrzeugen abgelöst wurden. Doch im Gegensatz zu heutigen Maschinen sah man den Reptilien ihre Kraft schon von weitem an, wenn sie sich mit ihren Wagenschlangen durch die Alpentäler wanden.

Krokodile in der Schweiz

Die Alpenländer, allen voran die Schweiz, begannen schon früh, ihre Hauptstrecken zu elektrifizieren. Begünstigt wurde dies nicht zuletzt dadurch, dass die Kohle für die Dampfloks mangels eigener Vorkommen teuer importiert werden musste, während für die Erzeugung elektrischen Stroms Wasserkraft in Hülle und Fülle zur Verfügung stand.
Eine der wichtigsten Alpen-Magistralen ist die Gotthard-Strecke, die Luzern und Zürich im Norden mit Chiasso im Süden der Schweiz verbindet. Die eigentliche Gotthardbahn wurde 1882 zwischen Immensee (460 m ü. NN) und Chiasso (238 m ü. NN) eröffnet. Im 15 Kilometer langen Gotthardtunnel zwischen Göschenen und Airolo erreicht sie mit 1.151 m ü. NN ihren Scheitelpunkt. Dabei müssen Steigungen bis zu 30 ‰ überwunden werden. Deshalb dachte man schon zu Beginn des 20. Jahrhunderts über eine Elektrifizierung der Strecke nach. 1922 konnte der elektrische Betrieb auf der nun komplett zweigleisig ausgebauten Strecke eröffnet werden.

Die Baureihen Ce 6/8II und Ce 6/8III der Schweizerischen Bundesbahnen (SBB)

Um die schweren Züge über die Strecke befördern zu können, mussten natürlich auch die passenden Lokomotiven beschafft werden. Die SBB bestellte bereits 1917 vier Probe-Lokomotiven, drei für Schnellzüge und eine für den schweren Güterzugdienst auf den Rampen. Die als Ce 6/8I bezeichnete Maschine mit der Nummer 14201 hatte zwei dreiachsige Drehgestelle, die durch Kuppelstangen mit den Antriebsmotoren verbunden waren. Der einteilige Lokkasten erstreckte sich über den gesamten Rahmen

und hatte nur zwei kurz Vorbauten, die von zwei Vorlaufachsen getragen wurden.
Aber die Laufeigenschaften der Lok, besonders in den Gleisbögen, überzeugten nicht. Weil die Eröffnung des elektrischen Betriebs am Gotthard immer näher rückte, entschloss sich die SBB deshalb zur Bestellung einer Lokomotive mit dreiteiligem Rahmen und ohne eigentliche Drehgestelle. Das charakteristische Äußere der Lokomotiven mit den beiden langen Vorbauten über den dreiachsigen Antriebsgruppen und dem kurzen, die beiden Antriebsgruppen verbindenden mittleren Aufbau brachte ihnen schnell den bis heute gängigen Namen »Krokodile« ein. Im Frühling 1918 bestellten die SBB insgesamt 33 Lokomotiven, 1919 und 1920 kamen sie auf die Gleise. Die SBB reihten die Fahrzeuge als Ce 6/8II 14251 bis 14283 in ihren Fahrzeugpark ein.
Nach der Ablieferung fuhren die »Krokodile« zunächst auf der Strecke Bern – Thun – Spiez, zu diesem Zeitpunkt die einzige elektrifizierte Strecke der SBB. Mit der Inbetriebnahme der Fahrleitung 1922 wurden die Loks an den Gotthard versetzt und lösten dort Dampflokomotiven der Baureihe C 5/6 ab. Sie waren aber auch auf anderen elektrifizierten Strecken der Schweiz im Güterverkehr anzutreffen.

Die Lokomotiven waren in der Lage, die Strecke zwischen Goldau und Chiasso (197 km) innerhalb von 28 Stunden mit einer Anhängelast von 860 Tonnen zweimal zurückzulegen. Außerdem konnten sie auf der Strecke Bellinzona – Chiasso eine Anhängelast von 625 t befördern. Bei einer Steigung von 26 ‰ konnten 430 t mit 35 km/h und 300 t Anhängelast mit 50 km/h befördert werden.
Schon kurze Zeit nach der Lieferung der ersten »Krokodile« benötigten die SBB weitere leistungsfähige Güterzuglokomotiven. Weil sich die Ce 6/8II gut bewährt hatten, entschloss man sich zum Nachbau dieser Loktype. Dabei sollten einerseits neueste technische Entwicklungen und die Erfahrungen mit den alten Maschinen einfließen, andererseits wollte man eine in Betrieb und in der Unterhaltung einfachere Maschine als die Ce 6/8II, deren kompliziertes Triebwerk viel Aufmerksamkeit und Zeit in Anspruch nahm. Zu dieser Zeit hatte sich der Winterthurer Schrägstangenantrieb (benannt nach der Lokomotivfabrik Winterthur) bei vielen Lokomotiven im In- und Ausland bewährt. Auch die SBB entschieden sich für diese Antriebsform bei den neuen Lokomotiven. Sie waren wie die Ce 6/8II dreiteilig; die beiden schmalen und niedrigen Vorbauten und der dazwischen liegende breite und hohe Aufbau waren gelenkig miteinander verbunden. Da die beiden Vorbauten höher und etwas breiter ausfielen als bei den Vorgängern, wirkten die Maschinen etwas bulliger. Entsprechend den gestiegenen Anforderungen wurden die zu befördernden Lasten höher angesetzt als bei der Ce 6/8II. So mussten auf einer Steigung von 10 ‰ Züge mit 1.400 t Gewicht mit 35 km/h befördert werden können. Bei Rampen von 26 ‰ wurden für 520 t immerhin noch 30 km/h verlangt.
Die Inbetriebnahme der insgesamt 18 Lokomotiven erfolgte in zwei Bauserien 1926 und 1927. Die Loks bekamen die Bezeichnung Ce 6/8III und die Nummern 14301 bis 14318. Zunächst für den Einsatz im Mittelland gedacht, kamen die Maschinen letztlich doch an den Gotthard.
Ab 1941 wurden die 13 Lokomotiven der ersten Bauform umfassend modernisiert. So wurden u.a. die Lokrahmen verstärkt und neue Fahrmotoren mit höherer Leistung eingebaut. Gleichzeitig wurde die Höchstgeschwindigkeit von 65 km/h auf 75 km/h erhöht. Die schnelleren Maschinen erhielten nun die neue Bezeichnung Be 6/8II, die Loknummern wurden um tausend herabgesetzt. 1956 wurde auch die Höchstgeschwindigkeit der zweiten Ausführung angehoben. Diese Loks wurden nun als Be 6/8III bezeichnet. Wegen der höheren Kräfte, die bei diesen Geschwindigkeiten auftreten, verschlechterten sich die Laufeigenschaften der Loks und es kam immer wieder zu Schäden an den Antriebsstangen. Weil sich das Problem nicht lösen ließ, wurde die Höchstgeschwindigkeit 1973 wieder auf 65 km/h herabgesetzt. Zu dieser Zeit verfügten die SBB längst über modernere, stärkere und schnellere Güterzugloks, sodass sich die Abstellung der »Krokodile« abzeichnete.

Die »kleinen Krokodile« waren jahrzehntelang das Markenzeichen der kurvenreichen Seetalbahn von Luzern nach Lenzburg. Eine der Maschinen ist bis heute bei der OeBB erhalten geblieben.

Von der modernen Drehgestellmaschine der Baureihe Ae 6/6 am Gotthard verdrängt, wechselten alle Lokomotiven vom Depot

Erstfeld zum Depot Basel und wanderten von den Gebirgsstrecken auf Flachlandstrecken ab. Vermehrt verschwanden sie von den Hauptstrecken und wurden auf Nebenstrecken zu untergeordneten Diensten verwendet. Nicht umgebaute Ce 6/8II erhielten neue Aufgaben im Rangierdienst. Dazu wurden u.a. über den Puffern Bühnen für das Rangierpersonal angebaut und ein Stromabnehmer entfernt.

Mit der Abstellung der Be 6/8III 14267 und 14278 verschwanden 1983 die letzten »Krokodile« von den Gleisen der SBB. Aber viele der markanten Maschinen wurden nicht verschrottet, sondern gelangten in Eisenbahnmuseen. So besitzt die SBB Historic die Lokomotive 13253. Die 13257 ist in Floridsdorf bei Wien stationiert. Im Technik Museum Speyer ist die 14267, im Auto- und Technikmuseum Sinsheim die 14282 zu finden. Dem Club San Gottardo gehört die 14276. Im Verkehrshaus der Schweiz findet man die 13254. Als Denkmal in Erstfeld ist die 14270 stationiert.

Große Teile der Seetalbahn verlaufen direkt neben der Straße, außerdem queren zahlreiche Anschlusswege die Trasse. Die Strecke gehört daher zu den unfallträchtigsten der SBB. Mit einem »Minimal«-Güterzug verlässt das Seetal-Krokodil Hochdorf.

Kleiner Bruder: Das Seetal-Krokodil der Reihe De 6/6

1922 übernahm die SBB die »Seetal-Bahn«, eine Bahnlinie zwischen Emmenbrücke bei Luzern und Lenzburg. Die Strecke war 1883 eröffnet und samt ihrer Zweigstrecken von der »Schweizerischen Seetalbahngesellschaft« betrieben worden. 1910 erfolgte die Elektrifizierung, allerdings mit dem abweichenden Stromsystem von 5.500 V und 25 Hz. Dagegen betreibt die SBB bis heute ihre Strecken mit Einphasen-Wechselstrom, der eine Spannung von 15.000 V mit 16 ²/₃ Hz besitzt.
Bei der Verstaatlichung übernahm die SBB auch zehn elektrische Triebwagen, mit denen aber der steigende Güterverkehr nicht zu bewältigen war. Außerdem war die Umstellung des Stromsystems (auf 15 kV, 16 ²/₃ Hz) beschlossen. Deshalb musste neue Lokomotiven beschafft werden. Weil die Strecke jedoch extrem kurvenreich mit geringen Halbmessern trassiert war, kamen nur wenige Konstruktionen in Frage. Die guten Erfahrungen mit den »großen Krokodilen« der Bauart Ce 6/8II veranlassten die SBB, auch hier auf dieses Konstruktionsprinzip zurückzugreifen. Allerdings mussten die Loks nicht so leistungsstark sein und konnten deshalb kleiner ausfallen. Es entstand ein kleines Krokodil mit zwei dreiachsigen Antriebsgruppen, aber ohne Laufachsen, das als De 6/6 mit den Nummern 15301 bis 15303 in den Plänen der SBB geführt wurde.
Lieferjahr der zunächst nur 40 km/h schnellen Lokomotiven war 1926. Weil zu diesem Zeitpunkt das Stromsystem noch nicht umgestellt war, hatten die »Zweisystem«-Loks als Besonderheit zunächst einen umschaltbaren Transformator, der aus beiden Systemen versorgt werden konnte. Während zwei Lokomotiven auf der Seetal-Strecke im Güterzugdienst unterwegs waren, wurde die dritte Maschine in Chiasso beheimatet und war auf der Strecke nach Lugano zu finden. Sie kam erst 1930 ins Seetal, sodass nun zwei Loks Züge beförderten, die dritte diente als Reserve. Um die Loks sinnvoll einsetzen zu können, wurde ihre Höchstgeschwindigkeit 1939 auf 50 km/h angehoben.
Dieser Betrieb wurde bis Anfang der 1980er-Jahre aufrechterhalten. Dann hatten die Loks das Ende ihrer Nutzungszeit erreicht und sollten abgestellt werden. 1983 wurden die Loks 15302 und 15303 verschrottet, während die 15301 zur Oensingen-Balsthal-Bahn (OeBB) gelangte, die sie im Güterzugdienst einsetzte.

Kriechtiere für den Ablaufberg: Die Rangier-Krokodile der Reihe Ee 6/6

Die letzten »Krokodile«, die die SBB in Dienst stellten, waren die Rangierlokomotiven der Baureihe Ee 6/6. Für den schweren Rangierdienst an Ablaufbergen benötigte die SBB Anfang der 1950-Jahre eine robuste, leistungsfähige Maschine mit möglichst hohem Reibungsgewicht, um schwere Züge verschieben zu können. Eine hohe Endgeschwindigkeit war dabei eher zweitrangig.
Mit den beiden langen Vorbauten und den zwei Antriebsgruppen, die durch eine kurze Brücke verbunden wurden, auf der das Führerhaus steht, sind die beiden als Ee 6/6 16801 und 16802 bezeichneten Loks echte »Krokodile«. Auch der Antrieb mit Blind-

Nur zwei Exemplare umfasste die letzte SBB-Krokodil-Baureihe Ee 6/6. Die Maschinen waren im Rangierdienst in Basel, Zürich und Biel eingesetzt.

Die HGe 4/4I der Brig-Visp-Zermatt-Bahn sind streng genommen keine echten Krokodile, denn sie besitzen einen durchgehenden Lokkasten ohne Gelenke. Bei St. Niklaus ist ein Personenzug mit Güterbeförderung auf dem Weg nach Zermatt.

welle, Kuppelstangen und drei angetriebenen Radsätzen entspricht den großen Schwestern. Wie bei der De 6/6 hat auch hier allerdings nur ein Stromabnehmer auf dem kurzen Dach Platz gefunden. Auffällig sind die für Rangierlokomotiven typischen Bühnen an den Stirnseiten, auf denen das Personal mitfahren kann. Nach ihrer Ablieferung kamen die Loks nach Zürich bzw. Basel und später nach Biel. Nach einem Motorschaden wurde die 16802 Ende 1999 abgestellt und verschrottet. Auch die zweite Lok wurde inzwischen abgestellt, sodass keine mehr bei den SBB zu finden ist.

Bündner Spezialität: Die Baureihe Ge 6/6I der Rhätischen Bahn (RhB)

Wie bei den normalspurigen Bahnen in der Schweiz war es sinnvoll, auch auf den steilen und windungsreichen Schmalspurstrecken ohne Zahnradbetrieb den unwirtschaftlichen Dampfbetrieb durch die elektrische Traktion zu ersetzen. Zur gleichen Zeit wie die SBB beschloss auch die Rhätische Bahn (RhB), ihr meterspuriges Streckennetz in Graubünden verstärkt zu elektrifizieren und die Dampfloks abzulösen. Deshalb musste auch die RhB neue Elloks beschaffen. Die Topografie und die Streckenführung verlangte ebenfalls eine »kurvengängige« Loktype, sodass eine Adaption der bei den SBB bewährten dreiteiligen »Krokodil«-Bauform mit zwei langen Vorbauten und einem mittlerem, auf beiden Antriebseinheiten aufliegenden Lokkasten auf der Hand lag. Zunächst wurden sechs Lokomotiven bestellt. Sie wurden 1921 geliefert und von der RhB als Baureihe Ge 6/6I mit den Nummern 401 bis 406 übernommen.

Bei den Lokomotiven konnte auf Laufachsen verzichtet werden, sodass sie nur auf zwei dreiachsigen Antriebseinheiten laufen, deren drei Radsätze über Treib- und Kuppelstangen mit den Blindwellen des Antriebs verbunden sind. Nach der Ablieferung kamen die Lokomotiven auf der Albulabahn Chur – St. Moritz zum Einsatz. Sie bewährten sich dort so gut, dass bereits Ende 1921 vier weitere Loks dieser Bauart bestellt wurden. Die Aufnahme des elektrischen Betriebes auf der Strecke Landquart – Davos erforderte weitere Lokomotiven, die stärker als die bisher vorhandenen Ge 2/4 und Ge 4/6 sein mussten. So folgten 1922 die Lokomotiven 407 bis 410, 1925 die 411 und 412 und 1929 die Maschinen 413 bis 415. Damit waren alle Loks dieser Baureihe ausgeliefert und die noch vorhandenen Dampfloks konnte endgültig abgestellt werden.

In den nächsten Jahren bildeten die 15 braunen »Krokodile« das Rückgrat der Zugförderung bei der RhB. Sie wurden dabei aber nicht nur vor Güterzügen, sondern auch vor Reisezügen eingesetzt. Dazu gehörten auch so bekannte Züge wie der »Engadin-Express« oder der »Glacier-Express«, der ab 1930 Zermatt mit St. Moritz verband.

Bereits 1958 drängten die ersten neueren Loks der Reihe Ge 6/6II die »Krokodile« in weniger anspruchsvolle Dienste und nach über 50 Jahren Einsatz wurde 1974 die erste Maschine unfallbedingt ausrangiert. Die ab 1973 ausgelieferten Ge 4/4II beschleunigten dies noch. 1984 wurden gleich sechs Ge 6/6I abgestellt. Letztes Aufgabengebiet der Krokodile waren nach dem reinen Güterzugdienst, den sie ab 1965 bestritten, so ge-

Nach Schweizer Vorbild entstanden auch in Österreich Gelenklokomotiven für den Dienst auf der Arlbergbahn. Die Reihe 1089/1189 war aber auch anderen Orts heimisch.

nannte Stückgutzüge. Dabei handelte es sich um Personenzüge, denen je nach Bedarf mehr oder weniger Güterwagen beigestellt wurden. Nachdem im Juni 2001 die Lok 411 nach einem Unfall abgestellt wurde, sind nur noch die Nummern 412, 414 und 415 betriebsbereit. Sie sind in Landquart und Samedan beheimatet. Lok 412 wurde 2006, anlässlich des 75-jährigen Jubiläums des Glacier-Express, passend zum »Alpine Pullmann Classic« dunkelblau lackiert. Die 411 gehört heute zum Bestand des Deutschen Museums in München. Die Lokomotive 407 ist in Bergün als Denkmal aufgestellt.

Krokodil mit Zähnen: Die Reihe HGe 4/4I der Brig-Visp-Zermatt-Bahn (BVZ)

Eine weitere Bahngesellschaft, die sich nach dem Ersten Weltkrieg der Elektrifizierung ihres Streckennetzes zuwandte, war die Visp-Zermatt-Bahn (VZ), später Brig-Visp-Zermatt-Bahn (BVZ). Sie hatte jedoch neben den Adhäsionsstrecken auch Linien mit Zahnradbetrieb.

Nach Überlegungen, Triebwagen zu beschaffen, entschied man sich dann doch für Lokomotiven. Weil die Loks den eben beschriebenen rhätischen »Krokodilen« der Bauart Ge 6/6I ähnlich sehen, sollen sie hier vorgestellt werden, auch wenn sie streng genommen keine »echten« Krokodile sind, da alle Aufbauten auf einem einteiligen Rahmen sitzen, der seinerseits auf zwei zweiachsigen Drehgestellen aufliegt. Bemerkenswert an diesen Loks sind die Gepäckräume, die im Mittelteil hinter den Führerständen zu finden sind. Sie können von den Seiten durch zweiflügelige Drehtüren beladen werden. Ebenfalls in Abweichung von den bislang vorgestellten Fahrzeugen ging man vom üblichen Stangenantrieb ab und bevorzugte einen Einzelachsantrieb mit zugehörigen Fahrmotoren. Weil die Loks auf steilen Zahnradstrecken eingesetzt werden, haben sie neben der normalen Klotzbremse auch eine Bandbremse. Hierbei wird die Achse eines Radsatzes von einem Band umschlungen, dass, wenn es angezogen wird, über Reibung die Achse bremst. Jeder Führerstand hat zudem zwei Handbremsen, von denen eine auf die Bremsklötze des darunter liegenden Drehgestells wirkt, die zweite auf die Bandbremse des anderen Drehgestells.

In den Jahren 1929 und 1930 wurden fünf Lokomotiven geliefert und als HGe 4/4I mit den Nummern 11 bis 15 in Betrieb genommen. 1939 folgte noch die HGe 4/4I 16. Sie hat aber eine durchgehenden Lokkasten und damit keine Ähnlichkeit mit den »Krokodilen«.

Nach ihrer Indienststellung übernahmen die Loks einen Großteil des Personen- und Güterverkehrs auf der Strecke. Zwischen 1960 und 1965 wurden die sechs Elloks durch insgesamt fünf Doppeltriebwagen der Typen ABDeh 6/6 und ABDeh 8/8 ergänzt. 1975 und 1976 kamen noch vier schwere Gepäcktriebwagen des Typs Deh 4/4 hinzu. Mit diesen Fahrzeugen konnte der Betrieb erheblich vereinfacht werden, denn der Einsatz von Trieb- und Steuerwagen machte das Umstellen der Zuglok an den Endbahnhöfen überflüssig. Die »Krokodile« wanderten deshalb immer mehr in den Güterzugdienst sowie andere untergeordnete Dienste ab.

Von den Lokomotiven ist nur die Nummer 15 betriebsfähig erhalten geblieben. Sie wird für den Einsatz vor Nostalgiezügen verwendet.

Krokodile in Österreich

Die Österreichischen Bundesbahnen (ÖBB) haben in den Bergen ähnliche Streckenverhältnisse wie die Schweiz und setzten deshalb ebenfalls auf »Krokodile«. Auch hier begann die Geschichte bereits in den 1920er-Jahren, als beschlossen wurde, den Dampfbetrieb auf der Arlbergbahn durch den elektrischen Betrieb abzulösen. Weil dafür aber keine geeigneten Maschinen zur Verfügung standen, mussten neue Loks entwickelt und gebaut werden.

Die Baureihe 1089/1189

Anfang der 1920er-Jahre gab es zum Stangenantrieb noch keine Alternative und um die geforderte Antriebsleistung auf die Gleise zu bringen, mussten die Loks entsprechend groß ausgeführt werden. Wie bei den SBB entschied man sich für eine Lokomo-

Nur ein einziges ÖBB-Krokodil erhielt den Anstrich in Blutorange. Die 1189.02 ist bis heute erhalten, allerdings trägt sie als Museumslokomotive längst wieder eine dunkelgrüne Lackierung. Die Aufnahme entstand in Gmunden.

tive mit zwei voneinander unabhängigen Antriebsgruppen. Eine Antriebsgruppe besteht aus zwei Fahrmotoren, die ihre Kraft über eine Blindwelle und Kuppelstangen auf drei Radsätze übertragen. Die Länge und die Laufeigenschaften erforderten zusätzliche Laufachsen an den Lokenden. Der Aufbau besteht aus den beiden niedrigen Vorbauten und dem hohen Mittelteil mit den beiden Führerständen. Alle Teile sind direkt mit dem Rahmen verbunden.

Die Loks hatten die Aufgabe, Güterzüge mit einem Gewicht von 380 t auf einer Steigung von 26,4 ‰ mit einer Geschwindigkeit von 25 km/h zu befördern. Bei einer Steigung von 31,4 ‰ waren bei einer Anhängelast von 320 t immer noch 20 km/h gefordert.
1920 wurden die ersten drei »Krokodile« bei der Wiener Lokomotivfabrik Floridsdorf bestellt und im Dezember 1922 stand die erste Maschine für Probefahrten auf dem Streckennetz der Wien-Pressburger-Eisenbahn zur Verfügung. Aufgrund der positiven Ergebnisse kamen bis 1924 vier weitere Loks dazu, sodass schließlich sieben »Krokodile« als Reihe 1100 im Dienst der BBÖ standen. Weil damit der Bedarf aber noch nicht gedeckt werden konnte, entstanden in den Jahren 1925 und 1926 weitere neun Lokomotiven, die aber gegenüber der ersten Serie stärker und schwerer waren. Sie wurden als Reihe 1100.1 bezeichnet.
Die Lokomotiven wurden zunächst in Innsbruck, später auch in Salzburg stationiert, von wo sie auf der Arlberg- und Tauernbahn eingesetzt wurden. Zunächst liefen die »Krokodile« als Universallokomotiven vor allen Zuggattungen, neuere Baureihen verdrängten sie allerdings mehr und mehr in Güterzugdienste. 1938 wurde Österreich an Deutschland angegliedert und die BBÖ von der Deutschen Reichsbahn übernommen. Deshalb wurden die »Krokodile« in das deutsche Loknummernschema übernommen und bekamen die Baureihenbezeichnungen E 89 und E 891. Die E 89 wurde in Attnang-Puchheim stationiert, die E 891 war in Salzburg zuhause. Im Zweiten Weltkrieg wurden zwei Loks zerstört. Die 1100.01 wurde von den ÖBB nach Kriegsende wieder aufgebaut und war noch über 20 Jahre im Einsatz. Die ÖBB legte auch die deutschen Baureihenbezeichnungen ab und ordnete die Loks nun als Baureihe 1089 und 1189 ein.

In den 1960er-Jahren wurden alle Loks in Attnang-Puchheim zusammen gezogen und blieben dort bis zu ihrer Ausmusterung. Diese begann Mitte der 1970er-Jahre und war bis 1980 abgeschlossen. Die 1189.02 ist bis heute erhalten und wird zur Bespannung von Nostalgiezügen herangezogen. Sie war die einzige Lok ihrer Reihe, die in den 1970er-Jahren den blutorangefarbenen Anstrich der ÖBB erhielt und wurde 1987 zum österreichischen Einsenbahnjubiläum in den grünen Ursprungszustand mit der Nummer 1100.102 zurück versetzt.

Abschied vom Stangenantrieb: Die Reihe 1020 der ÖBB

Die österreichische »Krokodil«-Baureihe 1020 ging aus den nach dem Zweiten Weltkrieg in Österreich verbliebenen deutschen Elloks der Baureihe E 94 hervor. Anfang der 1930er-Jahre war die Elektrifizierung der Eisenbahnstrecken in Süddeutschland in vollem Gange. Für diese teilweise doch recht gebirgigen Strecken brauchte die Reichsbahn eine neue starke Güterzuglokomotive. Die Antriebstechnik war inzwischen soweit fortgeschritten, dass man sich vom bekannten Stangenantrieb abwenden und dem Einzelachsantrieb den Vorzug geben konnte. Es entstand eine sechsachsige Lokomotive mit zwei niedrigen, auf den Drehgestellen montierten Vorbauten. Ein Rahmen mit einem hohen Lokkasten diente als Verbindungsbrücke zwischen beiden Drehgestellen. Damit hatten auch diese als Baureihe E 93 bezeichneten Lokomotiven das Aussehen der »Krokodile«. Zwischen 1933 und 1939 wurden 18 dieser »Reptilien« beschafft und kamen in Württemberg zum Einsatz.
Mit dem Anschluss Österreichs an Deutschland gelangten mit der Arlbergbahn und der Tauernbahn »echte« Hochgebirgsstrecken zur Reichsbahn. Gleichzeitig stiegen die Zuggewichte sowie die Anzahl der Güterzüge. So reichten die 18 Maschinen weder leistungs- noch zahlenmäßig aus. Weil sie sich aber bewährt hatten, entschloss man sich zu einer Weiterentwicklung und es entstand die stärkere und auch schnellere Baureihe E 94.
Mit der E 94 001 wurde 1940 die erste Maschine abgeliefert.

Als »kriegswichtige« Lokbaureihe lief die Produktion auch in den Folgejahren bis 1945 weiter. Die Deutsche Bundesbahn (DB) entschloss sich sogar Mitte der 1950er-Jahre noch zu einem Nachbau der robusten Maschine, sodass insgesamt mehr als 200 Exemplare gefertigt wurden.
Nach Kriegsende waren 44 Lokomotiven in Österreich. Die Baureihenbezeichnung wurde 1954 in 1020 geändert. Im gleichen Jahr kamen drei Nachbau-Loks hinzu, die aus noch vorhandenen Einzelteilen zusammengebaut worden waren, sodass schließlich 47 Maschinen zur Verfügung standen.

Die Baureihe 1020 wurde über Jahrzehnte im Güterzug- und Rampendienst eingesetzt und war in allen wichtigen Zugförderungsstellen stationiert. Die Lokomotiven beförderten auch Züge in das benachbarte Ausland, und kamen so regelmäßig bis München, Tarvis (Italien) und Jesenice (Slowenien). Ab 1967 wurden die Lokomotiven grundlegend modernisiert. Sie erhielten dabei u. a. zwei gummigefasste Stirnfenster statt der vorhandenen drei, eine Scheinwerfer-Schlusslicht-Kombination und einen neuen Anstrich in Blutorange, der das traditionelle Tannengrün ersetzte. Die alten Lüftergitter an den Vorbauten wurden gegen neue Düsenlüftergitter ausgetauscht.

Gewissermaßen die Zwergalligatoren unter den Krokodilen sind die Schmalspurmaschinen der Rhätischen Bahn. Mittlerweile sind die Fahrzeuge aus dem regulären Dienst ausgeschieden.

Neuere und leistungsfähigere Lokbaureihen, etwa die Baureihen 1010 und 1110, verdrängten die 1020 zunehmend in untergeordnete Dienste. Anfang der 1980er-Jahre begann die Ausmusterung. Zu dieser Zeit waren Bludenz, Innsbruck und Wörgl die Hochburgen der 1020. 1990 waren noch 27 Loks im Bestand. Sie hatten aber keinen festen Einsatzplan mehr und wurden nur noch zu Sondereinsätzen herangezogen. 1995 wurden die letzten Lokomotiven »kassiert«.

Der Nachwelt blieben u.a. die Lokomotiven 1020.18 (ehemalige E 94 001 bei den Eisenbahnfreunden Linz), 1020.37 (ÖGEG Linz), 1020.42 (Modellbahnhersteller Roco), 1020.44 (ÖBB Nostalgie) und 1020 047 (ÖBB) erhalten. Die 1020.47 wurde von den ÖBB weitgehend in den Ursprungszustand versetzt und hat den tannengrünen Anstrich. Die meisten dieser Lokomotiven sind betriebsfähig und werden im Museumsbetrieb in Österreich und Deutschland eingesetzt.

Technische Daten

Baureihe	Ce 6/8II	Ce 6/8III	De 6/6	Ee 6/6	Ge 6/6I	1089	1189	1020
Nummern	14251–14283	14301–14318	15301–15 303	16801–16802	401–415	01 … 07	01–09	01–47
Anzahl	33	18	3	2	15	7	9	47
Baujahr	1919–1920	1925	1925	1950	1921–29	1923	1926	1939–52
Achsfolge	(1'C)(C1')	(1'C)(C1')	C'C'	C'C'	C'C'	(1'C)(C1')	(1'C)(C1')	Co'Co'
LüP (mm)	19.400	20.060	14.000	14.840	13.300	20.350	20.400	18.600
Treibraddurchmesser (mm)	1.350	1.350	1.040	1.040	1.070	1.350	1.350	1.250
Laufraddurchmesser (mm)	850	850	-	-	-	870	870	-
V max (km/h)	65	75	50	45	55	65	75	75
Masse (t)	128	131	73	90,3	66	116	116	120
Fahrmotoren	4	4	2	2	2	4	4	6
Leistung (kW)	1.647	1.809	1.170	1.000	755	1.800	1.900	3.300

Rekord von kurzer Dauer

Direkte Konkurrenz auf der Schiene

Eine Lok der Baureihe CC 7100 durchbrach 1955 erstmals in der Geschichte der Eisenbahn die bis dahin unüberwindbare Grenze von 300 km/h. Schon am nächsten Tag wurde sie überboten.

Im Eisenbahnmuseum Mulhouse erinnert CC 7107 an ihre Rekordfahrt von 1955.

Die Elektrolok CC 7121 geht im Februar 1954 mit ihrem Versuchszug auf Rekordfahrt, bei der sie 243 km/h erreicht.

Im Gegensatz zu Deutschland und seinen Nachbarstaaten Österreich und der Schweiz hatten die französischen Bahnen ab den 1920er Jahren begonnen, erste Strecken mit Gleichstrom und einer Spannung 1.500 Volt zu elektrifizieren. Schnellfahrende Elloks besaßen vor dem Zweiten Weltkrieg auch in Frankreich führende und nachlaufende Laufradsätze oder Laufdrehgestelle. Erst nach dem Zweiten Weltkrieg richtete sich der Fokus auf neue laufachslose, dem Stand der Technik entsprechende Drehgestellmaschinen – auch bei der französischen Staatsbahn »Société nationale des chemins de fer français« (SNCF).

Bei ihrem Erscheinen vor Schnellzügen auf der Hauptstrecke Paris – Lyon – Mittelmeer im Jahr 1952 galten die Elloks der Reihe CC 7100 als geradezu revolutionär, obwohl bereits seit 1949 zwei ähnliche Prototypen (CC 7001 und 7002) im Einsatz standen. Die bis 1955 von Alsthom, CEM und Fives-Lille gelieferten 58 Exemplare bildeten Frankreichs erste serienmäßige Schnellzugellok mit einem Antrieb auf allen Radsätzen. Auf jeden Radsatz der beiden dreiachsigen Drehgestelle wirkte ein Gleichstrommotor des Typs »Alsthom TA 621B« bzw. bei den CC 7144–7158 ein Motor des Typs »Alsthom TA 621C«. Ein durchaus wohlgeformtes Erscheinungsbild vermittelte die Konstruktion ihres Aufbaus mit den sanft nach hinten geneigten Führerstandsfronten und einer Reihe von Bullaugen-Fenstern an den Fahrzeugseiten zur Aufhellung des Maschinenraums.
Natürlich wurden die neuen Maschinen ausgiebig getestet und bei einem Versuch in 1954 mit einer normalen Serienlok waren ohne Probleme 243 km/h erreicht worden. Dies führte zu der Erkenntnis, dass die Geschwindigkeitsgrenze der Lok noch lange nicht erreicht war und eher bei etwa 320 km/h liegen müsste. Zur Ermittlung der Grenzen des Rad-Schiene-Systems bei hohen Geschwindigkeiten wurde daher beschlossen, weitere Versuche anzustellen. Einbezogen werden sollte hierbei auch die neuerbaute vierachsige Versuchslok BB 9004, deren erste Tests schon überaus erfolgreich verlaufen waren. Von den Sechsachsern wurde die CC 7107 ausgewählt, die nach einer Gesamtlaufleistung von 448.000 km gerade eine Hauptuntersuchung hinter sich gebracht hatte.
Mit geändertem Übersetzungsverhältnis, stromlinienförmigen Optimierungen und einem aerodynamisch optimierten 3-Wagen-Versuchszug durchbrach am 28. März 1955 erstmals die CC 7107 die 300 km-Marke, wobei der Tacho nach durchgeschmolzenem Stromabnehmer 326 km/h angezeigt hatte. Nur um 5 km/h schneller war am nächsten Tag die BB 9004, welche allerdings diverse Gleisschäden verursachte. Lange Jahre trugen dann die CC 7100 die Hauptlast des Schnellzugbetriebs auf der früheren PLM-Strecke. So nimmt es nicht Wunder, dass 1982 der Prototyp CC 7001 als erste französische Lok eine Gesamtlaufleistung von 8 Mio. km erreichte. Doch ihre Tage vor Reisezügen neigten sich dem Ende und in den 1990er Jahren waren sie fast ausschließlich vor Güterzügen zu finden. Als letzte mussten am 28. Dezember 2001 die CC 7102, 7105, 7110, 7126 und 7140 den Dienst quittieren.

BR-Bezeichnung und Betriebs-Nr.:	CC 7101–7158
Radsatzanordnung:	Co'Co'
Stromsystem:	1,5 kV=
Vmax (km/h):	150
Dauerleistung (kW):	3.490 (CC 7144–7158: 3.240)
Dienstmasse (t):	106,8
größte Radsatzfahrmasse (t):	17,8
Länge über Puffer (mm):	18.922
Drehzapfenabstand (mm):	14.140
Radsatzabstand Triebdrehgestell (mm):	2.335 + 2.510
Treibraddurchmesser (mm):	1.250
maximale Breite (mm):	2.968
Indienststellung:	1952–1955
Verbleib:	erhalten: CC 7102, 7106, 7107, 7121, 7140

Deutschlands Kultlok

Mit Eleganz begeisterte die Baureihe 103

Die InterCity-Loks der Baureihe 103 beförderten als erste planmäßig Reisezüge mit 200 km/h auf deutschen Gleisen. Ihre Popularität ist bis heute ungebrochen.

103 235 gehört zu den wenigen erhaltenen Exemplaren Baureihe. Am 6. Mai 2007 zieht sie einen Sonderzug auf der Güterumgehungsbahn an der Landeshauptstadt Stuttgart vorbei.

Seitenansicht der Baureihe 103 im orientroten Design der DB mit »Lätzchen« an den Stirnfronten.

Für Presseaufnahmen wurde E 03 002 als E 03 001 beschildert und zwischen Bamberg und Lichtenfels präsentiert.

Zu Beginn der 1960er Jahre plante die DB die Erweiterung des TEE-Netzes. Nun sollten auch Höchstgeschwindigkeiten von 200 km/h gefahren werden, deshalb wurden E 10 299 und E 10 300 als Probeloks eingesetzt. Die Erkenntnisse und Erfahrungen aus den Versuchen mit diesen Loks flossen in die vier Prototypen der Baureihe E 03 ein.

Die DB beauftragte im März 1961 die deutsche Lokomotivbau- und Elektroindustrie mit der Entwicklung und dem Bau einer Schnellfahrlokomotive, die in der Lage sein sollte, einen 400 t schweren Schnellzug in der Ebene mit 200 km/h zu befördern. Bei einer Steigung von 5 Promille sollte die Anhängelast bei 200 km/h immer noch 300 t betragen.

Um die geforderte hohe Leistung sicher auf das Gleis zu bringen und die zulässigen Radsatzlasten einzuhalten, plante man eine sechsachsige Maschine, obwohl zweiachsige Drehgestelle für hohe Geschwindigkeiten lauftechnisch besser geeignet sind.

Die Entwicklungsarbeit sollte möglichst gering bleiben, deshalb wurden im Vorfeld theoretische Überlegungen angestellt und bekannte Komponenten auf ihre Tauglichkeit im Hochgeschwindigkeitsbereich überprüft.

Im Herbst 1961 lieferten die Lokomotivfabriken Henschel, Krupp und Krauss-Maffei Entwürfe für den mechanischen Teil. Für den elektrischen Teil reichten die Unternehmen Brown, Boveri & Cie (BBC) in Mannheim, die Siemens-Schuckert-Werke (SSW) in Berlin sowie die Allgemeine Elektricitäts-Gesellschaft (AEG) in Berlin ihre Vorschläge ein.

Interessant war der Vorschlag von Krupp, bei dem nur zwei Achsen je Drehgestell als Antriebsachsen benutzt werden sollten [Achsfolge (1 Bo)(Bo 1)]. Die dritte Achse diente als Laufachse zur Verteilung des Fahrzeuggewichts. Bei einer Traktionsleistung von 5.000 kW war also eine Leistung von 1.250 kW pro Radsatz und Fahrmotor vorgesehen.

Die Indienststellung und die ersten Einsätze der Lokomotiven waren für den Sommer 1965 zur »I. Internationalen Verkehrsausstellung« (IVA) in München vorgesehen.

Für die Verantwortlichen war es zunächst schwierig, sich auf ein Antriebskonzept zu einigen. Der Federtopfantrieb wurde für die Baureihe E 03 verworfen, stattdessen wurden der Verzweigerantrieb und Gummiringkardanantrieb in den Vorserienlokomotiven getestet. Bei den umfangreichen Versuchsfahrten sollte sich schließlich der Gummiringkardanantrieb durchsetzen und in den Serienloks Verwendung finden. Für diese Versuchsfahrten hatte man vier äußerlich gleiche Maschinen gebaut. Sie wurden unter den Betriebsnummern E 03 001 bis E 03 004 in Dienst gestellt. Zunächst war man von zwei Probelokomotiven ausgegangen. Bald zeigte sich jedoch, dass sie nicht ausreichten, um die vielfältigen Vorschläge zu testen.

Nach den Sondereinsätzen im Rahmen der Internationalen Verkehrsausstellung in München wurde zum Sommerfahrplan 1966 erstmals ein eigener Umlauf für die E 03 erstellt. Als 1970 die ersten Serienlokomotiven geliefert wurden, verdrängten sie bald die Vorserienlokomotiven der Baureihe 103.0 aus den Plandiensten. Im Frühjahr 1974 standen dem BZA Minden alle vier Lokomotiven zu Messfahrten zur Verfügung. Weil das BZA aber nicht ständig alle Loks benötigte, konnte zwischen 1974 und 1976 ein eintägiger Umlauf eingerichtet werden. Zum Sommerfahrplan 1980 endete schließlich der planmäßige Einsatz der Baureihe 103.0.

Mit den vier Vorserienlokomotiven E 03 001 bis 004 begann Mitte der 1960er-Jahre das Zeitalter des Schnellverkehrs bei der Deutschen Bundesbahn; E 03 001 blieb erhalten (20. August 2005, Berlin-Schöneweide).

Als einziges Exemplar der Baureihe bekam 103 233 verkehrsroten Anstrich (27. August 2003, Karlsruher Hauptbahnhof).

103 118 ist mit dem IR 2268 am 6. Juni 1996 auf der Fahrt von Stuttgart nach Karlsruhe.

Die 200 km/h schnelle Baureihe 103 war einst der Stolz der DB.

Der Nostalgie-Rheingold ist mit 103 235-8 bei Rudolstadt-Volkstedt als Sonderzug unterwegs.

Ende der 1980er-Jahre lösten die fünf Vorserienlokomotiven 120 001 bis 120 005 die inzwischen als Baureihe 750 bezeichneten 1030 im Dienst für die Versuchsämter ab. Die fast 30 Jahre Sechsachser konnten nun abgestellt werden. Mit E 03 001, 002 und 004 blieben immerhin drei Viertel der Baureihe E 03.0 erhalten.

Nachdem die vier Vorserienlokomotiven der Baureihe E 03 ausgiebig getestet und verbessert worden waren, beschaffte die DB zwischen 1972 und 1974 eine Serie von 145 Maschinen, die als Baureihe 103.1 bezeichnet wurde. Die Loks ab 103 216 unterscheiden sich von den vorausgegangenen Lieferungen durch ihre 100 mm längeren Führerräume, was die Arbeitsbedingungen für den Lokführer erheblich verbesserte, da endlich Platz für einen bequemen Stuhl vorhanden war. Insgesamt verlängerte man die Loks ab der 5. Bauserie (beginnend mit 103 216) um 700 mm. Zunächst zogen die Loks hauptsächlich TEE- und die neuen einklassigen InterCity-Züge. Nachts bespannten sie Postzüge und schnelle Güterzüge.

Mit der Einführung des zweiklassigen IC-Systems im Stundentakt im Jahr 1979 wurden die Loks erst so richtig gefordert. Die meist aus mehr als zehn Wagen bestehenden Züge mussten auf vielen Strecken mit einer Geschwindigkeit von 200 km/h befördert werden.

Ihre ständige Präsenz in den größeren Bahnhöfen, ihr Einsatz vor den seinerzeit schnellsten Zügen der DB sowie ihr Erscheinen in der Fernsehwerbung der DB brachte den Lokomotiven einen sehr großen Bekanntheitsgrad bei sämtlichen Altersgruppen ein, der weit über die Grenzen der damaligen Bundesrepublik hinausging. Diese Popularität nutzte die DB häufig für die Werbung.

Mit der Ablieferung der Baureihe 120 bekam die 103 ab 1988 zum ersten Mal ernsthafte Konkurrenz, zumal auf den neu gebauten Schnellfahrstrecken nur druckertüchtigte Loks eingesetzt werden durften, zu denen die 103 nicht gehörte. Ab 1991 verdrängte der ICE weitere 103 aus dem IC-Dienst. Zwar stieg durch die Wende der Bedarf, weil hochwertige IC- und IR-Verbindungen nach Berlin und in die neuen Länder mit 103 bespannt wurde, aber mit dem Erscheinen der Baureihe 101 ab 1997 war die große Zeit der 103 endgültig vorbei.
Durch ihre Einsätze vor schweren Schnellzügen zeigten die Maschinen ab Anfang der 1990er Jahre zunehmend Verschleißerscheinungen. Defekte und Ausfälle nahmen zu. 1992 musste die Höchstgeschwindigkeit bei einzelnen Maschinen auf 160 km/h begrenzt werden, weil die Drehdämpfer der Drehgestelle nach 20 Betriebsjahren unter zunehmendem Verschleiß litten. Nun konnten die Lokomotiven nicht mehr freizügig genutzt werden. Ihr Einsatz beschränkte sich auf »langsame« Strecken. Bei besonders stark verschlissenen Loks musste die Höchstgeschwindigkeit sogar auf 100 km/h begrenzt werden.

Bis 1997 blieb der Bestand mit Ausnahme weniger, unfallbedingter Ausmusterungen mehr oder weniger konstant. Aber spätestens jetzt waren die Lokomotiven so verschlissen, dass immer mehr und immer größere Reparaturen anfielen. Der steigende Aufwand, fehlende Ersatzteile und die Anlieferung neuer Lokomotiven führten schließlich dazu, dass die DB entschied, die Lokomotiven der Baureihe 103 abzustellen. Die ausgemusterten Maschinen lieferten dringend benötigte Ersatzteile für besser erhaltene Exemplare.
Ab Mitte 2003 war praktisch keine 103 mehr im Plandienst. Einige wenige wurden zu dieser Zeit noch als Reserveloks und für Sonderdienste vorgehalten. 103 184 zog im August 2003 als letzte Lokomotive dieser Baureihe einen planmäßigen InterCity.

Baureihe 103.1		
Länge über Puffer	mm	19.500a/20.200b
Treibraddurchmesser	mm	1.250
Radsatzstand gesamt	mm	14.100
Achsanordnung		Co'Co'
Gewicht	t	114
Höchstgeschwindigkeit	km/h	200
Leistung	kW	7.080
Anfahrzugkraft	kN	312
Erste Indienststellung		1971

Anmerkungen: a = 103 101 bis 175, 177 bis 215 , b = 103 176, 216 bis 245

Im Herbst 1997 wurde die 103 245 offiziell in den Museumslokbestand der DB aufgenommen und im Ausbesserungswerk aufgearbeitet. Die ehemals orientrote Lokomotive erhielt einen Neuanstrich in Weinrot und Beige mit dunklem Rahmen und silberfarbigen Lüftern. Sie kommt vor dem historischen Rheingold zum Einsatz.
Neben den drei Vorserienloks und der 103 245 blieben noch viele andere 103 der Nachwelt erhalten.

Ikone der Werbung

In den 1970er und 1980er Jahren setzte die DB die populären Lokomotiven der Baureihe 103 gerne in der Werbung ein, verkörperten die formschönen Loks doch gleichermaßen Stärke, Schnelligkeit und Modernität. Im Jahr 1983 führte dieser Einsatz zu einem kleinen »Werbekrieg« zwischen der Staatsbahn und dem italienischen Autohersteller Fiat. Letzterer hatte dabei die Werbung für die Baureihe 103 als Zweitwagen einfach wörtlich genommen.

Weltrekord für Elektroloks

Seit 1955 hielt die SNCF den Weltrekord für Elektrolokomotiven. Das änderte die Firma Siemens im Jahr 2006 mit einem ganz normalen »Taurus« aus der Serienproduktion für die ÖBB.

Das Besondere an dem Weltrekord des Siemens-Taurus war, dass an der Lok lediglich die Software geändert wurde, um den Rekord aufzustellen, mechanisch war der Taurus ein Serienfahrzeug mit der offiziellen Höchstgeschwindigkeit von 230 km/h. Vor der Rekordfahrt war die Beschriftung noch unvollständig.

Eigens für die neue Rekordfahrt wurde die französische Weltrekordlok BB-9004 nach Deutschland gebracht.

Die Österreichischen Bundesbahnen (ÖBB) beschafften seit 1997 bei der Firma Siemens insgesamt 382 Exemplare der Baureihen 1016/1116/1216. Abgeleitet wurde diese Konstruktion von der DB-Baureihe 152, weist aber erheblich Unterschiede in der Form und beim Antrieb auf.

Dabei rollten 50 Exemplare als Einsystemvariante 1016, 282 als Zweisystem-Variante 1116 (16,7 Hz/15 kV und 50 Hz/25 kV) und weitere 50 als Dreisystemlok 1216 für den zusätzlichen Einsatz unter 3 kV Gleichstrom aus den Münchener Werkshallen. Ihr unverwechselbares, dynamisches und erfrischendes Erscheinungsbild verhalf den Maschinen schnell zu ihrem Namen »Taurus« (Stier). Die elektrischen Hauptbauteile, die Einzelradsatzregelung mit vier Pulswechselrichtern, die drei parallel geschalteten Vierquadrantensteller für die beiden Gleichstromzwischenkreise sowie Steuerung und Bedienung entsprechen weitgehend der Baureihe 152. Wesentliche Unterschiede sind in der Frontgestaltung sowie in der Bauart der Drehgestelle zu finden. Die markante gerundete Kopfform mit der glasfaserverstärkten Haube aus Kunststoff vermittelt ein aerodynamisches Bild. Das neue Drehgestell ist für Hochgeschwindigkeit ausgelegt und wurde erstmals im spanischen Eurosprinter angewendet. Sein Kernstück ist der sogenannte Hochleistungsantrieb mit getrennter Bremswelle (HAB), der im Prinzip einem Hohlwellenantrieb mit Gummi-Kardangelenken entspricht. Auf Grund des geänderten Antriebs erhielten die »Stiere« kleinere Räder mit nur 1.150 mm Durchmesser anstatt 1.250 mm wie bei der Baureihe 152.

Somit überrascht es nicht, dass Siemens einen Taurus wählte, um den ein halbes Jahrhundert alten Rekord der SNCF zu brechen. Schließlich war es am 2. September 2006 soweit, der Versuch begann. Für das Unterfangen wurde die 1216 050 ausgewählt. Sie war zwar für die ÖBB bestimmt, wurde aber bei

Stolz präsentiert sich die 1216 050 nach ihrer Rekordfahrt und vollendeter Beklebung dem staunenden Publikum auf der kleinen, aber feinen Fahrzeugschau im NBS-Bahnhof Kinding.

Nach erfolgreichem Weltrekord erfolgte bei der 1216 050 unverzüglich die restliche Beklebung mit der erreichten Geschwindigkeit von 357 km/h.

der Fertigung vorgezogen und sollte erst als letzte 1216 an die ÖBB übergeben werden. Bis dahin blieb die Lok im Eigentum von Siemens und wurde für Probefahrten genutzt. Für den Rekordversuch ausgewählt wurde der Abschnitt zwischen Kinding (Altmühltal) und Allersberg (Rothsee) auf der Neubaustrecke Nürnberg – Ingolstadt. Weder bei der Lok noch an der Strecke wurden im Gegensatz zu bisherigen Rekordfahrten Umbauten vorgenommen. Die 1216 050 entstammte der Serienproduktion für die ÖBB und es wurden nur einige Anbauteile entfernt und die notwendige Messtechnik eingebaut. Die Strecke selbst blieb komplett unverändert.

Vor der Rekordfahrt taufte man zunächst in Kinding die Lok auf den Namen »Kinding«. Danach ging es mit angehängtem Messwagen gemächlich nach Ingolstadt, wo um 14:50 Uhr die Fahrt in Richtung Nürnberg begann. Bis dahin mussten alle Planzüge den Streckenabschnitt räumen und um die Unfallgefahr so gering als möglich zu halten, durften auch in Gegenrichtung keine Züge unterwegs sein. Dann waren alle Signale für den Rekordzug auf »Grün« durchgeschaltet. Richtig aufgedreht werden konnte nur auf dem Streckenabschnitt ohne Tunnel zwischen den Kilometern 40,5 und 33,7, ansonsten durfte wegen der Tunnel nur maximal mit 300 km/h gefahren werden. Schon bei ihrer ersten Schnellfahrt überbot die 1216 050 den Rekord der französischen BB 9004 um 13 km/h, als sie mit einer Spitzengeschwindigkeit von 343,9 km/h über den Versuchsabschnitt raste. Das war den verantwortlichen Ingenieuren aber nicht genug und so ging es für eine zweite Fahrt noch einmal zurück nach Ingolstadt. Hunderte Zuschauer entlang der gesamten Strecke verfolgten auch den zweiten Versuch und diesmal gelang das Unglaubliche – eine Geschwindigkeit von 357,0 km/h stand am Schluss zu Buche. Hierfür nahm die Lok rund 30 Kilometer »Anlauf« und hielt die Spitzengeschwindigkeit etwa vier Minuten lang. Die 357 km/h bedeuteten damit den absoluten Geschwindigkeitsweltrekord für Lokomotiven, der nach 51 Jahren endlich eingestellt war. Jetzt konnte auch die Beklebung der grauen Lok vervollständigt werden. Zunächst hatte sie nur die Aufschrift »Vmax 3..« getragen, die nun zu stolzen »Vmax 357« ergänzt werden konnte. Anschließend gesellte sie sich zu einer kleinen Fahrzeugschau im NBS-Bahnhof Kinding, bei der aber namhafte Lokomotiven vertreten waren. Eigens für die Rekordfahrt der 1216 hatte man die SNCF-Loks BB 9004 und CC 7107 aus dem französischen Eisenbahnmuseum Mulhouse (Mühlhausen) nach Kinding überführt, die 1955 mit 331 km/h (BB 9004) und 326 km/h (CC 7107) Geschichte geschrieben hatten. Bis zur Übergabe an die ÖBB im Mai 2008 stand die Weltrekordlok noch bei Siemens für Versuche zur Verfügung. Dann erhielt sie ihre endgültige Betriebsnummer 1216 025 und der Weltrekord-Anstrich wich einer mattschwarzen Lackierung, wobei die schnittige Kontur der Lok mit der Farbe Silber betont wurde. Auf den Seitenflächen prangte nun deutlich der Hinweis »world record 357 km/h«. In diesem Outfit kann die Lok noch heute bewundert werden.

Der Prototyp der E-Lok 120 005 wartet mit der zeitgemäßen Werbefolie »150 Jahre Deutsche Eisenbahnen« in Nürnberg Hbf auf nächste Einsätze. (Februar 1985).

Die Drehstrom-Weltrekordlok 120 001 erreicht Stuttgart im August 1983 an der Spitze eines IC.

Der vergessene Rekord der 120 001

Nur noch wenigen Experten ist der Weltrekord für Drehstromloks bekannt, den die 120 001 im Jahr 1984 errang.

Mit den 1979/80 gelieferten fünf Vorserienlokomotiven der DB-Baureihe 120.0 kam weltweit zum ersten Mal bei elektrischen Vollbahnlokomotiven der Drehstrom-Asynchronmotor zur Anwendung, der stufenlos geregelt werden kann. Vorläufer und Erprobungsträger für die Baureihe 120 waren die Dieselloks der Baureihe 202. Den Vorteilen der Drehstrommotoren standen lange unlösbare Schwierigkeiten entgegen. Erst mit Hilfe der elektronischen Schalt- und Regeltechnik konnte der Drehstrommotor flexibel und damit für den praktischen Betrieb nutzbar gemacht werden. Äußerlich imponierten die 120er durch ihre Länge von 19.200 mm, mit der sie fast an die Baureihen 103, 150 und 151 herankamen. Im Unterschied dazu besaßen sie aber nur zweiachsige, völlig neu konstruierte Drehgestelle. Zur Leistungsübertragung diente ein BBC-Hohlwellen-Kardangelenkantrieb. Hauptrahmen und Leichtbau-Lokomotivkasten bildeten eine selbsttragende Konstruktion. Nach umfangreichen Versuchsfahrten konnten alle Maschinen für 200 km/h zugelassen werden.

Schließlich gelang der 120 002 am 13. August 1980 mit 231 km/h zwischen Celle und Uelzen an der Strecke Hannover – Hamburg ein neuer Weltrekord für Drehstromfahrzeuge. Nach ausgiebigsten Erprobungen und vielen Verbesserungen erfolgte endlich am 17. und 18. Oktober 1984 die offizielle Vorstellung der neuen Baureihe. In Anwesenheit zahlreicher Ehrengäste, darunter Verkehrsminister Dollinger, führte die 120 001 mit einem 250 t schweren Sonderzug zwischen Augsburg und Donauwörth eine Schnellfahrt durch. Hierfür wurden an der Lok selbst nur wenige Modifikationen vorgenommen wie eine geänderte Getriebeübersetzung (Großrad / Ritzel = 4,12), die Verwendung einer weicheren Gummisorte für die Lemniskaten zwischen Drehgestell und Radsatz sowie die Erhöhung der Dämpferkraft der Schlingerdämpfer zwischen Lokkasten und den Drehgestellen. Um der nicht geänderten Bremsleistung sowie möglicher Druckwellen bei Zugbegegnungen Rechnung zu tragen, ging der Sonderzug als Sperrfahrt auf die Strecke. Schon nach kurzer Beschleunigung zeigten die Messinstrumente 265 km/h – das hieß neuer Weltrekord für Drehstromfahrzeuge. Dabei brillierten sowohl die 120 001 als auch die vier mitgeführten IC-Wagen (zum Teil mit 16 Betriebsjahren) durch einen erstaunlich ruhigen Lauf. Dies legte insbesondere bei der Lok die Vermutung nahe, dass auch bei einer Geschwindigkeit von 300 km/h die zulässigen Querkräfte für die Gleissicherheit nicht überschritten worden wären.

Alle 120.0 sind inzwischen ausgemustert, als letzte die 120 004 im Oktober 2011. Während die 120 001 und 002 zerlegt wurden, bereichern heute die 120 003 den Bahnpark Augsburg, die 120 004 das DB-Museum in Koblenz-Lützel und die 120 005 als Leihgabe das Eisenbahnmuseum Weimar.

5 Spätzünder – der Diesel bringt

den Traktionswandel

Ohne Öl kein Diesel: Bei Gillette (Wyoming) passiert ein Güterzug eine einsame Erdölförderpumpe und erinnert daran, dass die Diesellok einen fossilen Brennstoff benötigt.

Erst spät rollte die Diesellok an den Start, sie verdrängte aber schnell die Dampflok

Erst musste der Dieselmotor das Problem der Kraftübertragung bei der Lokomotive erfolgreich lösen, dann konnte er seinen Siegeszug antreten.

DB Schenker Rail Polska S.A. setzt in Polen Dieselloks der Baureihe TEM 2, die im Farbdesigns des DB-Konzerns lackiert sind.

Einstiegstür zum Führerraum der 245 007, links die 245 006.

Im Vergleich zu dem hohen Tempo, mit der die verschiedenen Konstrukteure einst die Grundlagen für die Dampftraktion legten, verlief die Entwicklung der Diesellokomotiven für den Eisenbahneinsatz recht langsam. 1896 nutzte eine von Hornsby & Sons im englischen Grantham gebaute kleine Lokomotive erstmals ein Einspritzungssystem mittels Pumpe, um Heizöl in den Verbrennungsraum mit einem vergleichsweise geringen Kompressionsgrad zu befördern. Das basierte auf einem Patent, das Herbert Akroyd Stuart (1864 – 1927) angemeldet hatte.
Rudolf Diesel (1858 – 1913) wurde bei der Entwicklung seines Verbrennungsmotors durch das einflussreiche Industrieunternehmen Krupp unterstützt. 1897 konnte Diesel nach über 15-jähriger Experimentierphase bei den Augsburger MAN-Werken seinen ersten funktionsfähigen hoch verdichtenden Explosionsmotor vorzeigen. Der Dieselmotor besitzt wie die Dampfmaschine Kolben, die in den Zylindern arbeiten, aber damit enden die Gemeinsamkeiten.
In den Zylindern findet eine Verbrennung statt, dort wird einströmende Luft solange komprimiert, bis ihre Temperatur etwa 540 °C erreicht und sie das eingespritzte Heizöl entzündet. Das dabei entstehende, sich ausdehnende Gas drückt den Kolben im Zylinder nach unten.
Die ersten Dieselmaschinen hatten wenig Leistung, besaßen aber eine schwere Zusatzausrüstung. Deshalb war die Verbrennungsmaschine auf der Schiene zunächst kein Rivale der Dampflok. Aber die Ingenieure interessierten sich für die Effizienz und Wirtschaftlichkeit des Diesels, allerdings mussten sie zuerst die verschiedenen technischen Probleme lösen.
Das Hauptproblem war die Frage, wie die Kraft von der Maschine an die Räder gebracht werden sollte. Da eine Verbrennungsmaschine nicht unter Last gestartet werden kann, musste ein Übertragungssystem entwickelt werden. Bereits zu einem frühen Zeitpunkt war klar, dass die Verwendung des Dieselmotors zum Antrieb eines Generators einen Erfolg versprechenden Weg darstellte. Dieser versorgte dann die auf die Räder wirkenden Antriebsmotoren mit elektrischer Energie. Bereits gegen Ende des 19. Jahrhunderts begann sich die Technik der Elektrolokomotive zu etablieren. Dadurch konnten die Ingenieure bei der Konstruktion von Antriebsmotoren auf bewährte Komponenten zurückgreifen.

Trotzdem blieb eine von einem Dieselmotor angetriebene Lokomotive bis in die 1920er Jahre ein seltener und ungewöhnlicher Anblick bei der Eisenbahn. Aber die Antriebstechnik wurde niemals vergessen, denn ihr großer Vorteil im Vergleich zu Elektrolokomotiven war die Tatsache, dass sie keine Oberleitung oder ein Kraftwerk zur Stromversorgung benötigte. Sie konnte überall dort fahren, wo eine Elektrolokomotive ohne entsprechende Infrastruktur niemals hingekommen wäre. Im Vergleich zur Dampflokomotive war sie in thermischer Hinsicht effizienter und verfügte theoretisch über eine bessere Anfahrzugkraft. Zudem besaß sie eine bessere Position für den Lokführer, das Risiko von Böschungsbränden war ausgeschlossen und sie ermöglichte den Verzicht auf Hilfseinrichtungen wie Drehscheiben. Und wie sich später eindrucksvoll zeigte, konnte ein einziger Mann von einem Führerstand aus drei Dieselloks fahren, wo bislang sechs Dampfloks und mindestens zwölf Männer benötigt wurden.
Gerade in Nordamerika, wo die Gleise oft auf den Straßen der Städte durch die Zentren führten, begannen sich die Stadtverwaltungen ge-

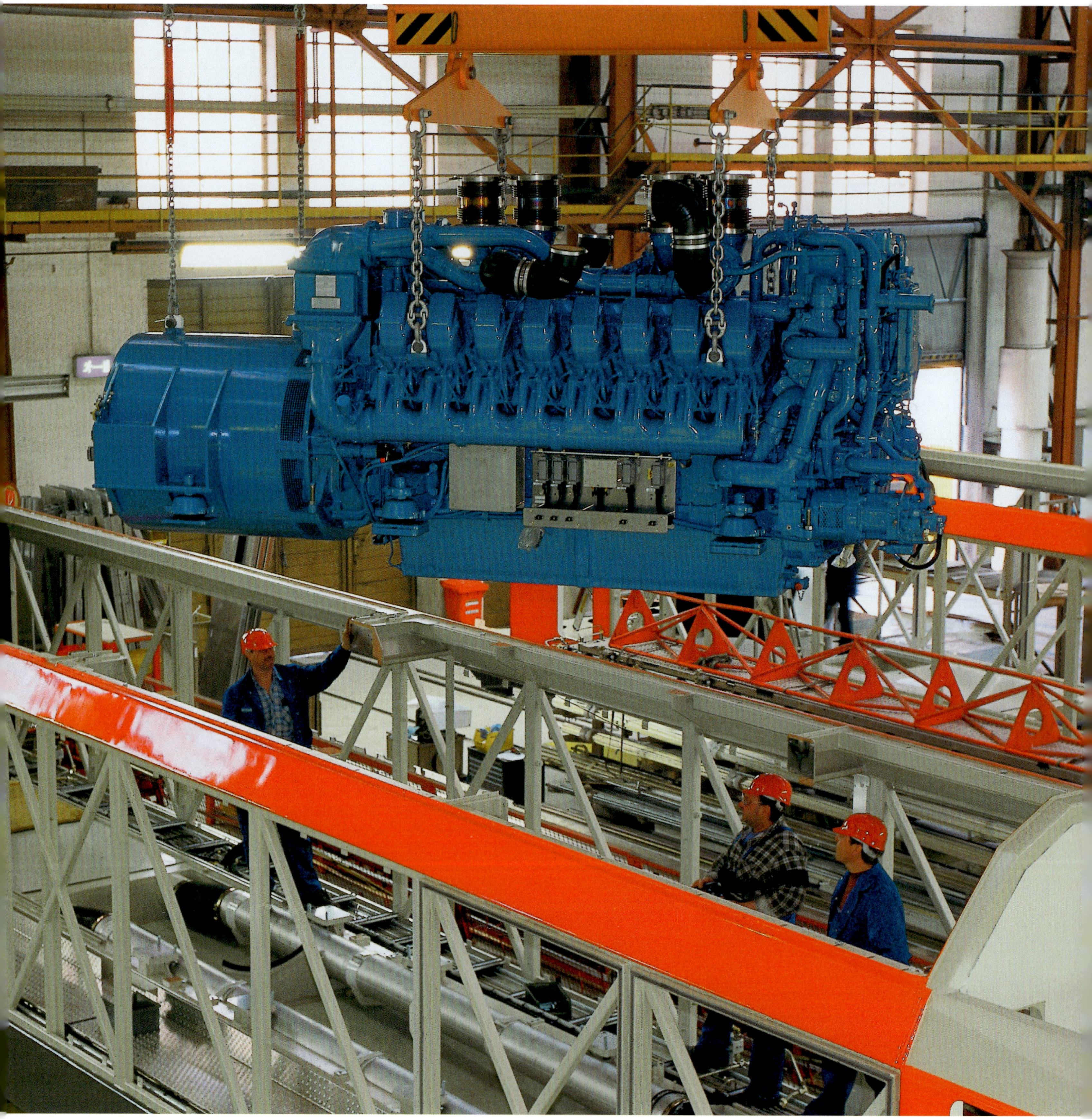

Ein 16-Zylinder-Motor der MTU-4000-Serie mit angeflanschter Generatoreinheit wird gerade in eine Diesellok der Baureihe 2016 der ÖBB eingebaut.

gen die Dampflokomotiven innerhalb ihrer Stadtgrenzen auszusprechen. Mit anderen Worten: Wenn die Probleme des Diesels gelöst werden können, so würde er eine großartige Zukunft haben.
Im Jahr 1912 wurde von Atlas und ASEA in Stockholm ein dieselelektrischer Triebwagen für eine schwedische Privatbahn gebaut. Dieses Fahrzeug galt als der erste kommerzielle Einsatz eines dieselgetriebenen Fahrzeugs auf Schienen.
Doch es dauerte bis 1924, ehe ein erster Durchbruch erzielt wurde. Er gelang in dem Land, in dem der dieselelektrische Antrieb zukünftig in umfangreichem Maßstab triumphieren sollte: In den Vereinigten Staaten wurde der Prototyp einer diesel-elektrisch angetriebenen Rangiermaschine mit der Achsfolge Bo'Bo' bei Alco unter Verwendung elektrischer Komponenten von Ingersoll-Rand und GEC gebaut. Baldwin stellte 1925 eine größere, 746 kW (1000 PS) starke Streckenmaschine her, die über Steuereinrichtungen für die Mehrfachtraktion und Westinghouse-Elektromotoren verfügte. Obwohl die Kosten dieser Lokomotiven – ca. sagenhafte 100.000 US-Dollar – mehr als doppelt so hoch waren wie die für eine Dampfrangierlokomotive, hatten sie geringere Betriebskosten und waren in der Lage, vielseitiger eingesetzt zu werden. Doch das war immer noch keine Revolution. Diesel kamen vor allem als langsame Rangierloks zum Einsatz und erfüllten Aufgaben, bei denen Dampflokomotiven am wenigsten effizient gewesen sind. Bis 1936 waren erst an die 190 Einheiten von ihnen an US-Eisenbahnen verkauft worden, die zumeist für besondere Einsätze herangezogen wurden. Ein anderer Vorläufer erschien 1928 bei der Canadian National, die erste Diesel-Streckenlokomotive. Sie war eine 303 t schwere Doppeleinheit mit 1985 kW (2660 PS), deren vier Elektromotoren von Beardmore-V-12-Maschinen angetrieben wurden. Hergestellt wurde die Lok bei der Canadian Locomotive Company.
Erst schnellfahrende Triebwagen änderten um 1930 die grundsätzliche Einstellung gegenüber dem Dieselmotor. Deutschlands »Fliegender Hamburger«, Frankreichs »Bugatti-Triebwagen«, der »Burlington Zephyr« der USA und Englands »Birmingham-Cardiff-Triebwagen«, der für die Great Western Railway fuhr, zeigten alle, dass diesel- oder benzinbetriebene Fahrzeuge selbst die schnellsten Dampffahrpläne einstellen oder sogar unterbieten konnten.
Schließlich verfolgte der Autohersteller General Motors ein Projekt, das die Reduzierung des Gewichts bei gleichzeitiger Leistungssteigerung eines großen Diesels verfolgte. Unter dem Einsatz neuer Legierungen stellte das Unternehmen 1935 eine 672 kW (900 PS) starke Zwölfzylindermaschine her, die als 201-A bekannt wurde. Bislang hatte General Motors nichts mit Eisenbahnen zu tun gehabt. Die Alco forderte die Firma heraus, indem sie eine Dieseleinheit gleicher Leistung, aber mit sechs Zylindern und Turbo-Aufladung entwickelt hatte. Daraufhin eröffnete General Motors 1936 für seine »Electro-Motive Company« (EMC) das erste Werk im Chicagoer Vorort McCook. Benannt wurde es nach der Postanschrift: La Grange.
In den späten 1930er Jahren war General Motors endlich in der Lage, der Dominanz der Dampfkraft auf der Schiene den Kampf anzusagen. Der Plan hierfür sah den Einsatz von ausreichend getesteten Motoren sowie eines besonderen Demonstrationszugs vor, dessen modernes Aussehen sowohl dem Automobilbau des Unternehmens als auch der Eisenbahntradition und einem Team aus eifrigen Verkäufern sehr viel zu verdanken hatte. Die Kampagne wurde unterstützt durch einen voll entwickelten Kundenbetreuungs- und Ersatzteilservice.

Während des Zweiten Weltkriegs wurden der Dieselmotor und die Antriebstechnik konstruktiv weiterverbessert. Amerikanische Eisenbahnen konzentrierten sich hauptsächlich auf den dieselelektrischen Antrieb, aber in Deutschland setzte sich die hydraulische Kraftübertragung durch und wurde erfolgreich für den Einsatz bei schnell fahrenden Lokomotiven weiter entwickelt.
Die Eisenbahnen in den USA wechselten nun so schnell sie konnten auf den Dieselantrieb über. Ab den frühen 1950er Jahren begann dieser Prozess auch in den meisten anderen Ländern. Leichte Triebwagen fuhren bereits seit den 1930er Jahren auf vielen Nebenbahnstrecken, aber nun ging die Verdieselung der Vorort- und Hauptbahnstrecken in großem Umfang vonstatten. Das bedeutete eine umfassende Veränderung der Eisenbahnkultur, bei dem so gut wie jeder vom Konstrukteur bis zum Monteur, Lokführer, Fahrplangestalter und Kontrolleur ihre Aufgaben neu erlernen mussten. Das äußere Erscheinungsbild von Betriebswerken und Werkstätten wurde verändert, gleichfalls galt das für das Werkzeug und die Ausstattung im Inneren.

Wie die nationalen Eisenbahngesellschaften und Streckennetze befand sich auch sie Lokomotivindustrie in einem dramatischen Wandel. Einige der bekanntesten Gesellschaften wie Baldwin, Lima, North British und Beyer Peacock schafften es nicht, in der neuen, vom Diesel dominierten Ära zu überleben. Andere wiederum suchten durch Zusammenschluss und erneute Fusion zu überleben. Die Société Alsacienne und Thomson-Houston wurden zur Alsthom. ASEA und Brown-Boveri wurden zu ABB. Henschel wurde Teil von Thyssen-Krupp. In höherem Maße als ihre Vorgänger wurden diese internationalen Zusammenschlüsse von den weltweiten Geschäftsbedingungen abhängig. Seit 1960 bildete die Diesellokomotive mit ihrem starken Motos die Basis dieses Geschäfts.

Ein Name wird zum Begriff: Rudolf Diesel

Der Familienname von Rudolf Diesel ist heutzutage zu einem feststehenden Begriff geworden: der Diesel-Motor.

Rudolf Diesel widmete sein Leben seinem Motor. Der geniale Konstrukteur starb im Jahr 1913 auf mysteriöse Weise bei einer Fahrt über den Ärmelkanal.

Der 1858 in Paris geborene Rudolf Diesel gilt als einer der innovativsten Ingenieure und Unternehmer seiner Zeit.
Seinen Motor entwickelte er eigentlich für Schiffe und Lastkraftwagen, erst später fand der Antrieb bei der Eisenbahn Anwendung – mit nachhaltigem Erfolg.
Im Jahr 1893 veröffentlichte er seine Patentschrift »Theorie und Konstruktion eines rationellen Wärmemotors.« Zu jener Zeit herrschte noch uneingeschränkt die Dampftraktion vor und die Eisenbahngesellschaften reagierten sehr zurückhaltend und betrachteten die Erfindung von Rudolf Diesel mit großer Skepsis.
Die Industrie war während dieser Zeit jedoch auf der Suche nach anderen Antriebsarten für Maschinen und Lokomotiven und verschiedene Ingenieure entwickelten Gasmotorlokomotiven oder Druckluftlokomotiven. Um seine Erfindung bekannt zu machen, stellte Diesel seinen Motor 1897 in Kassel der Öffentlichkeit vor. Diesel war von den enormen Vorteilen seines Motors überzeugt, vor allem für Kraftfahrzeuge, Schiffsantriebe und Eisenbahnlokomotiven. Seine Erfindung wurde jedoch auch seitens der Fachleute nur zurückhaltend aufgenommen und außerdem reklamierte der Engländer Herbert Akroyd Stuart diese Entdeckung für sich. Diesel hatte dadurch mit großen Problemen zu kämpfen. Erst später wendete sich das Schicksal zu seinen Gunsten, als die deutschen Firmen Krupp und MAN – die Maschinenfabrik Augsburg Nürnberg – sich für den Motor von Diesel entschieden. Die Erfindung Diesels wurde zuerst vor allem in der Marine eingesetzt und ermöglichte Projekte wie den Bau von Unterseebooten.
Die erste Eisenbahnlokomotive mit einem Dieselmotor wurde 1912 in der Schweiz erprobt. Sie war von der preußischen Staatseisenbahn in Auftrag gegeben worden und der Dieselmotor dafür stammte von der schweizerischen Firma Sulzer.
Die Dieseltraktion verdrängte schließlich die Dampflokomotive und wurde auch erfolgreich für berühmte Triebwagenserien verwendet. Weltweit werden zudem Dieselloks als Rangierlokomotiven eingesetzt. Obwohl viele Eisenbahnstrecken inzwischen weitgehend elektrifiziert wurden, versehen weltweit mehr als 50.000 Diesellokomotiven ihren Dienst.
Rudolf Diesel hat den nachhaltigen Erfolg seines Motors leider nicht mehr erlebt, denn er starb unter mysteriösen Umständen im Jahr 1913 bei einer Fahrt über den Ärmelkanal.

Rudolf Diesels erster Motor steht heute im MAN-Museum in Augsburg.

Kraftübertragung als Herausforderung

Wie der Dieselmotor eine Lok antreibt

Die größte Leistung der Ingenieure bei der Entwicklung der Diesellokomotive war die Kraftübertragung vom Dieselmotor auf den Radsatz. Diese ermöglichte erst den Durchbruch der Dieseltraktion.

Die Rhätische Bahn (RhB) beschaffte speziell für die Berninalinie so genannte Zweikraftlokomotiven. Sie können den erforderlichen Strom für die elektrischen Fahrmotoren sowohl mit dem Stromabnehmer der Fahrleitung entnehmen als auch an Bord mittels eines Dieselmotors und einer Generatoranlage erzeugen.

Eigentlich ist der Dieselmotor für den Einsatz im Schienenverkehr nicht geeignet. Dieselmotoren charakterisiert eine konstante Drehmomentabgabe in einem begrenzten Drehzahlbereich. Das heißt, dass zwischen der Leerlaufdrehzahl und der Maximaldrehzahl ein nahezu konstantes Drehmoment zur Verfügung steht. Für den Bahndienst wird jedoch ein variables Drehmoment benötigt. Beim Anfahren des Zuges sollte eine Lokomotive ein möglichst großes Drehmoment entwickeln. Wäre der Dieselmotor direkt mit dem Radsatz verbunden, müsste er bei kleinsten Drehzahlen sein größtes Drehmoment erreichen, um am Zughaken seine größtmögliche Zugkraft zu haben. Dagegen wird bei höherer Geschwindigkeit ein geringeres Drehmoment benötigt. Eine Erfahrung, die man auch aus dem Alltag kennt, etwa beim Radfahren: Wenn man anfährt, ist die benötigte Kraft am größten, wenn man bereits rollt, tritt es sich leichter. Doch genau diese Anforderungen erfüllt der Selbstzünder nicht. Um das Radfahren zu vereinfachen, hat man Schaltungen entwickelt. Gleiches war auch für Dieselloks nötig, nur ist die Aufgabenstellung für die Übertragung einer Leistung von 1000 kW und mehr von anderer Qualität.

Ein weiteres Problem des Dieselmotors ist die vorgegebene Drehrichtung. Ein Elektromotor läuft nach Umpolung in die entgegengesetzte Richtung. Ebenso ist die Dampflok durch eine einfache Veränderung der Dampfeinströmung – dem Umsteuern – in der Lage, rückwärts zu fahren.

Das Fazit lautet:

- ein Dieselmotor kann nicht unter Belastung anlaufen,
- das abgegebene Drehmoment ist relativ konstant in einem eingeschränkten Drehzahlbereich und
- der Dieselmotor läuft nur in eine Richtung.

V 32 01 der DRG im Rohbau. Bei ihr trieb der MAN-Diesel eine Kompressoranlage. Die so erzeugte Druckluft strömt in die Zylinder und trieb die Lok wie eine Dampflok an.

Die siebenachsige dieselelektrische Lokomotive der Maschinenfabrik Esslingen für die Sowjetunion war ein erster Meilenstein auf dem Weg zur Großdiesellok.

Diese Gründe erfordern ein Bauteil, das zwischen Radsatz und Motor eingebaut werden muss und das systembedingte Nachteile des Diesels kompensiert: die Kraftübertragungsanlage.
Sie muss:

1. das Drehmoment variieren;
2. den Drehzahlbereich erweitern;
3. Motor und Radsatz trennen können;
4. eine Änderung der Drehrichtung ermöglichen.

Angesichts der wirkenden Kräfte ist die Aufgabenstellung bei der Konstruktion der Kraftübertragung bei Schienenfahrzeuge alles andere als trivial. Deshalb gelang es auch erst ungefähr drei Jahrzehnte nach der Erfindung des Dieselmotors, diesen auch in Großlokomotiven einzusetzen. Viele Versuche waren zuvor gescheitert. Die vielleicht spektakulärste Versuchslok war die Klose-Sulzer-Lok aus dem Jahr 1913. Bei dieser Maschine verbanden die Ingenieure für die Kraftübertragung den Dieselmotor direkt mit dem Radsatz, was sich bereits bei den ersten Versuchsfahrten als grandiose Fehlkonstruktion erwies.
Um das Problem der Leerlauf- oder Mindestdrehzahl zu lösen, wurde die Lok mit Druckluft in Bewegung versetzt, und sobald der Motor etwa 30 Umdrehungen pro Minute erreichte, begann die Kraftstoffeinspritzung und der Motor lief an. Nach wenigen Versuchsfahrten wurde das Projekt eingestellt und die Lok am Ende verschrottet. Andere Versuche wollten die heißen Abgase des Motors zum Antrieb nutzen oder setzten den Dieselmotor ein, um einen Kompressor anzutreiben. Die so erzeugte Druckluft sollte ähnlich wie der Wasserdampf bei einer Dampflok zur Fortbewegung eingesetzt werden.

Es gibt heute drei grundsätzliche Wege, die Leistung des Dieselmotors auf den Radsatz zu übertragen, um zuvor genannten Anforderungen zu erfüllen:

1. die mechanische Kraftübertragung;
2. die dieselelektrischen Kraftübertragung;
3. die hydrodynamische und die hydrostatische Kraftübertragung.

Die mechanische Kraftübertragung

Seit der Erfindung des Dieselmotors versuchten die Ingenieure diesen auch für Schienenfahrzeuge nutzbar zu machen. Die anfangs einfachste Möglichkeit schien eine mechanische Kraftübertragung. Zahnradgetriebe waren bekannt und auch in Kombination mit Verbrennungsmotoren bei Kraftfahrzeugen im Einsatz. Die zwei Hauptbestandteile des mechanischen Getriebes sind das eigentliche Zahnradschaltgetriebe mit mehreren Gängen und eine Kupplung, die das vor allem beim Anlassen erforderliche Trennglied zwischen Motor und Radsatz bildet.
Wichtigstes Bauteil zur Drehmomentwandlung ist ein Zahnradpaar mit unterschiedlichen Zahnraddurchmessern, die auf diese Weise ein festes Übersetzungs- oder Untersetzungsverhältnis vorgeben. Eines der beiden Zahnräder ist mit der Motorwelle verbunden, das andere mit dem Radsatz. Das Verhältnis der Zahnraddurchmesser gibt die Größe der Drehmomentwandlung vor. Die unterschiedlichen Zahnradgrößen haben natürlich auch einen Einfluss auf die Drehzahlen sowohl auf der Motor- als auch auf der Radsatzseite des Getriebes. Die Drehzahlverhältnisse verhalten sich genau entgegengesetzt den Drehmomentwandlungen.

Der langsamlaufende Zwölfzylinder-Motor 12-567C von General Motors mit 1425 PS dominiert die Lokomotive. Direkt an den Motor ist der Gleichstromgenerator angeflanscht.

In den 50er-Jahren baute Henschel auch dieselelektrische Lokomotiven für ausländische Bahnunternehmen, unter anderen die Baureihe G12 für die Staatsmijnen in Lijmburg/Niederlande, die später bei der staatlichen NS als Reihe 2900 eingereiht wurde.

Beispiel: Das Übersetzungsverhältnis soll 1:4 sein, der Motor dreht mit 1600 Umdrehungen pro Minute (min-1) und liefert ein Drehmoment von 5000 Nm, dann betrüge das Drehmoment auf der Radsatzseite 20000 Nm und die Drehzahl 400 min-1. Gekuppelt werden die beiden Zahnräder mit Schaltkupplungen, in der Regel Reibungs- oder Klauenkupplungen. Um höhere Geschwindigkeiten und unterschiedliche Zugkräfte zu erzielen, hat ein mechanisches Getriebe in der Regel mehrere Gänge. Das heißt, es sind im Getriebe mehrere feste Zahnradkombinationen eingebaut. Die einzelnen Gänge werden mittels schaltbarer Kupplungen gewechselt, die mechanisch, elektromagnetisch oder pneumatisch angetrieben sein können. Je mehr Gänge ein Getriebe besitzt, desto besser kann es der idealen Zugkrafthyperbel angepasst werden.

Bei eingelegtem Gang sind Motor und Radsatz direkt mechanisch gekoppelt, das bedeutet, dass eine Drehzahlsteigerung des Motors sich direkt in einer Geschwindigkeitserhöhung auswirkt. Während des Schaltvorgangs ist der Kraftfluss zwischen Motorwelle und Radsatz unterbrochen. Jeder Gang besteht aus einem Zahnradpärchen.

Das mechanische Getriebe hat Vorteile: So ist der Aufbau relativ einfach und es hat einen sehr hohen Wirkungsgrad (über 90 Prozent), da nur geringe mechanische Verluste auftreten.
Die mechanische Leistungsübertragung hat sich jedoch, vor allem bei größeren Lokomotiven, nicht durchgesetzt, da einige Nachteile die Vorteile aufheben: Je mehr Gänge ein Getriebe hat, desto komplizierter ist sein Aufbau und der Lokführer müsste ständig schalten. Wenige Gänge ergeben jedoch einen sprunghaften Zugkraftverlauf und bedeuten zudem eine schlechte Ausnutzung der theoretisch verfügbaren Motorleistung.
Das Wechseln der Gänge bestimmen die Maximal- und Minimaldrehzahl des Motors. Wenn eine der beiden Elastizitätsgrenzen des Diesels erreicht ist, muss der Gang gewechselt werden, um den Motor nicht zu übertouren, das heißt mit zu hohen Drehzahlen zu betreiben oder – im entgegen gesetzten Fall – ihn nicht abzuwürgen. Das erfordert vom Triebfahrzeugführer eine sehr aufmerksame Kontrolle der Motordrehzahlen und der Streckencharaktristik, um dem Motor keinen Schaden zuzufügen. Aber nicht nur der rechtzeitige Wechsel der Gänge ist wichtig, auch das Verschalten, das heißt die Wahl eines ungeeigneten Ganges muss verhindert werden.
Ein weiteres Problem ist die Zugkraftunterbrechung beim Schaltvorgang, die zwei gravierende Folgen haben kann. Der ruckartige Zugkraftverlauf kann zu erheblichen Belastungen der Kupplungen innerhalb eines Zugverbands führen. Außerdem kann etwa in Steigungen der Geschwindigkeitsabfall während des Schaltvorgangs so groß sein, dass es zum Drehzahldrücken kommt und der Motor abgewürgt werden kann.

Die mechanische Leistungsübertragung wurde im Laufe der Zeit nur bei sehr wenigen Fahrzeugtypen verwendet. Fahrzeuge mit mehr als 250 kW Leistung eigneten sich wegen der hohen mechanischen Beanspruchung von Zahnrädern und Kupplungen nicht für den Einbau eines mechanischen Getriebes. Hauptsächlich kleine Rangierlokomotiven mit geringer Höchstgeschwindigkeit und Triebwagen erhielten mechanische Getriebe.

Die elektrische Leistungsübertragung

Diesellokomotiven mit elektrischer Leistungsübertragung sind im Grunde E-Loks mit bordeigenem Kraftwerk. Der Dieselmotor ist an einen Stromgenerator angeflanscht, der die mechanische Energie des Verbrennungsmotors in elektrische verwandelt. Elektrische Fahrmotoren nutzen den erzeugten Strom und treiben das Fahrzeug an. Die Generatoreinheit übernimmt dabei auch die Funktion des Getriebes und der Anfahrkupplung, das heißt Radsatz und Fahrmotor sind mechanisch getrennt. Weltweit betrachtet ist diese Art der Kraftübertragung die wichtigste. Vor allem amerikanische Diesellokkonstruktionen verwenden ausschließlich die elektrische Leistungsübertragung, bei der es verschiedene Methoden gibt:

Die klassische Methode: Gleichstrom- oder Wechselstromgenerator und Gleichstrom-Reihenschlussfahrmotoren

Die Gleichstrom-Reihenschlussfahrmotoren erwiesen sich angesichts ihrer Eigenschaften, besonders ihrer Drehmomentkennlinie als am besten geeignet für den Einsatz in Lokomotiven. Bei niedrigen Drehzahlen, also etwa beim Anfahren entwickelt dieser Motortyp hohe Drehmomente, bei hohen Drehzahlen sinkt das Drehmoment. Es wäre auch möglich, die im E-Lokbau früher häufig verwendeten Einphasenwechselstrom-Kommutatormotoren zu verwenden, die dort benutzt wurden, um die einphasige Wechselspannung des Fahrdrahts nicht Gleichrichten zu müssen und sie mit einem Wechselstromgenerator zu betreiben. Der größte Nachteil aller Kommutatormotoren ist ihr relativ komplizierter Aufbau und die Wartungsintensität. Vor allem die Kohlebürsten sind empfindlich und müssen regelmäßig getauscht werden. Beim Anfahren muss durch einen Anlasswiderstand gewährleistet werden, dass Ströme nicht zu stark ansteigen und die Motorspulen dadurch nicht zu sehr thermisch (Joulesche Wärme) belastet werden.

Das heutige Konzept: Drehstromgenerator und Asynchronfahrmotoren

Seit Anfang der 1970er Jahre stand den Fahrzeugkonstrukteuren moderne Halbleiter-Leistungselektronik zur Verfügung, die es nun erlaubte, Wechselströme ohne den Einsatz von empfindlichen Quecksilberdampfgleichrichtern gleichzurichten und umgekehrt aus Gleichströmen mit Hilfe von Wechselrichtern wieder spezielle Wechselströme zu erzeugen. Thyristoren können aus dem Gleichstrom einen Drehstrom von variabler Frequenz und Spannung erzeugen, der für den Betrieb der Asynchronfahrmotoren erforderlich ist. Die gesamte Leistungsteuerung dieser modernen dieselelektrischen Fahrzeuge funktioniert elektronisch und wird heutzutage von Computern übernommen. Ein Blick in das Innenleben solcher moderner Lokomotiven zeigt hauptsächlich blinkende Schaltschränke.

Die hydrodynamische Leistungsübertragung

Dieselhydraulische Lokomotiven haben sich weltweit betrachtet nicht durchgesetzt. Der größte Teil – und das liegt zuallererst am nordamerikanischen Markt – fährt dieselelektrisch. In Deutschland jedoch war es die bevorzugte Art der Leistungsübertragung. Das hat einige gute Gründe. Der Aufbau einer Lokomotive mit hydrodynamischem Getriebe ist einfacher. Der Dieselmotor ist über eine Gelenkwelle direkt mit dem Getriebeeingang verbunden. Von der Antriebsseite gehen in der Regel weitere Gelenkwellen direkt zu den Achsgetrieben. Ein DH-Getriebe ist stufenlos steuerbar, das heißt es gibt keine Zugkraftunterbrechung bei Lastwechsel. Die Drehmomentcharakteristik ist optimal für den Bahneinsatz. Das größte Drehmoment wird beim Anfahren entwickelt und nimmt mit zunehmender Geschwindigkeit ab. Ein weiterer großer Vorteil der hydrodynamischen Getriebe ist die Verschleißfreiheit. Gerade bei der hydrodynamischen Bremse, die nach demselben Prinzip arbeitet, ist dieser unmittelbare Vorteil zu erkennen. Ein Retarder benötigt weder Bremsscheiben noch -klötze, die abgenützt werden könnten. Bei modernen Getrieben ist eine erste Revision oft erst nach einer Million Laufkilometern nötig.

Ein DH-Getriebe besteht aus mehreren Bauteilen, meist einem Anfahrwandler, einem Marschwandler, einer Kupplung und häufig einem zusätzlichen Retarder. Die einzelnen Kreisläufe entsprechen den Gängen des Getriebes und werden automatisch in Abhängigkeit von der Motordrehzahl und der Fahrzeuggeschwindigkeit mit Getriebeflüssigkeit gefüllt beziehungsweise entleert. Eine besondere Bauform stellen die so genannten Turbowendegetriebe dar. Sie haben für jede Fahrtrichtung eigene Kreisläufe, meist ein bis zwei Wandlerkreisläufe. Dadurch kann eine Richtungsänderung während der Fahrt vorgenommen wer-

Ein G12-Drehgestell mit den beiden Gleichstromfahrmotoren in Tatzlageraufhängung.

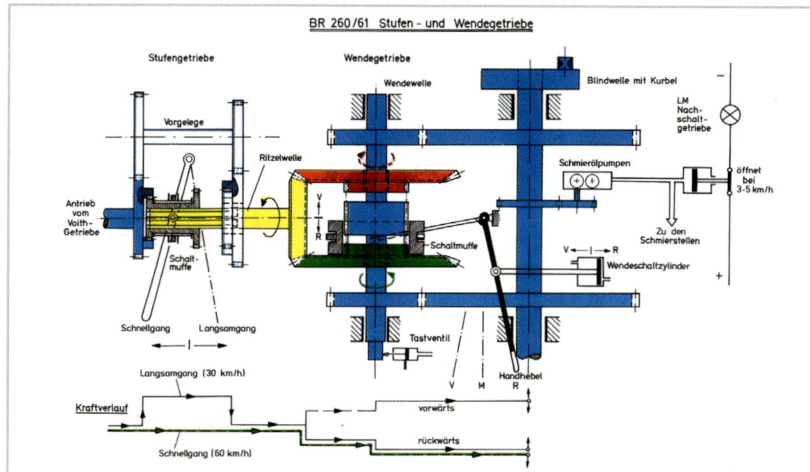

Das Stufen- und Wendegetriebe der V 60.

den. Das spart Zeit, und der Kreislauf für die Gegenfahrtrichtung kann dann zudem als Retarder verwendet werden. Besonders bei Rangierlokomotiven, wo häufige Richtungsänderungen nötig sind, zeigt das Turbowendegetriebe seine Stärken.

Das DH-Getriebe ist in der Anschaffung günstiger und die Lokkonstruktion ist unkomplizierter: Es ist kein schwerer Stromgenerator nötig und im Drehgestell müssen keine Fahrmotoren untergebracht werden. Verbunden mit dem insgesamt niedrigeren Gewicht waren dies die großen Vorteile der Loks mit DH-Antrieb. Das hat sich inzwischen etwas geändert. Moderne Dieselmotoren haben ein enormes Leistungsgewicht (kW pro kg), die unkomplizierten Asynchronfahrmotoren sind ebenfalls leichter als die alten Kommutatormotoren und so ist der frühere Gewichtsvorteil gegenüber dem dieselelektrischen Antrieb nicht mehr groß. Der größte Nachteil des DH-Antriebs war bisher immer die maximale Getriebeingangsleistung, die etwa bei 2000 kW lag. Leistungsfähigere Loks mussten deshalb meist mit zwei Motoren und Getrieben ausgerüstet werden, was die Kosten erheblich steigerte. Doch auch diese Grenze durchbrach die Ingenieure der Firma Voith mit ihrem modernen Turbogetriebe LS 640 reU2, das sie für Eingangsleistungen bis 4200 kW konstruiert haben.

Radsatz-, Stufen- und Wendegetriebe

Ein Getriebe reicht jedoch nicht. Bisher haben wir uns nur mit dem Getriebeteil beschäftigt, der für die Drehmomentwandlung zuständig war.

Das Wendegetriebe

Eine Diesellokomotive kann aufgrund der vorgegebenen Drehrichtung des Bahndiesels nur in eine Richtung fahren. Beim dieselelektrischen Antrieb ist das Problem vergleichsweise einfach zu lösen. Man muss lediglich an einer geeigneten Stelle für eine Umpolung der Stromrichtung sorgen, damit die Lok die Fahrtrichtung wechselt. Bei den anderen Antriebsarten ist dies nicht so einfach. Sie benötigen eigene mechanische Wendegetriebe für eine Änderung der Fahrtrichtung. Mit einem simplen Rückwärtsgang wie beim Automobil ist es nicht getan, da die Lok schließlich uneingeschränkt vorwärts und rückwärts fahren soll.

Im Wendegetriebe wird durch das geeignete Zwischenschalten von Zahnrädern die Fahrtrichtung geändert. Die Fahrrichtungsänderung darf immer nur im Stillstand vorgenommen werden und ein versehentliches Schalten muss durch eine spezielle Sicherung, die Wendeschaltsperre, ausgeschlossen werden. Das Wendegetriebe bildet häufig mit dem Hauptgetriebe, das für die Drehmomentwandlung verantwortlich ist, eine Einheit.

Das Stufengetriebe

Neben dem Wendegetriebe verfügen die meisten Diesellokomotiven über ein Stufengetriebe. Das Stufengetriebe ist ein Übersetzungsgetriebe und häufig unter den Begriffen Schnell- und Langsamgang (Streckenloks) oder Strecken- und Rangiergang (Rangierloks) bekannt. Schaltbare, unterschiedlich große Zahnräder sorgen für eine Untersetzung im Verhältnis zwischen zwei zu eins und 1,5 zu eins. Wie das Wendegetriebe darf auch das Stufengetriebe nur im Stillstand geschaltet werden. Die Untersetzung im Rangier- oder Langsamgang sorgt für eine Steigerung der Zugkraft.

Eines der größten je gebauten Voith-Getriebe war das L820 wrbs für die Gasturbinenbaureihe 210 der Bundesbahn mit einem speziellen Einspeiswandler für die Gasturbine. Es wog 7,5 Tonnen und hatte eine Getriebeölfüllung von 440 Kilogramm.

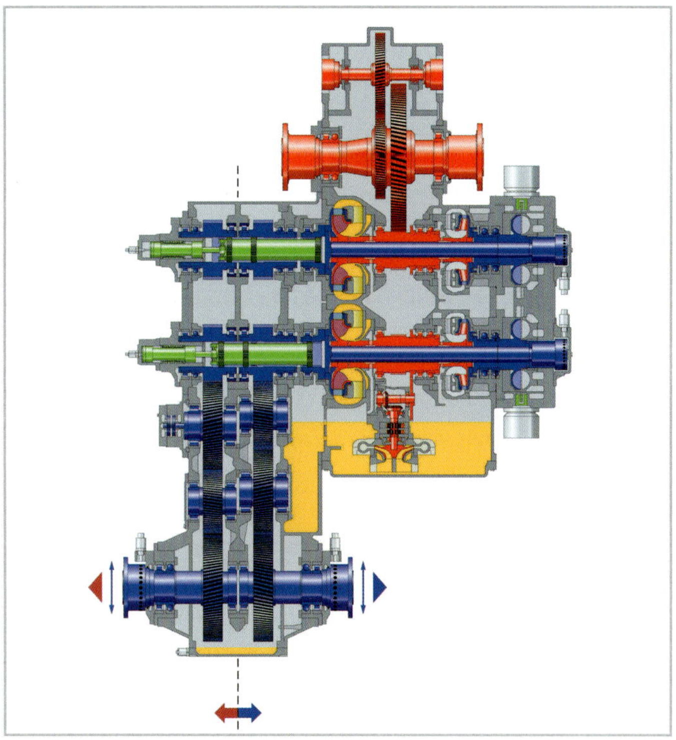

Schnittzeichnung des neuesten Voith-Turbosplitgetriebes LS 640 re U2 für Getriebeeingangsleistungen bis 4200 kW.

Das Verteilergetriebe

Das Verteilergetriebe sorgt für die gleichmäßige Verteilung des Kraftflusses, beziehungsweise des Drehmoments auf alle Radsätze bei Lokomotiven mit unabhängigen Radsätzen. Loks, bei denen alle Radsätze mit Stangenantrieb bewegt werden, benötigen dieses Getriebe nicht. Verteilergetriebe können auch für Nebenabtriebe beispielsweise zur Anlasslichtmaschine erforderlich sein.

Das Radsatzgetriebe

An der angetriebenen Achse muss das vom Motor gelieferte Drehmoment um 90° Grad gedreht werden, da Motor und Getriebe nicht quer zur Fahrtrichtung eingebaut sind. Dafür sorgt das Radsatzgetriebe. Bei der berühmten Klose-Sulzer-Lok aus dem Jahr 1913 wurde der Fahrdiesel auch deshalb quer zur Fahrtrichtung eingebaut, um auf dieses spezielle Getriebe verzichten zu können. Radsatzgetriebe bestehen hauptsächlich aus einem Kegelzahnradpaar, das bei vielen Getrieben noch um eine Untersetzungsstufe erweitert ist. Das Radsatzgetriebegehäuse muss noch mit einer Drehmomentstütze am Lokrahmen beziehungsweise Drehgestell befestigt werden, damit es sich nicht mit der Achse mitdreht.

Radsatzwende- und UV-Getriebe

Viele dieser unterschiedlichen Getriebebauarten werden in speziellen Kombinationsgetrieben zusammengelegt. Das Radsatz- und das Wendegetriebe werden im Radsatzwendegetriebe vereinigt. Das Umschalt- und Verteilergetriebe, kurz UV-Getriebe, ist die Kombination aus Verteiler- und Stufengetriebe. Nachschaltgetriebe kommen häufig bei Loks mit Blindwellen- und Stangenantrieb zum Einsatz.

In solchen Getrieben sind alle erforderlichen Bauteile wie Untersetzung, Richtungsänderung, Geschwindigkeitsstufen und Drehmomentrichtungsänderung vereint, da die Kraft nur an der Blindwelle zur Verfügung stehen muss.
Moderne Dieselloks, die auch für den Rangiereinsatz verwendet werden, erhalten seit den 60er-Jahren oft Turbowendegetriebe, die eine Fahrtrichtungsänderung auch während der Fahrt erlauben.

Gelenkwellen, Stangen und Ketten

Vom Abtrieb der Kurbelwelle des Dieselmotors muss das Drehmoment weitergeleitet beziehungsweise übertragen werden. Zwischen Motor und Radsatz sorgen verschiedene Maschinen wie Generator, Getriebe für die erforderliche Drehmomentwandlung und -richtung. Beim dieselelektrischen Antrieb wird nach dem Generator die Motorleistung zwar elektrisch übertragen, aber spätestens an der Achse wird auch hier aus der elektrischen Energie erneut eine mechanische Bewegung beziehungsweise ein Drehmoment erzeugt. Bei mechanischen und dieselhydraulischen Antrieben gibt es noch mehr mechanische

An der Blindwelle einer V 60 der DB AG ist deutlich das Gegengewicht zum Massenausgleich zu erkennen.

Übertragungswege, bevor das Drehmoment wirklich am Radsatz zur Verfügung steht. Zwischen diesen verschiedenen Bauteilen herrscht ein mechanischer Kraftschluss, der von geeigneten Übertragungsgliedern geleistet wird. Zwei Leitideen prägen alle Kraftübertragungskonzepte:

1. Das Hauptgetriebe, in dem die Drehmomentwandlung stattfindet, sollte auch aus Kostengründen möglichst nur einmal im Fahrzeug verwendet werden.
2. Die Übertragungswege sollten möglichst kurz sein.

Gelenkwellen

Zwischen den einzelnen Bauteilen Motor, Getriebe und Radsatz sorgen inzwischen überwiegend Gelenkwellen für den erforderlichen Kraftschluss. Die meisten kennen die Gelenkwellen auch unter dem Namen Kardanwelle, der ihren Erfinder, den italienischen Mathematiker Geronimo Cardano (1501 – 1576), ehrt.

Im Gegensatz zu starren Wellen, befinden sich bei diesen speziellen Wellen an beiden Enden Kreuzgelenke. Dadurch können Kardanwellen, im begrenzten Maß, auch zur Richtungsänderung des Antriebsstrangs genutzt werden und können innerhalb der Lokomotive auf einfachem Weg Höhenunterschiede, etwa vom Hauptgetriebe zu den Radsätzen, überwinden. Meist ist auch ihre Länge noch variabel, so dass sie auch eine freie Federung des Fahrzeugs erlauben und auch in der Kurvenfahrt keine Probleme bereiten. Nur die Verwendung von Gelenkwellen erlaubt in dieselmechanischen oder dieselhydraulischen Triebfahrzeugen den Einzelachsantrieb.

Stangenantrieb

Vor der Verwendung von Kardanwellen griffen die Lokomotivkonstrukteure auf den Stangenantrieb mit Blindwelle zurück, der im frühen E-Lokbau, zu Zeiten der großen Einzelmotoren, bis Mitte der 1920er Jahre üblich war. Zunächst hat der Stangenantrieb scheinbar einige verlockende Vorteile: Verzicht auf aufwendigen Einzelachsantrieb, alle Getriebeteile wie Stufen-, Wendegetriebe können in einem Nachschaltgetriebe vereinigt werden. Aber in der Realität überwiegen die Nachteile.
Am Anfang steht das Prinzip von einer quer zur Fahrtrichtung verlaufenden Blindwelle, die so heißt, weil sie nicht direkt mit einem Radsatz verbunden ist: Sie nimmt eine Treibstange mit, die einen Treibradsatz antreibt. Von diesem Treibradsatz werden in der Regel weitere Fahrzeugradsätze mittels Kuppelstangen in Schwung gebracht. Die Rotation der Blindwelle wird zunächst in eine oszillierende Hin- und Herbewegung transformiert, die am Radsatz wieder zur Rotation gewandelt wird. Der Stangenantrieb kennzeichnet sich durch einen schwankenden Drehmomentverlauf, der bei einer bestimmten Kurbelwellenstellung den Wert Null annehmen kann. Das wird dadurch ausgeglichen, dass die Treibstangen an beiden Seiten des Fahrzeugs um 90° versetzt sind. So ist auch gewährleistet, dass in jeder Treibstangenstellung ein Drehmoment wirken und die Lokomotive immer anfahren kann.
Auch wenn das Prinzip des Stangenantriebs einfach ist, so sind seine Nachteile so erheblich, dass er inzwischen bei Fahrzeugneuentwicklungen nicht mehr verwendet wird: An jeder Fahrzeugseite wirkt ständig ein unterschiedliches Drehmoment, was sich unweigerlich auf das Fahrverhalten auswirkt. Die beweglichen Massen müssen durch Gegengewichte ausgeglichen werden. Ein großes Gegengewicht sitzt auf der Blindwelle, die anderen sind in den Radsätzen untergebracht. Weil die Kuppel- und Treibstangen und die zugehörigen Lager außen auf den Radsätzen angreifen, müssen diese wiederum zwangsläufig innengelagert sein. Der starre Stangenantrieb schränkt die Federungsmöglichkeiten des Fahrzeugs ein.

Ketten

Bei Kleinlokomotiven wurde anfangs häufig auch mit einem Kettenantrieb die Kraft auf die Radsätze übertragen. Da die Kette nicht beliebig schnell rotieren darf, ist die beschränkte Höchstgeschwindigkeit der kettenangetriebenen Fahrzeuge ein Manko. Eine Kette mit vielen einzelnen Gliedern ist ein Verschleißteil, das an vielen Stellen Bruchmöglichkeiten bietet. Ketten können sich dehnen und müssen nachgestellt werden können.

AUFBRUCH-STIMMUNG

Wie keine andere Baureihe steht die V 200 die DB der 1950er Jahre

Auch gut drei Jahrzehnte nach dem Ausscheiden der Baureihen V 200 und V 200.1 aus dem Betriebsdienst verkörpern die vierachsigen Maschinen noch heute für zahlreiche Fans die deutsche Eisenbahn der Wirtschaftswunder-Jahre.

Die Baureihen V 200 und V 200.1 waren die ersten Groß-dieselloks der DB. Bereits Ende der 1980er-Jahre hatten die Maschinen ausgedient. V 200 116 blieb jedoch als Museumsmaschine erhalten (Reichenbach am 06.08.1998).

V 200 005 half Anfang der 1960er-Jahre der 01 122 als Vorspannlok vor dem Schnellzug D 191, der gerade in Gemünden einen Zwischenhalt einlegte.

Dampflok und Ablösung: Vorserienlok 220 002 rangiert 1973 in Lauda. Im Hintergrund wartet 051 620-3 auf ihren nächsten Einsatz.

Deutsche Bundesbahn (DB) machte sich bereits 1949 erste Gedanken über ein Beschaffungsprogramm für Diesel-Triebfahrzeuge. Dazu gehörte neben einem Personen- und einem Gütertriebwagen auch eine leichte Diesellok für den Nebenbahndienst, die spätere Baureihe V 80. Deren Baumuster stellte die DB bereits 1951 in Dienst. Die 800 PS starke Maschine war weltweit die erste dieselhydraulische Drehgestell-Lokomotive, bei der alle Achsen angetrieben wurden. Auf der Grundlage der V 80 begann schließlich die Entwicklung einer weiteren Diesellok mit zwei jeweils 800 PS starken Motoren. Noch während der Konstruktion wurde die Leistung auf jeweils 1.000 PS angehoben. Die Lok war zunächst nur als Versuchsmaschine gedacht. Für den Einsatz auf Hauptbahnen war die Maschine aufgrund des noch sehr hohen Dieselpreises zu teuer. Zudem plante die DB die Elektrifizierung der wichtigsten Hauptstrecken. Um die Kosten für die Entwicklung und den Bau der Maschine so gering wie möglich zu halten, wurden zahlreiche Teile der V 80 übernommen.

Die als V 200 vorgesehene Strecken-Diesellok erhielt zwei Endführerstände, zwei Maschinenanlagen, eine Dampfheizungseinrichtung und eine hydraulische Kraftübertragung. Mit der Lieferung der Prototypen beauftragte die DB schließlich die Münchener Firma Krauss-Maffei, die 1953/54 fünf Maschinen lieferte. Bereits im Mai 1953 absolvierte die V 200 001 ihre ersten Testfahrten. Anschließend stellte die DB die Maschine auf der Verkehrsausstellung in München aus. In der Fachwelt sorgte die V 200 für Aufsehen. Trotz ihrer Leistung von 2.000 PS wog die Maschine aufgrund des Strömungsgetriebes nur rund 80 t. Bis dato gab es in dieser Leistungsklasse lediglich Dieselloks mit elektrischer Kraftübertragung, die jedoch rund 120 t wogen. Die V 200 war damit ein Meilenstein in der Entwicklung von Großdieselloks.

Ab 1954 setzte die DB die fünf Vorserien-V 200 vom Bw Frankfurt-Griesheim aus ein. Zunächst bespannten die Maschinen leichte Reisezüge, dann auch schwere Eil- und Schnellzüge. Außerdem wurde eine Lok im Güterzugdienst erprobt. Die Testfahrten waren überaus erfolgreich, so dass die DB 1955 weitere 50 Exemplare der V 200 in Auftrag gab. 1957 folgte eine weitere Bestellung über 30 Loks. Bis zum August 1959 stellte die Bundesbahn insgesamt 86 Maschinen in Dienst und verteilte sie zunächst auf die Bahnbetriebswerke Frankfurt-Griesheim, Hamburg-Altona, Hamm, Würzburg und Villingen. Dort übernahmen sie in erster Linie den schweren Eil- und Schnellzugdienst. Die DB setzte die Loks dabei bevorzugt im Langlauf ein. Dazu gehörte u.a. das Zugpaar D 483/484 Hamburg-Altona – Stuttgart, das auf der rund 720 km langen Strecke von einer V 200 bespannt wurde. Die Legende besagt, dass die Maschinen auf dieser langen Fahrt den jeweiligen Endbahnhof nicht selten mit dem buchstäblich letzten Tropfen Treibstoff erreichten.

Dennoch war die V 200 im schweren Reisezugdienst kein vollwertiger Ersatz für die Baureihen 01 und 01.10. Aus diesem Grund wurde bei einigen Maschinen die Motorleistung auf jeweils 1.200 PS eingestellt. Dies führte jedoch zu einer Überlastung der Loks, was ab 1960 die Ausfallquote der V 200 in die Höhe trieb. Im Sommer 1961 fiel knapp die Hälfte aller Loks mit teilweise schweren Getriebeschäden aus.

Die vierachsige Diesellok 220 039 (Bw Lübeck), hier mit einem kurzen Nahverkehrszug aus zwei Umbauvierachsern, hat die Station Raisdorf an der Strecke Kiel–Lübeck erreicht (Mai 1984).

Vor diesem Hintergrund beauftragte die DB 1960 das für Dieselloks zuständige Bundesbahn-Zentralamt (BZA) München und die Firma Krauss-Maffei mit einer Weiterentwicklung der V 200. Die Nachfolger-Type, die Baureihe V 200.1, sollte eine Leistung von 2.700 PS haben und damit die Baureihen 01 und 01.10 ersetzen. Bereits am 27. November 1962 übergab Krauss-Maffei die erste V 200.1 an die DB. Die V 200.1 unterschied sich deutlich von dem Vorgängermodell. Aufgrund der verwendeten stärkeren Motoren und Getriebe musste die Konstruktion erheblich überarbeitet werden, damit das Lokgewicht nicht über den vorgegebenen 82 t lag. Dazu wurden u.a. aus dem Karosseriebau stammende Leichtmetalle und Kunststoffe verwendet. Außerdem unterschied sich die V 200.1 von der V 200 durch ihre steilere Frontschürze, die einen besseren Zugang zum Getriebe unter dem Führerstand ermöglichte.

Da die V 200.1 auf der V 200 aufbaute, verzichtete die DB auf die Beschaffung von Baumustern und gab sofort eine erste Serie mit 20 Exemplaren in Auftrag. In den Jahren 1964/65 folgte ein zweites Baulos mit den Loks V 200 121 – V 200 150. Alle 50 Maschinen wurden von Krauss-Maffei gebaut. Mit der Indienststellung der V 200 150 beendete die DB die Beschaffung von zweimotorigen Groß-Dieselloks. Stattdessen beschränkte sich die Bundesbahn fortan auf einmotorige Maschinen, die im Bau und in der Unterhaltung billiger waren. Allerdings erreichte die ab Ende der 1960er Jahre in großen Stückzahlen beschaffte Baureihe 218 nicht die Leistung der V 200.1. Ab 1968 wurden die Maschinen als Baureihen 220 (ex V 200) und 221 (ex V 200.1) bezeichnet.
Mit der fortschreitenden Streckenelektrifzierung in den 1960er- und 1970er-Jahren schrumpfte das Einsatzgebiet beider Bau-

reihen erheblich. Ab Mitte der 1970er-Jahre konzentrierte die DB die Baureihe 220 in den norddeutschen Bahnbetriebswerken Braunschweig, Lübeck und Oldenburg. Ab 1976 setzten nur noch Lübeck und Oldenburg 220er in der Zugförderung ein. Der Bestand der Baureihe 220 schrumpfte bis 1981 auf 45 Maschinen zusammen. Neun von ihnen wurden 1981 an die Dänischen Staatsbahnen (DSB) vermietet. Drei Jahre später hatten die letzten 220er ausgedient. Einige von ihnen wurden anschließend als Bauzugloks nach Italien und als Hilfszugloks (Am 4/4) an die Schweizer Bundesbahnen (SBB) verkauft. Die Firma Heizkamp setzte die ehemalige V 200 sogar im Bauzugdienst in Saudi-Arabien ein.

Die jüngere V 2001 war kaum länger im Einsatz. Die DB verteilte die fabrikneuen Maschinen auf die Bahnbetriebswerke Hamburg-Altona, Kempten, Lübeck und Villingen. Das Bw Kempten setzte seine Maschinen bis 1975 bevorzugt auf der Strecke München – Lindau ein. Von Villingen aus bewältigten die Maschinen in erster Linie den schweren Personen- und Güterzugdienst auf der Schwarzwaldbahn, die 1977 elektrifiziert wurde. Daraufhin konzentrierte die DB die Baureihe 221 in den Bahnbetriebswerken Gelsenkirchen-Bismarck, Lübeck und Oldenburg. Ab 1980 waren alle 221er in Gelsenkirchen-Bismarck stationiert, wo sie fast ausschließlich im schweren Güterzugdienst auf den Strecken des Ruhrgebietes im Einsatz waren. Mit Wirkung zum 1. Januar 1982 beheimatete die Bundesbahn die Maschinen zum Bw Oberhausen 1 um. An den Einsätzen der Maschinen änderte sich jedoch nichts. 1986 begann schließlich die Ausmusterung der Baureihe 221. Zwei Jahre später hatten die Maschinen bei der DB ausgedient. Einige von ihnen wurden anschließend nach Albanien und Griechenland verkauft. Die Prignitzer Eisenbahn-Gesellschaft (PEG) holte im Jahr 2002 einige der in Griechenland eingesetzten 221er nach Deutschland zurück. Außerdem halten einige Museumsmaschinen die Erinnerung an die Baureihen V 200 und V 200.1 wach.

Die Frontpartie der Baureihe V 200.1 ist zeitlos elegant. 221 135-7 stand am 10. März 1996 im ehemaligen Aw Braunschweig.

		BR 220	BR 221
Achsfolge		B´B´	B´B´
Höchstgeschwindigkeit	km/h	140	140
Länge über Puffer	mm	18.470[1]	18.440
Gesamtachsstand	mm	14.700	14.700
Treibraddurchmesser	mm	950	950
Anfahrzugkraft	kN	234,4	235,4
Dauerzugkraft	kN	170,6	171,2
Dieselmotor		MB 820 Bb[2]	MB 835 Ab[3]
Motorleistung	kW	810	993
Motordrehzahl (Volllast)	U/min	1.500	1.500
Leistungsübertragung		hydr.	hydr.
Dienstmasse (2/3 Vorräte)	t	81	78
mittlere Achsfahrmasse	t	20,2	19,5
Dieselkraftstoff	l	3.300	3.000

Anmerkungen:
1 Vorserienloks 18.530 mm
2 außerdem MB 12 V 393 Tz, MD 650, MD 12 V 538 TA, L 12 V 18/21 mA
3 später MB 12 V 652 TA

Die Wummen kommen

Mit der Baureihe V 200 der DR rollten erstmal Loks aus der UdSSR über deutsche Gleise

Mit der V 200 begann die Deutschen Reichsbahn den Einsatz diesel-elektrischer Lokomotiven im schweren Zugdienst. Vor allem im Güterverkehr sorgten die »Taiga-Trommeln« für den Traktionswechsel.

Der zweite Siebenjahrplan der Deutschen Demokratischen Republik (DDR) für die Jahre 1958 bis 1966 sah die Einführung der Elektro- und Dieseltraktion bei der DR vor. Ende 1965 sollten jeweils 13 % der Zugförderung von Elektro- und Dieselloks bewältigt werden. Dieses Planziel wurde jedoch deutlich verfehlt: Mitte der 1960er Jahre erbrachte die DR nur 3 % ihrer Zugleistungen mit Dieselloks. Der Beschluss des Ministerrates vom 17. März 1966, den Traktionswechsel in erster Linie mit Dieselloks durchzuführen, brachte die DR in erhebliche Schwierigkeiten. Die Reichsbahn und die DDR-Industrie hatten zwar mit ihrem Typenprogramm – bestehend aus den Baureihen V 15/V 18, V 60, V 100 und V 180 – moderne und leistungsfähige Dieselloks entwickelt, doch für den schweren Personen- und Güterzugdienst waren diese Maschinen kaum geeignet. Nachdem jedoch die Entwicklung der benötigten Maschinen zu lange dauerte und die Kapazitäten des Schienenfahrzeugbaus in der DDR begrenzt waren, konnte die DR ihren Bedarf an Groß-Dieselloks nur durch Importe aus der Sowjetunion decken.

Die Lokomotivfabrik »Oktoberrevolution« in Lugansk (ab 1970: Woroschilowgrad) lieferte 1965 an die Ungarischen Staatsbahnen (MAV) die ersten sechsachsigen Dieselloks des Typs M 62. Die Konstruktion der M 62 basierte auf der seit 1953 für die Sowjetischen Eisenbahnen (SZD) gelieferten Doppellok TE 3. Nach ersten Gesprächen zwischen der DR und Vertretern der Lokomotivfabrik »Oktoberrevolution« nahm das Projekt einer Reichsbahn-Variante der M 62 ab 1965 Gestalt an. Am 23. Juli 1966 bestellte die DR schließlich über den sowjetischen Außenhandelsbetrieb »Energomachexport« die ersten 30 Exemplare der als Baureihe V 200 bezeichneten Type. Bereits am 10. November 1966 stellte die DR die ersten beiden Maschinen in Dienst.

Robuste russische Technik mit unverwechselbarer Klangfülle, die auch die Bewohner in Remschütz im Jahr 1988 erleben durften: Die Kraftübertragung vom unverwüstlichen Zweitakt-Motor auf die sechs Achsen von Taigatrommel 120 318 erfolgt dieselelektrisch.

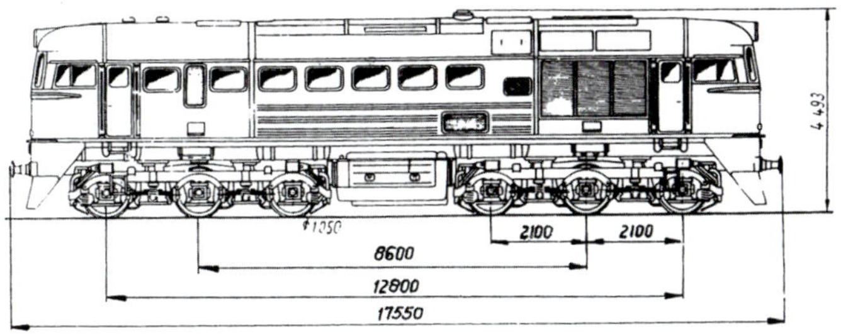

Seitenansicht der Baureihe V 200 (ab 1970: Baureihe 120).

Einige »Taiga-Trommeln« fanden nach ihrer Ausmusterung bei Privatbahnen ein neues Betätigungsfeld.

Technisch und konzeptionell stellte die V 200 im Vergleich zur V 180 einen Rückschritt dar. Die V 200 war deutlich schwerer und konnte mit ihrer Achsfahrmasse von 19,2 t nur auf Hauptbahnen eingesetzt werden. Da sie keine Zugheizung besaß, beschränkte sich ihr Einsatzgebiet auf den schweren Güterverkehr. Größtes Problem der V 200 war jedoch die völlig ungenügende Schalldämmung. Aufgrund ihres Ohren betäubenden Lärms hatten die Maschinen schnell ihren Spitznamen weg – »Taiga-Trommeln« oder »Pauken« wurden sie genannt. Auch die seitens des Herstellers angegebenen Leistungsdaten mussten nach gründlichen Versuchsfahrten nach unten korrigiert werden. Es verging einige Zeit, bis die DR die technischen Probleme bei der V 200 beseitigt hatte. Vorrang besaß dabei die Entwicklung eines wirksamen Schalldämpfers, der ab 1967 erprobt wurde.

Die Verbesserungen wurden umgehend in der laufenden Produktion berücksichtigt. Bis zum August 1969 setzte die DR bereits 287 »Taiga-Trommeln« ein, die ab 1. Juni 1970 die Baureihen-Nummer 120 trugen. Mit der Abnahme der 120 314 am 5. November 1970 endete zunächst die Beschaffung der V 200. Zwischen 1973 und 1975 lieferte die Lokomotivfabrik »Oktoberrevolution« weitere »Pauken«, von denen die DR nun 375 Exemplare besaß.
Inzwischen galten die Maschinen bei den Lokführern als robust, zuverlässig und leistungsstark. Gemeinsam mit den Baureihen 130 bis 132 trugen sie nun die Hauptlast des Güterverkehrs auf den nicht elektrifizierten Hauptbahnen der DR. Zu den Hochburgen der Baureihe 120 entwickelten sich u.a. die Bahnbetriebswerke Altenburg, Berlin-Pankow, Cottbus, Dresden, Falkenberg, Gera, Güsten und Leipzig-Wahren.
Mit der forcierten Elektrifizierung der Hauptstrecken ab 1982 sank langsam der Stern der »Taiga-Trommeln«. Außerdem hatte der jahrelange Einsatz der Maschinen im schweren Güterzugdienst zu einem erheblichen Verschleiß geführt. Gleichwohl konnte die DR vielerorts noch nicht auf die Baureihe 120 verzichten. Dies änderte sich 1990 schlagartig. Mit dem Niedergang der Schwerindustrie in den neuen Bundesländern brach auch der Güterverkehr auf den Strecken der DR zusammen. Damit verlor die Baureihe 120 ihr wichtigstes Einsatzgebiet. Für den verbliebenen schweren Güterverkehr griff die DR nun auf die Baureihe 132 zurück. Zwar zeichnete die DR am 1. Januar 1992 noch 292 »Taiga-Trommeln« zur Baureihe 220 um, doch deren Bestand wurde binnen weniger Monate auf ein Minimum zusammengestrichen. Im Frühjahr 1994 setzten nur noch Gera und Leipzig-Wahren die V 200 im Güterzugdienst ein. Im Rangierbahnhof Dresden-Friedrichstadt dienten noch einige »Taiga-Trommeln« als Schlepplok. Am 21. Dezember 1994 beendete die Dresdener 220 272 den Einsatz der Baureihe V 200.

		BR 120
Achsfolge		Co´Co´
Höchstgeschwindigkeit	km/h	100
Länge über Puffer	mm	17.770
Gesamtachsstand	mm	12.800
Treibraddurchmesser	mm	1.050
Anfahrzugkraft	kN	300
Dauerzugkraft	kN	197,5
Dieselmotor		14 D 40
Motorleistung	kW	1.470
Motordrehzahl (Volllast)	U/min	750
Masse (trocken)	t	12,5
Leistungsübertragung		elektr.
Leermasse	t	111,6
Dienstmasse (2/3 Vorräte)	t	115,1
mittlere Achsfahrmasse	t	19,2
Dieselkraftstoff	l	3.900

Der Siegeszug der Diesellok in den USA

Der F-Typ bringt Traktionswandel

Die General Motors Tochter »Electro-Motive Company« eroberte in den 1930er Jahren in den USA den lukrativen Markt für Güterzuglokomotiven im Sturm.

Der seit 1930 zu General Motors gehörende Lokhersteller »Electro-Motive Company« (EMC) schickte sich in den 1930er Jahren an, den Diesellok-Markt der USA zu dominieren. EMC produzierte bereits die Mehrzahl der Rangierlokomotiven und galt mit den Loks seiner populären E-Serie als Erfinder der Reisezugdiesellok. Da lag es nahe, auch in den Markt für Güterzuglokomotiven einzusteigen, dem größten Markt für Lokomotiven. Doch Güterzuglokomotiven ließen sich den Eisenbahngesellschaften am schwierigsten verkaufen. In den Augen vieler Eisenbahner

Ein markantes Gesicht: Die »F-Serie« von EMD prägte jahrzehntelang den Schienenverkehr Nordamerikas.

Lok 96 der Chicago, Rock Island and Pacific Railroad – eine Maschine vom Typ EMD FT A – durchfährt am 10. Juni 1962 mit einem Güterzug die kleine Station Ottawa, Illinois.

Mit dieser Zeichnung einer Güterzuglok vom Typ EMD FT für Reading Railroad warb EMD für sein Produkt.

war das Rangieren oder die Beförderung leichtgewichtigen Reisezüge die eine Sache, aber große schwere Güterzüge galten als die Königsdisziplin für Lokomotiven.

Die Maschinen mussten in der Lage sein, 3600 Tonnen schwere Züge mit einer angemessenen Geschwindigkeit über die Hauptstrecken zu ziehen. Noch 1937 gab es weder bei Electro-Motive noch bei einem anderen Hersteller ein Diesellokmodell, das diese Leistungskriterien erfüllte. Aber nicht alle Bahngesellschaften waren Pessimisten. Einige von ihnen ermutigten Electro-Motive sogar zum Bau von Güterzugloks.

Auf Basis der im Reisezugmarkt erfolgreichen E-Modelle und dem neuen 567-Motor konstruierten die Ingenieure von Electro-Motive schließlich eine Güterzuglok für die anspruchsvollen Anforderungen. Im November 1939 enthüllte Electro-Motive schließlich eine Lokomotive, die die bisherigen Einstellungen über diesel-elektrische Lokomotiven völlig veränderte und Amerikas Mobilität grundlegend wandelte. Es handelte sich um eine vierteilige Lokomotive mit 5400 PS. Der stromlinienförmige FT-Typ war das erste Modell der F-Modellreihe von Electro-Motive.

Die FT-Versuchslok trug die Nummer 103 und war in Dunkelgrün und Senfgelb lackiert. Ihre vier Einheiten – zwei A-Units mit Führerstand und zwei B-Units als reine Leistungsverstärker (sogenannte »Booster«) – waren jede mit einem einzigen Antrieb ausgestattet, der 16-Zylinder-Version von Electro-Motives Motortyp 567. Jeder 567-Motor erzeugte eine Leistung von 1350 PS, mehr als doppelt so viel wie die früher verwendeten Winton-Motoren. Die A-Einheiten waren 14,7 Meter lang, während die B-Einheiten mit 14,2 Metern etwas kürzer ausfielen. Jede Einheit lief auf zwei neugestalteten Blomberg-Drehgestellen, die ähnlich wie die A1A-Drehgestelle beim E-Typ eine abgefederte Aufhängung besaßen. Das Blomberg-Drehgestell benutzte außen liegende

Im Lokschuppen von Argentine, Kansas (unweit von Kansas City), der Santa Fe reinigt ein Arbeiter eine 5.400 PS starke Diesellok vom Typ EMD FT (März 1943).

Schwingungsdämpfer und eine Mischung aus elliptischen und kreisrunden Federn, die die Lok auch bei höheren Geschwindigkeiten sehr ruhig über die Gleise rollen ließ. Trotzdem konnten die Loks mit diesen Drehgestellen auch sehr enge Kurven befahren. Die Führerstände waren erstmals mit der berühmten »Bulldoggen-Schnauze« ausgestattet.

Um die Steuereinheit und die Booster-Lokomotiven zu verbinden, setzte EMC feste Kuppelstangen an Stelle der üblichen Kupplungen ein, weil es von vornherein geplant war, dass eine Traktion aus je einer A- und B-Einheit immer fest gekuppelt bleiben sollte. So waren z.B. auch die Batterien für beide Einheiten in der B-Einheit untergebracht, während nur die A-Einheiten auch über einen Fahrerstand verfügten.

Schon bald präsentierte Electro-Motive seine neue FT überall in den USA. So begann die FT ihre berühmte Tour, die als »Erstürmung der Lokschuppen« bekannt wurde. Im Verlauf von elf Monaten legte sie etwa 135.150 Kilometer zurück und beförderte 20 Güterwagen der Klasse 1 durch 35 Staaten. Zu den besuchten Eisenbahngesellschaften gehörten u.a. die Santa Fe, die Burlington & Ohio, die Chicago, Burlington & Quincy, die alle schon früher Diesellokomotiven von Electro-Motive gekauft hatten. Auch wenn die Lok einige technische Probleme hatte, so beeindruckte ihre Vorführung doch die meisten Bahngesellschaften. Obwohl ihre 5400 PS starken Motoren die Leistung vieler Dampflokomotiven nicht überschritt, besaß die vierteilige FT-Lokomotive doch auf eine erheblich größere Anfahrleistung, als selbst die größten Dampflokomotiven. Außerdem bot die FT eine Einrichtung, die die Dampflokomotiven nicht bieten konnten: dynamische Bremsen. Einige Elektrolokomotiven hatten regenerative Bremssysteme, die nach dem gleichen Prinzip arbeiteten. Dabei wurden die Elektromotoren als elektrische Generatoren eingesetzt, wodurch sie einen Zug abbremsen konnten. Bei den diesel-elektrischen Lokomotiven wurde beim dynamischen Bremsen die elektrische Energie auf Widerstände geleitet, die diese in Wärme umsetzten, die dann von Lüftern an die Luft abgegeben wurde. Auch wenn diese Form der Energieausnutzung natürlich wenig effizient war, reduzierte es den Verschleiß der Bremse.

Als erste Bahngesellschaft bestellte die legendäre Santa Fe den FT-Typ. Allerdings war die Santa Fe mit der Kuppelstange zwischen der A-Einheit und der B-Einheit nicht einverstanden, weil man dies für eine effiziente Disposition der Loks für hinderlich hielt. Also bestand die Santa Fe auf dem Einbau von normalen Kupplungen. Electro-Motive ging auf diesen Wunsch ein, auch wenn die meisten anderen Bahngesellschaften die Kuppelstange akzeptierten, was ihnen dann später zahlreiche Kopfschmerzen im Betriebsalltag bescherte. Die ersten Modelle der FT-Baureihe für die Santa Fe wurden Ende 1940 gebaut und im Februar 1941 in Betrieb genommen.

Die FT erlaubte der Santa Fe, den Dampfbetrieb auf ihrem 740 Kilometer langen Abschnitt der Hauptstrecke in Arizona und in der kalifornischen Wüste zwischen Winslow und Barstow aufzugeben. Das war einer der ersten großen Streckenabschnitte des amerikanischen Hauptstreckennetzes, der komplett verdieselt wurde. Zu dieser Strecke gehörte auch einer der längsten ununterbrochenen Steigungsabschnitte in den USA, die lange Rampe vom Colorado River östlich von Needles (an der Grenze zwischen Arizona und Kalifornien liegt) bis zum Scheitelpunkt von Flagstaff. Neben der Lösung der Bewässerungs- und Bekohlungsprobleme stellte die Santa Fe auch noch fest, dass die FTs durchweg besser für die Beförderung von Güterzügen geeignet waren, als selbst die modernsten Dampfloks.

Am 1. Januar 1941 reorganisierte General Motors, zum Produktionsbeginn der FT-Baureihe die Electro-Motive Corporation zur Electro-Motive Division (EMD). Seitdem ist EMD ein Synonym für diesel-elektrische Lokomotiven geworden. EMD hat mittlerweile zehntausende von Lokomotiven für viele Länder der Welt gebaut.

Die FT wurde ein phänomenaler Geschäftserfolg. Sie bot nicht nur eine echte Alternative zur Dampftraktion, sondern auch zur Elektrifizierung. 23 amerikanische Eisenbahngesellschaften bestellten Loks der Type. Obwohl die Produktion 1943 vorüberge-

Voller Stolz präsentiert das Personal der Milwaukee Road 1947 seine brandneue EMD FT.

hend ausgesetzt werden musste, weil die EMD-Produktionsstätten kriegsbedingt nun für die Herstellung von U-Bootantrieben herangezogen wurden, wurden zwischen 1939 und 1945 insgesamt 555 A-Einheiten und 541 B-Einheiten gebaut. Die Santa Fe hatte mit 320 Maschinen die größte Flotte bestellt, danach folgte die Great Northern mit 96 Maschinen und die Southern Railway mit 76 Maschinen.

Die FT wurde als vierteilige Lokomotive mit einer Leistung von 5400 PS für den Güterzugdienst vermarktet, doch viele Eisenbahngesellschaften bestellten ihre FT-Loks auch mit Dampfgeneratoren für die Heizung, um sie im Reisezugdienst einsetzen zu können. Für eine kurze Zeitspanne besaß die Santa Fe 11 vierteilige FT-Lokomotiven, die für eine Geschwindigkeit von 145 Stundenkilometer ausgerüstet waren und alle den Anstrich der Reisezugloks trugen. Später wurden sie dann aber für den Güterzugdienste umgerüstet. Viele Bahngesellschaften teilten die Loks zu zweiteiligen A/B-Einheiten auf; einige bestellten auch dreiteilige Lokomotiven (A-B-A-Einheiten). Nur die unflexiblen Kuppelstangen erwiesen sich als verfehlte Konstruktion und wurden bei späteren F-Modellen nicht mehr verwendet.

Mit dem Kriegsende konnte EMD bereits verbesserte Modelle des F-Typs einführen, die auf die Bedürfnisse des Nachkriegsmarktes ausgerichtet waren. Der Erfolg der FT, der exzellente Ruf von EMD, die gewitzten Marketingfähigkeiten und die Möglichkeiten der Massenproduktion begründeten die große Nachfrage nach den Modellen des F-Typs. Die nordamerikanischen Eisenbahnen waren von der Serie begeistert und kauften die Loks in den Nachkriegsjahren zu Tausenden. In kurzer Zeit wurde der F-Typ zur neuen amerikanischen Standardlokomotive, die in großer Vielfalt auf den Hauptstrecken eingesetzt wurde. Sie war in den Wäldern im Norden von Maine ebenso zu finden, wie an der kalifornischen Küste. F-Loks wurden als Zugloks vor schweren Erzzügen in Minnesota eingesetzt, rasten mit »Piggyback« Intermodalzügen durch den Südwesten oder brachten stromlinienförmige Luxuszüge von den Pazifikküste in den mittleren Westen. Der F-Typ erhielt eine Reihe von Spitznamen, darunter »Cabs« (Kabinen) und »Covered Wagons« (Gedeckte Wagen) und fast jede erstklassige Eisenbahngesellschaft in den USA setzte sie in der einen oder anderen Funktion ein.

Ein Baumuster wird beworben

Die Diesellok des Typs V 100 der DR

Mit der in kurzer Zeit entwickelten Baureihe V 100 stellte die Schienenfahrzeugindustrie ihre Leistungsfähigkeit unter Beweis.
Ein Prospekt präsentierte das neue Fahrzeug anschaulich.

Die 1965 gebaute V 100 003 blieb als Museumslok erhalten. Im ehemaligen Bw Lutherstadt Wittenberg wird die betriebsfähige Maschine heute betreut.

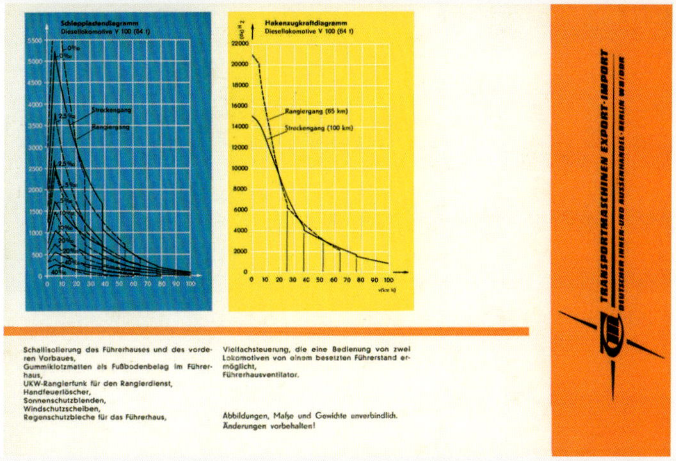

Mit einem aufwendigen Prospekt bewarb der VEB Lokomotivbau Karl Marx in Babelsberg die neue Baureihe. Auf der Titelseite war das Baumuster abgebildet. Die Serienloks baute LEW Hennigsdorf.

Zwischen 1955 und 1957 erarbeitete die Hauptverwaltung der Maschinenwirtschaft (HvM) gemeinsam mit dem Institut für Schienenfahrzeuge (IfS) und dem VEB Lokomotivbau »Karl Marx« (LKM) Babelsberg ein Diesellokprogramm für die DR. Der erste Typenplan sah neben den Rangiermaschinen der Baureihen V 15 und V 60 die Streckendieselloks der Baureihe V 180/240 vor. Letztere sollte im schweren Personen- und Güterzugdienst eingesetzt werden. Im Leistungsbereich zwischen 600 und 1.800 PS sah der Typenplan zunächst keine Maschinen vor. Aber gerade in diesem Segment benötigte die DR dringend neue Triebfahrzeuge, da die hier zumeist eingesetzten Dampfloks der Baureihen 382–3, 3810–40, 5516–22, 5525–56, 5710–35, 780–5, 930–4 und 935–12 schnellstmöglich ersetzt werden mussten.

Die DR und die Staatliche Plankommission (SPK) einigten sich daher auf den Import einer 1.000 PS starken Diesellok aus der Sowjetunion. Die Wahl fiel auf die dieselhydraulische Rangierlok des Typs TGM 3 (750 PS Leistung). Die für die DR bestimmte Variante der TGM 3 sollte einen 1.000 PS-Motor und eine Zugheizung erhalten. Die DR wollte die Maschine im schweren Rangierdienst und auf Nebenbahnen einsetzen. Die Verhandlungen zwischen der DR und den zuständigen Stellen in der Sowjetunion verliefen aber nur schleppend. Als 1961 der DR noch immer kein exaktes Angebot vorlag, ergriff die HvM die Initiative und beauftragte Anfang 1963 das IfS und den LKM Babelsberg mit der Entwicklung einer 1.000 bis 1.200 PS starken Diesellok.

Die Forderungen der DR an die als Baureihe V 100 bezeichnete Type waren anspruchsvoll: Die vierachsige Diesellok mit hydraulischer Kraftübertragung sollte im Rangierdienst, auf Nebenbahnen und im leichten bis mittleren Hauptbahndienst freizügig einsetzbar sein. Die Höchstgeschwindigkeit legte die DR auf 100 km/h fest. Die Betriebsvorräte waren für 1.000 km auszulegen. Die DR bestand auf einem mittleren Führerstand und einer Achsfahrmasse von maximal 16 t. Die Lok sollte mit Einrichtungen für Einmannbedienung, Wendezugbetrieb und Doppeltraktion ausgerüstet sein. Aus Kostengründen verlangte die DR die weitgehende Verwendung von Baugruppen und Teilen der bereits vorhandenen V 180.

Die Ingenieure der DR und der Industrie lösten die gestellte Aufgabe binnen weniger Monate: Nach nicht einmal einem Jahr präsentierte der LKM Babelsberg auf der Leipziger Frühjahrsmesse 1964 das Baumuster V 100 001. Die Maschine sorgte wegen ihrer blauen Lackierung und den für deutsche Loks ungewöhnlichen Seitengeländern für Aufsehen. Kurze Zeit später begann die VES-M Halle mit der messtechnischen Untersuchung der Maschine. Diese erfüllte die Erwartungen der DR. Grundlegende Mängel wies die V 100 001 nicht auf. Lediglich die verwendete Blatt-Schraubenfederung zwischen dem Lokrahmen und dem Drehgestell-Rahmen sowie der Motor mussten verändert werden. Der auf 900 PS eingestellte Motor des Typs 12 KVD AL-1 war für das geforderte Leistungsprogramm zu schwach. Das zweite Baumuster, V 100 002, wurde daher gleich mit einem Motor des Typs 12 KVD AL-2 (1.000 PS Leistung) sowie Schraubenfedern mit Stoßdämpfern ausgerüstet. Anfang 1965 stellte der LKM Babelsberg die rotbraun lackierte Maschine fertig. Sie wurde auf der Leipziger Frühjahrsmesse 1965 präsentiert.

Zu diesem Zeitpunkt stand bereits fest, dass die Serienfertigung der V 100 aus Kapazitätsgründen nicht in Babelsberg erfolgten konnte. Das Ministerium für Schwermaschinenbau verlagerte die Produktion daher zum VEB Lokomotivbau-Elektrotechnische Werke »Hans Beimler« (LEW) Hennigsdorf. Die beiden LKM-Baumuster wurden bei einem Großbrand im Reichsbahnausbesserungswerk Cottbus am 19. Dezember 1969 zerstört und anschließend verschrottet.

Die dicke Babelsbergerin wird präsentiert

Die Diesellok des Typs V 180 im Werbeprospekt

Mehr Zeitgeist geht nicht: Die V 180 leitete den Traktionswechsel bei der DR ein. Kein Wunder, dass Sie aufwendig beworben wurde.

Insgesamt drei Maschinen der Baureihe V 180 wurden mit glasfaserverstärkten Frontpartien ausgerüstet. V 200 203, die spätere V 180 203, wurde für die Leipziger Messe außerdem blau lackiert.

Der Mitte der 1950er-Jahre von der Deutschen Reichsbahn (DR) erarbeitete Typenplan für Dieselloks sah für den schweren Personen- und Güterverkehr auf nicht elektrifizierten Hauptstrecken die Beschaffung einer vierachsigen Maschine mit zwei Maschinenanlagen, hydraulischer Kraftübertragung, Dampfheizung und einer Höchstgeschwindigkeit von 120 km/h vor. Die politische Weichenstellung für die Beschaffung der Dieselloks erfolgte mit dem zweiten Fünfjahrplan (1955–1960). Danach sollte die DR zunächst 400 Maschinen beschaffen, darunter ab 1957 eine 1.800 PS starke Diesellok und ab 1958 eine Maschine mit 2.400 PS.
Die DR und der VEB Lokomotivbau »Karl Marx« Babelsberg (LKM) begannen umgehend mit der Entwicklung der als V 180 bezeichneten Strecken-Diesellok. Die Ausgangsbedingungen waren denkbar schlecht, da es in der DDR keine Erfahrungen im Bau von bahntauglichen Motoren und Getrieben gab. Daher musste die DR in Zusammenarbeit mit dem LKM und den Zulieferbetrieben zuerst

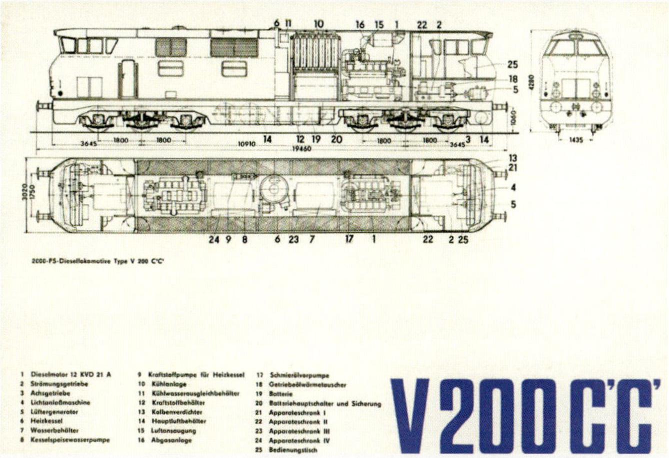

Mit dem modernen Design des GFK-Führerhauses wurde die gesamte Baureihe beworben.

einmal die Grundlagen für die Produktion der gewünschten Dieselloks schaffen.

Ende 1959 verließ das Baumuster V 180 001 die Werkhallen in Babelsberg. 1960 begann die messtechnische Untersuchung der Lok. Diese zeigte zwei grundlegende Mängel: Zum einen war die Lok mit rund 80 t zu schwer, zum anderen war die Laufruhe der Drehgestelle unbefriedigend. Während das Gewichtsproblem nicht gelöst werden konnte, verbesserte sich dank der erstmals bei der V 180 002 erprobten neuen Drehgestelle das Laufverhalten erheblich. Nach dem Baumuster lieferte der LKM Babelsberg 1963 die Vorserienloks (V 180 002 bis V 180 004), denen die Kleinserie (V 180 005 bis V 180 009) folgte.

Ende 1963 lief die Serienfertigung der V 180 an. Da es in der DDR noch immer kein bahntaugliches Strömungsgetriebe für die V 180 gab, musste diese Baugruppe von einer österreichischen Tochter der Firma Voith bezogen werden. Bis 1965 stellte die DR insgesamt 85 Maschinen der Baureihe V 180 in Dienst.

Der VEB Motorenwerk Johannisthal überarbeitete in der Zwischenzeit den für die Baureihe V 180 entwickelten Motor des Typs 12 KVD AL-1. Dadurch stieg die Leistung von bisher 900 auf 1.000 PS. Mit diesem Motor wurden die zwischen 1965 und 1967 gefertigten 82 Maschinen (V 1801) ausgerüstet.

Zu diesem Zeitpunkt lief bereits die Fertigung der sechsachsigen V 1802. Diese Variante hatte der LKM Babelsberg entwickelt, um damit den Wunsch der DR nach einer leistungsfähigen Diesellok mit maximal 16 t Achsfahrmasse erfüllen zu können. Auf der Leipziger Frühjahrsmesse wurde 1964 das Baumuster V 180 201 präsentiert. 1966 begann die Serienfertigung der V 1802, die erst im Frühjahr 1970 mit der Auslieferung der V 180 406 endete. Ab V 180 300 wurden ausschließlich hydraulische Getriebe des VEB Strömungsmaschinen Dresden verwendet.

Eine Sonderrolle nahmen aufgrund ihrer Frontgestaltung V 180 059, V 180 131 und V 180 203 ein. Die DR hatte Industrie-Designer beauftragt, für die Baureihe V 180 eine neue Frontpartie zu entwickeln. Die Scheiben sollten dabei so angeordnet sein, dass die Lokführer nicht mehr durch einfallendes Sonnenlicht geblendet werden konnten. Das Ergebnis dieser Entwicklung war eine Stirnseite aus glasfaserverstärktem Kunststoff, mit der 1965 zuerst V180 059 ausgerüstet wurde. Der LKM Babelsberg präsentierte die blau lackierte Maschine 1965 als »V 200 1001« auf der Leipziger Messe aus. Die V 180 131 wurde 1967 als »V 200 117« in Leipzig gezeigt. 1967 folgte V 180 203.

Nach der Steigerung der Motorleistung auf 1.000 PS strebte die DR Mitte der 1960er-Jahre eine weitere Leistungssteigerung an. Durch die Anhebung des Arbeitsdruckes des Turboladers konnte die Leistung des Motors auf 1.200 PS gesteigert werden. Zwei dieser Anlagen erhielt die spätere 118 202, die auf der Leipziger Frühjahrsmesse 1965 als »V 240 001« ausgestellt wurde. Die Maschine sorgte aufgrund ihrer silbernen Lackierung und den blauen Zierstreifen für Aufsehen. Das Projekt »V 240« musste die DR jedoch auf Weisung des Ministeriums für Schwermaschinenbau 1968 abbrechen. Für diesen Leistungsbereich sollte die DR Dieselloks aus den sozialistischen Bruderstaaten importieren.

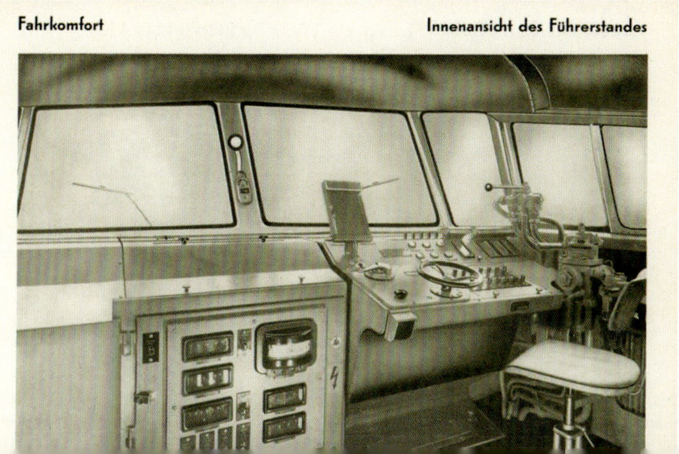

Tausend Tonnen westwärts

Güterzüge in den USA

Die Ost-West-Verbindungen zählen bis heute zu den wichtigsten Bahnstrecken im nordamerikanischen Netz. Tag für Tag rollen endlos lange Züge – gezogen von fünf und mehr PS-starken Dieselloks – über die Berge und durch die Prärien. Sie demonstrieren eindrucksvoll, dass Güterverkehr auf der Schiene auch im 21. Jahrhundert rentabel sein kann.

Die Bahnstrecken über den Cajon-Pass im südlichen Kalifornien zählen zu den verkehrsreichsten Bahnlinien Nordamerikas. Ein Zug der Burlington Northern Santa Fe Railroad ist auf dem Weg Richtung Norden.

Chicago war das Zentrum des nordamerikanischen Eisenbahnnetzes, bevor die erste Transkontinentalverbindung in Betrieb ging. Noch heute ist die Metropole am Michigansee ein Eisenbahnknotenpunkt. BNSF 8213+8294 überqueren mit einem Güterzug den Rangierbahnhof (9. Oktober 1997).

Die südlichste Linie in den Westen führt durch New Mexico nach El Paso und weiter über Tucson und Phoenix in Arizona nach Los Angeles. Am 29. Mai 1995 ist ein »Double Stack« mit einer B40-8W an der Spitze bei Sanders/Arizona auf dem Weg nach Kalifornien.

Wenige Jahre nachdem in Europa das Eisenbahnzeitalter begonnen hatte, verfügten auch die Vereinigten Staaten von Amerika über ein beachtliches Streckennetz. Allerdings endeten die Gleise an den Flüssen Missouri und Mississippi. Sie bildeten die Grenze zum »Wilden Westen«. Um 1860 erschlossen rund 45.000 Kilometer Gleise das von Weißen besiedelte Gebiet im Osten nahezu flächendeckend. Zentrum des Verkehrsnetzes war Chicago am Michigansee. Dank der Eisenbahn wuchs die Stadt binnen weniger Jahre von 30.000 auf mehr als 110.000 Einwohner.

Im Jahr 1848 hatte man in Kalifornien Gold gefunden. Fortan zogen Hunderttausende in den Westen, in der Hoffnung, schnell reich zu werden. In nur vier Jahren vervielfachte sich die Einwohnerzahl San Franciscos von 14.000 auf über 230.000.

Wettlauf der Giganten

Für die Eisenbahnverbindung wurden zwischen 1853 und 1855 mehrere Routen untersucht. Zur Auswahl stand schließlich eine nördliche Verbindung von St. Paul zum Columbia River, eine zentrale Linie von Omaha über Salt Lake City nach San Francisco sowie Verbindungen von Kansas durch Colorado in die Sierra Nevada, von Arkansas nach Los Angeles und eine Südroute durch Texas nach Los Angeles. Doch noch ehe es richtig losgehen konnte, brach 1861 der amerikanische Bürgerkrieg aus und verhinderte für mehrere Jahre alle Baumaßnahmen. Wenigstens erteilte Präsident Abraham Lincoln (1809–1865) am 1. Juli 1862 die Genehmigung zum Bau der Transkontinental-Bahn auf der Trasse von Omaha über Salt Lake City, sodass die Arbeiten nach dem Ende des Kriegs beginnen konnten. Zwei Gesellschaften trieben die Schienenstränge durch
das Niemandsland. Das Gleis der Central Pacific Railroad startete in Sacramento (Kalifornien), die Union Pacific Railroad begann in Omaha (Nebraska) mit ihren Arbeiten. Für die Finanzierung mussten die Bahngesellschaften selbst sorgen, allerdings gewährte der Staat Zuschüsse für jeden fertig gestellten Kilometer. Außerdem ging das Land entlang der Strecke in den Besitz der Gesellschaft über. Das Ergebnis dieser Regelung war ein regelrechtes Wettrennen der beiden Unternehmen. Die Central Pacific hatte dabei die bessere Startposition, sie konnte schon 1864 mit dem Bahnbau beginnen. Die Union Pacific verlegte erst 1865 die ersten Kilometer, kam aber in der Folge schneller voran, weil sie in der Prärie bauen konnte, während der Konkurrent die Rocky Mountains überwinden musste. Auf dem Höhepunkt des Wettlaufs verlegte die Union Pacific 13 Kilometer Gleis an einem einzigen Tag. 1869 erreichten beide Gesellschaften Utah. Noch immer brachte jeder fertige Kilometer bares Geld und Landbesitz, deshalb bauten die beiden Bahngesellschaften nahezu parallele Strecken, um dem Konkurrenten ja keinen Kilometer zu schenken. Dabei brach die Central Pacific den Rekord der Union Pacific. Sie verlegte an einem Tag 16 Kilometer Gleis.

Am Ende siegte aber doch die Vernunft. Man einigte sich auf eine Verbindung der beiden Teile in Promontory Point am Großen Salzsee. Am 10. Mai 1869 schlugen die Bahnbauer den »Golden Spike«, den goldenen Schienennagel, ein und vollendeten damit das Jahrhundertprojekt.

Am 9. Oktober 1997 befährt ein Fotogüterzug bei Los Pinos (Colorado) den als Museumsbahn erhalten gebliebenen Rest der D&RGW.

Das Netz wächst

Mit der neuen Bahn schrumpfte die Reisezeit von Küste zu Küste auf acht Tage. Die Verkehrsverbindung fand solchen Anklang, dass bald weitere Ost-West-Linien entstanden. 1881 stellten die Santa Fe und die Southern Pacific eine Verbindung zwischen Kansas und Los Angeles her. Ab 1883 erreichte die Santa Fe auf eigenen Gleisen Los Angeles. 1883 folgte die Northern Pacific und 1893 die Great Northern. 1896 eröffnete die Southern Pacific die Verbindung Los Angeles – New Orleans. 1899 wurde die Strecke Chicago – San Francisco von der Santa Fe fertig gestellt. Zu Beginn des 20. Jahrhunderts waren die gesamten Vereinigten Staaten von der Eisenbahn erschlossen.

Während all diese Verbindungen in Normalspur gebaut wurden, plante die 1870 gegründete Denver & Rio Grande Western Railway (DRGW) eine schmalspurige Verbindung von Denver (Colorado) nach Mexiko über den Raton Pass. Neben der Kostenersparnis erhoffte man sich von der kleineren Spurweite weniger aufwändige und damit schnellere Bauarbeiten. Auch in diesem Fall konkurrierten zwei Bahnen miteinander. Der Wettbewerb mit der Atchison, Topeka & Santa Fe Railway gipfelte 1879 in einer Schießerei zwischen den von beiden Bahnen angeheuerten Revolverhelden in Pueblo (Colorado). Unter der Führung von Bat Masterson ging die Bande der Santa Fe als Sieger aus dem Kampf hervor. Dennoch gelang es der DRGW, ein umfangreiches Netz aufzubauen.

Die Schmalspur erwies sich allerdings schon bald als Hindernis, sodass große Teile auf Regelspur umgebaut wurden. Die verbliebenen Schmalspurstrecken verschwanden in den 1960er- und 1970er-Jahren mit Ausnahme der Streckenabschnitte zwischen Durango und Silverton sowie zwischen Chama und Antonito.

Innovative Technik

In den Pionierjahren der amerikanischen Eisenbahn galt vielfach die Devise »Schnelligkeit vor Qualität«. Aus Kosten- und Konkurrenzgründen verzichteten die Bahngesellschaften oft auf hochwertige Materialien ebenso wie auf die nötige Sorgfalt bei Bau und Betrieb. So wurden beispielsweise in den ersten Jahren Flacheisen anstelle regulärer Schienen auf die Holzschwellen genagelt. Immer wieder kam es vor, dass sich die Eisen durch die Züge von den Schwellen lösten und den Boden der Fahrzeuge durchschlugen.
Nach zahlreichen Unfällen übernahm man um 1840 den in Europa üblichen Oberbau. Auch an der Fahrzeugtechnik wurde häufig gespart. Vor allem in den Gebirgsabschnitten der Rocky Mountains erwiesen sich die oft unzulänglichen Bremsen als fatal. Immer wieder gerieten Züge außer Kontrolle und verunglückten, wenn sie nicht mit Hilfe eigens angelegter Bremsstrecken aufgehalten werden konnten. Um die Sicherheit der Eisenbahn zu steigern, wurden 1893 eine Reihe von Mindeststandards durch den so genannten »Safety Appliance Act« verbindlich vorgeschrieben. Die wichtigste Vorschrift war die Einführung der von George Westinghouse 1872 zum Patent angemeldeten Druckluftbremse. Die von Eli Janney 1873 konstruierte selbsttätige Kupplung wurde ebenfalls zur Pflicht. Tatsächlich gelang es, die Zahl der Unfälle spürbar zu reduzieren. Die Janney-Kupplung hat überdies den Vorteil, dass sie für höhere Zugbelastung ausgelegt ist als die herkömmliche Schraubenkupplung.

Giganten auf Schienen

Ihre absolute Blütezeit erlebten die Eisenbahnen in den Vereinigten Staaten in der ersten Hälfte des 20. Jahrhunderts. 1916 erreichte das Netz mit rund 410.000 Kilometern seine größte Ausdehnung. Eine ernsthafte Konkurrenz durch andere Verkehrsträger gab es noch nicht. Durch die Weltwirtschaftskrise 1929 war es mit der Blüte erst einmal vorbei. Die weltweite Rezession bedeutete für zahlreiche Bahngesellschaften den Ruin, zumal viele Bahnen als Spekulationsobjekte ohne ausreichende Kapitaldecke gegründet worden waren.

Vor der beeindruckenden Silhouette des Mount Shasta in Kalifornien ist am 21. Juni 1999 ein Güterzug der Union Pacific unterwegs, es führt UP 9278.

Die übrig gebliebenen Bahnen wurden jedoch für den wieder steigenden Bedarf modernisiert. Während im Reisezugverkehr die Ära der Stromlinie begann, zeichnete sich im Güterverkehr zunächst noch verhalten eine revolutionäre Veränderung ab. In 1920er-Jahren tauchten im Verschubdienst die ersten Diesellokomotiven auf. Für den Fernverkehr bedeuteten die neuen Maschinen noch keine Gefahr, hier regierte die Dampflok. Die riesigen Entfernungen mit langen durchgehenden Zugläufen machten das Zusammenstellen endlos scheinender Züge rentabel. Unterwegs musste ja nicht rangiert werden und so wurden die Züge im Lauf der Zeit immer schwerer. Gleichzeitig verlangten die Mammutzüge entsprechende »Kraftpakete«, die sie befördern konnten. Die Entwicklung immer größerer und stärkerer Dampflokomotiven gipfelte schließlich Ende der 1930er-Jahre im zur Legende gewordenen Big Boy der Union Pacific. Hinter dem markanten Namen verbarg sich eine Maschine, die heute vielfach als die größte Dampflokomotive der Welt bezeichnet wird. Die Union Pacific hatte die Loks speziell für den Einsatz auf der 11,4-‰-Rampe am Sherman Hill auf der Strecke Cheyenne (Wyoming) – Ogden (Utah) konstruieren lassen, um den aufwändigen Betrieb mit so genannten »Helpern« (Schub- oder zusätzlich im Zugverband eingereihte Lokomotiven) aufgeben zu können. Die Gelenklokomotive mit der Achsfolge (2'D)D2' brachte ein Gesamtgewicht von knapp 550 Tonnen auf die Gleise und leistete 6.200 PS. Unter voller Belastung fraß die fast 14 m^2 große Heizfläche 25 Tonnen Kohle pro Stunde. Deshalb gönnte die Union Pacific dem Heizer der Lok eine mechanische

SB-Tank: Ohne Sprit geht nichts, und bis vier oder mehr Maschinen vollgetankt sind, braucht es seine Zeit.

Endlose Züge, gezogen von modernen dieselelektrischen Lokomotiven in grandiosen Landschaften – das sind die Markenzeichen der nordamerikanischen Eisenbahnen.

Rostbeschickung (Stoker). Die riesigen Maschinen zogen 6.000 Tonnen schwere Züge mit maximal 48 km/h die Rampe am Sherman Hill hinauf. Bei Versuchsfahrten in der Ebene und mit Schubhilfe beim Anfahren hielt ein Big Boy sogar einen Zug mit 25.000 Tonnen Last in Bewegung.

Der erste Big Boy kam 1941 zum Einsatz – 20 Jahre später war der Einsatz bereits wieder Geschichte.

Siegeszug der Diesellok

Der Big Boy und seine kleineren Geschwister scheiterten letztlich nicht nur am allgemeinen Niedergang der amerikanischen Eisenbahn nach dem Zweiten Weltkrieg. Vielmehr wurden die anfangs gar nicht so recht beachteten Diesellokomotiven zum Totengräber der »superpower«-Dampfloks. 1939 stellte die Lokomotivfabrik General Motors Electro-Motive Division (EMD) den Prototypen einer Diesellok für den Güterverkehr vor. Die so genannte »F-Serie« wurde mit ihrer charakteristischen stromlinienförmigen Gestaltung schon bald zum Markenzeichen der amerikanischen Eisenbahn schlechthin. Sie verdrängte die Dampflokomotiven innerhalb weniger Jahre. EMD baute zwischen 1939 und 1960 mehr als 7.500 Exemplare der unterschiedlichen Modelle. Weitere knapp 3.000 Maschinen wurden ohne Führerstand als Verstärkungsloks (B-Units) geliefert. Je nach Bauserie leisteten die Lokomotiven 1.000 bis 1.342 kW.

Die F-Serie führte zwar den Siegeszug der Diesellok auf Nordamerikas Gleisen an, aber es gelang ihr zunächst nicht, den Niedergang des Eisenbahnverkehrs in Nordamerika aufzuhalten. Nach dem Ende des Zweiten Weltkrieges erlebten mit der Wirtschaft auch die modernen Konkurrenten Pkw, Lkw und Flugzeug einen Aufschwung. Auf neu gebauten Highways rollten immer mehr leistungsfähige Trucks quer durch die Staaten und setzten vielen, vor allem kleineren Bahngesellschaften, erheblich zu. Den Personenverkehr verloren die Eisenbahnen bis zum Beginn der 1970er-Jahre fast vollständig an Flugzeuge, Überlandbusse und Pkws.

»Fusionitis«

Der wachsende Konkurrenzdruck zwang in den 1960er-Jahren zahlreiche Gesellschaften, mit anderen zu fusionieren. Doch der Zusammenschluss bot keine Erfolgsgarantie, im Gegenteil: 1968 schlossen sich die bedeutenden, aber zu diesem Zeitpunkt bereits angeschlagenen Ostküsten-Unternehmen New York Central und Pennsylvania Railroad zur Penn Central zusammen. Nur zwei Jahre später fuhr das Unternehmen rund 325 Mio. $ Verlust ein und musste Konkurs anmelden. Der größte Bankrott der amerikanischen Wirtschaftsgeschichte bedrohte die Existenz nahezu des gesamten Eisenbahnsystems an der Ostküste. Nur mit staatlicher Hilfe gelang die Rettung.Dennoch folgten weitere Zusammenschlüsse. Mittlerweile liegt der größte Teil des Schie-

Sechs Lokomotiven, vier Farbkonzepte, aber nur eine Bahngesellschaft – wer sich je über die uneinheitliche Farbgebung bei Deutscher Bundesbahn oder Deutscher Bahn AG beklagt hat, sei mit dieser Aufnahme vom Cajon-Pass getröstet. Die BNSF präsentiert sich noch bunter, als es die DB je tat.

nengüterverkehrs der USA in den Händen von fünf Bahngesellschaften, den so genannten »Class 1«-Bahnen. Größte unter ihnen ist die Union Pacific, gefolgt von der Burlington Northern Santa Fe. Das Streckennetz allein dieser beiden Bahnen umfasst weit über 50.000 Kilometer und deckt praktisch den gesamten Westen der USA ab.

Die in die Klassen 2 und 3 eingeordneten Bahnen haben diese Entwicklung in vergleichbarer Form ebenfalls erlebt. Die »short lines« betreiben mittlerweile ebenso erfolgreich Güterverkehr wie die großen Schwestern.

Güterzüge mit Gewinn

Die nordamerikanischen Eisenbahnen gelten heute vielfach als Musterbeispiel dafür, dass rentabler Güterverkehr auf der Schiene möglich ist. In der Tat wirtschaften viele der Bahnen oft hochprofitabel.

Schon ein kurzer Blick auf die US-Streckenkarte genügt, um zu erkennen, dass das Netz zwischen 1980 und 2002 auf die Hälfte geschrumpft ist. Gleichzeitig hat sich das Güteraufkommen vervierfacht. Personalabbau hat die Kosten ebenso gesenkt wie Investitionen in Netz und Fahrzeuge. So sind etwa die »Class 1«-Bahnen schon seit langem für mindestens 30 Tonnen Achsfahrmasse ertüchtigt. Charakteristisch für den Güterverkehr von Küste zu Küste sind etwa die »Double Stacks«, Containerganzzüge, auf denen die Container »im Doppelpack« transportiert werden. Die Diesellokomotiven der F-Klasse sind längst durch moderne, effizientere Maschinen abgelöst worden, sodass die gleiche Anzahl an Loks deutlich längere Züge ziehen kann.

Durch die zahlreichen Fusionen sind heute viele der einst konkurrierenden Strecken unter einem Dach friedlich vereint. Vor allem dort, wo früher die Gleise zweier Gesellschaften parallel verliefen und man sich einen immerwährenden Kampf um die Marktanteile lieferte, können die Trassen heute effizient genutzt werden, indem auf jedem Gleis nur in eine Richtung gefahren wird.

Und schließlich profitiert die nordamerikanische Eisenbahn wie alle anderen Unternehmen vom wirtschaftlichen Aufschwung der USA in den letzten Jahren.

Übersicht Eisenbahn USA 1930-2002

	1930	1980	2002
Streckenlänge (km)	692.000	466.000	228.000
Wagenladungen	45.878.000	21.613.000	28.572.000
Güter in Mio. t-km	238.000	571.000	2.152.000
Beschäftigte	1.661.000	459.000	251.000

Bevor es losgehen kann

Ohne Oberbau fährt kein Zug

Für ihren Betrieb braucht die Eisenbahn nicht nur Lokomotiven und Wagen, sondern auch Gleise und eine Strecke. Sonst kann kein Zug starten.

Moderner Gleisbau des 21. Jahrhunderts: Verlegung der sogenannten Festen Fahrbahn bei Erfurt-Bischleben am Südportal des Tunnels Augustaburg im Zuge der Neubaustrecke Nürnberg – Berlin.

In Bodenbach (heute Decin hl.n.) trifft am 6. April 1851 der Festzug von Dresden ein. Die Strecke folgt dem Lauf der Elbe.

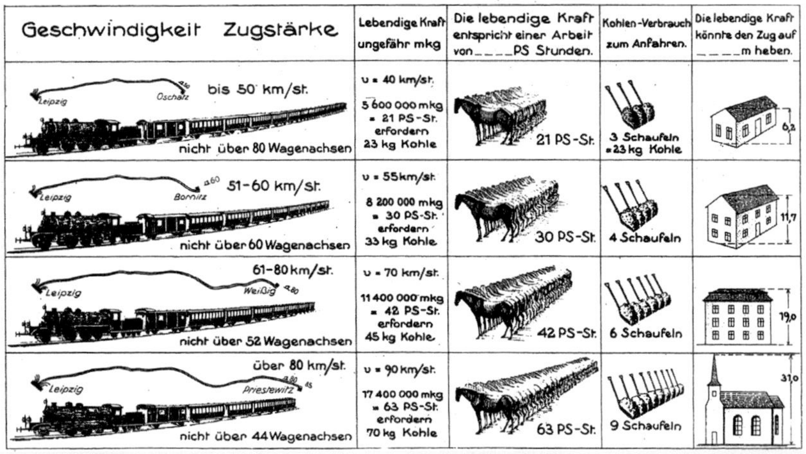

Die kinetische Energie der Züge (Entnommen: Der Eisenbahn-Fachmann 1925).

Ehe überhaupt ein Zug fahren kann, benötigt er eine Trasse mit einem Gleis. Beides nennt man den Oberbau. Er ist der Sammelbegriff für Gleis und Bettung und nicht, wie oft fälschlich geschrieben, der Unterbau. Denn der Unterbau trägt den Oberbau, gleicht Unebenheiten des Geländes aus und überträgt die vom Oberbau kommenden Kräfte in den gewachsenen Boden. Der Unterbau kann aus Dämmen, Einschnitten mit Böschungen und Entwässerungseinrichtungen sowie den Kunstbauten bestehen.

Die Ausführung von Unter- und Oberbau beginnt mit den wirtschaftlichen und technischen Vorarbeiten. Denn zunächst muss festgestellt werden, welche Orte an die Bahn angeschlossen werden sollen und welchen Charakter die Bahn haben soll, um den Aufwand für deren Herstellung und den zu erwartenden Ertrag in ein günstiges Verhältnis zu setzen. Es ist schon ein Unterschied, ob eine Fabrik an das Schienennetz angeschlossen (durch eine Anschlussbahn) oder eine Hochgeschwindigkeitsstrecke zur Verbindung von Ballungszentren gebaut werden soll.

Diesen Erhebungen folgen die ausführlichen Vorarbeiten mit dem Planfeststellungsverfahren. Jetzt werden die Absichten zum Bahnbau und auch Einzelheiten der Trassierung den Behörden und der Öffentlichkeit bekannt. Einsprüche sind möglich, die gegebenenfalls zur Veränderung der Bauplanung und Projektierung fuhren. Die Vermesser treten in Aktion, Baufahrzeuge und Bauleute. Einschnitte werden gegraben, Damme aufgeschüttet, Brücken geschlagen. Wenn danach das Gleis verlegt wird, erkennt man, dass es hier um einen spezifischen Verkehrsweg, den der Eisenbahn geht.

Das Fahren auf einem Schienenstrang unterscheidet sich grundlegend vom übrigen Landverkehr. Das erfährt jeder, der mit einer Draisine gefahren ist. Die gegenüber dem Straßenverkehr größeren Massen, die in einem Zug bewegt werden, bewirken auch eine andere Linienführung als die der Straße und weitere Standards, die in Deutschland in der Eisenbahnbau- und Betriebsordnung (BO) zusammengefasst sind. In ihr entdecken wir auch, wie der Schienenweg auf die Fahrzeuge und umgekehrt die Fahrzeuge auf den Schienenweg abgestimmt sein müssen – die Eisenbahn als komplexes System.
Beim englischen System, das auf die erste öffentliche Eisenbahn, die 1830 eröffnete Strecke Liverpool – Manchester, zurückgeht, sind die Trassen kaum geneigt, die Gleisbögen mit großem Halbmesser. Der Bau der Strecken Brüssel – Mecheln (Eröffnung 1835), Nürnberg – Fürth (1835), Berlin – Potsdam (1838), Leipzig – Dresden (1837 – 1839) oder München – Augsburg (1840) lehnten sich an das englische System an. Die Halbmesser der Gleise lagen nicht unter 876 Meter, was dem englischen Maß von 3.000 Fuß entsprach.
Die »Erfindung« der 2'A-Dampflokomotive in Amerika, also einer Bauart mit zweiachsigem Drehgestell vor der einen Treibachse, ermöglichte schon engere Bögen. Man konnte die Gleise besser dem Gelände anschmiegen und sparte dadurch Erdarbeiten, Arbeitskräfte und Kosten.
Noch extremer konnte das Gleis dem Gelände folgen, wenn es in einer geringeren Spurweite als der des Normalmaßes von 1.435 Millimeter ausgeführt wurde. Das amerikanische System der Trassierung übernahmen die Bahnbauer, als sie die Gebirge

Beim Bau der Schnellfahrstrecke Nürnberg – Ingolstadt – München werden die Langschienen vom Transportwagen abgezogen.

durchqueren mussten. Die geografischen Verhältnisse erlaubten keine großzügige Trassierung, es sei denn, man entschloss sich zu aufwendigen Bauten (Tunnel, tiefe Einschnitte oder Viadukte), was aber den Bahnbau verteuerte. Lieber wählte man die geringeren Halbmesser der Gleisbögen, die jedoch nur mit geringen Geschwindigkeiten durchfahren werden konnten, wie Marktschorgast – Münchberg mit höchstens 70 km/h, Dresden – Chemnitz 80 km/h, Nürnberg – Regensburg 100 km/h. Zu Zeiten des Bahnbaus galten derartige Geschwindigkeiten als schnell, heute ist es häufig nicht schnell genug.

Die Länge von Alpenstrecken musste, um die Höhenstufen überwinden zu können, künstlich vergrößert werden. Das heißt, entgegen der Fahrtrichtung wurden Seitentaler ausgefahren, Schleifen, Doppelschleifen, Kehrtunnel und doppelte Kehrtunnel benutzt, so dass auch hier die Geschwindigkeit nicht hoch sein konnte. Sie sank, auf die Luftlinie bezogen, sogar auf 40 km/h.

Niedriger Standard

Wo es in Deutschland noch an Strecken fehlte, wurden um die Wende vom 19. zum 20. Jahrhundert insbesondere Nebenbahnen mit noch niedrigerem Standard gebaut. Geschwindigkeiten zwischen 30 km/h und 50 km/h waren üblich, 60 km/h selten. Ansonsten galten und blieben in der BO bis zur Jahrhundertwende

Diese Maschine für den Gleisbau dient zum Einschleifen der Gleise.

Das Werk DB Witten lieferte für die Strecke Berlin – München insgesamt über 160 Weichen. Gefertigt wurden die Weichen im Ruhrgebiet, montiert wurden sie direkt vor Ort an der Strecke.

300 m Mindesthalbmesser (entsprechend 1.000 Fuß in England) für Hauptbahnen und 180 m für Nebenbahnen (600 Fuß).
Reisezüge fuhren bis zum Ersten Weltkrieg 1914 höchstens 100 km/h, Güterzüge 45 km/h. Höhere Geschwindigkeiten brauchten nicht vorgesehen zu werden, die Eisenbahn war konkurrenzlos. Und auch all das, was für größere Geschwindigkeiten notwendig gewesen wäre, blieb rückständig: der Oberbau, die Spurführung, die Bremsen und die Signaltechnik.

Dass 1903 auf der Militäreisenbahn Marienfelde – Zossen Drehstrom- Triebwagen die Geschwindigkeit von 206,8 bzw. 210 km/h erreichten, 1907 eine Dampflokomotive (die bayerische S 2/6 3201, die im DB-Museum Nürnberg steht) am 2. Juli 1907 sogar 154,4 km/h, war für den übrigen Verkehr, den Massenverkehr, ziemlich bedeutungslos. Ihn fuhren Lokomotiven, die allenfalls Geschwindigkeiten zwischen 100 und 120 km/h erreichten. Als zwischen den beiden Weltkriegen der Pkw und Lkw, kaum das Flugzeug, zur Konkurrenz für die Eisenbahn wurden, versuchte die Deutsche Reichsbahn, mit neuen Angeboten Schritt zu halten. Sie setzte FD-Züge nur mit Wagen 1. und 2. Klasse (ohne die der 3. Klasse) ein, verringerte für eine größere Beschleunigung die Masse der Schnellzüge, strich Unterwegshalte, um kürzere Reisezeiten zu gewinnen. Die legendären Schnelltriebwagen, darunter der »Fliegende Hamburger«, erreichten zwar im Flachland Geschwindigkeiten bis zu 160 km/h und hohe Reisegeschwindigkeiten (Hannover – Hamm 134 km/h, Berlin – Hamburg 125,6 km/h, Berlin – München 101,8 km/h), aber an der veralteten Linienführung und den Nachteilen für die Eisenbahn änderte sich kaum etwas Grundlegendes.
Die 1920 gebildete Deutsche Reichsbahn, die zufolge des Zusammenschlusses der einzelnen Staatsbahnen, was deren technische Rückständigkeit betrifft, ein schweres Erbe übernommen hatte und auch infolge der Reparationszahlungen an die Siegermächte des Ersten Weltkriegs finanziell sich keine großen Sprünge erlauben konnte, leistete jedoch Hervorragendes bei der Entwicklung des Oberbaus, der Signal- und Sicherungstechnik und auch bei den Bremsen.

Durch diese technischen Neuerungen war es möglich, abgesehen von den bereits genannten Spitzenleistungen an Geschwindigkeit, die Höchstgeschwindigkeit der Züge auf 120 km/h oder sogar 140 km/h anzuheben. Zu grundlegenden Veränderungen in der Trassierung kam es immer noch nicht. Auch nicht, weil das Staatswesen die Rüstung und das Militär und nicht den Schienenverkehr forderte. Dadurch sowie durch das Netz gut ausgebauter Landstraßen und von Fachkräften der Deutschen Reichsbahn angelegten Autobahnen vergrößerte sich der Nachteil des Systems Eisenbahn gegenüber dem Kraftfahrzeug. Gerade die Autobahnen versuchen das, was der Eisenbahn versagt blieb: die luftliniennahe Verbindung zwischen den Wirtschaftszentren.

Erst 1964 empfahl eine Arbeitsgruppe der Deutschen Bundesbahn ein Schnellfahrnetz von 200 km/h Höchstgeschwindigkeit und einen Standard der Trassierung mit Mindesthalbmessern von 2.100 m statt der aus dem englischen System abgeleiteten 500 m. Der Mindesthalbmesser für ausschließlich von Reisezügen mit 300 km/h Geschwindigkeit befahrene Strecken beträgt je nach Fahrbahnkonstruktion 3.250 bis 3.500 Meter. Die Gleisbogen-Halbmesser der 1991 in Betrieb genommenen

Auf neuer Trasse von Erlangen Richtung Lichtenfels: Ein Triebwagen der Baureihe 442 Talent 2 als »Franken-Thüringen-Express«.

Neubaustrecken wurden, um den Verschleiß zu senken, sogar mindestens 5.100 Meter groß gebaut.

1.866 km Strecken wurden für die Ausbaugeschwindigkeit von 200 km/h ausgewählt, darunter Hamburg-Harburg – Bremen, Bremen – Wunstorf, Bielefeld – Hamm – Dortmund, Emmerich – Köln, Frankfurt (Main) – Freiburg, Donauwörth – Augsburg – München – Salzburg. Die Umsetzung des Vorhabens erwies sich als sehr aufwendig, blieb unvollständig bzw. unausgeführt, die Knoten und ganze Abschnitte mussten ausgespart werden. Dem 1971 eingeführten Intercity-Verkehr standen zwar Lokomotiven und Wagen für 200 km/h zur Verfügung, der Fahrplan musste bei 160 km/h bleiben. Erst 1979 waren auf einigen Strecken die zulässigen Geschwindigkeiten auf bis zu 200 km/h angehoben worden, die Intercitys fuhren aber auch über Strecken, auf denen höchstens 65 km/h erlaubt waren.

Die Deutsche Reichsbahn in der DDR blieb, obwohl auch hier ein Fernnetz mit 160 km/h propagiert worden war, bei 120 km/h Höchstgeschwindigkeit. Zu groß waren die Streckenbelastungen und der Rückstand in der Instandhaltung, als dass man an ein wirklich schnelles Fernzugnetz denken konnte. Aber die Deutsche Reichsbahn unterlag auch nicht dem Wettbewerbsdruck, den die Deutsche Bundesbahn auszuhalten hatte.

Keine Alternative

Im August 1970 beschloss der Vorstand der Deutsche Bundesbahn ein Ausbauprogramm, das auch Neubaustrecken für 250 km/h, sogar 1.100 km Strecken für 300 km/h und endlich die Querung der Mittelgebirge durch diese Hochgeschwindigkeitsstrecken vorsah. Wie diese Strecken (Hannover –

Verlegung vorgefertigten Fertigteilelemente für die Feste Fahrbahn.

Würzburg, Mannheim – Stuttgart/Karlsruhe, Berlin – Oebisfelde, Frankfurt (Main) – Köln) zustande kamen, warum sie die technischen Möglichkeiten des Rad-Schiene-Systems nicht vollständig nutzen und warum, ganz anders als in Frankreich, kein richtiges und unabhängiges Netz von Hochgeschwindigkeitsstrecken entstand bzw. entsteht, darauf soll hier nicht ausführlich eingegangen werden.

Inzwischen längst vergessen ist der Umstand, dass die Nord-Süd-Hochgeschwindigkeitsstrecke Hannover – Würzburg gebaut wurde, um Kapazitätsengpässe im Güterverkehr zu beseitigen. Nach Anfang der siebziger Jahre vorliegenden Prognosen sollte der Güterverkehr auf das Anderthalbfache der damaligen Transportmenge steigen. Vordringlich war ein Ausbau der Transportwege von den deutschen Nordseehäfen nach Süd- und Südwestdeutschland. Die Neubaustrecken entlasteten die Transportkorridore, aber die Netzknoten (Hamburg, Hannover, Köln, Frankfurt am Main, Mannheim, Nürnberg, Stuttgart, München) blieben nach Inbetriebnahme der Hochgeschwindigkeitsstrecken im Wesentlichen dieselben wie vorher. Der Charakter des Eisenbahn-Fernverkehrs in Deutschland änderte sich nicht.

Der Gleisabstand

Noch etwas ist bei der Linienführung von Eisenbahnstrecken zu beachten:
der Gleisabstand. Nach Paragraf 10 der Eisenbahn-Bau- und Betriebsordnung betragt er 4 m. Nur ausnahmsweise darf er den früheren Mindestwert von 3,50 m haben. Für Neubaustrecken wurde er auf 4,70 m erhöht.

Der Gleisabstand ist jedoch nicht wegen der Geschwindigkeit vergrößert worden, sondern um im Güterverkehr problemlos überbreite Sendungen transportieren zu können. Sonst brauchte er nur bei 4,20 m liegen. Dieser Ausflug zur Linienführung der deutschen Eisenbahnen im 19. bis 21. Jahrhundert soll in die Bedingungen einführen, unter denen der Eisenbahnbetrieb funktioniert bzw. überhaupt erst möglich ist. Er unterscheidet sich grundlegend vom sonstigen Landverkehr. Der spurgeführte Verkehr erlaubt es nicht nur dank geringerer Haftreibung der Stahlräder unter Eisenbahnfahrzeugen gegenüber den Autoreifen, die größeren Massen in Bewegung zu setzen. Für das Eisenbahnwesen war es die wichtigste Erkenntnis, dass die rollende Reibung des Stahlrades nur einen Bruchteil von der beträgt, die dem rollenden Rad auf der Landstraße entgegenwirkt. Dafür braucht man beim Eisenbahnfahrzeug auch viel längere Bremswege. Dieser Unterschied bereitet zuweilen Schwierigkeiten, wenn man Zusammenhänge des Eisenbahnbahnbetriebs verstehen will. Gerade beim Bremsen kann man nicht von den Erfahrungen aus dem Straßenverkehr ausgehen und die Maßstäbe der Straßenverkehrsordnung für den Bremsweg anlegen.

Die Eisenbahn ist ein typisches Linienverkehrsmittel. Das ergibt sich aus ihrer simplen, aber genialen Eigentümlichkeit, der Spurführung zwischen Rad und Schiene. Der feste Fahrweg unterscheidet die spurgeführte Bahn von allen anderen Verkehrsmitteln. Zwar beschränkt die Spurführung die Bewegungsmöglichkeit der Eisenbahnfahrzeuge auf eine Richtung, nämlich auf die des Schienenstrangs, dafür ist die Spurführung die Grundlage für die Betriebssicherheit der Bahn – mit ziemlich einfachen Mitteln. Die mit der Geschwindigkeit angewachsene Energie der Zugmassen erlaubt, von Ausnahmen abgesehen, kein Fahren auf Sicht, wie es im Straßenverkehr gewöhnlich ist. Dafür gibt es bei der Eisenbahn die Signale, über die der Abschnitt ab Seite 302 berichtet.

Versorgungsleistung

Ohne Oberleitung fährt keine Elektrolok – die Grundlagen des elektrischen Fahrbetriebs

Bevor die Elektrolokomotive ihren triumphalen Siegeszug antreten konnte, musste erst ein Problem geklärt werden: Wie kommt der Strom zu Lok?

Die Oberleitung am Bibratunnel zwischen Erfurt und Halle wird gebaut.

Kurz vor der Eröffnung der 123 km langen Neubaustrecke Erfurt – Leipzig/ Halle erledigen Spezialisten letzte Arbeiten an der Oberleitung nahe Halle (25. August 2014).

Das Instandhaltungsfahrzeug für Oberleitungsanlagen der Baureihe 711 im Einsatz auf der Frankenwaldbahn zwischen Probstzella und Ludwigssta

Die ersten kleinen Elektroloks bezogen ihre Antriebsenergie aus mitgeführten Batterien, die auf elektrochemischer Grundlage entstanden waren. Diese Batterien waren zwar zuverlässig, aber sie lieferten nicht genügend Leistung, damit ein daraus gespeister Elektromotor die gewünschten Kräfte aufbrachte.
Grund dafür waren die elektrochemischen Elemente (Batterien), die zur Spannungserzeugung eingesetzt wurden und deren Leistungen nicht ausreichten, elektromotorische Arbeit zu verrichten. Erst die von Henning Wesslau 1878 im Auftrag von Siemens entworfene und mit einem Trommelanker-Gleichstrommotor ausgerüstete Elektrolok erbrachte die nötige Zuverlässigkeit in Funktion und Leistung. Sie nahm ihre Spannung auch nicht aus galvanischen Elementen, sondern von einem Dynamo, der durch eine Dampfmaschine angetrieben wurde. Ursprünglich war das Transportmittel für den Senftenberger Braunkohlenbergbau geplant, dann aber wegen Meinungsverschiedenheiten nicht bestellt worden. Da die Lokomotive inzwischen aber gebaut worden war, nutzte Werner von Siemens die Gelegenheit und führte die Maschine am 31. Mai 1879 auf der Gewerbe- und Industrieausstellung in Berlin vor. Das Ergebnis war eine Sensation: Auf einem Rundkurs von 3000 m Länge zog das 2,2 kW starke Gefährt einen Zug aus drei Wagen, die jeweils mit sechs Personen besetzt waren, zuverlässig und ausdauernd Stunde um Stunde. Der zweipolige Reihenschlussmotor des Triebfahrzeugs lief mit 600 bis 700 U/min relativ hochtourig. Die Spurweite des Gleisovals betrug 490 mm und die elektrische Spannung 150 V. Die Stromversorgung des Elektromotors erfolgte über einen Mittelleiter-Schleifkontakt, der in Form eines hochstehenden Flacheisens in der Mitte des Gleises installiert wurde. Der Rückfluss des Fahrstroms erfolgte über die Schienen. Dass bei dieser gefährlichen Anordnung während der vier Monate dauernden Ausstellung, bei der 90.000 Fahrgäste registriert wurden, keine Stromunfälle passierten, erscheint heute wie ein Wunder.
Die folgenden Versuche mit elektrischen Bahnen blieben vorwiegend bei dem Stromschienenprinzip als Mittel- oder seitlich angebrachter Leiter. Vorgesehen waren die entwickelten Fahrzeuge für Gruben- und andere Bahnen des nichtöffentlichen Verkehrs, da die Verletzungsgefahr für Passagiere beim Überqueren der Gleise sehr groß war.
So betrieb 1885 die Baltimore & Ohio Railroad bereits eine elektrifizierte Strecke durch einen 2,5 km langen Tunnel, der qualmlos durchfahren werden sollte.
Erst 1889 entwickelte der Ingenieur Walter Reichel (1867 – 1937) das noch heute gebräuchliche Prinzip des Bügelstromabnehmers mit Schleifstück, der über einen Fahrdraht streift. Reichel schuf somit die Voraussetzungen für das heute allgemeingültige Prinzip der Fahr- oder Oberleitungen.

Fahrstromversorgung elektrischer Triebfahrzeuge

1895 wurde in Bayern die erste elektrische Vollbahn in Deutschland zwischen Meckenbeuren und Tettnang (4,3 km) eröffnet. Bayern war führend in der Durchsetzung des elektrischen Eisenbahnbetriebs. Als kohlearmes, aber wasserreiches Land setzten die Bayerischen Eisenbahnen schon frühzeitig auf die Nutzung ihrer natürlichen Ressourcen für den elektrischen Zugbetrieb.

Erneuerung der Oberleitung zwischen Triesdorf und Oberdachstetten: Ein Mitarbeiter von DB Netz macht die Seitenausrichtung.

Welchen Einfluss dabei die Eisenbahn hatte, ist aus den Bemühungen verschiedener Industrieunternehmen zu entnehmen, die die Wasserkraft des Walchensee-Kraftwerks nutzen wollten. Alle diese Gesuche wurden aber abgelehnt, da die Generaldirektion der Bayerischen Staatsbahnen forderte, dass diese speicherfähige Kraftquelle der elektrischen Zugförderung in Bayern vorbehalten bliebe.

Die von Siemens verfolgten Pläne, eine Hochbahn für die Personenbeförderung in Berlin zu bauen, scheiterten anfangs am Widerstand der Hausbesitzer. Nur in Lichterfelde bei Berlin konnte 1881 ein Personentriebwagen in Betrieb genommen werden, die erste elektrische Straßenbahn der Welt.

Schwierigkeiten gab es bei der Zuführung der elektrischen Energie zu den Triebfahrzeugen. Um die Jahrhundertwende wurden mehrere Varianten der Stromzuführung erprobt:

- Stromabnahme über die Fahrschienen bzw. eine mittlere Stromschiene,
- Schleppkabel mit und ohne selbsttätiger Seilaufnahme,
- seitliche Stromschiene und
- ein im Sicherheitsabstand gespanntes Drahtseil mit Schleiferabnahme.

Die Stromabnahme über die Fahrschienen oder eine freiliegende Mittelschiene war wegen der Gefahr der Verletzung von Personen durch den elektrischen Strom nicht zu akzeptieren. Lagen doch hier nur maximal 1,50 Meter zwischen zwei Hochspannung führenden Leitern (bis zu 600 V). Das Schleppkabel schloss zwar diese Gefahren aus, engte jedoch den Aktionsradius des Fahrzeugs in unvertretbarer Weise ein. Also suchte man nach Wegen, den gefährlichen zweiten Pol für »normale« Verkehrsteilnehmer unerreichbar zu machen.

Bei einer Grubenbahn zum Beispiel, führte ein Kontaktschlitten, der in einer T-förmigen Röhre geführt wurde, der Lokomotive das zweite Potential zu. Zwei Wagen der Pferdebahn Berlin-Charlottenburg-Spandau wurden 1882 so für den elektrischen Betrieb umgebaut, dass sie die benötigte Spannung von einem Kontaktwagen nahmen, der auf einem Fahrdrahtpaar lief und der über ein Verbindungskabel durch den Triebwagen mitgeschleppt wurde.

Die besten Ergebnisse jedoch erzielte man mit dem Verspannen von hochliegenden Drahtleitungen und mit seitlich angebrachten Stromschienen.

Nach den Erfolgen des elektrischen Straßenbahnbetriebs zogen die großen Elektrokonzerne die Elektrifizierung der Eisenbahn, zunächst nur auf den mit Gleichstrom gemachten Erfahrungen basierend, in ihre Betrachtungen ein. 1890 war das Problem der Stromabnahme für Spannungen bis zu etwa 550 Volt gelöst. Die Leistungen der einzelnen Fahrzeuge (Elektrolokomotiven und

Triebwagen) bewegten sich dabei nur in Grenzen zwischen 50 und 100 kW. Höhere Leistungen konnten aber nur durch höhere Spannungen erreicht werden.

Eine oberirdische Stromzuführung zu den elektrischen Triebfahrzeugen wurde oftmals durch die Bauten innerhalb der Großstädte erschwert. Hier bewährte sich die Ende der 90er Jahre entwickelte dritte, seitlich außerhalb der Umgrenzung des lichten Raumes liegende Schiene zur Stromzuführung der Stadtbahn-Triebwagen. Im Jahr 1901 stellte dieses Stromschienensystem im Rahmen eines umfangreichen Versuchs auf der »Wannseebahn« von Berlin nach Zehlendorf seine Brauchbarkeit unter Beweis. Die anfangs verwendete Spannung von 600 Volt Gleichstrom wurde später auf 750 Volt bzw. 800 Volt erhöht. Auf der Basis dieser Spannung wurden später die Stadtbahnen in Berlin und Hamburg elektrifiziert.

Um die Jahrhundertwende war noch nicht entschieden, welcher Stromart man den Vorzug geben sollte. Gleichstromsysteme sind im Nachteil, da den Elektromotoren der Lokomotiven direkt nur Spannungen bis etwa 3000 Volt zugeführt werden können. Die hohen Leistungsanforderungen bedingen auch entsprechend hohe Stromstärken. Dafür sind aber Leitungsquerschnitte von 120 mm² bis 150 mm² keine Seltenheit (im Vergleich: 80 mm² bis 100 mm² bei Wechselstrom). Diese größeren Massen erhöhen aber auch die Anforderungen an die Tragseile. Des Weiteren muss bei Gleichstromsystemen der Strom in kürzeren Abständen in das Gleisnetz eingespeist werden, als bei Wechselstrom. Vorteilhaft ist hingegen das bessere Anfahr- und Zugverhalten des Gleichstrommotors. Heute kann durch moderne Thyristorsteuerungen im Fahrzeug selbst Wechsel- in Gleichstrom umgewandelt werden. Im deutschen Schienenverkehr ist der Gleichstrombetrieb auf Industriebahnen und das S-Bahn, U-Bahn und Straßenbahnnetz beschränkt.

Bereits im Jahre 1886 ließ sich die Firma Siemens & Halske die Idee patentieren, in Elektrolokomotiven Transformatoren zu installieren, die die hohen Zuführungsspannungen motorengerecht umformen konnten. Je höher nämlich die Spannung, umso geringer wurde der Bedarf an Leitungsquerschnitten.

Um die Jahrhundertwende rückte auch der Einphasen-Wechselstrom in das Interessenfeld der Eisenbahnindustrie. Die Vorteile für eine Vollbahnelektrifizierung waren eindeutig. Durch die Transformierbarkeit des Wechselstroms und die einfachere Konstruktion der Oberleitung mit nur einem Fahrdraht war eine sichere Betriebsführung gewährleistet. Naheliegend war es, das bestehende Stromnetz mit einer Frequenz von 50 Hz zu nutzen. Durch die einphasige Leistungsentnahme aus dem (eigentlichen) Drehstromnetz kam es jedoch zu Problemen (hohe induktive Beeinflussung, starker Kommutatorverschleiß), die zu dieser Zeit technisch noch nicht lösbar waren. Also musste man sich wieder der Gleichspannung nähern und die Frequenzen verringern. Die Allgemeine Elektrizitätsgesellschaft (AEG) erzielte 1903 auf der Berliner Vorortstrecke Niederschöneweide – Spindlersfeld gute Ergebnisse mit einem Triebwagen, der mit einer Einphasenwechselspannung (6000 V, 25 Hz) gespeist wurde. Am Ende erwies sich eine Frequenz von 16 ²/₃ Hz (1/3 von 50 Hz) als optimal. Diese Frequenz wurde auch bei der Eröffnung der ersten elektrischen Vollbahn in Deutschland von Murnau nach Oberammergau verwendet. Mit

Oberleitungsarbeiten an der Neubaustrecke Erfurt – Leipzig/Halle kurz vor der Eröffnung.

Für den Einsatz im Katzenbergtunnel wurde eigens die Oberleitung Re 330 entwickelt.

diesen Parametern – 15 000 V Einphasen-Wechselspannung und 16 2/3 Hz – wurde die Elektrifizierung bei den Deutschen Bahnen eingeführt. Ehemalige Nachteile, wie die Notwendigkeit eines eigenen Bahnstromnetzes, treten immer mehr in den Hintergrund, da moderne Leistungselektronik Möglichkeiten schafft, auch das allgemeine Landesnetz für die Bahnstromversorgung zu nutzen.

Entwicklung der Fahrleitungen und Stromschienen

Fahrleitungen

Ausgangspunkt der modernen Kettenfahrleitungen ist die einpolige Einfachfahrleitung der ersten Straßenbahnen. Diese Fahrleitungen wurden entweder an den Auslegern von Masten unmittelbar oder mittels Spanndrähten an stabilen Festpunkten (Hauswänden) befestigt.

Der Fahrdraht, anfangs ein Rundkupferdraht von 50 mm^2 bis 65 mm^2 Querschnitt, wurde an die entsprechenden Befestigungsteile angelötet. Dabei bildet sich eine Linie, die in der Mathematik als »Kettenlinie« bekannt ist. In der Praxis bedeutet das ein drastisches (nichtlineares) Ansteigen der Zugkräfte in den Aufhängepunkten, je straffer das Seil gespannt wird. Für Oberleitungsaufhängungen ermittelte Kettenlinien, gewährleisten ein optimales Verhältnis von Seilkräften und Durchhang.

Der später entwickelte Rillenfahrdraht machte eine Befestigung mit Klemmen möglich. Die Konstruktion der Stromabnehmer und der Durchhang des Fahrdrahts erforderten in der Geraden einen Stützenabstand von etwa 35 m. Trotz des relativ geringen Drahtquerschnitts ergibt sich bei dem genannten Mastabstand für eine Drahtlänge von 35 m eine Masse von ca. 20 kg. Dabei entstehen Zugkräfte an den Aufhängepunkten von fast 400 N (40 kp), allein nur infolge des Eigengewichts des Fahrdrahts!

Mit der Erhöhung der Geschwindigkeiten zeigte sich, dass der Durchhang des Fahrdrahts zu groß, eine Straffung aber nicht möglich war, da die auftretenden Ankerkräfte nicht mehr beherrscht werden konnten. So kam es an den Festpunkten zu Kontaktunterbrechungen, da der Stromabnehmer infolge seiner Trägheit den jähen Höhenänderungen des Fahrdrahts nicht folgen konnte. Lichtbogen-Einbrände und Beschädigungen sowohl des Fahrdrahts als auch der Stromabnehmer waren die Folgen.

Um den Fahrdraht möglichst parallel zur Schienenoberkante (eine absolute Parallelität ist praktisch unmöglich) ohne wesentlichen Durchhang und bei gleichmäßiger Ausnutzung der Elastizität des Werkstoffs führen zu können, musste ein Tragseil eingeführt werden, dessen Kettenlinienverlauf so optimal war, dass der Fahrdraht an diesem Seil mit Hängedrähten befestigt werden konnte. Wegen des Verlaufs des Tragseils in einer Kettenlinie, wird diese Form der Fahrleitung als Kettenfahrleitung bezeichnet. Die erste Vollbahnstrecke, die mit einem solchen Kettenfahrwerk versehen wurde, war 1910 die Strecke Dessau - Bitterfeld.

Die wesentlichen Merkmale dieser Fahrleitungen waren:

- AEG: das Tragseil und der Fahrdraht werden beweglich nachgespannt,
- SSW: das Tragseil ist fest eingespannt, nur der Fahrdraht wird unter Verwendung eines Hilfstragdrahts beweglich nachgespannt,
- BEW: das Tragseil ist fest eingespannt, Fahrdraht wird beweglich nachgespannt, wobei die Hänger in einer nach unten offenen V-Form und mit gesonderten Gleitführungen am Tragseil angebracht wurden.
- Hinzu kommt, dass Tragseil und Fahrdraht nicht immer in einer Ebene liegen:
- Nur bei der lotrechten Aufhängung ist der Verlauf der Hänger senkrecht, wobei die Lage zur Gleismitte zwischen den Stützpunkten im »Zick-Zack« verläuft. Das ist bei allen Fahrleitungen notwendig, um das Einschleifen einer Nut (durch den Fahrdraht) in den weichen Werkstoff des Stromabnehmerschleifers zu verhindern.
- Die halbwindschiefe Aufhängung ist dadurch gekennzeichet, dass das Tragseil konstant über der Gleismitte verbleibt, während der Fahrdraht darunter im »Zick-Zack«-Kurs verläuft. Die Hänger haben dadurch einen schrägen Verlauf.
- Vollwindschiefe Aufhängungen sind die modernste Art, Fahrleitungen zu verlegen. Hier verlaufen sowohl das Tragseil als auch der Fahrdraht im »Zick-Zack«-Kurs, jedoch beide im entgegengesetzten Feldverlauf. Der dadurch entstehende Verlauf der Hänger wird mit »windschief« bezeichnet und ist in sich sehr stabil.

Bereits vor der industriellen Nutzung von Fahrleitungen aus Draht für den elektrischen Fahrbetrieb, gab es Überlegungen, die erforderlichen Spannungspotentiale über die Schienen zuzuführen. Auch als sich die Fahrleitungen durchzusetzen begannen, blieben Gebiete übrig (z.B. Großstädte), die für das Anlegen von Fahrleitungen ungeeignet erschienen. In Deutschland waren es besonders die Metropolen Berlin und Hamburg, die an der Praxis der Stromschiene festhielten und diese weiterentwickelten. Die alleinige Nutzung der Fahrschienen zur Potentialzuführung schied wegen der großen Unfallgefahr aus. Da aber die Gelände der S-Bahnen beider Städte weitgehend gegen das Betreten durch Unbefugte gesichert waren, entschied man sich für eine seitliche Stromschiene, die stets den gleichen Abstand von der Fahrschiene (horizontal und vertikal) hat. Als Stromschienen dienten alte Fahrschienen. Sie wurden in Abständen von vier bis fünf Metern von mit Hartgummi überzogenen Stützisolatoren getragen und waren gegen Berühren durch seitliche Schutzbretter gesichert. Als Rückleiter benutzte man die Schienen des Streckengleises. Sowohl Stromschienen- als auch Fahrschienenstöße waren durch Kupferseile überbrückt. Jeder Triebwagen besaß sechs Stromabnehmer, die durch Ausgleichskabel untereinander verbunden waren und die Stromschienen von oben bestrichen. Außerdem waren die beiden Triebwagen am Zuganfang und -ende durch ein Starkstromkabel miteinander verbunden, dass durch alle Wagen lief. So konnten Stromschienenlücken bis zu 100 m Länge (Weichen) überbrückt werden.

Die erzielten Betriebsergebnisse waren überraschend gut. Der Versuchsbetrieb in Berlin wurde bis in die 20er Jahre fortgesetzt und diente den heutigen Anlagen als Vorbild. Im Rahmen der großen Elektrifizierung der Stadt-, Ring- und Vorortbahnen ist auch diese Strecke auf 800 V Gleichstrom umgestellt worden.

Entwicklung der Stromabnehmer und Schleifer

Oberleitungs-Stromabnehmer (Pantographen)

Die ersten Vorrichtungen zur Abnahme elektrischer Spannungen von einem Draht waren Schleifer, die als Bügelstromabnehmer ausgeführt waren. Der bei Siemens beschäftigte Ingenieur Reichelt erprobte diese Konstruktion erstmalig 1890 an der Groß-lichterfelder Straßenbahn. Diese Gestelle waren noch sehr wackelig und instabil, doch das Prinzip, einen rechteckig geformten Drahtrahmen mittels Federkraft gegen den Draht zu drücken, setzte sich in ganz Deutschland durch. Diese sogenannten »Lyra-Stromabnehmer«, waren nur in einer Fahrtrichtung verwendbar und mussten bei Fahrt in entgegengesetzter Richtung umgeklappt werden. Deshalb waren sie für den Vollbahndienst nicht geeignet. Die Weiterentwicklung waren Scherenstromabnehmer, die infolge ihrer symmetrischen Konstruktion in jeder Fahrtrichtung das gleiche kinematische Verhalten zeigten. Die konstruktive Gestaltung moderner Stromabnehmer gestattet auch bei hohen Geschwindigkeiten eine sichere Energieversorgung der Triebfahrzeuge. Dabei muss der Stromabnehmer eine möglichst lichtbogenfreie Stromabnahme gewährleisten, unterschiedliche Fahrdrahthöhen schnell und schwingungsfrei ausgleichen, schnelles Heben und Senken des Schleifstücks ohne allzu große Stoßbelastung der Fahrleitung ermöglichen und große seitliche Stabilität auch bei großen Seitenschwingungen des Triebfahrzeugs aufweisen. Die Anpresskraft des Stromabnehmers muss von der Fahrdrahthöhe unabhängig sein.

Den sicheren Kontakt zwischen Fahrdraht und Stromabnehmer ermöglicht eine Schleifleiste, die i.d.R. aus Elektrolytkohle besteht, um gute Gleiteigenschaften und geringe Fahrdrahtabnutzung zu erreichen. Auch Schleifleisten aus kupferummantelter Elektrolytkohle oder Kupfer werden häufig verwendet. Zur besseren Stromabnahme erhalten moderne Elektrolokomotiven Stromabnehmer mit Doppelschleifstück (sog. »Doppelpalette«). Auch die äußere Gestaltung moderner Pantographen weicht wesentlich von den alten ab. So werden die alten Scherenstromabnehmer zunehmend durch Halbscheren- oder Einholmstromabnehmer ersetzt.

Stromschienen-Stromabnehmer

Um die Fahrspannung für die Triebzüge von S-Bahnen möglichst verlustfrei von den seitlich angebrachten Stromschienen zu entnehmen, wurden an den Enddrehgestellen z.B. von Viertelzügen der Berliner S-Bahn Stromabnehmer angebracht. Diese bestehen aus einer Wippe, die federnd gelagert ist und mit einer Anpresskraft von 70 N bis 75 N den Schleifschuh an die Stromschiene presst. Der an der Spitze des Stromabnehmers befindliche kupferne Schleifschuh ist wiederum so gelagert, dass bei Profileinschränkungen (z.B. Brücken) eine seitlich bestrichene Brückenleitschiene den Stromabnehmerschuh nach der Gleismitte drücken kann. Für eine Stromabnahme durch Bestreichen der Stromschiene von oben muss der Stromabnehmer umgebaut werden. Die Gelenke des Stromabnehmers werden durch hochflexible Kupferkabel überbrückt, um einen einwandfreien Stromübergang zu sichern. In Wagenhallen und Ausbesserungswerken werden auf die Schleifschuhe Aufsteckkabel gesteckt. So ist die Bewegung der Triebwagen über eine Deckenleitung möglich und die am Fahrzeug arbeitenden Personen sind nicht der Gefahr eines Stromschlags ausgesetzt.

Konstruktionen des elektrischen Fahrbetriebs

Der Eisenbahnfahrbetrieb mit elektrischer Betriebsführung hat sich in Deutschland zu dominierenden Traktionsart entwickelt. Weit über 80% aller Hauptbahngleise sind elektrifiziert und über 90% aller im Regelbetrieb eingesetzten Triebfahrzeuge werden elektrisch angetrieben. Die dafür entwickelten Konstruktionen sind vielfältig und oft nur für spezielle Fälle gebaut worden. Einen Überblick bieten spezielle Publikationen zum Thema.

Anpassung und Modernisierung

Das Signalwesen wird vereinheitlicht

Signale regeln den Verkehr bei der Eisenbahn. Deutschland hatte aber ein ganz anderes Problem: erst einmal mussten die Signale vereinheitlicht werden.

Formhauptsignal

Langsamfahrsignal Lf 1 mit 80 km/h

Haltetafel für eine Zuglänge von 180 m

Lichtsignal auf Halt

Vorsignal

Halt zeigende Lichtsignale

Ende für Rangierfahrten im Bahnhof

Gleissperrsignal auf Halt

Mit dem Staatsvertrag vom 31. März 1920 entstand aus den Eisenbahnen der acht Länder Preußen, Bayern, Sachsen, Württemberg, Baden, Hessen, Mecklenburg-Schwerin und Oldenburg das Unternehmen Deutsche Reichsbahn. Ähnlich wie 74 Jahre später die Deutsche Bahn AG behielt die Reichsbahn zunächst die verschiedenen Betriebsvorschriften und Signalbücher bei. Mit der Vereinheitlichung ließ sich das Unternehmen 15 Jahre Zeit. Die Eisenbahner konnten sich langsam auf die Fahrdienstvorschriften und das Signalbuch einstellen und an die Neuerungen gewöhnen, zumal viel von dem, was dann in den Vorschriften erschien, vorher bereist als Verfügung in Kraft gesetzt worden war.

Signal auf »Fahrt«

Das Fahrdienstleiterstellwerk »Hef« an der Ausfahrt des Bahnhofes Ostseebad Heringsdorf auf der Insel Usedom mit einem »Hp 0« zeigenden Hl-Licht-Hauptsignal.

Ein modernes Vorsignal im Bahnhof Lehrte

Von Harmonisierung war keine Rede; auch nicht von Vereinheitlichung der Betriebsvorschriften. Das hatte seinen Grund, hatten doch die Bahnverwaltungen seit Jahrzehnten ihre Vorschriften und Signalbücher im Verein Deutscher Eisenbahnverwaltungen abgestimmt. Dieses Gremium beschloss bereits 1850, Maßnahmen für ein einheitliches Signalwesen zu ergreifen. Allerdings dauerte die Umsetzung noch eine Weile, denn erst 1872 – gefördert durch die Gründung des Deutschen Reiches 1871 – gab sich der Norddeutsche Bund eine Eisenbahn-Signalordnung (ESO), und erst ab 1875 galt eine solche für alle deutschen Eisenbahnen. Trotz dieser Bestrebungen benutzten noch 1879 sage und schreibe 24 deutsche Bahnverwaltungen Flügelsignalbilder, die in der ESO nicht zu finden waren. Zu dieser Zeit wurde auch um das zweckmäßige Hauptsignal diskutiert. Die ESO wurde mehrmals entsprechend den fortschreitenden Verhältnissen der Technik und der Betriebsführung verändert. Zwei Beispiele mögen dies verdeutlichen:

Die Königlich Sächsischen Staatseisenbahnen schlugen vor, bei Hauptsignalen nur einen Flügel oder mehrere übereinander anzuzeigen, wobei ein Flügel für die Fahrt ohne Abzweigung gelten sollte. Nach diesem Vorschlag wurde am 20. Juni 1880 das Bahnhofsabschlusssignal (Einfahrsignal) mit zwei Flügeln eingeführt. Bei den Bahnen, die auf die Wegesignalisierung nicht verzichten wollten, erhielt es drei Flügel.

Ebenfalls die Königlich Sächsischen Staatseisenbahnen hatten für das Nachtzeichen ihrer Vorsignale das Doppellicht (zwei gelbe oder grüne Lichter) vorgesehen. Zum einen sollte damit die Aufmerksamkeit des Lokomotivführers bei der Warnstellung des Vorsignals im Hinblick auf die zu erwartende Haltstellung des Hauptsignals gefördert werden, zum anderen aber ein bis dahin bestehender Widerspruch beendet werden: ein grünes Licht am Hauptsignal bedeutete »Fahrt frei«, am Vorsignal jedoch »Warnstellung«. Bei »Freie Fahrt erwarten« zeigte das Vorsignal ein weißes Licht.

Die Preußischen Staatseisenbahnen übernahmen 1907 die sächsische Neuerung mit dem Doppellicht und stellten die Nachtzeichen von grün auf gelb und von weiß auf grün um. Im gleichen Jahr wurden die neuen Signalbilder in die Eisenbahn-Signalordnung aufgenommen.

Weitere Regelungen der ESO von 1907 waren der Gelbanstrich der Vorsignalscheibe und der Wegfall tiefstehender Vorsignale. Dafür wurden hängende Vorsignale an Signalbrücken und -auslegern zugelassen, in Preußen auch Merkpfähle – die späteren Vorsignaltafeln – eingeführt.

War die ESO in den deutschen Ländern bislang mehr eine Empfehlung, erhielt sie 1907 Gesetzeskraft. Nach der ESO hatte sich das Signalbuch als innerdienstliche Vorschrift zu richten. Durch diesen Zusammenhang bestanden bei den Länderbahnen, also den Staatseisenbahnen der Bundesländer, im Wesentlichen einheitliche Vorschriften für die Signale. Aber nur im Wesentlichen. Denn die ESO schrieb nur die Signale vor, deren Einheitlichkeit im Deutschen Reich mit Rücksicht auf die Landesverteidigung unbedingt erforderlich war.

Aus diesem Grunde gab es nach 1920 auch bei der Deutschen Reichsbahn Signale einzelner Länderbahnen, die in der Form und in der Bedeutung abwichen, wenn sie auch demselben Zweck dienten. Markante Beispiele lieferte das Netz der ehemals Königlich Bayerischen Staatseisenbahnen, jener Bahnverwaltung also, die selbst nach ihrem Aufgehen in die Deutsche Reichsbahn als »Gruppenverwaltung Bayern« eine Sonderrolle beanspruchte. Bereits 1875 mußte die erste ESO neben dem Abschnitt »Gemeinsame Signale für die Eisenbahnen Deutschlands« einen Abschnitt für die besonderen Signale der Königlich Bayerischen Staatseisenbahnen führen. Erst 1921 wurde in Bayern das ESO-Doppellicht für

Vorsignale eingeführt und, was viel wichtiger war, endlich das weiße Licht für »Fahrt« und das grüne Licht für »Vorsicht« abgeschafft. Abgesehen davon bestanden Unterschiede, die sich aus der Konstruktion der Signale ergaben:

»Die Eisenbahnsignale sind in ganz Deutschland gleich, nur Bayern macht zwei Ausnahmen: Die Vorsignalscheiben sind dort so gebaut, daß sich bei der Stellung 'Freie Fahrt' die Hälften der geteilten Vorsignalscheibe so aneinanderlegen, daß ein kurzer, schräg aufwärts gerichteter Flügel sichtbar wird. Außerdem zeigt das Hauptsignal in Bayern noch das Zeichen 'Ruhe', bei Nacht durch ein blaues Licht gekennzeichnet. Bei 'Ruhe' ist in dem Gleis kein Zug zu erwarten, so daß also gefahrlos rangiert werden kann. Der Arm ist dann senkrecht nach unten gerichtet«, lesen wir in einem Büchlein von 1934.

Selbst dort, wo das Aussehen der Signale übereinstimmte, konnte die technische Ausführung verschieden sein. Jede Bahnverwaltung hatte ihre Hauslieferanten, die nach den Zeichnungen der jeweiligen Bahn produzierte. Erst während des Ersten Weltkrieges setzten sich im Zusammenhang mit der Standardisierung der Stellwerke Normen auch für die Signaltechnik durch. Aber auch danach konnte man, schon aus wirtschaftlichen Gründen, die von der Regelzeichnung abweichende Technik nicht verschrotten. Noch 1998 finden wir auf einzelnen Bahnhöfen Signale, die im Detail von der Einheitsausführung abweichen. Für die Bedeutung der Signale spielen diese Varianten keine Rolle.

Aus der Literatur sind keine Beispiele bekannt, wie sich das zeitweilige Nebenher unterschiedlicher Signale auf den Betriebsdienst auswirkte. Auf alle Fälle waren die Betriebsvorschriften vom Personal – damals wie heute – nicht ganz einfach zu durchschauen.

Das am 1. April 1935 in Kraft getretene Signalbuch der Deutschen Reichsbahn – »das erste Signalbuch, das einheitlich für den ganzen Reichsbahnbereich gültig ist« (Die Reichsbahn 1935) – war in zwei Abschnitte geteilt:

- Eisenbahn-Signalordnung (ESO). Sie enthielt die Signale und Kennzeichen, die »in späteren Jahren« allein im ganzen Reichsbahngebiet gesetzlich zugelassen sind.
- der Anhang zur Eisenbahn-Signalordnung (AzSO) führte die Signale und Kennzeichen auf, die von den Signalen und Kennzeichen der ESO abweichen und solche, die in der ESO nicht enthalten sind.

Für die von der ESO abweichenden Signale und Kennzeichen setzte der Reichsverkehrsminister Fristen, nach deren Ablauf das Signal oder Kennzeichen nicht mehr gelten sollte. »Erst wenn nach Jahren alle Signale und Kennzeichen, die im Anhang zur Eisenbahn-Signalordnung enthalten sind, beseitigt sind«, hieß es in der Hauszeitschrift »Die Reichsbahn«, »wird die vollständige Einheitlichkeit des Signalwesens der Reichsbahn erreicht sein.« Nach 20 Jahren war sie es immer noch nicht.

Im Signalbuch von 1935 gab es folgende Neuerungen:

- Die Bezeichnung der Hauptsignalbilder durch eine Kombination von Buchstaben und Ziffern (beispielsweise statt Signal 7 hieß es nun Signal Hp 0)
- das Vorsignal mit Zusatzflügel
- die Fahrtregelungssignale L- und K-Scheibe
- die Haltvorscheibe
- die Deckungsscheibe und Deckungsvorscheibe
- das Wartezeichen
- das Vorrücksignal
- die Zusatzsignale für den elektrischen Betrieb.
- die Geschwindigkeitsbeschränkungstafel.

Die Signalisierung von Langsamfahrstellen wurde verbessert.

Entfallen waren:

- die Langsamfahrscheibe sowie
- verschiedene Signale am Zuge.

Wie anfangs erwähnt, waren die meisten Neuerungen bereits auf dem Verfügungsweg eingeführt worden. Wie das bei den Bahnverwaltungen üblich ist, will man doch mit Veränderungen nicht immer warten, bis eine neue Vorschrift oder ein neues Signalbuch erschienen ist.

Zu den zwischenzeitlichen Veränderungen gehörte auch der Übergang vom Wege- zum Geschwindigkeitsprinzip bei den Hauptsignalen von 1930 an. Tatsächlich war man seit 1925 von den dreiflügeligen Wegesignalen abgerückt. Bis dahin sollte der Lokomotivführer (und auch der Zugführer, der die Signale mit zu beobachten hatte) bei einer bestimmten Stellung des Hauptsignals wissen, nach welchem Gleis er zu fahren habe. Die Hauptsignale zeigten bei der Fahrt-frei-Stellung bis zu drei Flügel, und zwar bedeuteten:

- ein Flügel schräg nach oben (nachts ein grünes Licht): Freie Fahrt in das durchgehende Gleis
- zwei Flügel schräg nach oben (nachts zwei grüne Lichter): Freie Fahrt in das erste abzweigende Gleis
- drei Flügel schräg nach oben (nachts drei grüne Lichter): Freie Fahrt in die zweite Abzweigung.

Diese Wegesignalisierung hatte natürlich ihre Tücken, vor allem widersprach sie bestimmten grundsätzlichen Vorstellungen von der Funktion des Hauptsignals. Die bayerische Eisenbahn war dabei die fortschrittlichere, denn sie kannte keine Wegesignalisierung. In einem Streit unter Fachleuten meinten die Bayern, Mastsignale hätten ausschließlich den Zweck, das Zugpersonal über die jeweils anzuwendende Fahrgeschwindigkeit aufzuklären, und den Lokomotivführer interessiere vor allem, ob er auf einem Bahnhof anhalten, in ihn langsam einfahren oder ihn mit unverminderter Geschwindigkeit durchfahren solle. Die Preußen hielten dagegen: Wichtigster Zweck der Mastsignale sei, gewisse Gleisabschnitte zu decken, andere freizugeben. Welche Geschwindigkeit zu fahren sei, sei Nebensache, und den Mastsignalen komme nicht die Aufgabe zu, dem Zug über die von ihm anzuwendende Geschwindigkeit Auskunft zu geben.

Die Versuche 1897, das bayerische Hauptsignal durchzusetzen, scheiterten allein deshalb, weil die bayerische Variante mit der zusätzlichen grün-weißen Scheibe am Hauptsignal für die »Fahrt mit verminderter Geschwindigkeit« nicht zum verbreiteten Hauptsignalsystem der anderen Bahnverwaltungen paßte.

Letzten Endes wurde die Wegesignalisierung überflüssig. Dazu kam, daß große Bahnhöfe über mehr als zwei Abzweigungen verfügen, die mit diesem Prinzip gar nicht mehr signalisiert werden können. Und schließlich konnte bei dem immer größer werdenden Einsatzbereich eines Lokomotivführers die Kenntnis sämtlicher Bahnhofsanlagen nicht mehr zu seiner Streckenkenntnis gehören. Hauptsignale zeigten nun nicht mehr den Weg und die entsprechend zugelassene Geschwindigkeit an, sondern nur noch, welche Geschwindigkeit erlaubt war: Null bzw. Halt, Höchstgeschwindigkeit oder 40 km/h. Der dritte Signalflügel konnte entfernt werden. Er hielt sich jedoch bis in die fünfziger Jahre, als beim Nachtzeichen des Hp 2 (»Fahrt frei mit Geschwindigkeitsbeschränkung«) statt Grün/Grün Grün/Gelb eingeführt wurde. Quasi ersetzt wurde der dritte Signalflügel durch die zusätzlichen Signale am Mast des Hauptsignals, wie Geschwindigkeits- und Zusatzanzeiger.

Weitere wesentliche Neuerungen im Signalwesen der Deutschen Reichsbahn traten am 1. Oktober 1940 nicht, wie mitunter behauptet wird, durch ein neues Signalbuch, sondern vielmehr durch das 2. Berichtigungsblatt zum Signalbuch von 1935 in Kraft. Es enthielt bereits bekanntgegebene Änderungen, wie den Wegfall des Falschfahrt-Schlusssignals (Zg 4), der Signale Zg 6 (»Ein Sonderzug folgt nach«) und Zg 7 (»Es folgt ein Sonderzug aus der entgegengesetzten Richtung«) sowie die Anweisung, bestimmte Signale des Anhangs zur Signalordnung zu streichen, da die für sie geltende Übergangsfrist abgelaufen war. Das betraf die Signale Hp 0, Hp 1, Hp 2 bayerischer Bauart, die Signale Sh 101, Ts 102, Zg 103, Zg 104, Lt 204.

Neu waren:

- die Einführung der Zwischensignale. Sie bildeten mit weißen Lichtstreifen die Stellung des Hauptsignals nach und bedeuteten: »Hp 0 erwarten« (Zs 1), »Fahrt frei erwarten« (Zs 2), »Fahrt frei mit Geschwindigkeitsbeschränkung erwarten« (Zs 3), waren aber vom Lokomotivführer schwer zu erkennen, so daß sie von 1949 an durch Lichtvorsignale (bald Vorsignalwiederholer genannt) ersetzt wurden.
- die Aufnahme jener Signale Hp 2 und Hp 3 in den Anhang zu den Fahrdienstvorschriften, an denen andere Geschwindigkeiten als 40 km/h vorgeschrieben waren
- der Zusatzflügel über der gelben Scheibe des Vorsignals, wenn das Vorsignal an einer Signalbrücke oder einem -ausleger hing
- Vereinfachungen der Ausführung des Signals Ve 3/Ve 4 bei Drehscheiben und Gleisbrückenwaagen.

Bereits nach dem Signalbuch von 1935 überlegte man, ob das Signalwesen nicht grundlegend verbessert bzw. verändert werden sollte, dachte dabei aber mehr an die technischen und wirtschaftlichen Vorteile. Psychologische Vorgänge bei denen, die sie zu beachten hatten (die Lokomotivführer), spielten keine Rolle.

1939 sollte die Strecke Hamburg–Berlin–Breslau mit einflügeligen Formsignalen ausgerüstet werden, die die Begriffe »Halt«, »Langsam« und »Fahrt frei« anzeigen, indem der Flügel auch die schräg nach unten gerichtete Lage einnehmen konnte. Der Zweite Weltkrieg verhinderte diese Ausführung, zumal das Lichtsignal bereits im Vormarsch war.

Das Lichttagessignal, wie es anfangs genannt wurde, verdankt seine Entwicklung der Elektrifizierung, denn die Fahrleitungsmaste, -träger und die Fahrleitung schränkten häufig die Sicht des Lokomotivführers auf die Signale ein. Man behalf sich mit Zwergsignalen, zumal die Anwendung der Lichttagessignale bei Tage der Genehmigung durch das Reichsverkehrsministerium bedurfte und deren Erkennbarkeit erst besser wurde, als bessere Linsen eingeführt worden waren. Sogleich strich man den weiteren Vorteil der Lichtsignale heraus, nämlich, daß sie keiner äußeren mechanischen Teile bedurften und auch bei Schnee und Frost sicher funktionierten.

Unterwegs in Baden-Württemberg: Ein Dieseltriebwagen Baureihe 650 hat bei Althausen ein Formhauptsignal passiert, das »Hp 1« zeigt.

Stellwerke entstehen

Von der ortsbedienten Weiche zum Zentralapparat

Weichen und Signale stellen sich nicht von selbst. Diese Aufgabe übernimmt bei der Eisenbahn das Stellwerk. Die Idee stammt aus England.

Auf dem Freigelände des DB Museums Nürnberg gibt es ein historisches Stellwerk.

Das Befehlswerk in Immenstadt (1999). Der Fahrdienstleiter bedient mit dem Kurbelwerk den mechanischen Bahnhofsblock.

Damit die Züge von einem Gleis in ein abzweigendes übergehen können, sind Weichen erfunden worden. Ein sogenannter Antrieb, ein Gestänge, das die Weichenzungen von einer Endlage in die andere schiebt, wurde mit Hilfe eines Weichenhebels bewegt und dadurch die Weiche von der einen zur anderen Richtung umgestellt. Die Signale konnten mit Einfach-Drahtzügen oder auch mit Ketten gestellt werden.
Innerhalb der Bahnhöfe, Werkstätten und anderen Anlagen wurden in der Frühzeit der Eisenbahn Drehscheiben verwendet, die allerdings nur ein Fahrzeug aufnahmen und für die Richtungsänderung viel mehr Zeit erforderten als die Weichen und deshalb bald durch diese ersetzt wurden.

Ansonsten war auf den Bahnhöfen je nach Größe sowie Zugverkehr und Rangierbetrieb eine Vielzahl von Weichenstellern (in Bayern Wechselwärter genannt) beschäftigt, die sich ggf. untereinander über die Bedienung der Weichen verständigen mussten, aber auch fehl gehen konnten, so dass es wegen »falscher Weichenstellung« auch zu Unfällen kam.

Bei dem zunehmenden Zugverkehr war die Ortsbedienung der Weichen viel zu umständlich. In England wurde 1843 die Fernbedienung von Signalen und Weichen erfunden und um 1860 der erste »Zentralapparat« gebaut, wie die Konzentration der Weichenbedienung an einem Ort genannt wurde. Vom Zentralapparat aus stellte der Wärter die Weichen und Signale mit Hilfe von Gestängen um, die aber regelmäßig reguliert, also verlängert oder verkürzt, werden mussten. Abhilfe schuf der Drahtzug, der zwar gespannt und ebenfalls reguliert werden muss, den man aber im Stellwerksgebäude in ein Spannwerk einbinden konnte, oder das Spannwerk wurde im Freien aufgestellt. Das Spannwerk hält permanent den Drahtzug straff, obendrein beim Drahtbruch die Weiche in der Endlage fest bzw. bringt das Signal in die Haltstellung.
Das Stellwerk, wie der Zentralapparat bald genannt wurde, beschleunigte und rationalisierte den Betriebsablauf, denn nun entfielen die zeitraubenden Wege zu den Weichenhebeln. Im Gebäude der Zentralbedienung konnten die Hebel zunächst nebeneinander, dann schließlich übersichtlich auf einer Hebelbank angeordnet werden. Außerdem war es jetzt möglich, einen »Ver-

Hebelbank eines Stellwerks der Bauform Zimmermann & Buchloh

Fahrdienstleiter im Stellwerk Ludwigsburg

Eigenbau der Signal- und Fernmeldemeisterei der DR für das Stellwerk »R 2« in Magdeburg-Rothensee.

schlusskasten« anzubauen und mit dessen Hilfe die Abhängigkeiten zwischen Weichen und Signal herzustellen. Ein bestimmtes Hauptsignal konnte nur dann auf Fahrt gestellt werden, wenn die zu diesem Fahrweg gehörenden Weichen die richtige Stellung einnahmen. Sie wurden in dieser Stellung auch solange festgehalten, wie das Signal »Fahrt« anzeigte.

Für große Bahnhofsanlagen waren mehrere Stellwerke mit genau abgegrenzten Bereichen und auch unterschiedlichen Funktionen notwendig, zum Beispiel für den Fahrdienstleiter oder für den Ablaufbetrieb des Ablaufberges oder andere Rangieranlagen. Über die Jahrzehnte entwickelten sich die Stellwerkstechnik und die Sicherungsanlagen immer weiter, wobei zunehmend die Automatisierung der Betriebsabläufe und die Einsparung von Personal im Mittelpunkt standen. Denn die Größe der Stellbereiche ist von den jeweils möglichen Stellentfernungen und von der Art der Fahrwegprüfung abhängig. Da bei mechanischen und elektromechanischen Stellwerken der Bereich wegen der geringen Stellentfernungen und der Fahrwegprüfung »durch Hinsehen« auf wenige hundert Meter beschränkt ist, waren auf den meisten Bahnhöfen mindestens zwei Stellwerke notwendig. Relaisstellwerke ermöglichten durch die Gleisfreimeldeanlagen so große Stellbereiche, dass bis auf Ausnahmen nur noch ein Stellwerk, das Zentralstellwerk, gebaut werden musste. Die Technik der Relaisstellwerke erlaubte auch die Fernsteuerung. Zentralstellwerke steuern oft mehrere Bahnhöfe und Abzweigstellen.

Mechanisch oder elektrisch?

Dass es, abgesehen von der Bauform Einheit unter den mechanischen Stellwerken, kein Standard-Stellwerk gab, lag auch daran, dass die Hersteller den Patentschutz umgehen mussten oder dass sie der unterschiedlichen Sicherungstechnik der bis 1920 bestehenden Staatsbahnen in den deutschen Bundesländern entsprechen wollten. Beispielsweise hielten die Bahnen in Baden, Bayern und Württemberg am Bahnhofsblock (= Bezeichnung der Anlage, die im Bahnhof für die Abhängigkeit zwischen Signal und Weichen sowie der Stellwerke untereinander sorgt) mit Hilfe von Drahtzügen fest, während die Bahnen der anderen Länder dafür den elektrischen Strom verwendeten.

Die Betriebsleitzentrale für die NBS München – Berlin. Von diesem Computerarbeitsplatz aus wird die ETCS-Technik gesteuert.

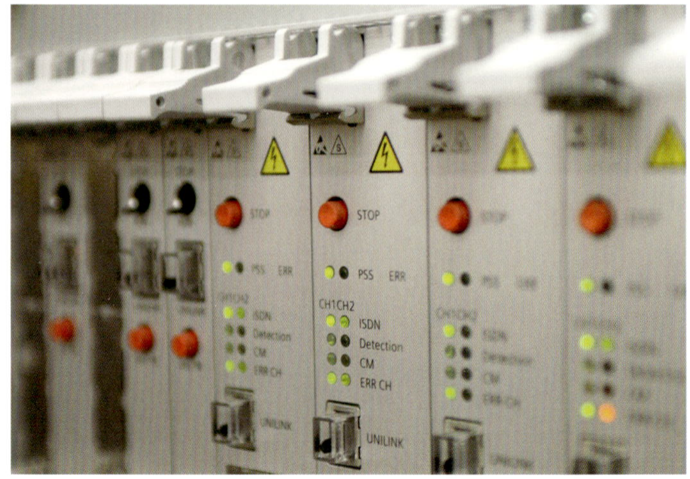

Blick in die Technik des Stellwerks vom Typ Siemens SIMIS-D in Wolmirstedt bei Magdeburg.

Auf die mechanische Stellwerksbauart, die es auch mit Druckluft betrieben gab, folgte die elektromechanische. Später kamen die Relaisstellwerke und zuletzt die elektronischen Stellwerke hinzu, all diese jedoch in unterschiedlichen Spielarten. Obwohl die Deutsche Bahn alle Neubauten ausschließlich elektronisch ausführen lässt, blieben wie bei allen Eisenbahnen mit ihren Jahrhunderten altem Streckennetz Anlagen der früheren Bauarten erhalten.

Bei der elektronischen Technik können Steuer- und Überwachungsinformationen sicher über große Entfernungen übertragen und die für die Signale, Weichen, Gleisfreimelde- und Blockanlagen benötigte Elektroenergie örtlich aus dem Landesnetz entnommen werden. Das elektronische Stellwerk kann in eine große Zahl peripherer Stellwerksteile, die in der Nähe der jeweiligen Außenanlagen angeordnet sind, aufgegliedert und damit sein Stellbereich gegenüber dem der Relaisstellwerke wesentlich vergrößert werden. Technische Grenzen setzen hier lediglich die Zahl der softwaremäßig adressierbaren »Stelleinheiten«, wie Weichen, Signale, Gleisfreimeldeanlagen, die Menge der auf den stellwerksinternen Datenleitungen zu übertragenden Informationen und die dadurch auftretenden Zeitprobleme.

100 Kilometer weite Stellbereiche gelten inzwischen als normal. Auch der Bedienplatz sowie die Betriebslenkung können an einer weit entfernten Stelle eingerichtet, sogar durch betriebslenkende Rechner ersetzt werden. Schon deshalb löst sich der Begriff »Stellwerk« vom Bedienplatz und bezieht sich nur noch auf die eigentliche Sicherungsanlage. Weil die Fernsteuerung ausfallen kann, was nicht einmal so selten vorkommt, werden weiter stellwerksinterne Bedienplätze vorgesehen, so dass der Begriff des elektronischen Stellwerks geblieben ist, aber sich der des Stellrechners ebenso durchsetzt.

Zahl der Stellwerke, alle Bauarten

a) Deutsche Bundesbahn und Deutsche Reichsbahn		
	Deutsche Bundesbahn	Deutsche Reichsbahn
1989	4226	3407
1990	4189	3376
1991	4073	3424
1992	3999	3353
1993	4006	3336
b) Deutsche Bahn		
1. Januar 1994	7542	
31. Dezember 1994	7440	
1995	7532	
1996	7064	
1997	6850	
1998	6062	
1999	6477	
2000	6415	
2001	6352	
2002	6175	
2003	5609	
2004	5372	
2005	5085	
2006	4736	
2007	4585	
2008	4479	
2009	4432	
2010	4302	
2011	3440	

Der Bahnübergang und seine Technik

Die Planung gefahrloser Kreuzungen

Wenn sich Schiene und Straße kreuzen, ist die Unfallgefahr groß. Deshalb entwickelten die Ingenieure ständig neue Überwege.

Ein Dieseltriebwagen der Baureihe MRD der DB-Tochter auf der polnischen Strecke von Malbork nach Toruú Główny bei Baldram überquert gleich einen einsamen Bahnübergang.

Zuerst ersetzte die von Robert Stephenson erfundene und eingeführte Dampfpfeife der Lokomotiven die Sicherungsanlagen an den Bahnübergängen. Diese Achtungssignale – falsch als Hupen bezeichnet, denn es wurde und wird gepfiffen und geläutet – warnen die Teilnehmer des Straßenverkehrs unmissverständlich und lassen erkennen, wer die Vorfahrt und wer zu halten hat.

Aber an den wichtigsten Überwegen in Schienenhöhe fehlten die zusätzlichen technischen Schutzeinrichtungen. Allenfalls wurden Posten mit Fahne aufgestellt. Doch das genügte bald nicht; die Absperrung musste rigoroser sein. Eine torähnliche Schranke auf dem Bahnhof Karlsruhe ist uns auf einer Lithographie des Jahres 1845 überliefert.

Max Maria von Weber setzte sich in den 1850er Jahren für die Verwendung von »Schlagschranken« bei den sächsischen Eisenbahnen ein. Und schon 1857 wurde an der Stargard-Kösliner Eisenbahn eine bemerkenswerte »Drahtzug-Barriere« verwendet, die man über einen Windenbock mit der Hand »fernbediente« und deren Seilzug beim Schließen und Öffnen eine Glocke bewegte. Für die Nacht war diese Anlage mit leuchtender Laterne versehen. Wie die Schranken gestrichen waren, ist nicht sicher. Meist verwendeten die Eisenbahngesellschaften, ähnlich den Zollschranken, die jeweiligen Landesfarben. Später beschränkte man sich auf die warnenden Farben Rot und Weiß.

Mit stärker werdendem Verkehr wurde es notwendig, die Sicherungsanlagen an stark befahrenen Wegübergängen ständig zu verbessern und mit technischen Neuerungen auszurüsten. Darauf spezialisierten sich einige Fabriken. 1873 baute die Firma C. Stahmer in Georgsmarienhütte bei Osnabrück als erste deutsche Firma

Schrankenwärter in Lauscha um 1912

Schlagschranken. 1895 lieferte Scheidt & Bachmann in Rheydt die erste mechanische Schrankenanlage. Akustische Annäherungs- und Warnsignale für Bahnübergänge, die durch Schienenkontakte ein- und ausgeschaltet wurden, gab es bereits 1885.

Die Bahnübergangstechnik entwickelte sich im Laufe der Jahre stetig mit einem Nebenher von alten und neuen Anlagen. Im Rückblick sehen wir Schiebeschranken, Rollgitter, Schwenkbäume, Drehschranken, Drehgittertore, Kettenschranken und Schlagbaumschranken. Die Schlagbaumschranken, auch kurz Schlagschranken genannt, waren schließlich am weitesten verbreitet und sind bis in unsere Zeit geblieben.

Während die Schranken in einem Abstand von mindestens 3 m von der Gleisachse entfernt angeordnet sein sollen, sollte der beiderseitige Abstand fernbedienter Schranken mindestens so groß sein, dass ein eingesperrtes Fuhrwerk zwischen der Bahn und der Schranke Platz fand.

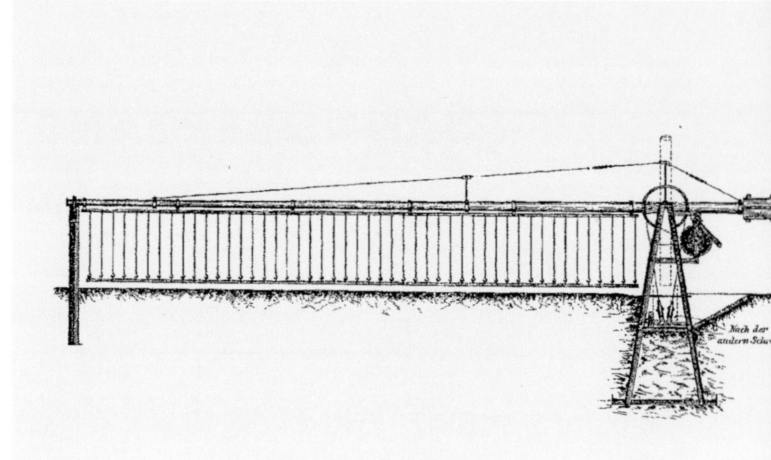

Bis 1910 von der Firma Stahmer gefertigte Schlagbaumschranke für Weiten bis 15 m mit Kurbel am Windenbock.

Bei sehr breiten Übergängen wurden statt eines Schrankenbaums zwei gegeneinander schlagende Schranken verwendet, die am vorderen Ende eine drehbare Stützgabel tragen. Fußwege erhielten besonders kleine Schranken.

Fernbediente Schranken, das heißt solche, deren Winde mehr als 50 Meter von der Schranke entfernt war oder deren Wärter die Schranken nicht gut übersehen konnte, mussten vor und während des Schließens läuten und im geschlossenen Zustand sich von Hand anheben lassen, damit eingesperrte Fuhrwerke sich retten konnten. Andererseits war es nötig, das eigenmächtige Öffnen der Schranke zu verhindern. Das wurde schon früher versucht, um beispielsweise während der Vorbeifahrt eines Zuges unbeachtet auf die Bahnanlage und Bahnsteige zu gelangen. Die Schrankengabel erhielt dann ein Riegelwerk, mit dessen Hilfe der niederschlagende Baum sich selbst verriegelte. Vor dem Öffnen wurde der Riegel vom Wärter durch einen Drahtzug gelöst.

Wie funktionierte eine Schranke?

Hier wird eine für die örtliche Bedienung etwas vereinfacht erklärt: Das Windenwerk S1 ist an einem der Schrankenböcke angebracht. Genauso gut konnte es einen eigenen Lagerbock haben und durch einen Drahtzug mit der Schranke verbunden sein. Die Schranke mit der Winde war die Hauptschranke, die andere die Nebenschranke.

Mit der Kurbel K, auf deren Welle ein kleines Zahnritzel sitzt, wird ein Zahnradvorgelege V gedreht und durch dieses die ebenfalls mit einem Zahnkranz versehene Seilscheibe S1. Das Vorgelege soll die Schrankenbedienung erleichtern und die an der Kurbel anzuwendende Kraft gering halten.

Das Drahtseil läuft über Umlenkrollen und Führungsrollen zu der Antriebsscheibe einer Schranke, von dieser über Umlenkrollen

Auch die Hamburger S-Bahn passiert Bahnübergänge: Ein Triebzug der Baureihe ET 474.3 ist als S 3 an einer Halbschranke in Horneburg auf der Niederelbebahn unterwegs.

Eine Diesellok der Baureihe 261 überquert mit einem Güterzug einen Bahnübergang mit Halbschrankenanlage.

zur Antriebsscheibe S2 der anderen Schranke und kehrt dann zum Windenbock zurück. An der fernbedienten Schranke läuft in der noch geöffneten Stellung ein Röllchen mit, von dem über eine Mechanik eine Glocke angeschlagen wird (das Vorläuten). Das Läuten geht beim Schließvorgang weiter. Beim Öffnen der Schranke bleibt das Läutewerk still.

Der Wärter muss gezwungen werden, das Windenwerk nicht nur so weit zurückzudrehen, bis die Schlagbäume in der lotrechten Stellung sind, sondern so lange rückwärts zu kurbeln, bis die Antriebe auch das Vorläutewerk rückwärts durchlaufen haben. Anderenfalls bliebe beim nächsten Schließen der Schranken das Vorläuten aus, stattdessen setzten sich die Bäume sofort in Bewegung. Diesen Vorgang kann der Wärter umgehen, indem er nach dem Öffnen der Schranken erneut vorläutet und um dann, wenn wieder ein Zug kommt, die Schranke schnell schließen zu können. Der Vorteil für ihn: schneller schließen, d.h. weniger kurbeln. Um diesem Übel zu begegnen, hatte man die Windenwerke sogar mit Zeitverschlüssen versehen.

In Preußen waren die Zeitverschlüsse verboten, stattdessen durch ein Überwachungsschild ersetzt. Das Schild richtet sich auf, wenn die Stellbewegung beginnt und legt sich erst wieder um, wenn sie ganz zu Ende geführt ist.

Die gesetzliche Pflicht, schienengleiche Übergänge technisch zu sichern, förderte die Entwicklung von darauf spezialisierten Firmen, die die Bahnverwaltungen belieferten. Einer der bekanntesten Hersteller war und ist die Firma Scheidt & Bachmann, die den Eisenbahnen nicht nur Standardanlagen anbot, sondern auch solche mit verschiedenen technischen Raffinessen. Darunter war eine, die sich selbst schloss, wenn es zum Drahtbruch kam. Der Stellbock besaß dafür außen eine spezielle Zahnstange. 1904 erhielt Scheidt & Bachmann – die Firma hatte den bisherigen Marktführer Stahmer abgelöst - für diese Ausführung ein Patent

Auch das gibt es noch: Ein Triebwagen der Baureihe 642 kreuzt auf der Strecke Günzburg – Krumbach – Mindelheim bei Ellzee einen unbeschrankten Bahnübergang.

und außerdem eins für die Variante »Schranken mit seitlich ausschwingbaren Bäumen«. Exotisch muteten die wegklappbaren Schrankenbäume an, die mit Kettenbehang in einer Trommel horizontal beweglich lagerten.

Zur Mechanik der Schrankenanlage kam der elektrische Antrieb. Die ersten bauten die Deutschen Eisenbahn-Signalwerke im Werk Georgsmarienhütte 1919 für die Eisenbahn in Schweden. Die Deutsche Reichsbahn erhielt den ersten derartigen Antrieb 1924.

Seit Mitte der 1920er Jahre wurden zugbediente Wegübergangssicherungsanlagen (WÜSA), wie man später die Halbschranken- und Haltlichtanlagen bezeichnete, erprobt und eingeführt wurden. Der Automobilclub ADAC schlug selbst vor, die Bahnübergänge durch Warnlichter zu sichern. Daraufhin bauten die Vereinigten Signalwerke (VES) 1929 die erste Versuchsanlage nahe Pegau in Sachsen. Über dem Warnkreuz war das rote Betriebslicht, darunter das Reservelicht angeordnet. Näherte sich ein Zug, wurde die

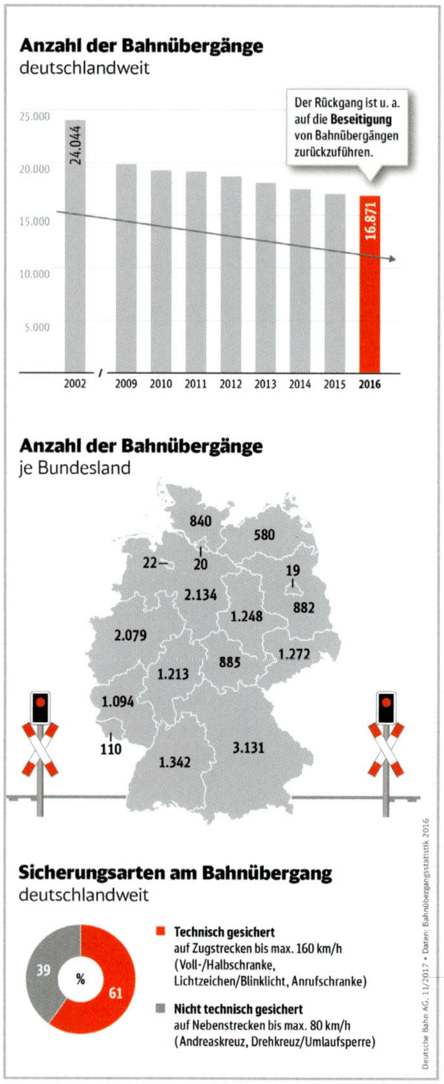

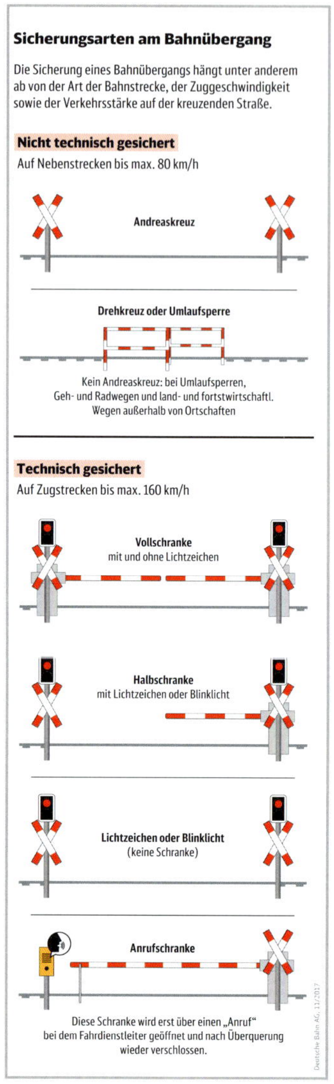

Anlage mit Hilfe eines Stromkreises im Gleis angeschaltet, die rote Lampe blinkte in der Minute 85 Mal.

Bis zum 1. Oktober 1934 waren 100 Versuchsanlagen mit Warnlicht an Nebenbahnen eingesetzt worden. 1935 ließ der Reichsverkehrsminister die Warnlichtanlagen an Nebenbahnen zu. Sie waren den Schranken gleichgestellt.

Der Krieg unterbrach das Fortschreiten der Technik für die Sicherung der Bahnübergänge, wobei sich bis dahin die Neuerungen vornehmlich auf Nebenbahnen konzentrierten. Sie für Bahnübergänge an Hauptbahnen zu versuchen und einzuführen, fehlte es an Mut. Das Risiko des technischen Versagens wurde als noch zu hoch bewertet.

Die Technik nach 1945

Wie in der Signal- und Stellwerkstechnik konnten sich nach dem Kriegsende die etablierten Hersteller erst nach Jahren dem technischen Fortschritt an den Bahnübergängen zuwenden. Immerhin hatte Scheidt & Bachmann zur Erleichterung der Schrankenbedienung insbesondere für belastete Stellwerke sowie Übergänge mit häufiger Schrankenschließung und -öffnung bereits 1937 den ersten elektrischen Schrankenantrieb für 220 Volt Wechselspannung geliefert, 1949 folgte einer für 380 Volt Drehstrom. Diese Antriebe besaßen auch eine Kupplung, damit beispielsweise Kinder nicht hochgezogen wurden, die sich an den Schrankenbaum hingen. Der Hersteller prüfte die Kupplungen mit Hilfe eines Mustergewichts.

Nach 1955 wurde die über 150 Jahre alte, simple mechanische Schrankentechnik durch automatische Anlagen verschiedener Systeme abgelöst. Daraus entwickelte sich ein Spezialgebiet der Leit- und Sicherungstechnik, besonders und rasch im Westen Deutschlands, wo für die verschiedenartigsten Bahnübergänge strikt rationalisiert wurde, um auf Wärter verzichten zu können.

Schnell zeichneten sich die unterschiedlichen Möglichkeiten im Westen und im Osten Deutschlands ab. Während im Westen verschiedene Hersteller bei der Deutschen Bundesbahn und den Nichtbundeseigenen Eisenbahnen darum buhlten, dass ihre Erzeugnisse gekauft werden, war die Deutsche Reichsbahn in der DDR auf einen einzigen Hersteller angewiesen: das Werk für Signal- und Sicherungstechnik Berlin (WSSB). Aber dieser Betrieb wurde in der Planwirtschaft derart mit Exportaufträgen und Lieferungen für die Werk- und Anschlussbahnen der »volkswirtschaftlichen Schwerpunktbetriebe« verpflichtet, dass die Staatsbahn der DDR das Nachsehen hatte.

Im Vergleich mit dem Westen wurden Neuerungen immer sehr spät angeboten und in unzureichender Zahl geliefert. Deshalb fanden wir gerade im Netz der Deutschen Reichsbahn eine Vielzahl von Anlagen bahneigener Produktion, zum Beispiel vom Signal- und Fernmeldewerk (SFW), sowie Improvisationen der technischen örtlichen Dienststellen. Im Westen wurden seit 1951 von Scheidt & Bachmann, Siemens und Pintsch nur noch Anlagen mit rotem Blinklicht gebaut. In der Grundstellung blieb das Licht dunkel. Die Warnlichtanlagen mit rotem und weißem Blinklicht entfielen im Westen; in der DDR wurde es weiter angewendet. 1952 entstanden die ersten Anlagen mit nicht von Wärtern bedienten Schranken, mit hydraulischem Antrieb von Scheidt & Bachmann, mit elektrischem Antrieb sowie mit Haltemagnet und Speichergewichten an der Schranke von Siemens. Bei Stromunterbrechung schloss die Schranke selbsttätig.

Abhängigkeit vom Hauptsignal

Eine der wichtigsten Vorkehrungen zur Sicherheit am Bahnübergang war die Signalabhängigkeit. Das bedeutet, das Hauptsignal kann erst dann auf Fahrt gestellt werden, wenn – abgesehen von den Abhängigkeiten im Bahnhof – die Schranken geschlossen sind. Sie bleiben auch in geschlossener Stellung, so lange das Signal auf Fahrt steht. Diese Abhängigkeit wird auf verschiedene technische, teilweise sehr aufwendige Einrichtungen geschaffen, vom Handschloss bis zur elektrischen oder elektronischen Schaltung. Die Signalabhängigkeit ist aber nur dort möglich, wo die Schranke in der Nähe von Hauptsignalen liegt. Sie bewahrte hauptsächlich den Fahrdienstleiter oder Schrankenwärter, wenn er zugleich Schrankenbediener war, davor, das Schrankenschließen zu vergessen und auch vorzeitig wieder zu öffnen – eine Gefahr bei mehrgleisigen Strecken bzw. Übergängen.

Es geht nur langsam voran

Auch im 21. Jahrhundert findet man bei der Deutschen Bahn und auch bei den anderen Eisenbahnen sind recht unterschiedliche Bauarten von Bahnübergängen, die nicht von einem Tag auf den anderen durch die neueste Ausführung ersetzt werden können. Schnell ist das Neue, zumindest vermeintlich Bessere der Feind des bisherig Guten. Die Hersteller tüfteln ständig an besseren, zum Teil neuartigen Anlagen, die sich aber aus Kostengründen nur langsam durchsetzen werden.

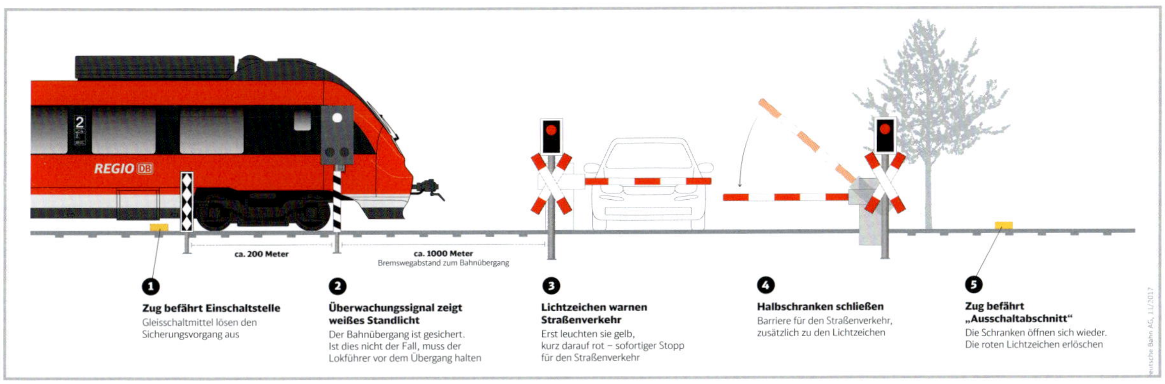

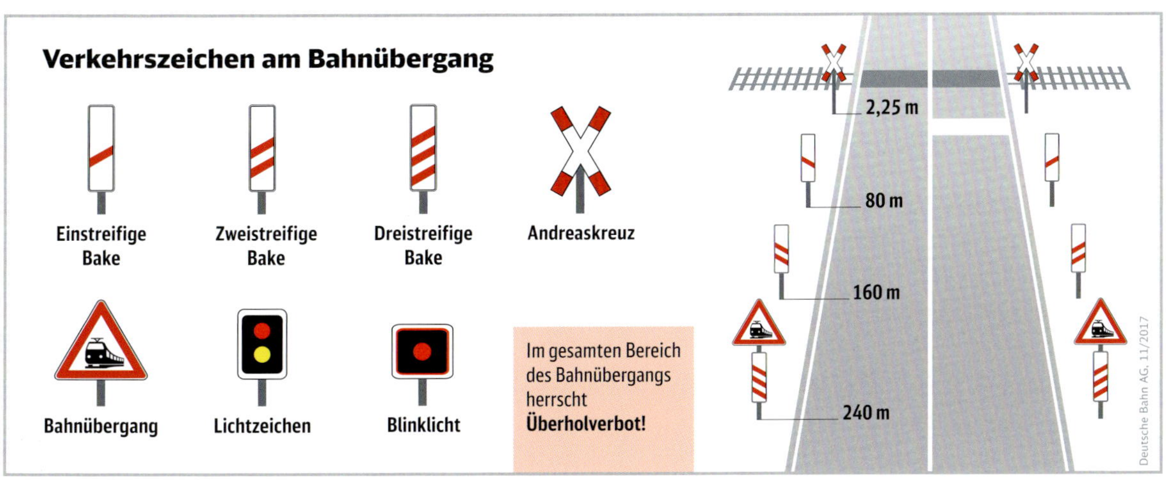

Unterwegs auf schmaler Spur

Deutschlands Schmalspurbahnen

Bereits in der Frühzeit der Eisenbahn gab es die ersten schmalspurigen Strecken. Die erste öffentliche Eisenbahn auf dem europäischen Kontinent war sogar eine Schmalspurbahn.

Abendstimmung im Bahnbetriebswerk Wernigerode: Die Harzer Schmalspurbahnen betreiben das längste Schmalspurbahnnetz in Deutschland.

Sächsische Bimmelbahnromantik kann man noch immer auf der Preßnitztalbahn zwischen Jöhstadt und Steinbach erleben.

Die Pferdebahn Linz – Budweis wurde in Abschnitten bereits ab 1827 in Betrieb genommen. Die gewählte Spurweite von 3,5 österreichischen Fuß (1.106 mm) entsprach dabei der in Österreich üblichen Spurweite für Straßenfuhrwerke. In Deutschland entstanden 1851 die ersten Schmalspurbahnen in Oberschlesien. Die zunächst mit Pferden betriebenen Strecken hatte eine Spurweite von 2 preußischen Fuß und 6 Zoll (785 mm). Sie verbanden die Bergwerke und Hüttenbetriebe untereinander sowie mit den regelspurigen Eisenbahnen. Die oberschlesischen Schmalspurbahnen dienten fast ausschließlich dem Güterverkehr.
Ebenfalls für den Güterverkehr war die 1860 konzessionierte Bröltaler Eisenbahn gedacht. Das Unternehmen gab am 27. Mai 1862 die 20,2 km lange Strecke Hennef – Ruppericheroth (785 mm Spurweite) für den Verkehr frei. Die Bröltaler Eisenbahn transportierte in erster Linie Erz und Basalt. Die zunächst noch von Pferden gezogenen Züge wurden ab 25. April 1863 mit Dampfloks bespannt. Erst 1872 wurde der Personenverkehr aufgenommen. Bis 1902 baute die Bröltaler Eisenbahn (ab 1921: Rhein-Sieg Eisenbahn) ihr Streckennetz auf rund 89 km Länge aus. Obwohl die Bröltaler Eisenbahn ein leistungsfähiges und wirtschaftlich prosperierendes Unternehmen war, blieb sie über Jahre hinweg die einzige öffentliche Schmalspurbahn in Deutschland.

Seitens der Eisenbahn-Ingenieure gab es zahlreiche Vorbehalte gegen Schmalspurbahnen. Auch die Wirtschaft stand ihnen skeptisch gegenüber. Hier gab es Bedenken hinsichtlich der Leistungsfähigkeit, so dass beim Bau von Nebenbahnen weiterhin die Regelspur bevorzugt wurde. Erst in den 1870er-Jahren änderte sich dies. Maßgeblichen Anteil daran hatte die zwischen 1879 und 1880 eröffnete meterspurige »Feldabahn« von Dorndorf nach Kaltennordheim. Von der rund 28 km langen Strecke verliefen etwa 17,5 km auf öffentlichen Straßen. Dadurch konnten die Baukosten deutlich verringert werden. Bereits 1880 verbuchte die »Feldabahn« einen deutlichen Gewinn.

Vor allem im Königreich Sachsen wurde diese Entwicklung aufmerksam verfolgt. Das Königreich erlebte seit den 1860er-Jahren einen deutlichen wirtschaftlichen Aufschwung, der mit einem rasanten Ausbau des Eisenbahnnetzes verbunden war. Allerdings rechtfertigte das Verkehrsaufkommen nicht in allen Landesteilen den Bau regelspuriger Nebenbahnen. Der Geheime Finanzrat Claus Köpcke plädierte deshalb für den Bau von Schmalspurbahnen. Deren Vorteile erläuterte er bereits 1868 auf einem Treffen des Verbandes deutscher Architekten- und Ingenieurvereine in Hamburg. Doch die Vorbehalte konnte Köpcke nicht zerstreuen. Als 1876 der Verein Deutscher Eisenbahnverwaltungen die »Grundzüge für die Gestaltung von Secundairbahnen« beschloss, waren diese vorwiegend für regelspurige Strecken gedacht. Allerdings wurden für Schmalspurbahnen erstmals die Spurweiten von 750 und 1.100 mm festgelegt. Die 1878 als Reichsgesetz erlassene »Bahnordnung für deutsche Eisenbahnen untergeordneter Bedeutung« griff die Vereinbarungen von 1876 auf und legte für schmalspurige Nebenbahnen verbindlich die Spurweiten von 750 und 1.000 mm fest. Erst mit einer Neuregelung des Gesetzes 1892 wurden nun auch Strecken mit 600 mm Spurweite zugelassen.

Mallet-Dampflok 11sm ist auf der reizvollen Brohltalbahn im Einsatz.

Zu diesem Zeitpunkt hatten die Schmalspurbahnen bereits ihren Siegeszug angetreten. Besondere Verdienste dabei erwarben sich die Königlich Sächsischen Staatseisenbahnen (K.Sächs.Sts.E.). Bereits in der Sitzungsperiode 1876/77 diskutierte der sächsische Landtag über das Für und Wider der Schmalspurbahn. Nach langen Debatten setzten sich die Befürworter schließlich durch und der Landtag beschloss am 2. März 1880 den Bau der Schmalspurbahn (750 mm Spurweite) von Wilkau nach Saupersdorf. Bereits am 17. Oktober 1881 nahmen die K.Sächs.Sts.E. den Betrieb auf der Teilstrecke Wilkau – Kirchberg auf. In den folgenden Jahren entstanden in allen Teilen Sachsens weitere Schmalspurbahnen. Schon ein Dutzend Jahre später, 1893, betrieben die K.Sächs.Sts.E. 19 Strecken. Bis 1918 wuchs das schmalspurige Streckennetz der K.Sächs.Sts.E. auf rund 500 km.

Nachdem das System »Schmalspurbahn« in Sachsen seine Vorteile und seine Leistungsfähigkeit unter Beweis gestellt hatte, entstanden auch in den Teilen des Deutschen Reiches weitere Schmalspurbahnen, die entweder von den Staatsbahnen oder privaten Eisenbahn-Unternehmen finanziert und betrieben wurden. Die meisten Strecken hatten zunächst Spurweiten von 750 und 1.000 mm. Öffentliche Schmalspurbahnen mit einer Spurweite von 600 mm, wie z.B. die Mecklenburg-Pommersche Schmalspurbahn (MPSB), entstanden erst ab 1892.

Eine Sonderstellung unter den Schmalspurbahnen nahmen die beiden einzigen öffentlichen Strecken mit 900 mm ein. Neben der Borkumer Inselbahn, die aus einer Materialbahn hervorging, fährt auch der 1886 eröffnete »Molli« zwischen Bad Doberan und Kühlungsborn auf 900 mm breiten Gleisen.

In den 1890er-Jahren erlebte die Schmalspurbahn einen wahren Boom. Im Jahr 1900 wies die »Statistik der im Betriebe befindlichen Eisenbahnen Deutschlands« eine Streckenlänge von insgesamt rund 1.800 km (ohne Kleinbahnen) aus.

Die Blütezeit der Schmalspurbahnen endete in den 1920er Jahren. Die Inflation zu Beginn des Jahrzehnts und der langsam aufkommende Kraftverkehr brachten viele Strecken in wirtschaftliche Bedrängnis. Zwar besserte sich die Lage Mitte der 1920er Jahre wieder etwas, doch mit der 1929 einsetzenden Weltwirtschaftskrise verschärfte sich die Situation wieder schlagartig. Ab 1934/35 verzeichneten die Schmalspurbahnen wieder eine Zunahme des Personen- und Güterverkehrs. Gleichwohl spürten die Eisenbahner immer deutlicher die Konkurrenz des Kraftverkehrs. Während des Zweiten Weltkrieges erreichte das Verkehrsaufkommen auf den Schmalspurbahnen jedoch bisher ungekannte Ausmaße. Aufgrund der kriegsbedingten Einschränkungen des Kraftverkehrs wurde nun die Eisenbahn zum Transportmittel Nr. 1.

Nach 1945 nahm die Entwicklung in Ost und West unterschiedliche Wege. In der Bundesrepublik Deutschland erlebten die von der Deutschen Bundesbahn (DB) und privaten Eisenbahn-Unternehmen betriebenen Schmalspurbahnen in den 1950er Jahre nur noch eine kurze Blüte. Ab Mitte der 1950er Jahren verloren die Strecken im Wettbewerb mit dem Kraftverkehr und dem Individualverkehr zunehmend an Boden. Ende der 1950er Jahre setzte dann die Stilllegungswelle ein, der fast alle Schmalspurbahnen zum Opfer fielen. Für den öffentlichen Verkehr blieben bis heute lediglich die Inselbahnen auf Borkum, Langeoog und Wangerooge, die Chiemseebahn Prien – Stock und die Brohltalbahn Brohl – Engeln (nur Güterverkehr) erhalten. Daneben gibt es noch einige Museumsbahnen.

In der DDR konnte man auf die Schmalspurbahnen hingegen noch lange nicht verzichten. Mangels Lastkraftwagen und Omnibussen waren die Strecken viele Jahre wichtiger Bestandteil der Infrastruktur. Dies änderte sich in der zweiten Hälfte der 1960er Jahre. Erst jetzt konnte die Deutsche Reichsbahn das Streckennetz schrittweise verringern. Von 1965 bis 1970 legte die DR rund 500 km still. Bis Ende der 1970er Jahre war die Stilllegung fast aller Strecken geplant. Doch das Vorhaben scheiterte an den wirtschaftlichen Rahmenbedingungen. 1974 wurde daher die langfristige Erhaltung der Strecken Bad Doberan – Kühlungsborn West, Cranzahl – Oberwiesenthal, Radebeul Ost – Radeburg, Zittau – Bertsdorf – Oybin/Jonsdorf sowie der Schmalspurbahnen im Harz beschlossen. Zwei Jahre später kam noch der »Rasende Roland« hinzu. Auf diesen Bimmelbahnen verkehren bis heute täglich Personenzüge.

Schmalspurbahnen in Deutschland		(Stand 01.01.2018)	
Strecke	Spurweite	Länge	Bemerkungen
Baden-Württemberg			
Amstetten – Oppingen	1.000 mm	5,7 km	Museumsbahn
(Möckmühl –) – Dörzbach	750 mm	39,1 km	z.Z. außer Betrieb
Neresheim – Sägmühle	1.000 mm	2,8 km	Museumsbahn
Warthausen – Ochsenhausen	750 mm	18,9 km	Museumsbahn
Bayern			
Prien – Stock	1.000 mm	1,9 km	
Brandenburg			
Mesendorf–Lindenberg	750 mm	9,0 km	Museumsbahn
Mecklenburg-Vorpommern			
Bad Doberan – Kühlungsborn West	900 mm	15,4 km	
Putbus – Göhren	750 mm	24,4 km	
Niedersachsen			
Borkumer Inselbahn	900 mm	9,3 km	
Bruchhausen-Vilsen – Asendorf	1.000 mm	7,8 km	Museumsbahn
Langeooger Inselbahn	1.000 mm	2,6 km	
Wangerooger Inselbahn	1.000 mm	5,5 km	
Nordrhein-Westfalen			
Gillrath – Schierwaldenrath	1.000 mm	5,5 km	Museumsbahn
Hüinghausen – Köbbinghausen	1.000 mm	2,5 km	Museumsbahn
Rheinland-Pfalz			
Brohl – Engeln	1.000 mm	17,5 km	
Sachsen			
Cranzahl – Oberwiesenthal	750 mm	17,4 km	
Freital-Hainsberg – Kurort Kipsdorf	750 mm	26,3 km	
Radebeul Ost – Radeburg	750 mm	16,5 km	
Oschatz – Mügeln – Nebitzschen – Kemmlitz/Glossen	750 mm	18,7 km	
Stützengrün-Neulehn – Schönheide Mitte	750 mm	3,3 km	Museumsbahn
Steinbach – Jöhstadt	750 mm	8,0 km	Museumsbahn
Weißwasser – Kromlau	600 mm	3,7 km	Museumsbahn
Weißwasser – Bad Muskau	600 mm	7,0 km	Museumsbahn
Zittau – Bertsdorf – Oybin/Jonsdorf	750 mm	14,4 km	
Sachsen-Anhalt			
Wernigerode – Drei Annen Hohne – Nordhausen Nord	1.000 mm	60,5 km	
Drei Annen Hohne – Brocken	1.000 mm	18,9 km	
Gernrode – Alexisbad – Stiege – Hasselfelde	1.000 mm	40,3 km	
Alexisbad – Harzgerode	1.000 mm	2,9 km	
Stiege – Eisfelder Talmühle	1.000 mm	8,9 km	
Quedlinburg – Gernrode	1.000 mm	8,6 km	
Benndorf – Eduard-Schacht (– Kupferhammer-Hütte)	750 mm	10,4 km	Museumsbahn
(Altengrabow –) Magdeburgerforth – Sportplatz (»Lumpenbahnhof«)	750 mm	1,2 km	Museumsbahn

Bildnachweis

S. 12/13 Wikimedia Commons/NAC; S. 14/15 Fotolia © Lexanda; S. 15 links Wikimedia Commons/sukhoi37; S. 15 rechts Wikimedia Commons/Jet-0; S. 16/17 Alstom/KTX ; S. 18/19 Deutsche Bahn AG/Georg Wagner; S. 20 o. links Deutsche Bahn AG/Georg Wagner; S. 20 o. rechts Deutsche Bahn AG/Claus Weber; S. 21 Deutsche Bahn AG/Georg Wagner; S. 22/23 Deutsche Bahn AG/Claus Weber; S. 24 Deutsche Bahn AG/Uwe Miethe; S. 25 oben Deutsche Bahn AG/Oliver Lang; S. 25 Mitte Deutsche Bahn AG/Frank Kniestedt; S. 25 unten Deutsche Bahn AG/ Frank Barteld ; S. 26 Sammlung Michel Buard; S. 27 Wikimedia Commons/Pi Eye; S. 28 oben T. Estler; S. 28 unten Sammlung T. Estler ; S. 29 oben Alsthom; S. 29 unten Sammlung Michel Buard; S. 30 Deutsche Bahn AG/Wolfgang Klee; S. 30 unten Sammlung D. Endisch; S. 31 links Deutsche Bahn AG/Claus Weber; S. 31 rechts Deutsche Bahn AG/ Claus Weber; S. 31 unten Deutsche Bahn AG/ Volker Emersleben; S. 32 André Papazian; S. 33 oben André Papazian; S. 33 unten rechts Wikimedia Commons/Spsmiler; S. 33 unten links Ralf Roletschek/roletschek.at; S. 34 Sammlung Joachim Stender; S. 35 Claus-Jürgen Jacobson; S. 36 Bodo Schulz; S. 37 links Zeichnung Konsortium Transrapid; S. 37 rechts Zeichnung Konsortium Transrapid; S. 38 links Michael Reimer; S. 38 rechts Michael Reimer; S. 39 oben Michael Reimer; S. 39 Mitte Zeichnung Konsortium Transrapid; S. 39 unten Zeichnung Konsortium Transrapid; S. 40 Michael Reimer; S. 41 Bodo Schulz; S. 42 Alsthom; S. 43 André Papazian; S. 44 links André Papazian; S. 44 rechts SNCF/Sammlung Papazian; S. 45 André Papazian; S. 46 André Papazian; S. 47 Sammlung J. Reiners; S. 48 André Papazian; S. 49 oben André Papazian; S. 49 unten André Papazian ; S. 50 R. Heym; S. 51 oben links H.-J. Kirsche; S. 51 Mitte Sammlung R. Preuß; S. 51 oben rechts Volker Emersleben; S. 51unten links H.-J. Kirsche; S. 51 unten rechts E. Preuß; S. 52 André Papazian; S. 53 André Papazian ; S. 54 links Wikimedia Commons/ Interior_of_Shinkansen_0_type_21-2.jpg; S. 54 rechts Wikimedia Commons/Takeshi Kuboki; S. 55 Wikimedia Commons/Kubotake; S. 56 o; S. 56 u–58 J. Reiners; S. 59 rechts M. Werning; S. 60–64 links T. Estler/Archiv Estler; S. 64 rechts Wikimedia Commons/Sui-setz; S. 65 l Wikimedia Commons/Scfema; S. 65 r Wikimedia Commons/Takeshi Kuboki; S. 66 l Wikimedia Commons/Mitsuki-2368; S. 66 r Wikimedia Commons/Takeshi Kuboki; S. 67 l Wikimedia Commons/Takeshi Kuboki; S. 67 r Wikimedia Commons/Scfema; S. 68 l Wikimedia Commons/ R34SkylineGT-R V-Spec Nür; S. 69 l Wikimedia Commons/ JKT-c; S. 69 r Wikimedia Commons/Rsa 70 l Wikimedia Commons/Scfema; S. 70 r Wikimedia Commons/DXR; S. 71 l Wikimedia Commons/E176; S. 71 r Wikimedia Commons/Cheng-en Chen; S. 72 l Wikimedia Commons/Cheng-en Chen; S. 72 r Wikimedia Commons/ Utente:Jollyroger; S. 73 l Wikimedia Commons/Michael Day; S. 73 r Wikimedia Commons/ E656073; S. 74 l Wikimedia Commons/Curimedia PHOTOGRAPHY; S. 74 r Wikimedia Commons/Jordi Verdugo; S. 75 Wikimedia Commons/ Mikhail (Vokabre) Shcherbakov; S. 76-77 Archiv Papazian/Agentur Edelweiss ; S. 78 Archiv Papazian/Agentur Edelweiss; S. 79 links Eisenbahnstiftung; S. 79 rechts L. Rotthowe; S. 79 unten Archiv transpress ; S. 80 Wikimedia Commons/Markus Eigenheer ; S. 81 rechts Wikimedia Commons/ Florian Pépellin; S. 81 links Archiv Papazian/Agentur Edelweiss; S. 82 Deutsche Bahn AG/ Martin Busbach; S. 83 Hubert/Slg. Töpelmann/Archiv transpress; S. 84 picture-alliance / John Gay/English Heritage.NMR/Ma; S. 85 Wikimedia Commons/Tony Hisgett; S. 86 picture-alliance / IMAGNO/Austrian Archives (S); S. 87 oben Wikimedia Commons/Phil Sangwell; S. 87 unten Wikimedia Commons/4975darwin; S. 88 E. Brett, Slg. Gottwaldt; S. 89 Walter Hollnagel/Eisenbahnstiftung; S. 94; S. 90 O. Blaschke; S. 91 oben Slg. B. Wollny; S. 91 Slg. Dietz; S. 92 T. Estler; S. 93 l Slg. Dietz; S. 93 r Sammlung Dr. Daniel Hörnemann; S. 94 picture-alliance / United Archives/TopFoto; S. 95 Archiv Papazian/Agentur Edelweiss; S. 95 unten links picture-alliance / Mary Evans Picture Library; S. 95 unten rechts Wikimedia Commons/Didier Duforest; S. 96 Sammlung Dr. Daniel Hörnemann; S. 97 oben links Archiv Papazian/Agentur Edelweiss; S. 97 oben rechts Claus-Jürgen Jacobson; S. 97 Mitte Helmut Säuberlich; S. 97 Deutsche Bahn AG/Claus Weber; S. 98 Archiv Papazian/Agentur Edelweiss; S. 99 oben links Abbildung aus »Les chemins de Fer Belges«; S. 99 Mitte Archiv transpress; S. 99 rechts Wikimedia Commons/Joachim Lutz; S. 100 l Deutsche Bahn AG/Jet-Foto Kranert; S. 100 ob. r. E. Urban; S. 101 links picture-alliance / IMAGNO/Austrian Archives; S. 101 rechts E. Urban; S. 102 Archiv Papazian/Agentur Edelweiss; S. 103 Archiv Papazian/Agentur Edelweiss;

S. 104 Archiv Papazian/Agentur Edelweiss; S. 105 Archiv Papazian/Agentur Edelweiss; S. 106 Archiv Papazian/Agentur Edelweiss; S. 107 Archiv Papazian/Agentur Edelweiss; S. 107 rechts Archiv Papazian/Agentur Edelweiss; S. 108 Archiv Papazian/Agentur Edelweiss; S. 109 Archiv Papazian/Agentur Edelweiss; S. 109 unten Archiv Papazian/Agentur Edelweiss; S. 110 Archiv Papazian/Agentur Edelweiss; S. 111 Archiv transpress; S. 112 Archiv Papazian/Agentur Edelweiss; S. 113 Wikimedia Commons/Tangopaso; S. 114 oben Wikimedia Commons/Unknown; S. 114 Mitte Archiv Papazian/Agentur Edelweiss; S. 114 unten Archiv Papazian/Agentur Edelweiss; S. 115 oben Archiv Papazian/Agentur Edelweiss 115 unten Wikimedia Commons/Strobridge & Co. Lith.; S. 116/117 Uwe Jarchow; S. 117 o + S. 118 picture alliance/AP; S. 119 oben picture-alliance / dpa; S. 119 unten Deutsche Bahn AG/Volker Emersleben; S. 120–123 Zeichnungen Uwe Jarchow; S. 124 oben Wikimedia Commons/Neantvide ; S. 124 unten links Wikimedia Commons/unbekannt; S. 124 unten rechts Wikimedia Commons/T. de Jolimont; S. 125 Wikimedia Commons/Ab8442; S. 126 E. Urban; S. 127 li E. Urban; S. 127 re Zeichnung Uwe Jarchow; S. 128 Archiv transpress; S. 130 Slg. K.-J. Kühne; S. 131 links; S. Archiv transpress; S. 131 rechts Slg. K.-J. Kühne; S. 132 picture alliance / CPA Media Co. Ltd; S. 133 picture alliance / Heritage Images; S. 134 ((oben links)) Wikimedia Commons/ William Henry Jackson; S. 134 Mitte Slg. Urban; S. 134 rechts Slg. Urban ; S. 136 Archiv transpress; S. 137 links C. Seifert; S. 137 rechts Wikimedia Commons/ Anidaat ; S. 138 (kleines Bild) Deutsche Bahn AG/Claus Weber; S. 138/139 (großes Bild) Deutsche Bahn AG/Jet-Foto Kranert; S. 140 B. Bohn; S. 141 Slg. Kleine, Archiv transpress; S. 142/143 Zeichnungen Archiv transpress; S. 144 Deutsche Bahn AG/Martin Busbach; S. 145 Deutsche Bahn AG/ Barteld Redaktion & Verlag; S. 146 Archiv transpress ; S. 147 oben links Wikimedia Commons/ Jürgen Heegmann; S. 147 oben rechts Archiv transpress; S. 148 Archiv Papazian/Agentur Edelweiss; S. 149 oben links Archiv Papazian/Agentur Edelweiss; S. 149 oben rechts T. Estler; S. 150 Werksfoto/Archiv transpress; S. 151 oben links Zeichnung Heribert Schröpfer; S. 151 oben rechts Aquarell Heribert Schröpfer; S. 152 oben Uwe Miethe; S. 152 unten Aquarell Heribert Schröpfer; S. 153 Neudert; S. 154 Archiv transpress; S. 155 links Archiv transpress; S. 155 rechts Wikimedia Commons/Kassandro; S. 156 Slg. Koppisch, Archiv transpress; S. 157 oben links Slg. J. Töpelmann, Archiv transpress; S. 157 oben rechts J. Reiners; S. 157 unten Slg. J. Töpelmann, Archiv transpress; S. 158 Kreutzer, Slg. H.-G. Kleine, Archiv transpress; S. 159 links Richard Paul Wagner gilt als Vater der Einheitsloks. Archiv transpress; S. 159 Mitte H. Maey, Slg. K.-J. Kühne; S. 159 rechts C. Bellingrodt, Slg. H.-G. Kleine, Archiv transpress; S. 160 C. Bellingrodt, Slg. Töpelmann, Archiv transpress; S. 161 C. Bellingrodt, Slg. Töpelmann, Archiv transpress; S. 162 Archiv Papazian/Agentur Edelweiss; S. 163 links Wikimedia Commons/ Daniel VILLAFRUELA; S. 163 rechts Archiv Papazian/Agentur Edelweiss; S. 164 Slg. Töpelmann, Archiv transpress; S. 165 links W. Hubert, Slg. Töpelmann, Archiv transpress; S. 165 rechts Slg. Töpelmann, Archiv transpress; S. 166 Slg. Koppisch, Archiv transpress; S. 170 Deutsche Bahn AG/DB Museum/Mike Beims; S. 171 Deutsche Bahn AG/Claus Weber; S. 172/173 Abbildung Slg. D. Endisch; S. 173 unten Deutsche Bahn AG/DB Museum/Mike Beims ; S. 174 historische Graphiken aus: Die Praxis des modernen Maschinenbaus. Modell-Atlas. Berlin 1910; S. 175 unten Slg. Töpelmann, Archiv transpress; S. S. 176 li D. Endisch; S. 176 re Slg. J. Töpelmann, Archiv transpress; S. 177 li Slg. H.-G. Kleine, Archiv tranpress; S. 177 re Wikimedia Commons/ Leif Jørgensen; S. 178 li. Slg. J. Töpelmann, Archiv transpress ; S. 178 re Slg. H.-G. Kleine, Archiv tranpress; S. 179 li Wikimedia Commons/ Andrzej O; S. 180 Archiv D. Endisch; S. 181 D. Endisch; S. 182 oben D. Endisch; S. 182 unten D. Endisch; S. 183 D. Endisch; S. 184; S. D. Endisch; S. 185 Archiv D. Endisch; S. 186 D. Endisch; S. 188 Archiv T. Estler; S. 189 Archiv T. Estler; S. 190 Deutsche Bahn AG/Claus Weber; S. 191 C. Bellingrodt, Slg. H.-G. Kleine, Archiv transpress; S. 192 Wikimedia Commons/Geof Sheppard; S. 193 oben links Wikimedia Commons/Martin Robson; S. 193 oben rechts Wikimedia Commons/Tony Hisget; S. 193 Mitte Wikimedia Commons/Chowells; S. 194 J. M. Mehltretter; S. 195 Archiv Papazian/Agentur Edelweiss; S. 196 C. Bellingrodt, Slg. H.-G. Kleine, Archiv transpress; S. 197 C. Bellingrodt, Slg. H.-G. Kleine, Archiv transpress; S. 198/199 R. Meier; S. 199 ob. li. D. Höllerhage; S. 199 ob. Mitte D. Höllerhage; S. 200–204 ob. li: R. Meier; S. 204 ob. re. D. Höllerhage; S. 206/207 T. Estler ; S. 208 links Werkfoto Siemens; S. 208 rechts Archiv BBC; S. 209 links Deutsche Bahn AG/Uwe Miethe; S. 209 rechts Deutsche Bahn AG/Christian Bedeschinski; S. 210 Werkfoto Siemens; S. 211 oben links Archiv transpress; S. 211 Archiv transpress; S. 211 unten Archiv Papazian/Agentur Edelweiss; S. 212 Wikimedia Commons/ David. Monniaux; S. 213 oben Mitte S. 213 oben rechts Wikimedia Commons/ Bibliothèque nationale de France; S. 213 unten Wikimedia Commons/Rigil; S. 214 Wikimedia Commons/ Steve Cadman; S. 215 oben links Wikimedia Commons/TiFraiz; S. 215 oben rechts Wikimedia Commons/ David.Monniaux 216 AEG-Werkfoto, Sammlung Koppisch, Archiv transpress; S. 217 oben links Werkfoto Siemens, Sammlung Koppisch, Archiv transpress 217 oben rechts AEG-Werkfoto, Sammlung Koppisch, Archiv transpress; S. 218 Sammlung Töpelmann, Archiv transpress; S. 219 oben links Sammlung Töpelmann, Archiv transpress; S. 219 oben rechts Werkfoto Siemens; S. 220 Archiv Papazian/Agentur Edelweiss; S. 221 oben links T. Estler; S. 221 Mitte T. Estler; S. 221 unten Archiv Papazian/Agentur Edelweiss; S. 222 Zeichnung W. Reiche; S. 223 Zeichnung P. Erdmann; S. 224 Axel Kiebler; S. 225 Luers, Sammlung Alkofer; S. 226 J. Frickel; S. 227 Werkfoto Siemens; S. 229 S. Alkofer; S. 230 Prospekt LEW, Archiv transpress; S. 231 alle Prospekt LEW, Archiv transpress ; S. 232 oben Wikipedia Commons/Fabien Perissinotto; S. 232 unten C. Seifert; S. 233 oben links C. Seifert; S. 233 oben rechts Sammlung Töpelmann, Archiv transpress; S. 234 Slg. J. Reiners; S. 235 oben links Zeichnung G. Bahr; S. 235 oben rechts Zeichnung G. Bahr; S. 236 oben links Deutsche Bahn AG/Claus Weber; S. 236 oben rechts Claus-Jürgen Jacobson; S. 238 Slg. Joachim Stender; S. 239 o. li. Slg. Joachim Stender; S. 239 o. re. T. Estler; S. 240 Dr. Dietmar Beckmann; S. 241 Dr. Dietmar Beckmann; S. 242 li Slg. Joachim Stender; S. 242 re. Dr. Dietmar Beckmann; S. 243 Dr. Dietmar Beckmann; S. 244 K. Müller; S. 245 T. Estler; S. 246 T. Estler; S. 247 oben Archiv Papazian/ Agentur Edelweiss; S. 248 Slg. J. Reiners; S. 249 oben links G. Bahr ; S. 249 oben rechts Werkfoto Siemens; S. 250 oben links Marc Dahlbeck, Slg. J. Reiners; S. 250 oben rechts Marc Dahlbeck, Slg. Reiners; S. 250 unten links Marc Dahlbeck, Slg. Reiners; S. 250 Mitte Marc Dahlbeck, Slg. Reiners; S. 250 unten rechts Deutsche Bahn AG/Jochen Schmidt; S. 251 Sammlung Dominik Stroner; S. 252 S. Alkofer; S. 253 S. Alkofer; S. 254 oben links Wikimedia Commons/Bigbug21; S. 254 oben rechts Wikimedia Commons/Magnus Gertkemper; S. 255 oben links André Papazian; S. 255 oben rechts T. Estler; S. 256/257 Armin Schmutz; S. 258 Deutsche Bahn AG/Bartlomiej Banaszak; S. 259 Deutsche Bahn AG/Uwe Miethe; S. 260 Werkfoto MTU; S. 260 oben Historisches Archiv der MAN AG, Augsburg; S. 262 unten Historisches Archiv der MAN AG, Augsburg ; S. 263 T. Küstner; S. 264 links Historisches Archiv der MAN AG, Augsburg; S. 264 rechts Historisches Archiv der MAN AG, Augsburg; S. 265 links Slg. J. Frickel; S. 265 rechts Slg. J. Frickel; S. 267 links Slg. J. Frickel; S. 267 rechts Slg. A. Kiebler; S. 268 oben Werkfoto Voith; S. 268 unten Zeichnung Voith; S. 269 S. Alkofer; S. 270 M. Klaus; S. 271 oben links Foto: C. Bellingrodt, Slg. H.-G. Kleine, Archiv transpress; S. 271 oben rechts John Dove/Online Transport Archive; S. 272 André Papazian; S. 273 J. Reiners; S. 274 R. Albrecht; S. 275 links Archiv transpress; S. 275 rechts M. Klaus; S. 276 Archiv transpress; S. 277 oben Wikipedia Commons/ Marty Bernard railfan44 ; S. 277 unten Wikipedia Commons/ Werbeprospekt General Motors ElectroMotive; S. 278 Wikipedia Commons/Jack Delano; S. 279 Wikipedia Commons/ Minneapolis Tribune ; S. 280 D. Endisch; S. 281 Werbeprospekt LEW/ Archiv transpress; S. 282 Archiv transpress 283 Werbeprospekt LKM/Archiv transpress; S. 284 Thomas Estler ; S. 285 links Rainer Vormweg; S. 285 rechts Thomas Estler; S. 286 Rainer Vormweg; S. 287 Armin Schmutz ; S. 288 oben links Armin Schmutz ; S. 288 oben rechts Rainer Vormweg ; S. 289 Thomas Estler ; S. 290 Deutsche Bahn AG/Frank Kniestedt; S. 291 links Slg. E. Preuß; S. 291 rechts Der Eisenbahn-Fachmann 1925; Slg. E. Preuß; S. 292 Deutsche Bahn AG/Bernd Honerkamp; S. 293 links Deutsche Bahn AG/Kai Michael Neuhold; S. 293 rechts Deutsche Bahn AG/Kai Michael Neuhold; S. 294 Deutsche Bahn AG/Claus Weber; S. 295 Deutsche Bahn AG/Frank Kniestedt; S. 296 Deutsche Bahn AG/Frank Kniestedt; S. 297 links Deutsche Bahn AG/Frank Kniestedt; S. 297 rechts Deutsche Bahn AG/Barteld Redaktion & Verlag; S. 298 Deutsche Bahn AG/Frank Kniestedt ; S. 299 oben Deutsche Bahn AG/Frank Kniestedt; S. 299 unten Deutsche Bahn AG/Sebastian Roedig ; S. 302 oben links Deutsche Bahn AG/Uwe Miethe; S. 302 oben Mitte links Deutsche Bahn AG/Uwe Miethe; S. 302 oben Mitte rechts Deutsche Bahn AG/Uwe Miethe; S. 302 oben rechts Deutsche Bahn AG/Uwe Miethe; S. 302 unten links Deutsche Bahn AG/Volker Emersleben; S. 302 unten Mitte links Deutsche Bahn AG/Uwe Miethe; S. 302 unten Mitte rechts Deutsche Bahn AG/Uwe Miethe; S. 302 unten rechts Deutsche Bahn AG/Manfred Schwellies ; S. 303 links Deutsche Bahn AG/Volker Emersleben; S. 303 oben Mitte Deutsche Bahn AG/Uwe Miethe; S. 303 rechts Deutsche Bahn AG/Volker Emersleben; S. 305 Deutsche Bahn AG/Georg Wagner; S. 306 links Deutsche Bahn AG/Mike Beims; S. 306/307 Mitte Lohner; S. 307 oben links Lohner; S. 307 oben rechts Deutsche Bahn AG/Volker Emersleben; S. 307 unten rechts E. Preuß; S. 308 links Deutsche Bahn AG/Kai Michael Neuhold; S. 308 rechts Deutsche Bahn AG/Kai Michael Neuhold; S. 309 Deutsche Bahn AG/Bartlomiej Banaszak; S. 310 links Slg. Beyer; S. 310 rechts Slg. E. Preuß; S. 311 links Deutsche Bahn AG/Günter Jazbec; S. 311 oben Deutsche Bahn AG/Michael Neuhaus; S. 311 unten Deutsche Bahn AG/Uwe Miethe; S. 312/313; S. 314–319 D. Endisch .